**Rafael Calegari**



# Algoritmos Algébricos, o Smart Brain e o Problema P versus NP

Rafael Calegari

# Algoritmos Algébricos, o Smart Brain e o Problema P versus NP



EDITORA CIÊNCIA MODERNA

**Editor:** Paulo André P. Marques
**Produção Editorial:** Dilene Sandes Pessanha
**Capa:** Daniel Jara
**Diagramação:** Daniel Jara
**Copidesque:** Vivian Sbravatti



**FICHA CATALOGRAFICA**

***CALEGARI, Rafael.***

***Algoritmos Algébricos, O Smart Brain e o Problema P versus NP***

Rio de Janeiro: Editora Ciência Moderna Ltda., 2017.

1. Informática 2. Programação de Computador
I — Título

ISBN: 978-85-399-0928-5 CDD 001.642
005

**Editora Ciência Moderna Ltda.**
**R. Alice Figueiredo, 46 – Riachuelo**
**Rio de Janeiro, RJ – Brasil CEP: 20.950-150**
**Tel: (21) 2201-6662/ Fax: (21) 2201-6896**
**E-MAIL: LCM@LCM.COM.BR**
**WWW.LCM.COM.BR** **06/17**

**Dedico esta obra a minha querida esposa, Lisi,**

**quem tanto me apoiou por todos esses anos.**

# Introdução

Este trabalho nasceu de um dilema: existe, na Álgebra, um sistema formal suficientemente amplo a ponto de resolver todos os problemas solúveis mediante a execução de um mesmo algoritmo, sendo este rápido o suficiente para garantir-lhe aplicabilidade na prática? Trata-se de um problema de Matemática extremamente amplo que envolve matéria específica de diversos ramos desta ciência.

Este problema está intimamente relacionado a um célebre problema da Teoria da Complexidade conhecido como "Questão P *versus* NP". Ao longo do texto, vamos enfrentá-lo corajosamente, lidando com seus principais dilemas inerentes e apresentando uma detalhada resolução, com um cuidadoso esforço para evitar más interpretações que venham a dar à nossa proposta uma amplitude que não condiga com a verdadeira dimensão do seu alcance, quer dizer, que não lhe dê um falacioso tom milagroso ou fantástico. Dizemos isso porque, apesar de chegarmos a resultados bastante animadores, não se pode dizer que todo problema de Matemática tenha solução ou que a resolução dos problemas solúveis seja simples e imediata. Isso confirma resultados já conhecidos no âmbito da Teoria da Computação, especialmente o Teorema da Incompletude de Gödel e o fundamento da Teoria da Computabilidade, segundo o qual existem linguagens que não são Turing-reconhecíveis.

Começamos expondo um novo modelo de algoritmo, em cujas aplicações imediatas damos uma breve pincelada, empregando-o para resolver problemas de Matemática específicos e, então, definimos um algoritmo extremamente amplo para encontrar respostas a perguntas arbitrárias que respeitem determinada linguagem (a linguagem $\delta$). Esta é a linguagem de um sistema formal que concebemos e que decidimos chamar de Sistema $\delta$. Neste ponto, precisamos fazer duas observações relevantes. A primeira é que podemos criar maneiras de enunciar uma pergunta sobre uma linguagem formalizada, mas devemos nos atentar a critérios rígidos de atribuição de significado a elas, o que não é tão trivial quanto parece. A segunda é que as respostas fornecidas pelo algoritmo que apresentaremos são necessariamente proposições verdadeiras no sistema que mencionamos, e a interpretação sobre sua escolha, nos casos em que há mais de uma, merece atenção que não deixamos de desprender.

Em seguida, resolvemos a Questão P *versus* NP e finalizamos o trabalho apresentando dois dilemas desorientadores decorrentes de certos teoremas implícitos ao modelo de algoritmo que expomos e que exigem uma revisão de certos aspectos da Teoria da Computação tal como a conhecemos.

É conveniente que, a menos que se diga expressamente o contrário no próprio texto, o leitor faça a leitura deste trabalho na ordem em que os capítulos são apresentados, pois a cada momento presumimos que o leitor já foi introduzido aos temas expostos nos capítulos anteriores. A principal exceção a esta recomendação diz respeito ao capítulo XIV, que pode ser lido a qualquer momento. Claro que o entendimento do conteúdo deste capítulo será muito mais profundo caso seja abordado após os treze primeiros capítulos, mas é lícito ao leitor fugir da ordem ao abordá-lo para adquirir antecipadamente uma visão geral deste trabalho, sem, contudo, esperar compreendê-lo na íntegra, caso interrompa a ordem da nossa exposição.

Como o leitor já deve ter percebido, esta leitura requer conhecimentos em Teoria da Computação. A própria definição da Questão P *versus* NP se dá em termos de máquinas de Turing. Além de ter certa familiaridade com estas máquinas, é importante que o leitor o tenha com análises de complexidade de tempo de algoritmos.

O principal teorema apresentado por nós, que chamaremos de fórmula $\alpha$, inclui os operadores limite e integral. O valor por ela definido é o limite lateral à direita da razão de duas integrais múltiplas impróprias. Isso, aliado ao fato de que o projeto e a análise de complexidade de tempo do algoritmo genérico por nós desenvolvido envolvem instanciações da fórmula de Taylor, a análise de funções de uma variável real a valores reais no que tange à determinação dos intervalos de crescimento e decrescimento e o sentido das concavidades, bem como o cálculo de derivadas parciais, nos leva à necessidade de que o leitor tenha conhecimentos razoáveis de Cálculo Integral e Diferencial.

A demonstração da fórmula $\alpha$, mencionada no parágrafo anterior, se dá em termos estatísticos, motivo pelo qual afirmamos que é pré-requisito para esta parte do trabalho noção de conceitos de Estatística, especialmente no que diz respeito à probabilidade condicional e ao estudo de variáveis aleatórias contínuas multidimensionais. Pedimos ao leitor que, neste ponto, tenha cuidado: é sabido que problemas de Matemática de natureza determinística admitem métodos probabilísticos, como o método de Monte Carlo. Oportunamente o leitor verá que, apesar dos conceitos estatísticos empregados nesta demonstração, o valor fornecido pela fórmula $\alpha$ é exato.

Nem sempre é fácil calcular o valor de uma integral. Para calcular o valor do segundo membro da fórmula $\alpha$, convertemos as integrais a somatórias e, para lhes dar o devido tratamento, que permita implementar a mencionada fórmula em um computador, fazemos uso de ferramentas de Matemática Discreta tais como Cálculo de Diferenças Finitas, análise de relações de recorrência e igualdades envolvendo números binomiais e de Stirling de primeira e segunda espécie, matéria sobre a qual é desejável que o leitor tenha noção.

Por fim, com o perdão pelas exigências, pedimos ao leitor que, caso não domine, introduza-se aos instrumentos lógicos como tabelas de verdade, Cálculo Proposicional, Cálculo de Predicados e conceitos de Lógica como conectivos funcionais de verdade e sistemas formais, pois, pelos mais diversos motivos, este conhecimento é requisito para a leitura deste trabalho do primeiro ao último capítulo.

# Sumário

Capítulo I - Algoritmos Algébricos ..... 1
Capítulo II - Algoritmos Algébricos Legítimos ..... 9
Capítulo III- Aritmética Veritativa ..... 25
Capítulo IV- A Fórmula α ..... 45
Capítulo V- Aplicações ..... 61
Capítulo VI- Conversões de Algoritmos Algébricos Legítimos ..... 83
Capítulo VII- O Algoritmo γ ..... 89
Capítulo VIII- Variantes Aproximativas da Fórmula α ..... 115
Capítulo IX- A Eliminação dos Quantificadores da Fórmula α ..... 131
Capítulo X- O Teorema de Fubini e Outros Relacionados ..... 163
Capítulo XI- O Cálculo Aproximado das Integrais do Segundo Membro da Fórmula α ..... 177
Capítulo XII- Sistema de Inequações Fundamentais ..... 215
Capítulo XIII- A Finalização do Algoritmo γ ..... 253
Capítulo XIV- O Smart Brain ..... 263
Capítulo XV- O Sistema δ ..... 273
Capítulo XVI- O Algoritmo β ..... 329
Capítulo XVII- A Otimização de Algoritmos Meta-algébricos ..... 359
Capítulo XVIII- Análise de Complexidade do *Smart Brain* ..... 365
Capítulo XIX- O Problema P *versus* NP ..... 377
Capítulo XX- A Simplificação de Algoritmos Meta-algébricos ..... 385
Capítulo XXI- O Paradoxo Fundamental da Teoria da Computabilidade ..... 407
Capítulo XXII- O Paradoxo Fundamental da Teoria da Complexidade ..... 413
REFERÊNCIAS ..... 417

# I- Algoritmos Algébricos

Exporemos neste capítulo um novo modelo computacional, concebido por este autor, sobre o qual não existem publicações anteriores. Trata-se de um tipo de máquina que computa números em vez de cadeias: os *algoritmos algébricos*. Enquanto as máquinas de Turing tomam como entrada uma cadeia, ou seja, uma sequência de símbolos, e dão como saída "aceita" ou "rejeita", caso sejam aceitadores, ou tomam como entrada uma cadeia (como no caso anterior) e dão como saída outra cadeia, caso sejam transdutores, um algoritmo algébrico toma uma sequência de números reais como entrada e dá um número real ou sequência de números reais como saída. A vantagem deste modelo é que podemos aproveitar todo o conhecimento adquirido no âmbito da Álgebra para extrair informações sobre a computação da entrada, o que ocorre sem qualquer prejuízo em relação às máquinas de Turing. Isso porque, como veremos, as próprias máquinas de Turing podem ser convertidas a algoritmos algébricos de uma classe especial: os algoritmos algébricos legítimos, que definiremos oportunamente.

Um algoritmo algébrico é uma máquina que contém um número natural não nulo de *compartimentos*. Os compartimentos são numerados em ordem crescente com os primeiros números naturais não nulos. Assim, para um algoritmo algébrico com 3 compartimentos, há um primeiro, um segundo e um terceiro compartimento; em um com 4 compartimentos, há também um quarto compartimento; e assim por diante. Em cada etapa da computação, cada compartimento contém exatamente um número real. Dado um algoritmo algébrico com n compartimentos, chamaremos de *configuração* cada sequência dos n números reais inseridos em cada um dos seus n compartimentos. Assim, duas configurações de um algoritmo algébrico são iguais, se, e somente se, o número inserido no k-ésimo compartimento da primeira for igual ao número inserido no k-ésimo compartimento da segunda para todo k natural não nulo menor ou igual ao número de compartimentos do algoritmo algébrico. Chamaremos de *configuração inicial* a configuração do algoritmo algébrico na primeira etapa da computação, que corresponde à entrada do algoritmo.

Os valores de cada compartimento podem se alterar ou se repetir a cada etapa (ou estágio) da computação segundo regras pré-estabelecidas que chamaremos, por analogia às máquinas de Turing, de *regras de transição*. Uma regra de transição de um algoritmo algébrico com n compartimentos é uma definição da forma "se em dado estágio da computação da máquina sua configuração satisfaz à propriedade P, então no estágio seguinte a configuração da máquina é dada pela função f aplicada sobre os valores inseridos nos compartimentos no estágio anterior" ou por outra equivalente, sendo que f será então chamada de *função de transição* e deve ser uma função $A^n \rightarrow A^n$, em que A é subconjunto do conjunto dos números reais. Por exemplo: suponhamos que temos um algoritmo algébrico com 2 compartimentos. A função

$$f(x_1, x_2) = (\sqrt[3]{x_1 + x_2}, x_1 \cdot x_2)$$

é um exemplo de possível função de transição da máquina da qual estamos falando, em que $x_1$ e $x_2$ são, respectivamente, os valores inseridos no primeiro e no segundo compartimentos da máquina em determinado estágio. Neste caso, a raiz cúbica da soma dos valores inseridos nos compartimentos em dado estágio (estágio t) é o valor do primeiro compartimento no estágio seguinte, o estágio (t+1), e seu produto é o valor do segundo compartimento em tal estágio (t+1). Como dissemos, uma função de transição será aplicada para calcular o valor inserido em cada compartimento no estágio (t+1) se o antecedente de alguma regra de transição que tenha tal função de transição no consequente for satisfeito pela configuração do estágio t. A propriedade que consta do antecedente de uma regra de transição, que será chamada de *propriedade de teste*, pode ser uma equação algébrica sobre os valores inseridos nos compartimentos, uma inequação, ou ainda uma conjunção, disjunção ou proposição complexa (com conectivos de conjunção, disjunção, implicação e equivalência lógica) composta por equações, inequações ou outras proposições matemáticas sobre os valores dos compartimentos no estágio t. Obviamente, a entrada de um algoritmo algébrico com n compartimentos deve ser um elemento dos domínios de todas as funções de transição do mesmo, de maneira que, dependendo do algoritmo algébrico de que estivermos tratando, não podemos tomar qualquer sequência com n termos reais como entrada.

No caso do algoritmo algébrico em questão, com 2 compartimentos, uma possível propriedade de teste é a seguinte:

$$x_1 - \frac{x_2}{3} + 4 > 0$$

em que $x_1$ e $x_2$ são, respectivamente, os valores inseridos no primeiro e no segundo compartimentos da máquina em determinado estágio. Trata-se de uma propriedade relativamente simples, descrita por uma proposição composta de uma única inequação. Como dissemos, tal propriedade pode ser descrita por uma proposição muito mais complexa. Como qualquer proposição matemática, simples ou composta, pode ser uma propriedade de teste, um algoritmo algébrico deve ser entendido à luz de um sistema formal, e este deve ter, entre seus axiomas, no mínimo os fundamentos da Álgebra ordinária.

E uma possível regra de transição completa do algoritmo algébrico em questão, da forma descrita anteriormente, ou seja, "se em dado estágio da computação da máquina, a sua configuração satisfaz à propriedade P (uma propriedade de teste), então no estágio seguinte a configuração da máquina é dada pela função f aplicada sobre os valores inseridos nos compartimentos no estágio anterior", é a seguinte:

"Se $x_1 - \frac{x_2}{3} + 4 > 0$, em que $x_1$ e $x_2$ são, respectivamente, os valores inseridos no primeiro e no segundo compartimentos da máquina no estágio t, então os valores inseridos nos compartimentos da máquina no estágio (t+1) são dados por $f(x_1, x_2)$, tal como a função f foi definida anteriormente."

Consideraremos que um algoritmo algébrico computa eternamente, mas o que nos interessa é saber qual é sua configuração (ou parte dela) quando determinada condição se concretiza. Chamaremos essa condição de *condição de verificação*. No momento em que a condição de verificação se concretizar pela primeira vez, tomaremos a respectiva configuração, ou mesmo o valor inserido em determinado compartimento, como saída (como for mais conveniente). Isso se deve ao fato de que construiremos algoritmos algébricos para resolver problemas específicos, de maneira que em alguns momentos apenas o valor contido em um dos compartimentos nos interessa, caso em que convém considerar que a saída é um número real, a saber, o contido num compartimento predeterminado. Veremos abundantes exemplos disso mais adiante. Assim como a propriedade de teste, a condição de verificação pode ser uma equação, uma inequação ou mesmo uma proposição composta, possivelmente extremamente complexa, que tenha como componentes equações, inequações ou outras proposições matemáticas (sobre os valores inseridos nos compartimentos e o estágio da computação) ligadas por conectivos de conjunção, disjunção, implicação e equivalência lógica.

Assim, partimos de uma configuração inicial, determinada pela entrada e, em cada etapa, aplicamos à configuração atual do algoritmo algébrico todas as propriedades de teste para verificar qual delas se concretiza. Selecionada a propriedade de teste satisfeita pela configuração atual, aplicamos a função de transição da regra de transição respectiva para determinar a configuração seguinte. Em seguida, aplicamos a condição de verificação à nova configuração, para verificar se já temos a saída fornecida pelo algoritmo. Caso não a tenhamos, em nossa busca por ela, reiniciaremos o processo, partindo da configuração nova, para determinar a configuração seguinte, atingindo mais um estágio da computação do algoritmo algébrico. Obviamente, para que o algoritmo algébrico exista, não pode haver regras de transição que se contradigam, o que aconteceria, por exemplo, se, em determinado estágio da computação, as propriedades de teste de duas regras de transição com funções de transição que forneçam imagens distintas forem satisfeitas. Desta forma, deve haver algum cuidado na construção de algoritmos algébricos. Além disso, é possível que a condição de verificação nunca se verifique para certas entradas, às quais, obviamente, não corresponderá nenhuma saída, tal qual as máquinas de Turing que, para certas cadeias sobre o seu alfabeto de entrada, entram em *loop*. Outra possibilidade que deve ser afastada é a de máquinas que passem por configurações distintas que satisfaçam à condição de verificação em sua computação infinita, caso em que haveria multiplicidade de saídas.

Vejamos agora um exemplo de algoritmo algébrico com 4 compartimentos que admita como entrada sequências de 4 números inteiros quaisquer. Esta máquina é descrita por uma condição de verificação e um conjunto de regras de transição que tenham como propriedades de teste relações tetrádicas aplicáveis a quaisquer sequências de 4 números inteiros e como funções de transição funções com domínio e contradomínio no conjunto dos números inteiros. Outra característica que este algoritmo algébrico deve ter é que todas as sequências de 4 números inteiros devem satisfazer a pelo menos uma propriedade de teste e, nos casos em que uma sequência desta classe satisfizer a mais de uma propriedade de teste, as imagens associadas às funções de transição das respectivas regras de transição devem ser idênticas. Por praticidade, apresentaremos um algoritmo algébrico com 4 regras de transição cujas propriedades de teste sejam mutuamente excludentes.

As quatro propriedades de teste são:

1- O valor inserido no primeiro compartimento é divisível por 3.
2- O valor inserido no primeiro compartimento é um múltiplo de 3 somado a uma unidade.
3- O valor inserido no primeiro compartimento é um múltiplo de 3 somado a duas unidades e a soma dos valores inseridos nos outros três compartimentos é par.
4- O valor inserido no primeiro compartimento é um múltiplo de 3 somado a duas unidades e a soma dos valores inseridos nos outros três compartimentos é ímpar.

As quatro funções de transição do algoritmo algébrico em questão são:

1- $f(x_1, x_2, x_3, x_4) = (2x_1^3 - 3x_2^2 + x_3 - x_4, x_2, x_3 + 1, x_4)$
2- $g(x_1, x_2, x_3, x_4) = (2x_1^3 - 2x_2^2 + x_3 - x_4, x_2 - 5x_3 + 7x_4 - x_1, x_3 + 1, x_4)$

3- $h(x_1, x_2, x_3, x_4) = (2x_1^3 - x_2^2 + x_3 - x_4, x_2, x_3 + 1, x_4)$

4- $j(x_1, x_2, x_3, x_4) = (2x_1^3 - 4x_2^2 + x_3 - x_4, x_2, x_3 + 1, x_4)$

As quatro funções de transição do nosso algoritmo algébrico, f, g, h e j, são associadas, respectivamente, às 4 propriedades de teste (na ordem em que foram expostas), formando, assim, as regras de transição deste algoritmo algébrico. São elas:

1- Se o valor inserido no primeiro compartimento for divisível por 3, então $y_1$, $y_2$, $y_3$ e $y_4$ são dados pela equação $(y_1, y_2, y_3, y_4) = f(x_1, x_2, x_3, x_4)$, em que $x_1$, $x_2$, $x_3$ e $x_4$ são, respectivamente, os valores inseridos no primeiro, no segundo, no terceiro e no quarto compartimentos em um estágio qualquer da computação da máquina, e $y_1$, $y_2$, $y_3$ e $y_4$, os inseridos nos mesmos compartimentos no estágio seguinte.

2- Se o valor inserido no primeiro compartimento for um múltiplo de 3 somado a uma unidade, então $y_1$, $y_2$, $y_3$ e $y_4$ são dados pela equação $(y_1, y_2, y_3, y_4) = g(x_1, x_2, x_3, x_4)$, em que $x_1$, $x_2$, $x_3$ e $x_4$ são, respectivamente, os valores inseridos no primeiro, no segundo, no terceiro e no quarto compartimentos em um estágio qualquer da computação da máquina, e $y_1$, $y_2$, $y_3$ e $y_4$, os inseridos nos mesmos compartimentos no estágio seguinte.

3- Se o valor inserido no primeiro compartimento for um múltiplo de 3 somado a duas unidades e a soma dos valores inseridos nos outros três compartimentos for par, então $y_1$, $y_2$, $y_3$ e $y_4$ são dados pela equação $(y_1, y_2, y_3, y_4) = h(x_1, x_2, x_3, x_4)$, em que $x_1$, $x_2$, $x_3$ e $x_4$ são, respectivamente, os valores inseridos no primeiro, no segundo, no terceiro e no quarto compartimentos em um estágio qualquer da computação da máquina, e $y_1$, $y_2$, $y_3$ e $y_4$, os inseridos nos mesmos compartimentos no estágio seguinte.

4- Se o valor inserido no primeiro compartimento for um múltiplo de 3 somado a duas unidades e a soma dos valores inseridos nos outros três compartimentos for ímpar, então $y_1$, $y_2$, $y_3$ e $y_4$ são dados pela equação $(y_1, y_2, y_3, y_4) = j(x_1, x_2, x_3, x_4)$, em que $x_1$, $x_2$, $x_3$ e $x_4$ são, respectivamente, os valores inseridos no primeiro, no segundo, no terceiro e no quarto compartimentos em um estágio qualquer da computação da máquina, e $y_1$, $y_2$, $y_3$ e $y_4$, os inseridos nos mesmos compartimentos no estágio seguinte.

Podemos desmembrar cada função de transição deste algoritmo em 4 componentes. Cada componente é uma função de quatro variáveis inteiras a valores inteiros. São funções que tomam os valores inseridos nos quatro compartimentos em determinado estágio para calcular o valor inserido em *determinado compartimento* no estágio seguinte. Assim,

$f(x_1, x_2, x_3, x_4) = (f_1(x_1, x_2, x_3 x_4), f_2(x_1, x_2, x_3, x_4), f_3(x_1, x_2, x_3, x_4), f_4(x_1, x_2, x_3, x_4))$, em que $f_1(x_1, x_2, x_3, x_4) = 2x_1^3 - 3x_2^2 + x_3 - x_4, f_2(x_1, x_2, x_3, x_4) = x_2, f_3(x_1, x_2, x_3, x_4) = x_3 + 1, e\ f_4(x_1, x_2, x_3, x_4) = x_4$

As funções g, h e j também têm, cada qual, quatro componentes que o leitor não terá qualquer dificuldade em identificar.

Estabeleceremos como condição de verificação a relação correspondente à seguinte proposição:

$$((x_3 - x_2 > 200) \vee (x_3 - x_2 < 0)) \wedge (x_1^2 + x_2 - x_3^2 - x_4 = 0)$$

em que as variáveis têm os significados já especificados: o símbolo "∧" representa o conectivo "e" e o símbolo "∨" representa o conectivo "ou". Este "ou" é *inclusivo*, ou seja, consideraremos que "p ou q" é o mesmo que "p" é verdadeira, "q" é verdadeira, ou ambas são verdadeiras. Claro que a variável t também poderia constar desta proposição, significando a etapa da computação em que o algoritmo algébrico se encontra, podendo partir de 0 em diante, assumindo os valores de todos os números naturais. No estágio inicial, t=0; no estágio seguinte, t=1; logo em seguida, t=2, e assim por diante.

Isso completa a definição do algoritmo algébrico que nos propusemos a apresentar a título de exemplo, uma vez que já temos a definição do número de compartimentos, das regras de transição (cada uma com uma propriedade de teste e uma função de transição) e da condição de verificação. Não temos especial interesse nele a ponto de expor sua computação para certas entradas. Apenas o expusemos para tornar mais clara a definição do modelo.

De maneira mais geral, uma função $f: A^n \to A^n$, sendo A um subconjunto do conjunto dos números reais, tem n componentes, sendo que cada um deles é uma função de n variáveis reais a valores reais. No caso, são funções com domínio no produto cartesiano de A por si mesmo n vezes e contradomínio em A. Demos, há pouco, exemplos de 4 funções com esta característica, com $n = 4$ e $A = \mathbb{Z}$. Desta maneira, consideraremos que a função f, com estas especificações, juntamente com os seus n componentes, $f_1$, $f_2$, $f_3$, ..., $f_n$, satisfaz à propriedade seguinte:

$$f(x_1, x_2, x_3, \ldots, x_n) = (f_1(x_1, x_2, x_3, \ldots, x_n), f_2(x_1, x_2, x_3, \ldots, x_n), f_3(x_1, x_2, x_3, \ldots, x_n), \ldots, f_n(x_1, x_2, x_3, \ldots, x_n))$$

Todas as funções de transição de um algoritmo algébrico com n compartimentos podem se desmembrar em n componentes.

Outro conceito importante a ser definido, em matéria de algoritmos algébricos, é o de *regra de transição parcial*. Por uma regra de transição parcial, toma-se a configuração do algoritmo algébrico em determinada etapa e se determina o valor inserido em um, e apenas um, compartimento no estágio seguinte. Uma regra de transição parcial tem a seguinte forma: "Se a configuração do algoritmo algébrico A satisfaz à propriedade P no estágio t, então o valor do k-ésimo compartimento no estágio (t+1), para determinado k, é dado pela função $z(x_1, x_2, x_3, \dots, x_n)$, em que $x_1$, $x_2$, $x_3$, etc..., são, respectivamente, os valores inseridos no primeiro, no segundo, no terceiro, ... compartimentos no estágio t".

Podemos ver que uma regra de transição parcial é caracterizada por uma propriedade de teste e uma função. Podemos desmembrar uma regra de transição de um algoritmo algébrico com n compartimentos em n regras de transição parciais, as quais são associadas à mesma propriedade de teste, e de maneira que cada uma destas é associada a um componente da regra de transição original. Tomemos como exemplo a primeira regra de transição do algoritmo algébrico com 4 compartimentos que definimos anteriormente ("Se o valor inserido no primeiro compartimento for divisível por 3, então $y_1$, $y_2$, $y_3$ e $y_4$ são dados pela equação $(y_1, y_2, y_3, y_4) = f(x_1, x_2, x_3, x_4)$, em que $x_1$, $x_2$, $x_3$ e $x_4$ são, respectivamente, os valores inseridos no primeiro, no segundo, no terceiro e no quarto compartimentos em um estágio qualquer da computação da máquina, e $y_1$, $y_2$, $y_3$ e $y_4$, os inseridos nos mesmos compartimentos no estágio seguinte."). Esta regra de transição se subdivide em quatro regras de transição parciais, das quais uma é a seguinte:

"Se o valor inserido no primeiro compartimento for divisível por 3, então $y_1$ é dado pela equação $y_1 = f_1(x_1, x_2, x_3, x_4)$, em que $x_1$, $x_2$, $x_3$ e $x_4$ são, respectivamente, os valores inseridos no primeiro, no segundo, no terceiro e no quarto compartimentos em um estágio qualquer da computação da máquina e $y_1$ o inserido no primeiro compartimento no estágio seguinte."

Os valores $y_2$, $y_3$ e $y_4$, correspondentes aos números inseridos nos demais compartimentos do estágio seguinte ao da aplicação da propriedade de teste desta regra, são determinados, analogamente, pela aplicação dos outros componentes da regra de transição em questão.

Ao longo deste trabalho, apresentaremos diversos algoritmos algébricos com propósitos específicos e demonstraremos alguns teoremas importantes sobre certas classes de algoritmos algébricos. Veremos no decorrer deste texto que é possível explicar toda a Matemática à luz de uma teoria dos algoritmos algébricos.

# II- Algoritmos Algébricos Legítimos

Temos particular interesse em uma classe especial de algoritmo algébrico: os algoritmos algébricos legítimos. Isso se deve ao fato de que há, como mostraremos, alguns teoremas gerais sobre as configurações destes algoritmos algébricos que nos possibilitam resolver problemas de Matemática bastante desafiadores. Além disso, em muitos casos, quando a solução de um problema corresponde à saída de um algoritmo algébrico que não seja legítimo, é possível convertê-lo a um algoritmo algébrico legítimo equivalente, ou seja, que fornece a mesma saída do algoritmo algébrico original. Neste caso, após fazer a conversão, podemos aplicar os teoremas próprios dos algoritmos algébricos legítimos. Está fora do alcance deste trabalho darmos exemplos de conversões a algoritmos algébricos legítimos de algoritmos algébricos que não são legítimos, mas que podem ser convertidos a algoritmos algébricos legítimos.

Diante disso, é fundamental, para nossos propósitos, definir esta classe. Antes, porém, definiremos uma outra classe de algoritmos algébricos, mais abrangente, a saber, a dos algoritmos algébricos lineares. Como explicamos no capítulo anterior, tanto a propriedade de teste quanto a definição de uma função de transição constantes de uma regra de transição são proposições que têm como componentes elementares equações e inequações as quais se apresentam ligadas pelos conectivos "e", "ou", "se..., então" e "se, e somente se, ..., então". Um algoritmo algébrico será chamado de *linear*, se, e somente se, as quatro condições a seguir forem satisfeitas:

1- Os componentes elementares de todas as propriedades de teste e da condição de verificação devem ser necessariamente equações ou inequações.
2- Os dois membros de todas as equações e inequações da propriedade de teste de todas as regras de transição são expressões lineares com coeficientes reais em função dos números inseridos nos compartimentos, ou seja, polinômios de primeiro grau com coeficientes reais cujas variáveis representam os conteúdos dos compartimentos.
3- Todos os componentes de todas as funções de transição devem ser funções lineares sobre os números inseridos nos compartimentos, ou seja, polinômios de primeiro grau com coeficientes reais sobre tais números. (Lembre-se que já definimos, no capítulo anterior, o que chamamos de "componente" de uma função de transição.)

4- A condição de verificação deve observar o mesmo requisito das propriedades de teste, ou seja, os dois membros de cada equação ou inequação que a compõem devem ser expressões lineares com coeficientes reais sobre os números contidos em cada compartimento; entretanto, as variáveis das expressões algébricas dos dois membros de tais equações e inequações envolvem não apenas os valores inseridos nos compartimentos, mas também a variável "t", que representa o estágio da computação em que a máquina se encontra.

Focaremos nas regras de transição parciais e na condição de verificação destes algoritmos algébricos. Observamos que uma regra de transição parcial dos algoritmos algébricos desta classe têm, necessariamente, a forma "Se os valores inseridos nos n compartimentos satisfizerem à propriedade P, então $y_k$ é dado pela equação $y_k = f_k(x_1, x_2, x_3, \dots, x_n)$", em que $x_1$, $x_2$, $x_3, \dots$ e $x_n$ são, respectivamente, os valores inseridos no primeiro, no segundo, no terceiro, ... e no enésimo compartimentos em um estágio qualquer da computação da máquina, $y_k$ o inserido no k-ésimo compartimento no estágio seguinte e $f_k$ uma função linear sobre as suas n variáveis independentes, lembrando que P é formada por equações e inequações lineares ligadas pelos conectivos de conjunção, disjunção, implicação e equivalência lógica.

A função $f_k$ tem como lei uma equação da seguinte forma:

$$f_k(x_1, x_2, x_3, \dots, x_n) = a_1x_1 + a_2x_2 + a_3x_3 + \cdots + a_nx_n + a_{n+1},$$

em que $x_1$, $x_2$, $x_3, \dots$ e $x_n$ são, respectivamente, os valores inseridos no primeiro, no segundo, no terceiro, ... e no enésimo compartimentos em um estágio qualquer da computação da máquina, e $a_1$, $a_2$, $a_3, \dots$ e $a_{n+1}$ são constantes pertencentes ao conjunto dos números reais. Qualquer função desta família é uma função linear de n variáveis (ou função polinomial de primeiro grau) e pode figurar como componente de uma função de transição de um algoritmo algébrico linear.

A propriedade P, por ser expressa da forma mencionada acima, sempre pode ser convertida à chamada forma normal conjuntiva, bem como à forma normal disjuntiva cujos literais são equações ou inequações lineares. Em outras palavras, tal propriedade é equivalente a alguma conjunção de disjunções ou disjunção de conjunções de equações e inequações lineares. Equações ou inequações lineares com n variáveis são quaisquer equações ou inequações cujos dois membros se enquadram na forma descrita pelo segundo membro da equação acima (apresentada como a lei da função $f_k$). Observemos, porém, que todos os coeficientes das expressões lineares que compõem a propriedade P devem ser números reais, para a caracterização da máquina como algoritmo algébrico linear.

De agora em diante, não falaremos mais sobre funções de transição, mas sobre componentes de funções de transição.

Agora estamos aptos a definir a classe dos algoritmos algébricos legítimos. Um algoritmo algébrico é legítimo, se, e somente se:

1- É um algoritmo algébrico linear.
2- Os valores contidos nos compartimentos são sempre nulos ou racionais positivos em todos os estágios para toda entrada.
3- Há um compartimento, o qual chamaremos de *compartimento temporal*, que, a cada estágio, tem o valor do próprio estágio inserido.
4- Sempre que a condição de verificação ocorrer, tem-se a mesma configuração, exceto no que se refere ao compartimento temporal, o qual, para estágios diferentes, terá inseridos valores diferentes, correspondentes ao estágio da computação (observe que aqui há uma inovação em relação ao modelo introduzido no capítulo anterior).
5- Toda configuração que possa ser atingida ao longo da computação deve satisfazer a uma, e apenas uma, propriedade de teste.
6- Não é possível atingir a configuração em que todos os compartimentos que não sejam o compartimento temporal contêm o número 0 ao longo da computação do algoritmo a partir de qualquer configuração inicial válida, ou seja, em qualquer estágio, deve haver pelo menos um compartimento não temporal contendo número racional positivo.
7- A condição de verificação não tem, em nenhum membro de uma equação ou inequação, a variável temporal, assim como as propriedades de teste.

Lembremos que os algoritmos algébricos computam eternamente. Então é possível que a condição de verificação seja concretizada várias vezes ao longo da computação, possivelmente infinitas vezes. Mas, de acordo com a terceira regra enunciada acima, se a mesma configuração se repetir para alguma entrada, não se trata de um algoritmo algébrico legítimo. Mais adiante, quando estudarmos a fórmula $\alpha$, veremos o porquê destas sete limitações. Também é importante observar que, por decorrência destas regras, a função de transição de um algoritmo algébrico legítimo é uma função bijetora, ou seja uma função "de 1 para 1", em que cada elemento do domínio corresponde a um, e apenas um, elemento do contradomínio, e vice-versa. Podemos dizer que as máquinas que satisfazem a estas regras são exatamente aquelas às quais se aplica a fórmula mencionada, cujo objetivo será visto mais tarde. Uma observação pertinente é que um algoritmo algébrico legítimo no qual se possa ter algum interesse tem pelo menos dois compartimentos, pois um é o compartimento temporal. Naturalmente, se este for o único compartimento, não temos por que estudá-lo.

No que segue, empregaremos conectivos como ∧, ∨, ⟹ e ⟺, sobre os quais trataremos amplamente no capítulo seguinte. Resumidamente, para as proposições p e q, $p \wedge q$ significa "p e q", $p \vee q$ tem o significado "p ou q", $p \Longrightarrow q$ quer dizer "se p, então q", e $p \Longleftrightarrow q$ é o mesmo que "se, e somente se, p, então q". Podemos resumir a proposição $p_1 \wedge p_2 \wedge \dots \wedge p_n$ da seguinte forma:

$$\bigwedge_{k=1}^{n} p_k$$

Da mesma maneira, a proposição $p_1 \vee p_2 \vee \dots \vee p_n$ pode ser escrita assim:

$$\bigvee_{k=1}^{n} p_k$$

Vamos definir agora um conceito importantíssimo em matéria de algoritmos algébricos legítimos. Trata-se da *proposição característica* de um algoritmo algébrico legítimo. Também definiremos a *proposição característica do algoritmo algébrico A associada à configuração C.* Observemos, primeiramente, que uma regra de transição de um algoritmo algébrico legítimo tem a forma

$$\left( t = y_{n+1} \Longleftrightarrow \left( \bigwedge_{j=1}^{n} (x_j = y_j) \wedge p(x_1, x_2, \dots, x_n) \right) \right) \Longrightarrow \left( t = y_{n+1} + 1 \Longleftrightarrow \bigwedge_{j=1}^{n} x_j = f_j(y_1, y_2, , \dots, y_n) \right)$$

ou outra equivalente. Qualquer regra de transição de um algoritmo algébrico legítimo pode assumir a forma acima, e quando uma regra de transição se enquadra nesta forma, diremos que se trata de uma regra de transição em forma padrão.

Aqui e em tudo o que segue deste trabalho, t representa o estágio da computação do algoritmo algébrico, e $x_k$ representa o valor inserido no k-ésimo compartimento no estágio t. Esta variável assume o valor 0 no estágio inicial, cuja configuração é a inicial, passa a assumir o valor 1 no estágio seguinte, 2 logo depois e assim por diante. Aqui n é o número de compartimentos do algoritmo. Para todo t, o valor inserido no compartimento referencial é t. As variáveis $x_1, x_2, \dots,$ $x_n$ serão chamadas de variáveis principais da regra de transição, e as variáveis $y_1, y_2, \dots,$ $y_{n+1}$, de variáveis auxiliares. A variável t, por sua vez, será chamada de variável temporal da regra de transição (não confunda variável temporal com compartimento temporal, embora ambos digam respeito ao estágio da computação; observe que o compartimento temporal é representado por uma variável principal). A proposição $p(x_1, x_2, ..., x_n)$ é a propriedade de teste da regra de transição em questão e deve, consequentemente, ser formada por equações e inequações polinomiais de primeiro grau ligadas pelos conectivos de conjunção, disjunção, implicação material e equivalência lógica. Claro que também se admite a negação, pois sempre é possível converter a negação de uma equação ou inequação em uma outra equação ou inequação. A disjunção, neste trabalho, será sempre a disjunção *inclusiva* (há também a disjunção *exclusiva*, por meio da qual se afirma que uma, e apenas uma, de duas ou mais proposições é verdadeira). A função $f_j$, para qualquer j entre 1 e n (inclusive), deve ser uma função linear, pois trata-se de um componente de função de transição de um algoritmo algébrico legítimo. Por fim, devemos observar que o conectivo principal do antecedente e do consequente de uma regra de transição de um algoritmo algébrico linear é o de equivalência lógica, indicado pelo sinal "⟺", e não o de implicação material simples, indicado por "⟹", por ser este último mais fraco. Enunciando tal proposição com o conectivo de equivalência lógica, expressamos um significado mais "denso", com maior quantidade de informação, visto que este inclui aquele outro, mas a recíproca não é verdadeira. Tal conduta não compromete a correção do nosso ato, mesmo porque a função de transição de um algoritmo algébrico legítimo é necessariamente uma função bijetora. Isso talvez entre em conflito com a forma de regra de transição de um algoritmo algébrico qualquer (não necessariamente legítimo) que apresentamos no capítulo anterior. Ocorre que neste trabalho tratamos quase exclusivamente dos algoritmos algébricos legítimos e, para estes, é relevante a substituição de "⟹" por "⟺", de maneira que o adotamos aqui por uma questão de conveniência. Por que, então, não definimos anteriormente a forma geral de uma regra de transição de um algoritmo algébrico qualquer, no capítulo anterior? Simplesmente porque, apesar de nosso interesse particular na classe dos algoritmos algébricos legítimos, vislumbramos um modelo muito mais amplo, cujas funções de transição não são necessariamente bijetoras, o que não afasta a nossa conveniência de fixar uma forma própria de regra de transição para os algoritmos algébricos legítimos.

Todo algoritmo algébrico legítimo está associado a uma *proposição característica*, a qual será chamada de $R_T$, que é, por definição a proposição

$$V \wedge \bigwedge_{j=1}^{m} R_j$$

em que V é a condição de verificação do algoritmo algébrico legítimo em questão, e $R_j$ é a j-ésima regra de transição em uma ordem arbitrária de tais regras e m é o número de regras de transição do algoritmo algébrico. Para um algoritmo algébrico legítimo específico e uma configuração inicial determinada, definimos uma outra proposição, a *proposição característica do algoritmo algébrico legítimo A associada à configuração C*, que será chamada de $R_C$. Esta proposição tem a forma $R_T \wedge (t = 0 \Leftrightarrow (x_1, x_2, \dots, x_n) = C)$ ou outra equivalente, em que $R_T$ é a proposição característica do algoritmo A, e n é o número de compartimentos de A. Nesta proposição, afirma-se que as regras de transição e a condição de verificação de um algoritmo algébrico são aquelas especificadas pela proposição característica e a configuração inicial é C. Vê-se que, uma vez especificada uma proposição característica associada a uma configuração inicial, a saída do algoritmo algébrico legítimo em questão é determinada, ou seja, pode ser calculada.

Devemos observar também que o número de variáveis auxiliares nem sempre é igual ao número de variáveis principais mais um. Pode haver menos variáveis auxiliares que o número de variáveis principais mais um. Isso ocorre, por exemplo, se o conjunto de valores que podem ser inseridos em determinado compartimento ao longo da computação for finito e definimos regras de transição para indicar como se segue a computação para cada uma destas possibilidades. Pense em um compartimento imutável; não precisaremos de uma variável auxiliar para indicar a maneira como ele se comporta. Veremos mais adiante um exemplo de algoritmo algébrico legítimo em que podemos abrir mão de uma ou mais variáveis auxiliares sem comprometer a precisão na definição do algoritmo algébrico legítimo em questão. No que segue, chamaremos de *n* o número de compartimentos do algoritmo algébrico legítimo de que estivermos tratando e de *a* o número de variáveis auxiliares, sendo que $a \leq n + 1$.

Precisamos agora apresentar dois teoremas importantíssimos em matéria de algoritmos algébricos legítimos, que chamaremos de *primeira* e *segunda propriedade fundamental dos algoritmos algébricos legítimos*.

A *primeira propriedade fundamental dos algoritmos algébricos legítimos* pode ser enunciada da seguinte forma:

$$\exists | x_w \exists x_1 \exists x_2 \dots \exists x_{w-1} \exists x_{w+1} \dots \exists x_n \forall t \forall y_1 \forall y_2 \dots \forall y_a (R_C)$$

em que o w-ésimo compartimento não é o temporal.

O universo aqui é o conjunto dos números reais não negativos, aplicável a todas as variáveis desta proposição, exceto para a variável temporal, para a qual o universo é o conjunto dos números naturais. A expressão $\exists|x$ significa "existe um único x". A expressão $\exists x$, por sua vez, significa "existe (pelo menos um) x", e a expressão $\forall x$, "qualquer que seja x". Os três quantificadores associam-se a qualquer variável para dar significado a uma proposição abstrata. Claro que em um sistema formal determinado essa possibilidade de atribuir universos distintos a variáveis distintas nem sempre seria aceitável. Poderíamos ser mais rigorosos, de certa forma, e escrever de outra forma este teorema para manter o mesmo universo para todas as variáveis, mas a proposição que o enunciaria atingiria um grau de complexidade indesejado que obscureceria a sua interpretação.

De acordo com este teorema, existe apenas um valor possível de ser inserido no w-ésimo compartimento tal que existam valores a serem atribuídos aos valores inseridos nos outros compartimentos e ao estágio da computação (representado pela variável temporal) de modo que quaisquer valores a serem atribuídos às variáveis auxiliares tornam verdadeira a proposição característica de um algoritmo algébrico legítimo associada a determinada configuração (C), o que decorre necessariamente dos requisitos que permitem classificar um algoritmo algébrico como algoritmo algébrico legítimo.

Uma breve abordagem deste teorema nos revela que não se trata de nenhuma novidade, indicando apenas de que forma uma proposição característica associada define um algoritmo algébrico legítimo que parta de determinada configuração inicial. No ato de construção de um algoritmo algébrico legítimo por meio da determinação das regras de inferência e da condição de verificação, levamos em conta que as variáveis auxiliares podem assumir qualquer valor para quaisquer valores atribuídos às variáveis principais e temporal. Entretanto, não se podem atribuir quaisquer valores às variáveis principais e temporal de modo que todos os valores reais não negativos possam ser atribuídos às variáveis auxiliares, pois há somente um valor possível a ser atribuído à variável principal que representa o conteúdo do w-ésimo compartimento em que a condição de verificação se concretiza. Isso tudo ficará mais claro com exemplos.

Como dissemos, existe um único valor real não negativo a ser atribuído à variável $x_w$ tal que existam valores a serem atribuídos às outras variáveis principais e temporal tal que a proposição característica associada é verdadeira para todas as atribuições de valores às variáveis auxiliares e à variável temporal. Sendo assim, existe uma única constante v tal que, nas condições mencionadas, o valor inserido no w-ésimo compartimento no momento da implementação da condição de verificação é v. Em outras palavras: para a satisfação de $(R_C)$ com a admissão de todas as possíveis atribuições de valores às variáveis auxiliares, para qualquer atribuição de valores às variáveis t e $x_j$, para todo $j \neq w$, $x_w = v$ para alguma constante v (sendo que, como antes, o w-ésimo compartimento não é o temporal). Em linguagem simbólica, teríamos:

$$\forall x_1 \ldots \forall x_n \forall t(\forall y_1 \forall y_2 \ldots \forall y_a(R_C) \Rightarrow x_w = v)$$

Aqui os universos das variáveis principais e auxiliares são o conjunto dos números reais não negativos e o da variável temporal é o conjunto dos números naturais.

Chamaremos este teorema de *segunda propriedade fundamental dos algoritmos algébricos legítimos.*

Atenção: esta proposição *não* é equivalente à seguinte:

$$\forall x_1 \ldots \forall x_n \forall t \forall y_1 \forall y_2 \ldots \forall y_a(R_C \Rightarrow x_w = v)$$

Em um sistema razoável de Cálculo de Predicados, não há um caminho válido, partindo dos axiomas, pelo qual se chegue à afirmação desta equivalência. Do contrário, não haveria nenhuma diferença substancial entre as variáveis principais e as auxiliares e temporal, mesmo porque, neste caso, os quantificadores poderiam ser permutados livremente. Obviamente, para afirmar isso, precisamos definir um sistema formal específico, sob pena de incorrermos em subjetividade. Entretanto, foge ao alcance deste texto demonstrar a não equivalência destas proposições, o que não significa que o leitor não possa, por si só, fazer esta demonstração.

A primeira e a segunda propriedades fundamentais dos algoritmos algébricos legítimos decorrem da maneira como $R_C$ é construída. Suponhamos que L seja um algoritmo algébrico legítimo de n compartimentos que parte da configuração $C = (a_{1,0}, a_{2,0}, \ldots, a_{n,0})$ e que, para cada estágio de computação $k \in \mathbb{N}$, o w-ésimo compartimento, para qualquer $w \in \{1,2,\ldots,n\}$, contém o valor $a_{w,k}$. Trata-se simplesmente de nomear números que sabemos que de fato existem. O compartimento temporal de L é o u-ésimo compartimento. Para simplificar a nossa análise, consideraremos que $R_C$ está na forma padrão. De acordo com nossa suposição e com o conceito de algoritmo algébrico legítimo, cada termo $a_{w,k}$ é uma constante que somente pode assumir um único valor, já que, no modelo que apresentamos até o momento, cada compartimento de um algoritmo algébrico contém um valor numérico a cada etapa da computação. Claro que tal valor depende da definição do algoritmo algébrico e do conteúdo de cada compartimento no estágio anterior, mas uma vez definido o algoritmo algébrico em questão, ficam definidos todos os valores inseridos em cada compartimento a cada etapa da computação, os quais podem ser considerados constantes para qualquer efeito. Consideremos que as variáveis principais e a temporal sejam valores a serem determinados por algum procedimento dedutivo. Em $R_C$, $x_1, x_2$, ..., $x_n$ e t são variáveis, mas consideraremos neste momento, para que possamos fazer deduções, que se trata de constantes indeterminadas, com as quais determinaremos que a exata relação entre as variáveis principais, auxiliares e temporal se dá conforme a primeira e a segunda propriedades fundamentais dos algoritmos algébricos legítimos. Suporemos também que, sendo as z propriedades de teste as proposições $p_1(x_1, x_2, ..., x_n), p_1(x_1, x_2, ..., x_n)$, ..., $p_z(x_1, x_2, ..., x_n)$, a propriedade de teste satisfeita no k-ésimo estágio da computação, para qualquer k natural, é $p_{j_k}(x_1, x_2, ..., x_n)$, para algum $j_k$ natural não nulo menor ou igual a z, com o que, novamente, apenas estamos atribuindo nomes a certos números. Desta forma, temos que, tomando como pressuposto $\forall y_1 \in \mathbb{R}_+ \forall y_2 \in \mathbb{R}_+ ... \forall y_{n+1} \in \mathbb{R}_+ R_C$,

$$(t = 0) \Leftrightarrow \left( \bigwedge_{w=1}^{n} x_w = a_{w,0} \right)$$

$$\left( t = 0 \Leftrightarrow \left( \bigwedge_{j=1}^{n} (x_j = a_{w,0}) \wedge p_{j_0}(x_1, x_2, ..., x_n) \right) \right) \Rightarrow \left( t = 1 \Leftrightarrow \bigwedge_{j=1}^{n} x_j = a_{w,1} \right)$$

A primeira proposição acima é a que enuncia a configuração inicial, que é conjuntivo de $\forall y_1 \in \mathbb{R}_+ \forall y_2 \in \mathbb{R}_+ ... \forall y_{n+1} \in \mathbb{R}_+ R_C$, e a segunda é uma instanciação de alguma regra de transição de L, a qual também é decorrência daquela proposição, que tomamos como pressuposto. De ambas concluímos, mediante um argumento da forma *modus ponens*, que

$$t = 1 \Leftrightarrow \bigwedge_{w=1}^{n} x_w = a_{w,1}$$

Observe que esta proposição não é uma contradição, pois de fato existe uma bijeção dos valores de t com as configurações possíveis, o que é assegurado pelo compartimento temporal, cujo valor é único para cada valor de t e para este valor corresponde um único valor de t. Da maneira como definimos o compartimento temporal, ele é igual a t, mas, rigorosamente, basta que a relação entre t e o valor do compartimento temporal no estágio t seja uma bijeção para que os teoremas que enunciamos neste trabalho sejam válidos, eventualmente com certas adaptações. A proposição acima pode ser conjugada com $p_{j_1}(x_1, x_2, ..., x_n)$, pois, de acordo com nossa definição de $p_{j_1}(x_1, x_2, ..., x_n)$, $\bigwedge_{j=1}^{n} x_j = a_{w,1} \Rightarrow p_{j_1}(x_1, x_2, ..., x_n)$, de maneira que podemos substituir $\bigwedge_{j=1}^{n} x_j = a_{w,1}$ por $\bigwedge_{j=1}^{n} x_j = a_{w,1} \wedge p_{j_1}(x_1, x_2, ..., x_n)$, que é uma proposição logicamente equivalente, ficamos com o seguinte:

$$t = 1 \Leftrightarrow \left( \bigwedge_{w=1}^{n} x_j = a_{w,1} \wedge p_{j_1}(x_1, x_2, \ldots, x_n) \right)$$

Mas uma consequência dos nossos pressupostos, decorrente da apropriada regra de transição, é que

$$\left( t = 1 \Leftrightarrow \left( \bigwedge_{w=1}^{n} (x_w = a_{w,1}) \wedge p_{j_1}(x_1, x_2, \ldots, x_n) \right) \right) \Rightarrow \left( t = 2 \Leftrightarrow \bigwedge_{w=1}^{n} x_j = a_{w,2} \right)$$

Com isso, chegamos a que

$$t = 2 \Leftrightarrow \bigwedge_{w=1}^{n} x_w = a_{w,2}$$

$$t = 2 \Leftrightarrow \left( \bigwedge_{w=1}^{n} x_w = a_{w,2} \wedge p_{j_2}(x_1, x_2, \ldots, x_n) \right)$$

Repetindo o procedimento sucessivamente, chegamos a

$$t = k \Leftrightarrow \bigwedge_{w=1}^{n} x_w = a_{w,k}$$

para qualquer k natural.

Entretanto, t somente pode assumir valores naturais, de maneira que

$$\bigvee_{k \in \mathbb{N}} t = k$$

Cada disjuntivo da proposição acima é equivalente a

$$\bigwedge_{w=1}^{n} x_w = a_{w,k}$$

para o mesmo valor de k, de acordo com o que vimos, de tal sorte que, em decorrência da consequente substituição de cada disjuntivo na mencionada proposição, temos que

$$\bigvee_{k \in \mathbb{N}} \bigwedge_{w=1}^{n} x_w = a_{w,k}$$

A condição de verificação, V (em função das variáveis principais), é conjuntivo da proposição característica associada quantificada que pressupusemos. Sendo assim,

$$V \wedge \bigvee_{k \in \mathbb{N}} \bigwedge_{w=1}^{n} x_w = a_{w,k}$$

$$\bigvee_{k \in \mathbb{N}} \left( V \wedge \bigwedge_{w=1}^{n} x_w = a_{w,k} \right)$$

V pode ser representado em função das variáveis principais, como $V(x_1, x_2, \dots x_n)$. Quando $\bigwedge_{w=1}^{n} x_w = a_{w,k}$, $V(x_1, x_2, \dots x_n) \Leftrightarrow V(a_{1,k}, a_{2,k}, \dots a_{n,k})$, de maneira que uma proposição pode ser livremente substituída pela outra, equivalente. Continuando:

$$\bigvee_{k \in \mathbb{N}} \left( V(x_1, x_2, \dots x_n) \wedge \bigwedge_{w=1}^{n} x_w = a_{w,k} \right)$$

$$\bigvee_{k \in \mathbb{N}} \left( V(a_{1,k}, a_{2,k}, \dots a_{n,k}) \wedge \bigwedge_{w=1}^{n} x_w = a_{w,k} \right)$$

$$\bigvee_{\substack{k \in \mathbb{N} \\ V(a_{1,k}, a_{2,k}, \dots a_{n,k})}} \left( \bigwedge_{w=1}^{n} x_w = a_{w,k} \right)$$

A condição que define o conjunto dos disjuntivos da proposição acima é $k \in \mathbb{N} \wedge V(a_{1,k}, a_{2,k}, \dots a_{n,k})$. Em todos os estágios em que esta condição é satisfeita (representados pela variável k), os valores de cada variável principal que não represente o compartimento temporal é o mesmo. Os possíveis valores de k que satisfazem a esta condição integram um conjunto que chamaremos de T, que definiremos como o conjunto dos números dos estágios em que a configuração de L satisfaz à condição de verificação. Além disso, chamaremos de $v_w$ o valor do w-ésimo compartimento de L no momento da implementação da condição de verificação, desde que este não seja o compartimento temporal. Como partimos do pressuposto de que L é um algoritmo algébrico legítimo, este valor, para cada w (exceto u), é único. Já os valores do compartimento temporal, nesta situação, são tantos quantos os momentos de implementação da condição de verificação, e o conjunto por eles formado é, necessariamente, T, devido à identidade entre os valores da variável temporal e a variável principal que representa o compartimento temporal a cada estágio. Todas as informações deste parágrafo decorrem necessariamente dos nossos pressupostos, especialmente do fato de L ser um algoritmo algébrico legítimo. Assim,

$$\bigvee_{\substack{k \in \mathbb{N} \\ V(a_{1,k}, a_{2,k}, \dots a_{n,k})}} \left( \bigwedge_{w=1}^{n} x_w = a_{w,k} \right)$$

$$x_u \in T \wedge \bigwedge_{\substack{w=1 \\ w \neq u}}^{n} x_w = v_w$$

Concluímos isso partindo das mesmas hipóteses que definem a aplicabilidade da primeira e da segunda propriedades fundamental dos algoritmos algébricos legítimos e também partindo da seguinte proposição:

$$\forall y_1 \in \mathbb{R}_+ \forall y_2 \in \mathbb{R}_+ \dots \forall y_{n+1} \in \mathbb{R}_+ R_C$$

chegando a

$$\forall x_1 \dots \forall x_n \forall t \left( \forall y_1 \forall y_2 \dots \forall y_a (R_C) \Rightarrow \left( x_u \in T \wedge \bigwedge_{\substack{w=1 \\ w \neq u}}^{n} x_w = v_w \right) \right)$$

E disto decorre imediatamente a segunda propriedade fundamental dos algoritmos algébricos legítimos, da qual a primeira propriedade fundamental dos algoritmos algébricos legítimos é decorrência lógica, demonstrável com alguns passos a mais, que omitiremos.

Veremos agora dois exemplos de algoritmos algébricos para elucidar os conceitos e teoremas expostos.

Definiremos um algoritmo algébrico legítimo com 2 compartimentos que explica os valores da progressão geométrica cujo primeiro termo é *a* e a razão é *q*.

Esclareceremos primeiro a sua única regra de transição:

$$R_1: \big((t = y_1) \Leftrightarrow (x_1 = y_2 \wedge x_2 = y_3)\big) \Longrightarrow \big((t = y_1 + 1) \Leftrightarrow (x_1 = q y_2 \wedge x_2 = y_3 + 1)\big)$$

Observe que não há propriedade de teste nesta regra de transição. Isto equivale a uma proposição tautológica, como $x_1 = x_1$, funcionando como propriedade de teste, o que nos leva a dar a esta máquina o mesmo tratamento dado aos algoritmos algébricos legítimos. O primeiro compartimento inclui os termos da progressão e o segundo é o compartimento temporal. A condição de verificação é a seguinte:

$$V: (x_2 = k - 1)$$

para algum valor *k* definido arbitrariamente entre os números naturais não nulos. Isso significa que, no momento da verificação, o valor do compartimento temporal deve ser igual ao antecessor de k. Esta condição estabelece que o número inserido no primeiro compartimento será verificado na etapa (k-1), quando este assumir o valor do k-ésimo termo da progressão geométrica cujo primeiro termo é *a* e a razão é *q*.

Para que o primeiro termo da progressão computada por esta máquina seja *a*, a configuração inicial deve ser a descrita pela proposição *P*, que mostramos em sequência:

$$P: (t = 0) \Leftrightarrow (x_1 = a \wedge x_2 = 0)$$

A proposição característica deste algoritmo algébrico legítimo, $R_T$, e a sua proposição característica associada à configuração (a,0), $R_C$, são as que seguem:

$$R_T: R_1 \wedge V$$

$$R_C: R_T \wedge P$$

O conceito de entrada de um algoritmo algébrico é elástico. Isso porque podemos construir algoritmos algébricos em função de constantes a serem definidas arbitrariamente. No caso do algoritmo em questão, cuja proposição característica associada que concebemos tem duas constantes indeterminadas, consideraremos que a entrada é o par ordenado (a,q), e não a configuração inicial, a qual será *sempre* (a,0).

Para interpretar o significado de $R_C$, lembremo-nos da primeira propriedade fundamental dos algoritmos algébricos legítimos, que, no caso, fica assim:

$$\exists | x_1 \exists x_2 \exists t \forall y_1 \forall y_2 \forall y_3 (R_C) \wedge \exists | x_2 \exists x_1 \exists t \forall y_1 \forall y_2 \forall y_3 (R_C)$$

Nos interessamos pelo primeiro compartimento, que contém os termos da progressão geométrica em estudo. A segunda propriedade fundamental dos algoritmos algébricos legítimos nos assegura que, sendo v o k-ésimo termo da progressão geométrica de primeiro termo *a* e razão *q* (*a* e *q* reais não negativos),

$$\forall x_1 \forall x_2 \forall t (\forall y_1 \forall y_2 \forall y_3 (R_C) \Rightarrow x_1 = v)$$

Vejamos um exemplo de um algoritmo algébrico legítimo com 4 compartimentos. Para tanto, precisamos definir todas as regras de transição e a condição de verificação. Não importa o número de regras de transição, desde que as limitações descritas anteriormente sejam respeitadas e que todas as sequências de 3 números reais pertencentes ao conjunto de todas as configurações possíveis, que pode ser o conjunto de todas as sequências de 3 números racionais não negativos, satisfaçam a exatamente uma propriedade de teste.

Para tanto, precisamos definir as regras de transição e a condição de verificação. O conjunto de todas as entradas possíveis, considerando como entrada uma possível configuração inicial, depende destas proposições. A definição da máquina não depende deste conjunto. Definidas as regras de transição e a condição de verificação, podemos tratar das entradas possíveis.

Aqui consideramos entrada todo par ordenado (*a,b*), em que a e b são quaisquer números reais não negativos. O algoritmo partirá da configuração (*a,b,1,0*).

$$R_1: \big((t = y_1) \Leftrightarrow (x_1 = y_2 \wedge x_2 = y_3 \wedge x_3 = 1 \wedge x_4 = y_4)\big)$$
$$\Longrightarrow \left((t = y_1 + 1) \Leftrightarrow x_1 = by_2 + 2y_3 \wedge x_2 = 2ay_2 + \frac{y_3}{2} \wedge x_3 = 0 \wedge x_4 = y_4 + 1\right)$$

$$R_2: \big((t = y_1) \Leftrightarrow (x_1 = y_2 \wedge x_2 = y_3 \wedge x_3 = 0 \wedge x_4 = y_4)\big)$$
$$\Longrightarrow \left((t = y_1 + 1) \Leftrightarrow \left(x_1 = 4y_2 + y_3 \wedge x_2 = 3y_2 + 2\frac{y_3}{3} \wedge x_3 = 1 \wedge x_4 = y_4 + 1\right)\right)$$

Observe que o quarto compartimento é o temporal.

A condição de verificação é a seguinte:

$$V: x_4 = 1000$$

Isto significa que estamos interessados na configuração deste algoritmo algébrico na milésima primeira etapa (considerando a primeira etapa a correspondente a t=0, o mesmo se podendo dizer do compartimento temporal).

A proposição característica deste algoritmo algébrico é:

$$R_T: R_1 \wedge R_2 \wedge V$$

Observe que, no caso deste algoritmo algébrico, podemos abrir mão de uma variável auxiliar na descrição da sua proposição característica. Ele tem quatro compartimentos, e sua proposição característica é definida em função de quatro variáveis principais (como era de se esperar), quatro variáveis auxiliares (e não cinco) e uma variável temporal. Lembre-se que, no caso geral, a proposição característica de um algoritmo algébrico legítimo com *n* compartimentos tem *n* variáveis principais, (*n*+1) variáveis auxiliares e uma variável temporal, o que não acontece aqui. Isso porque as duas propriedades de teste limitam os valores que podem ser inseridos no terceiro compartimento a apenas dois elementos (0 e 1), de maneira que podemos abrir mão da variável auxiliar correspondente a este compartimento. Não precisamos em nenhum momento da equação $x_3 = y_5$ na definição da proposição característica. Conseguimos expressar as regras de transição deste algoritmo algébrico sem a variável auxiliar $y_5$. Como dissemos antes, dependendo do caso, $a < n + 1$.

Por fim, a proposição característica deste algoritmo algébrico legítimo associada à configuração (*a*,*b*,1,0) é:

$$R_C\colon \big((t = 0) \Leftrightarrow (x_1 = a \wedge x_2 = b \wedge x_3 = 1 \wedge x_4 = 0)\big) \wedge R_T$$

Antes de finalizar o capítulo, definiremos dois conceitos sobre a matéria de que aqui tratamos: os *algoritmos algébricos mínimos* e os *algoritmos algébricos mínimos relacionados ao algoritmo algébrico L.*

Um algoritmo algébrico é dito *mínimo* se, e somente se, satisfaz a todas as restrições inerentes aos algoritmos algébricos legítimos, a condição de verificação não depende da variável principal correspondente ao compartimento temporal, e em toda equação ou inequação da sua proposição característica figura no máximo uma variável auxiliar. Assim, se houver a equação $x_7 = 2y_3 + y_9$ no consequente de alguma regra de transição, já podemos descartar que se trata de um algoritmo algébrico mínimo, pois há pelo menos uma equação da proposição característica que viola uma regra exposta na definição que acabamos de dar de algoritmo algébrico mínimo.

Uma regra de transição de um algoritmo algébrico mínimo com *n* compartimentos cuja proposição característica tenha (*n*+1) variáveis auxiliares tem a seguinte forma:

$$\left(t = y_1 \Leftrightarrow \left(\bigwedge_{j=1}^{n} (x_j = y_{j+1}) \wedge p(x_1, x_2, \dots, x_n)\right)\right) \Rightarrow \left(t = y_1 + 1 \Leftrightarrow \bigwedge_{j=1}^{n} x_j = a_j\left(y_{c_j}\right) + b_j\right)$$

em que $c_j$, para qualquer j natural maior ou igual a 2 e menor ou igual a (*n*+1), é algum número natural maior ou igual a 2 e menor ou igual a (*n*+1) e $a_j$ e $b_j$ são números racionais. Esta noção é facilmente adaptada para algoritmos mínimos com menos que (*n*+1) variáveis auxiliares, quando possível.

Voltemos ao algoritmo algébrico que vimos que calcula no seu primeiro compartimento os valores de uma progressão geométrica. Como podemos ver, o algoritmo algébrico em questão é um algoritmo algébrico mínimo, pois é um algoritmo algébrico legítimo cuja condição de verificação é definida por uma proposição que não inclui uma expressão com a variável principal correspondente ao compartimento temporal e cuja única regra de transição se enquadra nesta forma que acabamos de definir.

Dizemos que um algoritmo algébrico mínimo L´ cuja proposição característica tem n´ variáveis principais e a´ variáveis auxiliares é relacionado ao algoritmo algébrico L, cuja proposição característica tem *n* variáveis principais, sendo n menor ou igual a n´, e *a* variáveis auxiliares, além da variável temporal, se, e somente se, no momento da implementação da condição de verificação de L´ em seu computação, partindo de alguma configuração C´, o conteúdo do w-ésimo compartimento de L´ é igual ao conteúdo do w-ésimo compartimento de L no momento de implementação da sua respectiva condição de verificação partindo de uma configuração arbitrária aceita pelas suas regras, caso este compartimento (w) não seja o compartimento temporal, para todo w natural não nulo menor ou igual a n, sendo C´ função de C.

A importância da definição de algoritmo algébrico mínimo relacionado a determinado algoritmo algébrico legítimo vem do fato de que a aplicação da fórmula que chamaremos de fórmula $\alpha$, a qual estudaremos no capítulo IV, requer algumas técnicas especiais para o cálculo do valor fornecido no seu segundo membro, técnicas estas que serão mais simples se o algoritmo em questão for um algoritmo algébrico mínimo. Por este motivo, também é importante a técnica de conversão de algoritmos algébricos legítimos em algoritmos algébricos mínimos relacionados.

Chamamos de conversão de um algoritmo algébrico legítimo em um deste tipo a definição da proposição característica e a função que relaciona as configurações iniciais de ambos os algoritmos algébricos. Esta conversão sempre é possível. Poderíamos tratar aqui da conversão de um algoritmo algébrico legítimo em um algoritmo algébrico mínimo relacionado, mas deixaremos de fazê-lo devido à complexidade do procedimento. Felizmente, para um estudo introdutório de algoritmos algébricos, o conhecimento de métodos para realizar esta conversão é dispensável, de modo que tal omissão não terá grandes implicações para nossos propósitos.

# III- Aritmética Veritativa

Para definir um algoritmo algébrico legítimo, como vimos, podemos definir sua proposição característica ou, caso nos interesse uma entrada específica, a proposição característica associada a ela. Comumente, para este fim, utilizamos alguns conectivos funcionais de verdade, como o de conjunção, o de disjunção inclusiva, o de implicação material e o de equivalência lógica (ou bi-implicação). Estes são representados, respectivamente, pelos símbolos "□", "□", "⇒" e "⇔". Também poderá ser empregado o sinal de negação ("~"), anteposto ao componente proposicional negado. Assim, as proposições $p \wedge q$, $p \vee q$, $p \Rightarrow q$, $p \Leftrightarrow q$ e $\sim p$ significam respectivamente "p e q são verdadeiras", "p é verdadeira ou q é verdadeira (ou ambas)", "se p, então q (ou p implica q)" e "não p (ou p é falsa)". Por sua vez, a proposição

$$\sim\big(p \Leftrightarrow \sim(r \vee s)\big) \Longrightarrow \big(r \vee (p \wedge q)\big)$$

significa que, "se p não é logicamente equivalente à negação da disjunção de r e s, então a disjunção de r com a conjunção de p e q é verdadeira". Quanto à disjunção, tratamos neste texto, até o último capítulo, apenas da disjunção inclusiva, sem qualquer prejuízo, já que a disjunção exclusiva pode ser definida em termos de conjunção, disjunção inclusiva e negação, podendo, desta forma, ser integrada facilmente ao nosso estudo.

Qualquer assertiva, seja ela afirmativa ou negativa, pode ser representada por estas letras em Cálculo Proposicional. Por exemplo, a proposição "A lua é azul implica que Alex não é um chimpanzé", pode ser escrita como $p \Rightarrow \sim q$, em que p representa "A lua é azul" e q representa "Alex é um chimpanzé".

Sabemos que quaisquer que sejam p e q, são válidas as seguintes relações:

$$\big(p \wedge (q \vee r)\big) \Leftrightarrow \big((p \wedge q) \vee (p \wedge r)\big)$$

$$\big(p \vee (q \wedge r)\big) \Leftrightarrow \big((p \vee q) \wedge (p \vee r)\big)$$

Trata-se da distributividade da conjunção sobre a disjunção e da distributividade da disjunção sobre a conjunção. A validade destas relações, ou veracidade das proposições que as enunciam, pode ser verificada por métodos como o das tabelas de verdade (ou tabelas veritativas).

Sempre que temos em uma proposição (ou fórmula) um componente, simples ou complexo, para o qual há uma proposição logicamente equivalente, podemos substituir aquele componente pelo logicamente equivalente. Desta forma, podemos sempre substituir em qualquer fórmula o componente $(p \wedge (q \vee r))$ por $((p \wedge q) \vee (p \wedge r))$, e vice-versa, pois a relação de equivalência é recíproca. Isso se deve à primeira equivalência que mostramos acima. Neste trabalho, preferimos a denominação "proposição", em vez de "fórmula".

Em livros completos de Lógica, podemos encontrar tabelas fartas de equivalências lógicas e, como deixamos implícito no Sumário deste trabalho, presumimos que o leitor tenha esta bagagem, de maneira que não nos ateremos detalhadamente a esse tipo de assunto, hoje já amplamente conhecido e divulgado. De maneira mais geral, empregamos termos técnicos de Lógica sem defini-los, pois fazê-lo requereria um livro específico inteiro, o que foge aos nossos propósitos.

Queremos, aqui, apresentar um novo instrumento lógico: o das *funções veritativas* e do *operador veritativo* definidos algebricamente em um estudo que chamaremos de *Aritmética Veritativa*. Chamaremos de *função veritativa* inerente a um conectivo funcional de verdade ou à negação a função que relaciona os valores de verdade (mensurados numericamente) dos componentes da proposição composta por valores ligados pelo respectivo conectivo ao valor de verdade (idem) da mencionada proposição. Por exemplo, a função veritativa inerente à conjunção é aquela que associa o valor 0 às conjunções com um componente falso e 1 às com ambos os conjuntivos verdadeiros. O número 0 corresponde ao valor de verdade "falso", e ao valor "verdadeiro". Isso porque a conjunção é verdadeira se, e somente se, ambos os conjuntivos são verdadeiros. A disjunção, por sua vez, é verdadeira se, e somente se, pelo menos um dos disjuntivos for verdadeiro, de maneira que a função veritativa inerente ao conectivo de disjunção, quando associada a uma proposição disjuntiva específica, fornece-nos o valor 0 caso ambos os disjuntivos forem falsos, e 1 caso contrário. Já a implicação material é falsa sempre que o antecedente for verdadeiro e o consequente falso, e verdadeira nos demais casos. Isso nos leva às imagens da função veritativa associada à implicação material aplicada sobre um condicional. Duas proposições são equivalentes se, e somente se, têm o mesmo valor de verdade, e não o são, caso contrário. A partir disso, podemos facilmente definir a função veritativa correspondente. O mesmo podemos dizer sobre a função veritativa inerente à negação, observando que o operador negação retorna uma proposição com valor de verdade inverso ao da proposição original. Há 16 conectivos funcionais de verdade, um para cada tabela de verdade possível para proposições com dois componentes distintos. Para cada um deles, há uma função veritativa associada, assim como, por conveniência nossa, há uma para a negação.

De acordo com o que expomos no parágrafo anterior, cada conectivo funcional de verdade e a negação associam-se a uma função veritativa. Também definiremos o que chamamos de *operador veritativo*, a ser aplicado sobre proposições. Este operador dá como saída 0, caso a proposição seja falsa, e 1, caso seja verdadeira. Claro que se pode tratar do mesmo tema em termos de *funções*, expandindo o âmbito do conceito de função veritativa, em lugar de um operador, mas optamos por este caminho por questão de simplicidade. Tratar de funções nos levaria a um nível de complexidade mais elevado desnecessariamente.

Escrevemos entre colchetes uma proposição sobre a qual designamos a aplicação do operador veritativo. Assim, [p] assume o valor 0, caso p seja falsa, ou 1, caso p seja verdadeira. Assim,

[2+2=4]=1

[1-1=1]=0

["A lua é feita de queijo"]=0

["A lua é feita de queijo" ou 2+2=4]=1

Já o valor retornado da aplicação do operador veritativo à proposição "Alex é um chimpanzé" depende de um conhecimento sobre Alex. A princípio, não sabemos se este valor é 0 ou 1, de maneira que deixaremos este valor desconhecido indicado pela expressão ["Alex é um chimpanzé."] em que

["Alex é um chimpanzé."]=1, se Alex for um chimpanzé, e

["Alex é um chimpanzé."] = 0, se Alex não for um chimpanzé.

Observe que, como para toda proposição p, $[p] \in \{0,1\}$,

$$[p]^2 = [p]$$

e, de forma mais geral,

$$n \in \mathbb{N}^* \Rightarrow [p]^n = [p]$$

A menos que afirmemos expressamente o contrário, quando mencionarmos o valor veritativo de p, estamos nos referindo ao valor numérico de [p]. Por exemplo: o valor veritativo da proposição 2>1 é 1, pois [2>1]=1, de acordo com a definição do operador veritativo.

Observemos que a ideia de introduzir proposições entre colchetes para significar 1 caso a proposição seja verdadeira e 0 em caso contrário não é nova. Alguns autores já fizeram isso. Entretanto, precisamos desenvolver um estudo minucioso das relações envolvendo expressões como estas, com abundantes resultados, o que, ao que parece, ainda não foi feito. Sem nos aventurarmos nesse sentido, jamais realizaremos um estudo fértil dos algoritmos algébricos legítimos, envolvendo teoremas que fujam ao óbvio. Introduzimos, para este fim, os conceitos de operador veritativo e funções veritativas, a base desta nossa teoria.

Voltemos às funções veritativas associadas aos conectivos funcionais de verdade e à negação. Dos conectivos funcionais de verdade, os que nos interessam são a conjunção, a disjunção inclusiva, a implicação material e a equivalência lógica.

O que queremos aqui é relacionar o valor de $[p \wedge p]$, $[p \vee q]$, $[p \Rightarrow q]$, $[p \Leftrightarrow q]$ e $[\sim p]$ em função de [p] e [q].

Comecemos com a negação. Se p é verdadeira, ~p é valsa, e, se p é falsa, então ~p é verdadeira. Assim, em qualquer caso,

$$[\sim p] = 1 - [p]$$

Para a conjunção, podemos pensar no seguinte. Precisamos de uma função com domínio em $\{0,1\}^2$ cuja imagem seja 1 se, e somente se, as duas variáveis independentes assumirem o valor 1, e seja 0, caso contrário. Sabemos que a multiplicação satisfaz a estas restrições. Desta forma,

$$[p \wedge q] = [p][q]$$

Com isso, satisfazemos a tabela de verdade da conjunção quaisquer que sejam os valores de [p] e [q].

Partamos agora para a disjunção. Temos a seguinte equivalência:

$$(p \vee q) \Leftrightarrow \sim(\sim p \wedge \sim q)$$

Por isso, podemos, em qualquer contexto, substituir a disjunção de duas proposições pela negação da conjunção das suas negações. Tendo isso em vista, podemos dizer que:

$$[p \vee q] = [\sim(\sim p \wedge \sim q)] = 1 - [\sim p \wedge \sim q] = 1 - (1 - [p])(1 - [q]) = 1 - (1 - [p] - [q] + [p][q])$$
$$= [p] + [q] - [p][q]$$

O leitor pode verificar que esta função satisfaz à tabela de verdade da disjunção, sem grandes dificuldades.

Há dois caminhos imediatos para definirmos a função veritativa da implicação material, consubstanciados pelas seguintes equivalências:

$$(p \Rightarrow q) \Leftrightarrow \sim(p \wedge \sim q)$$

$$(p \Rightarrow q) \Leftrightarrow (\sim p \vee q)$$

Estes caminhos consistem em substituir o condicional por uma das duas expressões equivalentes. Não é de causar surpresa que ambos nos conduzem à mesma função. Vamos explorar a segunda equivalência, que nos custará menos esforço.

$$[p \Rightarrow q] = [\sim p \vee q] = [\sim p] + [q] - [\sim p][q] = 1 - [p] + [q] - (1 - [p])[q] = 1 - [p] + [p][q]$$

Por fim, para definirmos a função veritativa da equivalência lógica, escolheremos um caminho, a partir de duas equivalências conhecidas:

$$(p \Leftrightarrow q) \Leftrightarrow ((p \Longrightarrow q) \wedge (q \Rightarrow p))$$

$$(p \Leftrightarrow q) \Leftrightarrow ((p \wedge q) \vee (\sim p \wedge \sim q))$$

Nossa técnica consiste, novamente, em substituir a proposição sobre a qual aplicaremos o operador veritativo, que é o bicondicional de p e q, por uma expressão equivalente cujos conectivos funcionais de verdade correspondam a funções veritativas já definidas. Escolheremos, como antes, a segunda equivalência, para este fim.

$$[p \Leftrightarrow q] = [p \wedge q] + [\sim p \wedge \sim q] - [p \wedge q][\sim p \wedge \sim q] = [p \wedge q] + [\sim p \wedge \sim q] - [p \wedge q](1 - [p])(1 - [q])$$
$$= [p \wedge q] + [\sim p \wedge \sim q] - [p][q](1 - [p] - [q] + [p][q])$$
$$= [p \wedge q] + [\sim p \wedge \sim q] - ([p][q] - [p]^2[q] - [p][q]^2 + ([p][q])^2)$$
$$= [p \wedge q] + [\sim p \wedge \sim q] - ([p][q] - [p][q] - [p][q] + [p][q]) = [p \wedge q] + [\sim p \wedge \sim q]$$
$$= [p][q] + (1 - [p])(1 - [q]) = [p][q] + 1 - [p] - [q] + [p][q]$$
$$= 1 + 2[p][q] - [p] - [q]$$

Todas as funções veritativas até aqui estudadas respeitam as respectivas tabelas de verdade. Tomemos como exemplo a que acabamos de definir:

$$[p \Leftrightarrow q] = 1 + 2[p][q] - [p] - [q]$$

Como [p] e [q] só podem assumir os valores 0 e 1, esta função retorna 1 apenas se [p] e [q] forem iguais (ambos iguais a 0 ou ambos iguais a 1), e retorna 0 caso contrário. Isso está em conformidade com o fato de que, se duas proposições são logicamente equivalentes, ambas têm o mesmo valor de verdade (verdadeiro ou falso).

Tal como podemos ver, podemos aplicar o operador veritativo sucessivamente para definir o valor de verdade de uma proposição composta para definir o valor correspondente em função dos valores decorrentes da aplicação deste operador a cada componente elementar. Fizemos isso para definir certas funções veritativas. Isso pode ser feito também como a seguir. Vamos pegar como exemplo a seguinte proposição:

$$((p \Longrightarrow (\sim q \wedge (r \vee (\sim s \Leftrightarrow q))) \vee \sim(q \vee r \vee \sim s)$$

Queremos calcular $[((p \Longrightarrow \left(\sim q \wedge (r \vee (\sim s \Leftrightarrow q))\right) \vee \sim(q \vee r \vee \sim s)]$. Vimos que podemos calcular o valor de $[u \vee v]$ em função de [u] e [v]. Sendo assim, podemos calcular o valor desejado em função de $\left[p \Longrightarrow \left(\sim q \wedge (r \vee (\sim s \Leftrightarrow q))\right)\right]$ e $[\sim(q \vee r \vee \sim s)]$. Já este primeiro valor, uma vez que sabemos determinar o valor de $[u \Rightarrow v]$ em função de [u] e [v], pode ser calculado em função de [p] e $[\sim q \wedge (r \vee (\sim s \Leftrightarrow q))]$. Este último, por sua vez, pode ser calculado em função de $[\sim q]$ e $[r \vee (\sim s \Leftrightarrow q)]$, e assim por diante. Procedendo desta forma, "quebramos" a proposição inicial em partes cada vez menores, até chegarmos aos seus componentes indivisíveis, a saber, [p], [q], [r] e [s].

Sendo $P(p_1, p_2, ... p_n)$ uma proposição cujos componentes sejam $p_1, p_2, ... p_n$, pode-se determinar uma função $f([p_1], [p_2], ... [p_n])$ cuja imagem é o valor de $[P(p_1, p_2, ... p_n)]$. Não há limites para o nível de complexidade de $P(p_1, p_2, ... p_n)$ para este fim. E pode-se demonstrar que $f([p_1], [p_2], ... [p_n])$ é uma função polinomial.

Pelo que vimos, se P é a conjunção, disjunção, implicação material ou equivalência lógica da afirmação ou negação de $p_1$ e $p_2$, ou da negação de um com a afirmação do outro, então $[P(p_1, p_2)]$ é uma função polinomial sobre $[p_1]$ e $[p_2]$, e o mesmo se pode dizer sobre $[\sim P(p_1, p_2)]$. Assim, se tivermos uma expressão veritativa em função de uma proposição mais complexa, da forma $[P(p_1, p_2, ... p_n)]$, que corresponde a alguma função $f([p_1], [p_2], ... [p_n])$, para determinar a estrutura de f, desmembraremos P em uma conjunção, disjunção, implicação material ou equivalência lógica de duas proposições mais simples (ou mesmo a negação de uma proposição mais simples), e f será um polinômio em função do operador veritativo aplicado a estas proposições mais simples, as quais, por sua vez, são polinômios sobre o operador veritativo aplicado a proposições mais simples ainda, e assim por diante. Como resultado do procedimento de "decomposição" de P, chegaremos, em algum momento, aos componentes elementares $p_1, p_2, \dots p_n$. Como sabemos que polinômios de polinômios (mesmo que de várias variáveis) são polinômios, isso completa a nossa demonstração. Em síntese: para quaisquer proposições $p_1, p_2, \dots p_n$ e qualquer fórmula $P(p_1, p_2, \dots p_n)$,

$$[P(p_1, p_2, \dots p_n)] = f([p_1], [p_2], \dots [p_n])$$

sendo f uma função polinomial.

Podemos restringir ainda mais a estrutura da lei da função f. A afirmação anterior implica que $f([p_1], [p_2], \dots [p_n])$ é uma somatória em que cada termo é composto de um coeficiente (real) multiplicado pelo produtório de $[p_1]$, $[p_2]$, ... e $[p_n]$ em que cada um destes últimos é elevado a um número natural. Como sabemos que

$$n \in \mathbb{N}^* \Rightarrow [p]^n = [p],$$

podemos reunir no mesmo termo da somatória termos como $a_1[p_1]^4[p_2]^3$ e $a_2[p_1]^1[p_2]^7$ em termos da forma $a_3[p_1][p_2]$. Isso se aplica aos produtos de duas, três, quatro ou qualquer número de variáveis independentes da função f. E, também por indução finita, podemos dizer que os coeficientes da somatória resultante são todos racionais. Podemos sintetizar tal fato assim: *existem constantes racionais* $a_{j_1, j_2, \dots j_n}$, *com* $j_i \in \{0,1\}$ *para* $i \in \{1,2, \dots, n\}$ *tais que*

$$[P(p_1, p_2, \dots p_n)] = \sum_{j_1=0}^{1} \sum_{j_2=0}^{1} \dots \sum_{j_n=0}^{1} a_{j_1, j_2, \dots j_n} \prod_{k=1}^{n} [p_k]^{j_k}$$

Dada uma expressão da forma $[p]x$, em que p é uma proposição e x é um número, chamaremos o fator $[p]$ de *parte veritativa* da expressão e x de *parte não veritativa*. Para identificar a parte não veritativa de uma expressão, basta notar que se trata de um componente que é constante em relação a qualquer proposição. Perceba que para toda expressão puramente numérica (que não seja função de nenhuma proposição) há uma outra expressão equivalente que pode ser decomposta em uma parte veritativa e uma parte não veritativa, em que a parte não veritativa é a própria expressão original e a parte veritativa é o componente [v], omitido, em que v é uma tautologia. Isso porque, neste caso, [v]=1. O número 0 pode se decompor em uma parte veritativa e uma parte não veritativa de outra forma: 0=[c]x, em que c é uma contradição e x é um número qualquer tomado arbitrariamente (por quê?). A expressão

$$[p_1]x_1 + [p_2]x_2 + \cdots + [p_n]x_n$$

é uma soma cujos termos podem ser definidos em $[p_j]$, a sua parte veritativa, e $x_j$, a sua parte não veritativa.

É fácil verificar que:

$$[p_1 \wedge p_2 \wedge \ldots \wedge p_n] = \prod_{j=1}^{n} [p_j]$$

Um pouco mais complicado é determinar o valor de verdade de uma disjunção em função dos valores de verdade de seus disjuntivos. Tanto no caso da conjunção como no da disjunção inclusiva ou no da disjunção exclusiva, podemos dizer que tais conectivos lógicos são associativos e comutativos. Isso decorre das suas respectivas definições. Consequentemente, a expressão do valor veritativo de uma disjunção inclusiva, bem como o de uma disjunção exclusiva ou conjunção, em função dos valores de verdade de cada componente deve satisfazer a esses requisitos. No caso da conjunção, já vimos que isso ocorre, pois em um produtório podemos permutar livremente os fatores, estabelecendo qualquer ordem. Já demonstramos que, no caso de dois disjuntivos (em uma disjunção inclusiva), temos que:

$$[p \vee q] = [p] + [q] - [p][q]$$

Vamos ver o que ocorre quando há três disjuntivos.

$$\begin{aligned}[p \vee q \vee r] &= [p] + [q \vee r] - [p][q \vee r] = [p] + ([q] + [r] - [q][r]) - [p]([q] + [r] - [q][r]) \\ &= [p] + [q] + [r] - [p][q] - [p][r] - [q][r] + [p][q][r]\end{aligned}$$

Podemos deduzir o valor da expressão correspondente para quatro, cinco, seis componentes, e assim por diante. Em todos os casos, verificamos o seguinte:

$$\left[\bigvee_{j=q}^{n} p_j\right] = \sum_{j=1}^{n} (-1)^{j+1} S_j$$

em que $S_j$ é a soma dos valores veritativos dos componentes multiplicados entre si de j em j, ou seja,

$$S_1 = \sum_{k=1}^{n} [p_k]$$

$$S_2 = \sum_{k=1}^{n-1} \sum_{l=k+1}^{n} [p_k][p_l]$$

$$S_3 = \sum_{k_1=1}^{n-2} \sum_{k_2=k_1+1}^{n-1} \sum_{k_3=k_2+1}^{n} [p_{k_1}][p_{k_2}][p_{k_3}]$$

e assim por diante (observe que não há repetição de termos com os fatores permutados nestas expressões que definimos).

O valor veritativo da disjunção inclusiva de n disjuntivos também pode ser expresso da seguinte forma:

$$\left[\bigvee_{j=q}^{n} p_j\right] = \sum_{j_1=0}^{1} \sum_{j_2=0}^{1} \cdots \sum_{j_n=0}^{1} (-1)^{j_1+j_2+\cdots+j_n} \prod_{k=1}^{n} [p_k]^{j_k}$$

Como podemos ver, a expressão que oferece o valor veritativo de uma disjunção em função dos valores veritativos de cada componente é bastante complexa. Para n disjuntivos, tal expressão é uma soma de $2^n$ parcelas. Entretanto, em muitos casos, sabemos que os disjuntivos são mutuamente excludentes, ou seja, a veracidade de um implica a falsidade dos demais. Se, nesses casos, quisermos determinar o valor veritativo da disjunção, faremos uso de um conectivo que definiremos como "adição" de proposições. Comecemos com a disjunção de dois componentes mutuamente exclusivos.

Se $p \Rightarrow \sim q$, então definiremos como *soma de p e q* e designaremos como $p + q$ a sua disjunção. Assim,

$$(p \Rightarrow \sim q) \Rightarrow \big((p \vee q) = (p + q)\big)$$

$$(p \Rightarrow \sim q) \Rightarrow ([p \vee q] = [p + q])$$

Obviamente, $(p \Rightarrow \sim q) \Rightarrow (q \Rightarrow \sim p)$. Se, por outro lado, não se verificar que $p \Rightarrow \sim q$, então a soma de p e q permanecerá indefinida. Tal conceito somente terá utilidade em situações nas quais soubermos antecipadamente que as proposições em questão são mutuamente excludentes.

Para disjunções com n disjuntivos mutuamente exclusivos, definiremos a sua soma da mesma forma e denotaremos tal operador com o sinal de somatória.

$$\left(\bigwedge_{\substack{1\leq j,k\leq n\\ j\neq k}} p_j \Rightarrow \sim p_k\right) \Rightarrow \left(\bigvee_{j=1}^{n} p_j = p_1 + p_2 + \cdots + p_n = \sum_{j=1}^{n} p_j\right)$$

Isso será tomado como verdadeiro *por definição.* Pode-se verificar que, quando os disjuntivos são mutuamente excludentes, o valor veritativo da disjunção é a soma dos valores veritativos dos disjuntivos. Daí a importância deste conceito. Este importante resultado no âmbito do nosso trabalho, descrito em linguagem simbólica, fica assim:

$$\left[\sum_{j=1}^{n} p_j\right] = \sum_{j=1}^{n} [p_j]$$

Essa expressão (a do segundo membro da equação acima) é muito mais simples que a que expusemos para representar o valor veritativo de uma disjunção inclusiva qualquer. Basta somar os valores veritativos de cada componente, o que nos dá uma soma de apenas n parcelas. Isso, é claro, se soubermos antecipadamente que cada qual implica a negação de qualquer outro de seus componentes. Aplicaremos esta relação sempre que possível para simplificar as nossas expressões.

Dada uma sequência de números reais, $(x_1, x_2, \ldots, x_n)$, definimos como $min(x_1, x_2, \ldots, x_n)$ o menor número da sequência e como $max(x_1, x_2, \ldots, x_n)$ o maior. Se os números são constantes, basta tomar o menor número para o operador *min*, ou o maior para o operador *max*. O problema é quando os termos da sequência de variáveis são expressões algébricas e temos o interesse de expressar o *min* ou *max*. Podemos determinar expressões para representar $min(x_1, x_2, \ldots, x_n)$ e $max(x_1, x_2, \ldots, x_n)$ em função de $x_1, x_2, \ldots, x_n$. Vejamos.

Podemos verificar que:

$$max(x_1, x_2, \ldots, x_n) = x_1[max(x_1, x_2, \ldots, x_n) = x_1] + \sum_{j=2}^{n} x_j \left[max(x_1, x_2, \ldots, x_n) = x_j \wedge \bigwedge_{k=1}^{j-1} x_j \neq x_k\right]$$

para n maior ou igual a 2.

Há no segundo membro desta equação n parcelas. A parte veritativa de cada parcela é igual a 0, exceto a que multiplique $x_w$, sendo que w é o número de ordem da primeira aparição do máximo da sequência. Fazemos esta ressalva porque, dependendo do caso, há mais de um termo igual ao máximo da sequência (este termo pode ser repetido). Por exemplo, tome a sequência (4,2,4,3,4). O máximo é 4, aparecendo três vezes na série.

Como apenas o coeficiente de $x_w$ é igual a 1 e os outros são todos nulos, sendo $x_w$ o máximo da série, então a equação é verdadeira. Disso decorre o que segue:

$$max(x_1, x_2, \dots, x_n) = x_1[max(x_1, x_2, \dots, x_n) = x_1] + \sum_{j=2}^{n} x_j \left[ max(x_1, x_2, \dots, x_n) = x_j \wedge \bigwedge_{k=1}^{j-1} x_j \neq x_k \right]$$

$$= x_1 \left[ \bigwedge_{m=2}^{n} x_1 \geq x_m \right] + \sum_{j=2}^{n} x_j \left[ \bigwedge_{\substack{m=1 \\ m \neq j}}^{n} x_j \geq x_m \right] \prod_{k=1}^{j-1} [x_j \neq x_k]$$

$$= x_1 \prod_{m=2}^{n} [x_1 \geq x_m] + \sum_{j=2}^{n} x_j \left( \prod_{\substack{m=1 \\ m \neq j}}^{n} [x_j \geq x_m] \right) \prod_{k=1}^{j-1} [x_j \neq x_k]$$

Para calcular o valor de $min(x_1, x_2, \dots, x_n)$, podemos empregar um raciocínio análogo a este ou fazer as devidas substituições na igualdade encontrada, levando em conta que

$$min(x_1, x_2, \dots, x_n) = -max(-x_1, -x_2, \dots, -x_n)$$

Tanto num caso, quanto noutro, chegaremos a

$$min(x_1, x_2, \dots, x_n) = x_1 \prod_{m=2}^{n} [x_1 \leq x_m] + \sum_{j=2}^{n} x_j \left( \prod_{\substack{m=1 \\ m \neq j}}^{n} [x_j \leq x_m] \right) \prod_{k=1}^{j-1} [x_j \neq x_k]$$

Para simplificar a escrita, quando for possível, definiremos:

$$min_{k=1}^{n}(x_k) = min(x_1, x_2, \dots, x_n)$$

$$max_{k=1}^{n}(x_k) = max(x_1, x_2, \dots, x_n)$$

Uma aplicação dos instrumentos que estamos estudando neste capítulo é nas integrais definidas. Em decorrência dos conceitos de integral e do operador veritativo, podemos verificar que temos a seguinte igualdade:

$$\int_a^b f(x)dx = \int_{-\infty}^{\infty} [x \geq a][x \leq b] f(x)dx$$

para quaisquer *a* e *b* reais tais que $a \leq b$.

De maneira mais geral, podemos afirmar o seguinte:

$$\int_{-\infty}^{\infty} [x \geq a][x \leq b] f(x)dx = [a \leq b] \int_{a}^{b} f(x)dx$$

para quaisquer a e b reais. É o mesmo que dissemos antes com outras palavras. Note que, se a for menor ou igual a b, o coeficiente da integral do segundo membro é igual a 1 e as integrais do primeiro e do segundo membro são iguais; caso contrário, é igual a 0, caso em que a integral do primeiro membro é nula.

Este teorema pode ser generalizado da seguinte forma:

$$\int_{-\infty}^{\infty} \prod_{j=1}^{u} [x \geq a_j] \prod_{k=1}^{v} [x \leq b_k] f(x)dx = [\max(a_1, a_2, \dots, a_u) \leq \min(b_1, b_2, \dots, b_v)] \int_{\max(a_1,a_2,\dots,a_u)}^{\min(b_1,b_2,\dots,b_v)} f(x)dx$$

Em muitos casos, combinaremos este resultado com aqueles que apresentamos em relação aos operadores *min* e *max*.

Também se pode aplicar o operador veritativo para se derivar igualdades no âmbito das integrais múltiplas. Vejamos.

$$\iiint_A \dots \int f(x_1, x_2, x_3, \dots, x_n) dx_1 dx_2 dx_3 \dots dx_n$$

$$= \iiint_{\mathbb{R}^n} \dots \int [(x_1, x_2, x_3, \dots, x_n) \in A] f(x_1, x_2, x_3, \dots, x_n) dx_1 dx_2 dx_3 \dots dx_n$$

em que A é subconjunto de $\mathbb{R}^n$.

Isso no universo dos números reais.

São conhecidas as seguintes equivalências no âmbito do que seria uma Teoria dos Conjuntos aceitável:

$$\forall x \big(x \in A \cup B \Leftrightarrow (x \in A \vee x \in B)\big)$$

$$\forall x \big(x \in A \cap B \Leftrightarrow (x \in A \wedge x \in B)\big)$$

Em consequência, temos que:

$$\iiint_{A\cup B} \dots \int f(x_1, x_2, x_3, \dots, x_n) dx_1 dx_2 dx_3 \dots dx_n$$

$$= \iiint_{\mathbb{R}^n} \dots \int [(x_1, x_2, x_3, \dots, x_n) \in A \cup B] f(x_1, x_2, x_3, \dots, x_n) dx_1 dx_2 dx_3 \dots dx_n$$

$$= \iiint_{\mathbb{R}^n} \dots \int [(x_1, x_2, x_3, \dots, x_n) \in A \vee (x_1, x_2, x_3, \dots, x_n)$$
$$\in B] f(x_1, x_2, x_3, \dots, x_n) dx_1 dx_2 dx_3 \dots dx_n$$

$$= \iiint_{\mathbb{R}^n} \dots \int ([(x_1, x_2, x_3, \dots, x_n) \in A] + [(x_1, x_2, x_3, \dots, x_n) \in B]$$
$$- [(x_1, x_2, x_3, \dots, x_n) \in A][(x_1, x_2, x_3, \dots, x_n) \in B]) f(x_1, x_2, x_3, \dots, x_n) dx_1 dx_2 dx_3 \dots dx_n$$

$$= \iiint_{\mathbb{R}^n} \dots \int [(x_1, x_2, x_3, \dots, x_n) \in A] f(x_1, x_2, x_3, \dots, x_n) dx_1 dx_2 dx_3 \dots dx_n$$

$$+ \iiint_{\mathbb{R}^n} \dots \int [(x_1, x_2, x_3, \dots, x_n) \in B] f(x_1, x_2, x_3, \dots, x_n) dx_1 dx_2 dx_3 \dots dx_n$$

$$- \iiint_{\mathbb{R}^n} \dots \int [(x_1, x_2, x_3, \dots, x_n) \in A][(x_1, x_2, x_3, \dots, x_n)$$
$$\in B] f(x_1, x_2, x_3, \dots, x_n) dx_1 dx_2 dx_3 \dots dx_n$$

E, da mesma forma:

$$\iiint_{A\cap B} \dots \int f(x_1, x_2, x_3, \dots, x_n) dx_1 dx_2 dx_3 \dots dx_n$$

$$= \iiint_{\mathbb{R}^n} \dots \int [(x_1, x_2, x_3, \dots, x_n) \in A \cap B] f(x_1, x_2, x_3, \dots, x_n) dx_1 dx_2 dx_3 \dots dx_n$$

$$= \iiint_{\mathbb{R}^n} \dots \int [(x_1, x_2, x_3, \dots, x_n) \in A \wedge (x_1, x_2, x_3, \dots, x_n)$$
$$\in B] f(x_1, x_2, x_3, \dots, x_n) dx_1 dx_2 dx_3 \dots dx_n$$

$$= \iiint_{\mathbb{R}^n} \dots \int [(x_1, x_2, x_3, \dots, x_n) \in A][(x_1, x_2, x_3, \dots, x_n)$$
$$\in B] f(x_1, x_2, x_3, \dots, x_n) dx_1 dx_2 dx_3 \dots dx_n$$

Com estas relações, trabalhando por etapas, podemos determinar uma soma de integrais sobre o produto da função f: $\mathbb{R}^n \longrightarrow \mathbb{R}$ por produtórios de expressões da forma $[(x_1, x_2, x_3, \ldots, x_n) \in A_i], i \in \{1,2, \ldots, n\}$, integrado sobre os pontos de um conjunto C definido pela aplicação dos operadores união e intersecção sobre os conjuntos $A_1, A_2, \ldots A_n \in \mathbb{R}$ que seja igual a

$$\iiint_C \ldots \int f(x_1, x_2, x_3, \ldots, x_n)\, dx_1 dx_2 dx_3 \ldots dx_n$$

Pode parecer desnecessário fazer estas observações, mas estas relações envolvendo integrais serão amplamente exploradas na apresentação do algoritmo $\gamma$, como veremos no momento apropriado.

Temos particular interesse em expressões do tipo

$$\iiint_A \ldots \int f(x_1, x_2, x_3, \ldots, x_n)\, dx_1 dx_2 dx_3 \ldots dx_n$$

em que $A = \{(q_1, q_2, \ldots, q_k) | P(q_1, q_2, \ldots, q_k)\}$ sendo $q_1, q_2, \ldots, q_k$ equações ou inequações em função de $x_1, x_2, x_3, \ldots, x_n$ e $P(q_1, q_2, \ldots, q_k)$ uma proposição em que $q_1, q_2, \ldots, q_k$ aparecem ligadas pelos conectivos de conjunção, disjunção, implicação e equivalência lógica (admitindo-se também expressões com o operador negação).

Esta integral é igual ao seguinte:

$$\iiint_A \ldots \int f(x_1, x_2, x_3, \ldots, x_n) dx_1 dx_2 dx_3 \ldots dx_n$$

$$= \iiint_{\mathbb{R}^n} \ldots \int [P(q_1, q_2, \ldots, q_k)] f(x_1, x_2, x_3, \ldots, x_n) dx_1 dx_2 dx_3 \ldots dx_n$$

e, pelas ferramentas expostas neste capítulo, pode ser convertida à soma de integrais mais simples.

Uma situação interessante é quando nos deparamos com expressões do tipo $[p(a_1[q_1] + a_2[q_2] + \cdots + a_n[q_n] + b)]$. Podemos retirar os colchetes dentro dos colchetes. Vamos por partes. Vejamos primeiro um caso elementar para depois partirmos para uma generalização. Comecemos com n=1.

$$[p(a[q]+b)]=[q]p(1a+b)+[\sim q]p(0a+b)=\sum_{j=0}^{1}k(j,k)[p(ja+b)]$$

em que $k:\{0,1\}\times P\longrightarrow\{0,1\}$, sendo P o conjunto de todas as proposições, assume os seguintes valores:

$$k(0,q)=[q]$$

$$k(1,q)=[\sim q]$$

Isso é o mesmo que dizer:

$$k(0,q)=[q]$$

$$k(1,q)=1-[q]$$

Disso decorre a definição geral da lei da função *k*:

$$k(j,q)=j+(1-2j)[q]$$

Devemos fazer um esclarecimento sobre a igualdade que encontramos para a expressão $[p(a[q]+b)]$. Quando *q* é verdadeira, a fórmula retorna $[p(a[q]+b)]$, com [q]=1, e, quando *q* é falsa, também retorna $[p(a[q]+b)]$, desta vez com [q]=0, de maneira que, em qualquer caso temos o valor correto da expressão.

Extraindo-se dos colchetes de fora um colchete de cada vez, chegamos a uma generalização.

$$[p(a_1[q_1]+a_2[q_2]+\cdots+a_n[q_n]+b)]$$
$$=\sum_{j_1=0}^{1}\sum_{j_2=0}^{1}\cdots\sum_{j_n=0}^{1}\left(\prod_{v=1}^{n}(j_v+(1-2j_v)[q_v])\right)[p(a_1j_1+a_2j_2+\cdots+a_nj_n+b)]$$

Pelo mesmo raciocínio, podemos chegar a um resultado mais geral, em que a expressão sobre a qual *p* incide não é necessariamente uma função linear sobre $[q_1],[q_2],\ldots,[q_n]$, mas *qualquer* função.

$$[p([q_1],[q_2],\ldots,[q_n])]=\sum_{j_1=0}^{1}\sum_{j_2=0}^{1}\cdots\sum_{j_n=0}^{1}\left(\prod_{v=1}^{n}(j_v+(1-2j_v)[q_v])\right)[p(j_1,j_2,\ldots,j_n)]$$

Até agora lidamos com proposições sem quantificadores. Entretanto, não podemos deixar de analisar a questão do valor de verdade de uma proposição quantificada.

Comecemos lidando com proposições com variáveis ligadas a quantificadores em um contexto em que o universo é $\mathbb{N}$, e tomemos a proposição $\exists x p(x)$.

Queremos calcular o valor de $[\exists x p(x)]$. Sabemos que esta proposição é verdadeira, se, para pelo menos um j natural, $[p(j)] = 1$. Como para qualquer j, $[p(j)] \in \{0,1\}$, então, se somarmos os valores de $[p(j)]$ para todo j natural, teremos uma soma maior ou igual a 1, se, e somente se, para pelo menos um j, $[p(j)] = 1$, ou seja, isso ocorre, se, e somente se, $[\exists x p(x)] = 1$; caso contrário, a soma será nula, necessariamente. Com isso, estamos aptos a definir uma expressão matemática para $[\exists x p(x)]$:

$$[\exists x p(x)] = \left[\sum_{j=0}^{\infty} [p(j)] \geq 1\right]$$

Aqui encontramos colchetes dentro de colchetes. Dependendo da estrutura de *p*, podemos reduzir esta série infinita em uma expressão finita, a qual também terá, no primeiro momento, colchetes dentro de colchetes. Mas lembramos que já vimos como retirar os colchetes de dentro, gerando uma expressão finita.

Ainda dentro de um contexto em que o universo é o dos números naturais, vejamos como calcular o valor de $[\forall x p(x)]$. Agora que vimos o caso análogo em que o quantificador é o existencial, fica fácil calcular o valor da nova expressão. Vejamos.

$$\forall x p(x) \Leftrightarrow \sim\exists x \sim p(x)$$

$$[\forall x p(x)] = 1 - [\exists x \sim p(x)] = 1 - \left[\sum_{j=0}^{\infty} [\sim p(j)] \geq 1\right] = 1 - \left[\sum_{j=0}^{\infty} (1 - [p(j)]) \geq 1\right]$$

Temos que tomar cuidado para não desmembrar a expressão

$$\sum_{j=0}^{\infty} (1 - [p(j)])$$

em

$$\sum_{j=0}^{\infty} 1 - \sum_{j=0}^{\infty} [p(j)]$$

Esse desmembramento não é válido, pois torna indeterminado o seu valor. Já a expressão

$$\lim_{h\to\infty}\left(\sum_{j=0}^{h} 1 - \sum_{j=0}^{h}[p(j)]\right)$$

é uma conversão válida, pois assegura-se que as duas somatórias tenham o mesmo índice superior, além de garantir que este seja infinito. Por outro lado, não podemos estabelecer a seguinte igualdade:

$$\lim_{h\to\infty}\left(\sum_{j=0}^{h} 1 - \sum_{j=0}^{h}[p(j)]\right) = \lim_{h\to\infty}\left(\sum_{j=0}^{h} 1\right) + \lim_{h\to\infty}\left(\sum_{j=0}^{h}[p(j)]\right)$$

Isso porque, fazendo isso, da mesma forma que no caso da fragmentação da somatória infinita em duas somatórias infinitas, desvinculamos os índices superiores das duas somatórias, podendo incorrer no risco de gerar expressões como $(\infty - \infty)$. Este valor é indeterminado, porque não sabemos qual é a relação entre os dois números infinitos desta subtração. Precisamos tomar muito cuidado quando lidamos com números infinitos, sob pena de constituir um sistema inconsistente, ao concebermos seus axiomas envolvendo o conceito de infinito sem a devida cautela. Por motivos como estes, na apresentação do sistema $\delta$, mais adiante, neste mesmo trabalho, não incluímos axiomas envolvendo números infinitos e conceitos de Cálculo Integral e Diferencial. Deixamos para que estes conceitos sejam incorporados ao mesmo no futuro, o que será uma árdua façanha. Estas mesmas observações valem para as próximas relações que veremos neste capítulo.

Exatamente com os mesmos argumentos, podemos afirmar o seguinte:

$$[\exists x_1 \exists x_2 \ldots \exists x_n p(x_1, x_2, \ldots, x_n)] = \left[\sum_{j_1=0}^{\infty}\sum_{j_2=0}^{\infty}\ldots\sum_{j_n=0}^{\infty}[p(j_1, j_2, \ldots, j_n)] \geq 1\right]$$

$$[\forall x_1 \forall x_2 \ldots \forall x_n p(x_1, x_2, \ldots, x_n)] = [\sim\exists x_1 \exists x_2 \ldots \exists x_n {\sim} p(x_1, x_2, \ldots, x_n)] =$$

$$= 1 - [\exists x_1 \exists x_2 \ldots \exists x_n {\sim} p(x_1, x_2, \ldots, x_n)] = 1 - \left[\sum_{j_1=0}^{\infty}\sum_{j_2=0}^{\infty}\ldots\sum_{j_n=0}^{\infty}[\sim p(j_1, j_2, \ldots, j_n)] \geq 1\right]$$

$$= 1 - \left[\sum_{j_1=0}^{\infty}\sum_{j_2=0}^{\infty}\ldots\sum_{j_n=0}^{\infty}(1 - [p(j_1, j_2, \ldots, j_n)]) \geq 1\right]$$

Partamos para um contexto mais amplo. Definimos o conjunto $h\mathbb{N}$ da seguinte forma:

$$\forall x\left(x \in h\mathbb{N} \Leftrightarrow \frac{x}{h} \in \mathbb{N}\right)$$

Vamos, então, enunciar teoremas para o valor de $[\exists x_1 \exists x_2 \ldots \exists x_n p(x_1, x_2, \ldots, x_n)]$ e $[\forall x_1 \forall x_2 \ldots \forall x_n p(x_1, x_2, \ldots, x_n)]$ no universo do conjunto $h\mathbb{N}$, para depois tratar dos universos do conjunto dos números reais não negativos e do conjunto dos números reais. Temos o seguinte:

$$[\exists x_1 \exists x_2 \ldots \exists x_n p(x_1, x_2, \ldots, x_n)] = \left[\sum_{j_1=0}^{\infty} \sum_{j_2=0}^{\infty} \ldots \sum_{j_n=0}^{\infty} [p(j_1 h, j_2 h, \ldots, j_n h)] \geq 1\right]$$

$$\begin{aligned}[\forall x_1 \forall x_2 \ldots \forall x_n p(x_1, x_2, \ldots, x_n)] &= [\sim\exists x_1 \exists x_2 \ldots \exists x_n {\sim} p(x_1, x_2, \ldots, x_n)] = \\ &= 1 - [\exists x_1 \exists x_2 \ldots \exists x_n {\sim} p(x_1, x_2, \ldots, x_n)] \\ &= 1 - \left[\sum_{j_1=0}^{\infty} \sum_{j_2=0}^{\infty} \ldots \sum_{j_n=0}^{\infty} [\sim p(j_1 h, j_2 h, \ldots, j_n h)] \geq 1\right] \\ &= 1 - \left[\sum_{j_1=0}^{\infty} \sum_{j_2=0}^{\infty} \ldots \sum_{j_n=0}^{\infty} (1 - [p(j_1 h, j_2 h, \ldots, j_n h)]) \geq 1\right]\end{aligned}$$

A generalização disso para o universo de $\mathbb{R}_+$ é imediata. Basta observar que, quando h tende a 0 pela direita, $h\mathbb{N} = \mathbb{R}_+$. Apenas é importante observar, neste caso, a relação entre *h* e os índices superiores das somatórias, que é infinito. Chamemos de *u* estes índices. Se considerarmos que $u = \frac{1}{h}$, teremos problemas. Repare que, neste caso, o maior valor que as variáveis de $p(x_1, x_2, \ldots, x_n)$ no interior das somatórias assume é 1, pois, no caso em questão, $j_k h = uh = \frac{1}{h} h = 1$. Se tomarmos, por outro lado, $u = \frac{1}{h^2}$, as somatórias incluem como parcelas todos os valores desejados. Assim, no universo de $\mathbb{R}_+$,

$$[\exists x_1 \exists x_2 \ldots \exists x_n p(x_1, x_2, \ldots, x_n)] = \lim_{h \to 0^+} \left[\sum_{j_1=0}^{\left\{\frac{1}{h^2}\right\}} \sum_{j_2=0}^{\left\{\frac{1}{h^2}\right\}} \ldots \sum_{j_n=0}^{\left\{\frac{1}{h^2}\right\}} [p(j_1 h, j_2 h, \ldots, j_n h)] \geq 1\right]$$

e, como antes,

$$\begin{aligned}[\forall x_1 \forall x_2 \ldots \forall x_n p(x_1, x_2, \ldots, x_n)] &= [\sim\exists x_1 \exists x_2 \ldots \exists x_n {\sim} p(x_1, x_2, \ldots, x_n)] = \\ &= 1 - [\exists x_1 \exists x_2 \ldots \exists x_n {\sim} p(x_1, x_2, \ldots, x_n)]\end{aligned}$$

Rigorosamente, deveríamos tomar como índices superiores destas somatórias algo como "o maior número natural menor ou igual a $\frac{1}{h^2}$", mas, como quando *h* tende a 0 pela direita este número é igual a $\frac{1}{h^2}$, mantemos estas somatórias desta forma, sem qualquer prejuízo. Acima e no que segue, empregamos as chaves com o sentido definido no capítulo IV, em que denotamos por {z} o maior número inteiro menor ou igual a z, sendo z um número real.

Pensando nestas relações no universo dos números reais, temos:

$$[\exists x_1 \exists x_2 \dots \exists x_n p(x_1, x_2, \dots, x_n)] = \lim_{h \to 0^+} \left[ \sum_{j_1=-\left\{\frac{1}{h^2}\right\}}^{\left\{\frac{1}{h^2}\right\}} \sum_{j_2=-\left\{\frac{1}{h^2}\right\}}^{\left\{\frac{1}{h^2}\right\}} \dots \sum_{j_n=-\left\{\frac{1}{h^2}\right\}}^{\left\{\frac{1}{h^2}\right\}} [p(j_1 h, j_2 h, \dots, j_n h)] \geq 1 \right]$$

$$[\forall x_1 \forall x_2 \dots \forall x_n p(x_1, x_2, \dots, x_n)] == 1 - \lim_{h \to 0^+} \left[ \sum_{j_1=-\left\{\frac{1}{h^2}\right\}}^{\left\{\frac{1}{h^2}\right\}} \sum_{j_2=-\left\{\frac{1}{h^2}\right\}}^{\left\{\frac{1}{h^2}\right\}} \dots \sum_{j_n=-\left\{\frac{1}{h^2}\right\}}^{\left\{\frac{1}{h^2}\right\}} (1 - [p(j_1 h, j_2 h, \dots, j_n h)]) \geq 1 \right]$$

Com isso, podemos definir expressões aritméticas para determinar o valor de, por exemplo,

$$\left[\forall x \exists y \left( \left( \forall z \left( p(y,z) \vee q(x,z) \right) \right) \Longrightarrow \exists z \left( r(x,y,z) \wedge s(x,y) \right) \right) \Longrightarrow \exists z \left( t(x,y,z) \Leftrightarrow u(x,y,z) \right) \right) \right]$$

nos universos dos números naturais, reais não negativos ou reais. Claro que esta definição é trabalhosa, e se dará em termos de diversas somatórias infinitas, mas é tudo uma questão de se fragmentar, aos poucos, esta proposição em proposições cada vez menores e, na medida do possível, extrair os colchetes de dentro de outros colchetes pela ferramenta que já estudamos. Exploraremos esta técnica exaustivamente mais adiante para determinar o valor da saída de um algoritmo algébrico legítimo em função da proposição característica associada à configuração inicial do algoritmo algébrico em questão.

Por fim, observemos que, em muitos casos (oportunamente veremos alguns), não é possível (ou pelo menos não é trivial) calcular diretamente o valor de [p], havendo equações ou inequações com o sinal $\neq$. Nestes casos, transformamos a proposição em uma outra cujos componentes proposicionais elementares sejam equações com os sinais $>, <, \geq, \leq$. Seja *p* uma proposição formada por equações e inequações ligadas pelos conectivos de conjunção, disjunção, implicação material e equivalência lógica com ou sem sinais de negação tal que haja, entre seus componentes, pelo menos uma equação ou inequação com o sinal $\neq$. Queremos calcular [p] pelos métodos que conhecemos para proposições da mesma natureza em que somente figurem inequações com os sinais $>, <, \geq, \leq$. Em tais casos, faremos a seguinte transformação de p, gerando q:

1- Substitua toda expressão da forma $a \neq b$ por $\sim a = b$ (lembre-se de que $\sim q$ é a negação da proposição $q$.

2- Em seguida, substitua toda expressão da forma $a = b$ por $a \geq b \wedge a < b + h$.

A proposição resultante é função de uma nova variável: *h*. Se *p* deve ser interpretada no universo $z\mathbb{N}$, basta igualar *h* a z e calcular [q]. Se o universo é o dos números reais não negativos, tomamos limite do valor de [q] com *h* tendendo a 0 pela direita. Este procedimento se justifica pelo fato de que, em $h\mathbb{N}$, as proposições *p* e *q* são equivalentes e, consequentemente, têm o mesmo valor de verdade. Obviamente, podemos generalizar este resultado para o conjunto dos números reais, mas deixamos isso a cargo do leitor, caso queira.

# IV- A Fórmula $\alpha$

Suponhamos que temos a definição do algoritmo algébrico legítimo L, com n compartimentos, e da configuração inicial, C, ambas consubstanciadas na proposição característica de L associada a C, a qual chamaremos de $R_C$. Queremos definir a saída de L para a configuração inicial C sem ter que computar L. O que nos interessa, é claro, é que o procedimento de determinação da saída seja mais rápido que a computação de L pela aplicação de suas regras de transição. Desejamos, assim, tomar um "atalho". Neste capítulo, deduziremos uma fórmula, que chamamos de fórmula $\alpha$, que nos permite calcular o valor de um compartimento qualquer de um algoritmo algébrico legítimo muito mais rapidamente, de maneira geral. No capítulo em que fizermos a análise de complexidade de tempo do algoritmo genérico o qual chamaremos de *Smart Brain*, ficará mais claro que a fórmula $\alpha$ se reveste de características muito vantajosas em termos de tempo de execução, que, sem dúvida nenhuma, justificam a sua aplicação.

Elegeremos um compartimento qualquer do algoritmo algébrico para calcularmos o valor nele inserido no momento da concretização da condição de verificação. Faremos isso pela aplicação da fórmula $\alpha$. Este compartimento será chamado de *compartimento referencial*. Qualquer compartimento pode ser eleito como compartimento referencial, desde que seu valor não seja 0 no momento da concretização da condição de verificação. Esta é uma restrição inerente à fórmula $\alpha$, que pode ser facilmente contornada no momento da construção do algoritmo algébrico. Devemos construí-lo de forma que o compartimento referencial não tenha valor nulo no momento da concretização da condição de verificação, e, caso o algoritmo algébrico de nosso interesse não nos garanta isso, devemos convertê-lo para algum que satisfaça a essa restrição. Se o algoritmo algébrico em questão assim o permitir, isso é, se nenhum compartimento tiver o valor 0 no momento da concretização da condição de verificação, podemos calcular todos os seus valores da configuração de verificação, um após o outro, considerando cada qual o compartimento referencial até que o valor correspondente seja calculado.

O algoritmo L tem n compartimentos, e $R_C$ tem *n* variáveis principais $(x_1, x_2, ..., x_n)$, *a* variáveis auxiliares $(y_1, y_2, ..., y_a)$ e uma variável temporal (t). Como vimos, de maneira geral, $a = n + 1$, mas há casos em que não precisamos de tantas variáveis auxiliares para definir a proposição característica de L. Nestes casos, naturalmente, $a \leq n$. O compartimento referencial é o w-ésimo compartimento de L, por definição.

Aqui, vamos nos valer de conceitos de Estatística. Dado um espaço amostral S e dois eventos, A e B, definimos como probabilidade de A condicionada ao evento B, designada por P(A|B), o seguinte:

$$P(A|B) = \frac{P(A \cap B)}{P(B)}$$

A e B são conjuntos, mas, para convenientemente simplificar a escrita de certas expressões, escreveremos em muitas ocasiões

$$P(p|q) = \frac{P(p \wedge q)}{P(q)}$$

ou algo assim, em que p e q são proposições que definem os eventos A e B. A, no caso, é o conjunto de todos os valores da variável aleatória em estudo que tornem p verdadeira, e B é o conjunto de todos os valores da variável aleatória que satisfaçam a q. Assim, para a variável aleatória multidimensional $(x_1, x_2, ..., x_n)$, definiríamos A e B assim:

$$A = \{(x_1, x_2, ... x_n) | p(x_1, x_2, ... x_n)\}$$

$$B = \{(x_1, x_2, ... x_n) | q(x_1, x_2, ... x_n)\}$$

em que $p(x_1, x_2, ... x_n)$ e $q(x_1, x_2, ... x_n)$ são proposições em função do vetor $(x_1, x_2, ... x_n)$.

Em um caso em que o espaço amostral é o domínio de uma variável aleatória multidimensional contínua, os eventos A e B podem ser definidos a partir da *função densidade de probabilidade conjunta* da variável aleatória.

Pois bem, temos o algoritmo algébrico legítimo L, que parte da configuração C, e esta situação é descrita por $R_C$. Vamos associar todas as configurações possíveis de um algoritmo algébrico legítimo desconhecido com n compartimentos a um experimento, $E_1$. Observe que, neste experimento, não estamos tratando diretamente de L, mas de um algoritmo algébrico legítimo "desconhecido" com n compartimentos, que pode ser L ou não. Neste experimento, "sorteamos", de alguma forma, as configurações do algoritmo algébrico desconhecido e o valor da variável temporal, supondo que t pode assumir também valores não naturais, mas positivos, de maneira que $S_1$ é o conjunto de todos os resultados possíveis; portanto, todas as sequências de (n+1) números reais não negativos são pertencentes a $S_1$. Há, associada a $E_1$, uma variável aleatória contínua multidimensional, que assume imagens em $\mathbb{R}^{n+1}$, constituída, por sua vez, por (n+1) variáveis aleatórias unidimensionais independentes. Sendo assim, as variáveis principais do algoritmo algébrico desconhecido são variáveis aleatórias contínuas cujas funções densidade de probabilidade assumem como imagem 0 para valores negativos do domínio e valores positivos para valores reais não negativos do domínio. Para nossos propósitos, quaisquer funções densidade de probabilidade que satisfaçam a estes requisitos podem ser associadas ao experimento. Isso para que todas as atribuições de valores a estas variáveis aleatórias sejam *possíveis* de serem observadas no resultado do experimento, desde que sejam valores reais não negativos, pois estamos tratando de um algoritmo algébrico legítimo. O que nos interessa é o evento "o algoritmo algébrico legítimo desconhecido é L, e o vetor sorteado corresponde a um estágio da computação de L e uma configuração nos quais ocorre a implementação da condição de verificação". De acordo com a primeira propriedade fundamental dos algoritmos algébricos legítimos, este evento é igual a

$$\{(x_1, x_2, \dots, x_n, t) | \forall y_1 \forall y_2 \dots \forall y_a (R_C) \wedge t \in \mathbb{N}\}$$

e, de acordo com a segunda propriedade fundamental dos algoritmos algébricos legítimos, as uplas que definem este evento assumem valores vetoriais que apenas podem diferir entre si no que diz respeito ao compartimento temporal e ao estágio (t). E, também de acordo com a segunda propriedade fundamental dos algoritmos algébricos legítimos, neste evento, o valor do compartimento referencial é único, e vamos chamá-lo de v.

Somos obrigados a fazer agora uma breve digressão. Para prosseguirmos nos nossos estudos, precisamos definir uma *proposição característica associada normalizada* de um algoritmo algébrico legítimo associada a determinada configuração, em que tornamos contínua a variável t da proposição característica associada sem mudar o seu sentido, o que nos permitirá fazer uma necessária integração sobre esta variável, oportunamente. Tudo isso ficará mais claro até o final deste capítulo.

Sendo $R_C$ a proposição característica de L associada à configuração C, e estando ela na forma padrão, chamaremos de *proposição característica de L associada à configuração C normalizada*, e designaremos por $n(R_C)$, a proposição resultante da seguinte transformação efetuada sobre $R_C$:

1- Inclua em $R_C$ como conjuntivos as proposições $(t = y_1 \wedge t \geq h \wedge t < 1) \Leftrightarrow \left(x_u = y_1 \wedge \bigwedge_{\substack{j=1 \\ j \neq u}}^{n} x_j = 0\right)$, $\left(t = y_1 \Leftrightarrow \left(\bigwedge_{\substack{j=1 \\ j \neq u}}^{n} x_j = 0 \wedge x_u = y_u\right)\right) \Rightarrow \left(t = y_1 + 1 \Leftrightarrow \left(\bigwedge_{\substack{j=1 \\ j \neq u}}^{n} x_j = 0 \wedge x_u = y_u + 1\right)\right)$ e $\sim\bigwedge_{\substack{j=1 \\ j \neq u}}^{n} x_j = 0$, sendo que o compartimento temporal é o u-ésimo compartimento.

2- Substitua cada regra de transição da proposição resultante da operação do item anterior, que tem a forma

$$\left(t = y_{n+1} \Leftrightarrow \left(\bigwedge_{j=1}^{n}(x_j = y_j) \wedge p(x_1, x_2, \ldots, x_n)\right)\right)$$
$$\Longrightarrow \left(t = y_{n+1} + 1 \Leftrightarrow \bigwedge_{j=1}^{n} x_j = f_j(y_1, y_2, \ldots, y_n)\right)$$

pela correspondente proposição da forma

$$\left(t = y_{n+1} \Leftrightarrow \left(\bigwedge_{j=1}^{n}(x_j = y_j) \wedge \sim \bigwedge_{\substack{j=1 \\ j \neq u}}^{n} x_j = 0 \wedge p(y_1, y_2, \ldots, y_n)\right)\right)$$
$$\Longrightarrow \left(t = y_{n+1} + 1 \Leftrightarrow \bigwedge_{j=1}^{n} x_j = f_j(y_1, y_2, \ldots, y_n)\right)$$

3- Feito isso, substitua toda expressão da forma $a \neq b$ da proposição resultante por $\sim a = b$ (lembre-se de que $\sim p$ é a negação da proposição *p*).

4- Substitua a condição de verificação, $V(x_1, x_2, \ldots, x_n)$, por

$$\bigwedge_{j=1}^{n}(x_j \geq y_j \wedge x_j < y_j + h) \Longrightarrow V(y_1, y_2, \ldots, y_n)$$

5- Em seguida, substitua toda expressão da forma $a = b$, com a e b constantes em relação às variáveis principais e temporal (e apenas nestes casos), por $a \geq b \wedge a \leq b$ e substitua as demais expressões da forma $a = b$ por $a \geq b \wedge a < b + h$.

6- Depois, substitua toda expressão da forma $a < b$ por $\sim a \geq b$, e toda expressão da forma $a > b$ por $\sim a \leq b$.

Com isso, inserimos em $n(R_C)$ uma nova variável, *h*, e eliminamos desta proposição todos os sinais "=", ">" e "<" e chegamos a uma proposição formada somente por inequações com os sinais de "maior ou igual" ou "menor ou igual". Esta nova proposição, quando quantificadas as variáveis auxiliares, é equivalente a $\forall y_1 \forall y_2 \ldots \forall y_a R_C$, quando $h \longrightarrow 0^+$, ou seja, quando h tende a 0 pela direita, qualquer atribuição de valores às variáveis principais e temporal que torne verdadeira

$\forall y_1 \forall y_2 \dots \forall y_a R_C$ também torna verdadeira $\forall y_1 \forall y_2 \dots \forall y_a n(R_C)$, e vice-versa. A diferença é que, no caso de $\forall y_1 \forall y_2 \dots \forall y_a n(R_C)$, os universos de todas as variáveis é $\mathbb{R}_+$, inclusive o da variável temporal, enquanto que, em $\forall y_1 \forall y_2 \dots \forall y_a R_C$, o universo de t é $\mathbb{N}$. Em símbolos:

$$\forall x_1 \in \mathbb{R}_+ \forall x_2 \in \mathbb{R}_+ \dots \forall x_n \in \mathbb{R}_+ \forall t \in \mathbb{R}_+ \big( (\forall y_1 \in \forall y_2 \in \mathbb{R}_+ \dots \forall y_a \in \mathbb{R}_+ (R_C) \wedge t \in \mathbb{N}) \Leftrightarrow \forall y_1 \in \mathbb{R}_+ \forall y_2 \in \mathbb{R}_+ \dots \forall y_a \in \mathbb{R}_+ n(R_C) \big)$$

**Observação:** Consideramos que há, em $n(R_C)$ *a* variáveis auxiliares, e não necessariamente (n+1), pois em muitos casos podemos definir uma proposição característica associada normalizada correspondente a uma proposição característica associada que não esteja na forma padrão, que é uma proposição $n(R_C)$ definida em função da proposição definida no procedimento acima exposto, que podemos chamar de $N(R_C)$ tal que $\big(\forall y_1 \in \forall y_2 \in \mathbb{R}_+ \dots \forall y_a \in \mathbb{R}_+ n(R_C)\big) \Leftrightarrow \forall y_1 \in \mathbb{R}_+ \forall y_2 \in \mathbb{R}_+ \dots \forall y_{n+1} \in \mathbb{R}_+ N(R_C)$. Nestes casos, tanto $n(R_C)$ quanto $N(R_C)$ são proposições normalizadas características do mesmo algoritmo algébrico legítimo associadas à mesma configuração. Entretanto, dado o caráter introdutório deste trabalho, deixamos de apresentar exemplos de proposições características associadas normalizadas com *a* variáveis auxiliares, para algum *a* menor ou igual a *n*, sendo este último valor o número de compartimentos do algoritmo algébrico em questão.

Consequentemente, a primeira e a segunda propriedades fundamentais dos algoritmos algébricos legítimos têm uma variante importante que exploraremos. Enquanto as suas versões originais são aplicáveis a $R_C$, a variante que exploraremos neste capítulo é aplicável a $n(R_C)$. Estes teoremas podem ser enunciados da seguinte maneira:

$$h \longrightarrow 0^+ \Longrightarrow \exists | x_w \exists x_1 \exists x_2 \dots \exists x_{w-1} \exists x_{w+1} \dots \exists x_n \exists t \forall y_1 \forall y_2 \dots \forall y_a n(R_C)$$

$$h \longrightarrow 0^+ \Longrightarrow \forall x_1 \dots \forall x_n \forall t (\forall y_1 \forall y_2 \dots \forall y_a \, n(R_C) \Rightarrow x_w = v)$$

em que v é o valor inserido no w-ésimo compartimento no momento da implementação da condição de verificação e os universos de todas as variáveis quantificadas são $\mathbb{R}_+$.

Estes teoremas podem ser demonstrados de maneira similar à primeira e segunda propriedades fundamentais dos algoritmos algébricos legítimos, tal como demonstramos no capítulo II. Naquela ocasião, chamamos de L um algoritmo algébrico legítimo de n compartimentos que parte da configuração $C = \big(a_{1,0}, a_{2,0}, \dots, a_{n,0}\big)$ e que para cada estágio de computação $k \in \mathbb{N}$, o w-ésimo compartimento, para qualquer $w \in \{1,2,\dots,n\}$, contém o valor $a_{w,k}$. O compartimento temporal de L é o u-ésimo compartimento. Consideraremos, também, que $R_C$ está na forma padrão. De acordo com nossa suposição e com o conceito de algoritmo algébrico legítimo, cada termo $a_{w,k}$ é uma constante, a qual somente pode assumir um único valor, já que no modelo que apresentamos até o momento, cada compartimento de um algoritmo algébrico contém um valor numérico a cada etapa da computação. Claro que tal valor depende da definição do algoritmo algébrico e do conteúdo de cada compartimento no estágio anterior, mas, uma vez definido o algoritmo algébrico em questão, ficam definidos todos os valores inseridos em cada compartimento a cada etapa da computação, os quais podem ser considerados constantes para qualquer efeito. Consideramos que as variáveis principais e a temporal eram valores a serem determinados por algum procedimento dedutivo. Em $R_C$, $x_1, x_2$, ..., $x_n$ e t são variáveis, mas consideramos naquele momento que se trata de constantes indeterminadas, para que pudéssemos fazer deduções, a partir do que determinamos que a exata relação entre as variáveis principais, auxiliares e temporal se dá conforme a primeira e a segunda propriedades fundamentais dos algoritmos algébricos legítimos. Supusemos, também, que, sendo as z propriedades de teste as proposições $p_1(x_1, x_2, \dots, x_n), p_1(x_1, x_2, \dots, x_n)$, ..., $p_z(x_1, x_2, \dots, x_n)$, a propriedade de teste satisfeita no k-ésimo estágio da computação, para qualquer k natural, é $p_{j_k}(x_1, x_2, \dots, x_n)$, para algum $j_k$ natural não nulo menor ou igual a z, com o que, novamente, apenas estamos atribuindo nomes a certos números. Partindo destas definições e pressupondo que $\forall y_1 \in \mathbb{R}_+ \forall y_2 \in \mathbb{R}_+ \dots \forall y_{n+1} \in \mathbb{R}_+ R_C$, deduzimos, sucessivamente, as seguintes proposições:

$$(t = 0) \Leftrightarrow \left( \bigwedge_{w=1}^{n} x_1 = a_{w,0} \right)$$

$$(t = 1) \Leftrightarrow \bigwedge_{w=1}^{n} x_j = a_{w,1}$$

$$(t = 2) \Leftrightarrow \bigwedge_{w=1}^{n} x_j = a_{w,2}$$

...

$$t = k \Leftrightarrow \bigwedge_{w=1}^{n} x_j = a_{w,k}$$

para qualquer k natural.

Em seguida, definindo T como o conjunto de todos os estágios da computação de L em que a condição de verificação, V, é satisfeita, concluímos que

$$x_u \in T \wedge \bigwedge_{\substack{w=1 \\ w \neq u}}^{n} x_w = v_w$$

a partir do que pudemos demonstrar a segunda propriedade fundamental dos algoritmos algébricos legítimos, da qual a primeira propriedade fundamental é decorrente. Da mesma forma, definida $n(R_C)$ e pressupondo que $\forall y_1 \in \mathbb{R}_+ \forall y_2 \in \mathbb{R}_+ \ldots \forall y_{n+1} \in \mathbb{R}_+ n(R_C)$, podemos concluir, sucessivamente, as seguintes proposições:

$$(0 \leq t < h) \Leftrightarrow \left(\bigwedge_{w=1}^{n} \left(a_{w,0} \leq x_w < a_{w,0} + h\right)\right)$$

$$(1 \leq t < 1 + h) \Leftrightarrow \bigwedge_{w=1}^{n} \left(a_{w,1} \leq x_w < a_{w,1} + h\right)$$

$$(2 \leq t < 2 + h) \Leftrightarrow \bigwedge_{w=1}^{n} \left(a_{w,2} \leq x_w < a_{w,2} + h\right)$$

...

$$(k \leq t < k + h) \Leftrightarrow \bigwedge_{w=1}^{n} \left(a_{w,k} \leq x_w < a_{w,k} + h\right)$$

para qualquer k natural.

A variável h, nesta demonstração, pode assumir qualquer valor real positivo, mas o que nos interessa é tomar o limite das funções envolvidas com h tendendo a 0 à direita.

Em seguida, concluímos que

$$\exists s (s \leq x_u < s + h \wedge s \in T) \wedge \bigwedge_{\substack{w=1 \\ w \neq u}}^{n} (v_w \leq x_w < v_w + h)$$

e a variante mencionada da segunda propriedade fundamental dos algoritmos algébricos legítimos decorre imediatamente.

Precisamos fazer um breve comentário acerca do primeiro item da transformação de $R_C$ em $n(R_C)$. Rigorosamente, a variável temporal, t, apenas pode assumir valores naturais. Entretanto, como o tratamento que demos a esta variável é similar ao dispendido às variáveis principais, é conveniente torná-la contínua, possibilitando que ela possa assumir qualquer valor real não negativo. Isso porque, definida uma função densidade de probabilidade, como faremos, esta deve ser integrada no conjunto dos números reais, de maneira que o domínio da variável aleatória, caso seja unidimensional, ou de cada componente da variável aleatória em questão, caso seja multidimensional, deve ser o conjunto dos números reais (ou mesmo um intervalo ou conjunto de intervalos, dependendo do caso). Uma forma de fazer isso é estabelecer que, quando t assume valores entre 0 e 1, sem incluí-los, ou entre 1 e 2, também sem incluí-los, ou entre 2 e 3 (idem), etc., os valores de todos os compartimentos, exceto o temporal, são 0, acrescentando que não é possível que os valores de todos os compartimentos não temporais sejam iguais a 0; pelo menos um deve ser positivo. Estas observações constam dos conjuntivos de $n(R_C)$ introduzidos no passo 1 do procedimento descrito acima para a constituição desta proposição. Com isso, temos que a variável aleatória associada ao evento $E_1$ é *contínua* e multidimensional, qual seja, o vetor $(x_1, x_2, \dots, x_n, t)$.

Nos passos 2, 3 e 5 da conversão, substituímos componentes da proposição original por expressões equivalentes, quando a nova variável introduzida, h, tende a 0 pela direita, e no passo 4, introduzimos uma expressão equivalente à condição de verificação, quando h tende a 0 pela direita. No passo 6, introduzimos expressões equivalentes de maneira a manter todos os componentes indivisíveis da nova proposição como equações ou inequações com os sinais de $\geq$ ou $\leq$.

Voltemos ao experimento. Como afirmamos, por conveniência, adotamos a distribuição exponencial para quaisquer funções contínuas que satisfaçam às especificações de uma função densidade de probabilidade lícita cujas imagens sejam positivas para todos os pontos do domínio que não sejam negativos, e nulas, caso contrário satisfazem aos nossos propósitos. Para simplificar a notação, chamaremos t, sempre que for mais conveniente, de $x_{n+1}$ (inclusive em $n(R_C)$). Assim, para um j natural positivo arbitrário menor ou igual a n, temos a seguinte função densidade de probabilidade da j-ésima variável aleatória:

$f_j(x_j) = \alpha_j e^{-\alpha_j x_j}$, se $x_j$ for maior ou igual a 0;

$f_j(x_j) = 0$, se $x_j$ for menor que 0,

em que, para cada j, $\alpha_j$ é um número real positivo a ser definido arbitrariamente.

O que nos interessa, aqui, é o evento "o algoritmo algébrico desconhecido é L, e verifica-se a condição de verificação". Como sabemos, este evento é definido por

$$\{(x_1, x_2, \dots, x_{n+1}) | \forall y_1 \forall y_2 \dots \forall y_a (R_C)\}$$

Consideraremos que $(x_1, x_2, \dots, x_{n+1})$ é uma variável aleatória multidimencional associada a $E_1$. Sua função densidade de probabilidade conjunta é dada por

$$f(x_1, x_2, \dots, x_{n+1}) = \prod_{j=1}^{n+1} f_j(x_j)$$

Para simplificar a escrita, chamaremos o vetor $(x_1, x_2, \dots, x_{n+1})$ de X, e $f(x_1, x_2, \dots, x_{n+1})$ de $f(X)$.

$$f(X) = \prod_{j=1}^{n+1} f_j(x_j)$$

Em alguns momentos, focaremos em seus componentes, os quais são variáveis aleatórias contínuas unidimensionais.

Por fim, convém lembrar que, dado um espaço amostral associado a um experimento aleatório, se a proposição *a* afirma que o evento A ocorre em certa realização do experimento e a afirmação *b*, que o evento B ocorre na mesma ocasião, então, se

$$b \Longrightarrow a$$

então

$$P(A|B) = 1$$

Da mesma forma, se

$$b \Longrightarrow \sim a$$

então

$$P(A|B) = 0$$

Estamos aptos, agora, para definir um importante resultado que chamaremos de *terceira propriedade fundamental dos algoritmos algébricos legítimos.* Vejamos.

Dado um algoritmo algébrico L, com n compartimentos em que o compartimento temporal é o u-ésimo, cuja proposição característica associada à configuração C normalizada é $n(R_C)$, da qual as variáveis principais são $x_1, x_2, ..., x_n$, as variáveis auxiliares são $y_1, y_2, ..., y_a$ e a variável temporal é $x_{n+1}$, sendo $E_1$ o experimento de se "sortear" os n valores inseridos nos seus compartimentos, sendo a função densidade marginal de $x_i$ a função $f_i(x_i) = \alpha_i e^{-\alpha_i x_i}$, se $x_i$ for maior ou igual a 0, ou 0, se $x_i$ for menor que 0, para todo i natural não nulo menor ou igual a $(n+1)$ e sendo v o valor inserido no w-ésimo compartimento no momento da implementação da condição de verificação (com $w \neq u$), então para qualquer s real positivo,

$$v \geq s \Rightarrow P\left(x_w \geq s | \bigwedge_{j=1}^{n+1} x_j \geq 0 \wedge \forall y_1 \in \mathbb{R}_+ \forall y_2 \in \mathbb{R}_+ \dots \forall y_a \in \mathbb{R}_+ n(R_C)\right) = 1$$

$$v < s \Rightarrow P\left(x_w \geq s | \bigwedge_{j=1}^{n+1} x_j \geq 0 \wedge \forall y_1 \in \mathbb{R}_+ \forall y_2 \in \mathbb{R}_+ \dots \forall y_a \in \mathbb{R}_+ n(R_C)\right) = 0$$

quando h tende a 0 pela direita. Isso decorre da equivalência entre $R_C$ e $n(R_C)$ quando $h \to 0^+$, bem como da validade das seguintes relações:

$$v \geq s \Rightarrow P\left(x_w \geq s | \bigwedge_{j=1}^{n} x_j \geq 0 \wedge t \in \mathbb{N} \wedge \forall y_1 \in \mathbb{R}_+ \forall y_2 \in \mathbb{R}_+ \dots \forall y_a \in \mathbb{R}_+ (R_C)\right) = 1$$

$$v < s \Rightarrow P\left(x_w \geq s | \bigwedge_{j=1}^{n} x_j \geq 0 \wedge t \in \mathbb{N} \wedge \forall y_1 \in \mathbb{R}_+ \forall y_2 \in \mathbb{R}_+ \dots \forall y_a \in \mathbb{R}_+ (R_C)\right) = 0$$

Definimos a *proposição característica do algoritmo algébrico legítimo L associada à configuração C normalizada quantificada*, designada por $q(R_C)$, a seguinte proposição:

$$q(R_C) = \forall y_1 \in \mathbb{R}_+ \forall y_2 \in \mathbb{R}_+ \dots \forall y_a \in \mathbb{R}_+ n(R_C)$$

Note que a única diferença entre $n(R_C)$ e $q(R_C)$ são os quantificadores ligados ao segundo. Ambos são abertos, ou fórmulas abertas, o que também chamamos de proposições incompletas, pois as variáveis principais e temporal, em ambos os casos, são variáveis livres, ou seja, não quantificadas.

A tese da terceira propriedade fundamental dos algoritmos algébricos legítimos pode ser reescrita sem ganho ou perda de significado da seguinte forma:

$$v \geq s \Rightarrow \lim_{h \to 0^+} P\left( x_w \geq s | \bigwedge_{j=1}^{n+1} x_j \geq 0 \wedge q(R_C) \right) = 1$$

$$v < s \Rightarrow \lim_{h \to 0^+} P\left( x_w \geq s | \bigwedge_{j=1}^{n+1} x_j \geq 0 \wedge q(R_C) \right) = 0$$

em que $q(R_C)$ é a proposição caracterísitica de L associada a C normalizada quantificada.

Daqui em diante, para todo número real não negativo z, chamaremos de {z} o maior número natural que seja menor ou igual a z. Isso não gera ambiguidades, pois não usaremos colchetes nem chaves para especificar a ordem das operações nas expressões algébricas e aritméticas, mas somente parênteses (lembre-se que usamos os colchetes para indicar o operador veritativo, a ser aplicado sobre proposições). Por exemplo:

$$\{0\} = 0, \left\{\frac{5}{2}\right\} = 2, \left\{\frac{50}{7}\right\} = 7, etc.$$

Em decorrência da terceira propriedade fundamental dos algoritmos algébricos legítimos, temos que:

$$\sum_{j=1}^{\infty} \lim_{h \to 0^+} P\left( x_w \geq j | \bigwedge_{m=1}^{n+1} x_m \geq 0 \wedge q(R_C) \right) = \{v\}$$

O que fizemos foi somar as probabilidades condicionais de que trata a terceira propriedade fundamental dos algoritmos algébricos legítimos. De maneira mais geral, podemos dizer que:

$$\sum_{j=1}^{\infty} \lim_{h \to 0^+} P\left( x_w \geq jl | \bigwedge_{m=1}^{n+1} x_m \geq 0 \wedge q(R_C) \right) = \left\{\frac{v}{l}\right\}$$

para todo l real positivo. Apliquemos a definição de probabilidade condicional. Se l é um real positivo arbitrário, então:

$$\lim_{h\to 0^+}\sum_{j=1}^{\infty}\frac{P\left(x_w \geq jl \wedge \bigwedge_{m=1}^{n+1} x_m \geq 0 \wedge q(R_C)\right)}{P\left(\bigwedge_{m=1}^{n+1} x_m \geq 0 \wedge q(R_C)\right)} = \left\{\frac{v}{l}\right\}$$

$$\lim_{h\to 0^+}\sum_{j=1}^{\infty}\frac{P(J_1 \wedge J_2 \wedge x_w \geq jl)}{P(J_1 \wedge J_2)} = \left\{\frac{v}{l}\right\}$$

em que $J_1 = \bigwedge_{m=1}^{n+1} x_m \geq 0 \; e \; J_2 = q(R_C)$ (e assim será daqui em diante).

$$\lim_{h\to 0^+}\sum_{j=1}^{\infty}\frac{\iiint \dots \int [J_1 \wedge J_2 \wedge x_w \geq jl]\, f(X) dx_1 dx_2 dx_3 \dots dx_{n+1}}{\iiint \dots \int [J_1 \wedge J_2]\, f(X) dx_1 dx_2 dx_3 \dots dx_{n+1}} = \left\{\frac{v}{l}\right\}$$

em que $X = (x_1, x_2, x_3, \dots x_{n+1})$. Em outras palavras, $f(X) = f(x_1, x_2, x_3, \dots x_{n+1})$. Estamos adotando esta escrita por simplicidade, para reduzir o tamanho da equação. As integrais acima e as que seguem (exceto quando afirmarmos o contrário) devem ser calculadas em todos os pontos de $\mathbb{R}^{n+1}$.

$$\lim_{h\to 0^+}\sum_{j=1}^{\infty}\frac{\iiint \dots \int [J_1][J_2][x_w \geq jl]\, f(X) dx_1 dx_2 dx_3 \dots dx_{n+1}}{\iiint \dots \int \big[[J_1][J_2]\big]\, f(X) dx_1 dx_2 dx_3 \dots dx_{n+1}} = \left\{\frac{v}{l}\right\}$$

$$\lim_{h\to 0^+}\frac{\iiint \dots \int \sum_{j=1}^{\infty} [x_w \geq jl]\, [J_1][J_2]\, f(X) dx_1 dx_2 dx_3 \dots dx_{n+1}}{\iiint \dots \int \big[[J_1][J_2]\big]\, f(X) dx_1 dx_2 dx_3 \dots dx_{n+1}} = \left\{\frac{v}{l}\right\}$$

Porém sabemos que:

$$\sum_{j=1}^{\infty}[x_w \geq jl] = \left\{\frac{x_w}{l}\right\}$$

Consequentemente:

$$\lim_{h\to 0^+}\frac{\iiint \dots \int \left\{\frac{x_w}{l}\right\} [J_1][J_2]\, f(X) dx_1 dx_2 dx_3 \dots dx_{n+1}}{\iiint \dots \int \big[[J_1][J_2]\big]\, f(X) dx_1 dx_2 dx_3 \dots dx_{n+1}} = \left\{\frac{v}{l}\right\}$$

Observe que, na expressão $\left\{\frac{x_w}{l}\right\}$, $x_w$ assume todos os valores reais, posto que se trata de uma variável de integração de uma integral a ser calculada sobre todos os pontos do conjunto dos números reais.

$$\lim_{h\to 0^+} \frac{\iiint \dots \int \left\{\frac{x_w}{l}\right\} [J_1][J_2]\, f(X) dx_1 dx_2 dx_3 \dots dx_{n+1}}{\iiint \dots \int [[J_1][J_2]]\, f(X) dx_1 dx_2 dx_3 \dots dx_{n+1} \left\{\frac{v}{l}\right\}} = 1$$

$$\lim_{l\to 0^+} \lim_{h\to 0^+} \frac{\iiint \dots \int \left\{\frac{x_w}{l}\right\} [J_1][J_2]\, f(X) dx_1 dx_2 dx_3 \dots dx_{n+1}}{\iiint \dots \int [[J_1][J_2]]\, f(X) dx_1 dx_2 dx_3 \dots dx_{n+1} \left\{\frac{v}{l}\right\}} = 1$$

Quando l tende a 0 pela direita, $\left\{\frac{x_w}{l}\right\} = \frac{x_w}{l} - u_1$ e $\left\{\frac{v}{l}\right\} = \frac{v}{l} - u_2$, para algum valor de $u_1$ e algum valor de $u_2$, sendo que $0 \le u_1 < 1$ e $0 \le u_2 < 1$, de maneira que:

$$\lim_{l\to 0^+} \lim_{h\to 0^+} \frac{\iiint \dots \int \left(\frac{x_w}{l} - u_1\right) [J_1][J_2]\, f(X) dx_1 dx_2 dx_3 \dots dx_{n+1}}{\iiint \dots \int [[J_1][J_2]]\, f(X) dx_1 dx_2 dx_3 \dots dx_{n+1} \left(\frac{v}{l} - u_2\right)} = 1$$

$$\lim_{l\to 0^+} \lim_{h\to 0^+} \frac{\iiint \dots \int \left(\frac{x_w - lu_1}{l}\right) [J_1][J_2]\, f(X) dx_1 dx_2 dx_3 \dots dx_n}{\iiint \dots \int [[J_1][J_2]]\, f(X) dx_1 dx_2 dx_3 \dots dx_{n+1} \left(\frac{v - lu_2}{l}\right)} = 1$$

$$\lim_{l\to 0^+} \lim_{h\to 0^+} \frac{\iiint \dots \int (x_w - lu_1) [J_1][J_2]\, f(X) dx_1 dx_2 dx_3 \dots dx_{n+1}}{\iiint \dots \int [[J_1][J_2]]\, f(X) dx_1 dx_2 dx_3 \dots dx_{n+1} (v - lu_2)} = 1$$

Como no primeiro membro da equação acima l tende a 0 pela direita, $lu_1$e $lu_2$ tendem a 0, de maneira que temos o seguinte:

$$\lim_{h\to 0^+} \frac{\iiint \dots \int x_w [J_1][J_2]\, f(X) dx_1 dx_2 dx_3 \dots dx_{n+1}}{\iiint \dots \int [[J_1][J_2]]\, f(X) dx_1 dx_2 dx_3 \dots dx_{n+1} v} = 1$$

$$v = \lim_{h\to 0^+} \frac{\iiint \dots \int [J_1][J_2] x_w\, f(X) dx_1 dx_2 dx_3 \dots dx_{n+1}}{\iiint \dots \int [[J_1][J_2]]\, f(X) dx_1 dx_2 dx_3 \dots dx_{n+1}}$$

Estas últimas passagens podem ser entendidas de outra maneira, como segue. Temos que

$$\lim_{l\to 0^+}\lim_{h\to 0^+}\frac{\iiint\ldots\int\left\{\frac{x_w}{l}\right\}[U_1][U_2]\,f(X)dx_1dx_2dx_3\ldots dx_n}{\iiint\ldots\int[[U_1][U_2]]\,f(X)dx_1dx_2dx_3\ldots dx_{n+1}\left\{\frac{v}{l}\right\}}=1$$

Reescrevamos esta equação em termos de um número infinitesimal l tal que $\frac{v}{l}$ seja natural.

$$\lim_{h\to 0^+}\frac{\iiint\ldots\int\left\{\frac{x_w}{l}\right\}[U_1][U_2]\,f(X)dx_1dx_2dx_3\ldots dx_n}{\iiint\ldots\int[[U_1][U_2]]\,f(X)dx_1dx_2dx_3\ldots dx_{n+1}\left\{\frac{v}{l}\right\}}\longrightarrow 1$$

Como o erro da aproximação representado pela seta é infinitesimal, é lícito, para qualquer efeito prático, substituir a seta por um sinal de igual.

$$\lim_{h\to 0^+}\frac{\iiint\ldots\int\left\{\frac{x_w}{l}\right\}[U_1][U_2]\,f(X)dx_1dx_2dx_3\ldots dx_n}{\iiint\ldots\int[[U_1][U_2]]\,f(X)dx_1dx_2dx_3\ldots dx_{n+1}\left\{\frac{v}{l}\right\}}=1$$

$$\lim_{h\to 0^+}\frac{\iiint\ldots\int\left(\frac{x_w}{l}-u_1\right)[U_1][U_2]\,f(X)dx_1dx_2dx_3\ldots dx_{n+1}}{\iiint\ldots\int[[U_1][U_2]]\,f(X)dx_1dx_2dx_3\ldots dx_{n+1}\left(\frac{v}{l}\right)}=1$$

$$\lim_{h\to 0^+}\frac{\iiint\ldots\int\left(\frac{x_w-lu_1}{l}\right)[U_1][U_2]\,f(X)dx_1dx_2dx_3\ldots dx_n}{\iiint\ldots\int[[U_1][U_2]]\,f(X)dx_1dx_2dx_3\ldots dx_{n+1}\left(\frac{v}{l}\right)}=1$$

$$\lim_{h\to 0^+}\frac{\iiint\ldots\int(x_w-lu_1)[U_1][U_2]\,f(X)dx_1dx_2dx_3\ldots dx_{n+1}}{\iiint\ldots\int[[U_1][U_2]]\,f(X)dx_1dx_2dx_3\ldots dx_{n+1}v}=1$$

$$\lim_{h\to 0^+}\frac{\iiint\ldots\int x_w[U_1][U_2]\,f(X)dx_1dx_2dx_3\ldots dx_{n+1}}{\iiint\ldots\int[[U_1][U_2]]\,f(X)dx_1dx_2dx_3\ldots dx_{n+1}v}=1$$

$$v=\lim_{h\to 0^+}\frac{\iiint\ldots\int[U_1][U_2]x_w\,f(X)dx_1dx_2dx_3\ldots dx_{n+1}}{\iiint\ldots\int[[U_1][U_2]]\,f(X)dx_1dx_2dx_3\ldots dx_{n+1}}$$

E chegamos ao mesmo lugar. Fazendo-se as devidas substituições em decorrência das relações que definimos, podemos afirmar que a equação anterior é equivalente à seguinte:

$$v=\lim_{h\to 0^+}\frac{\int_0^\infty\int_0^\infty\ldots\int_0^\infty[q(R_C)]x_w\prod_{j=1}^{n+1}e^{-\alpha_jx_j}\,dx_1dx_2\ldots dx_{n+1}}{\int_0^\infty\int_0^\infty\ldots\int_0^\infty[q(R_C)]\prod_{j=1}^{n+1}e^{-\alpha_jx_j}\,dx_1dx_2\ldots dx_{n+1}}$$

Aqui substituímos f(X) pelo seu valor correspondente, na forma de produtório.

Diante do que acabamos de demonstrar, estamos aptos a definir um resultado fundamental em matéria de algoritmos algébricos, o qual chamaremos de *quarta propriedade fundamental dos algoritmos algébricos legítimos*:

Se o algoritmo algébrico legítimo L tem n compartimentos, parte da configuração inicial C e o valor inserido no w-ésimo compartimento no momento da concretização da condição de verificação é v, sendo este diferente de 0, e se a proposição característica de L normalizada quantificada associada à configuração C é $q(R_C)$, e representando-se a variável temporal por $x_{n+1}$, então

$$v = \lim_{h \to 0^+} \frac{\int_0^\infty \int_0^\infty \dots \int_0^\infty [q(R_C)] x_w \prod_{j=1}^{n+1} e^{-\alpha_j x_j} \, dx_1 dx_2 \dots dx_{n+1}}{\int_0^\infty \int_0^\infty \dots \int_0^\infty [q(R_C)] \prod_{j=1}^{n+1} e^{-\alpha_j x_j} \, dx_1 dx_2 \dots dx_{n+1}}$$

para valores $\alpha_1, \alpha_2, \alpha_3 \dots \alpha_{n+1}$ reais positivos tomados arbitrariamente.

Esta equação chamaremos de fórmula $\alpha$, e todo este trabalho não teria razão de ser se não fosse pela sua validade. Tudo o que vimos até o momento foi visto com a intenção de nos capacitar a enunciá-la. Veremos no capítulo seguinte algumas aplicações imediatas, levando em conta que o valor numérico desta expressão por ela fornecida pode ser calculado, mas apenas a partir do capítulo VII mostraremos como calculá-lo.

# V- Aplicações

Neste capítulo, apresentaremos alguns exemplos de aplicações da fórmula $\alpha$. Conforme já dissemos na exposição geral do modelo computacional que introduzimos por meio deste trabalho, podemos nos valer dele para resolver problemas de Matemática específicos. Isso se deve à fórmula $\alpha$, mediante a qual definimos uma expressão cujo valor numérico seja a saída ou elemento de saída de qualquer algoritmo algébrico legítimo.

O primeiro exemplo é o algoritmo algébrico legítimo que definimos no capítulo II que dá os elementos de uma progressão geométrica qualquer. Sua única regra de transição é

$$R_1: \big((t = y_1) \Leftrightarrow (x_1 = y_2 \wedge x_2 = y_3)\big) \Longrightarrow \big((t = y_1 + 1) \Leftrightarrow (x_1 = qy_2 \wedge x_2 = y_3 + 1)\big)$$

em que q é a razão da progressão geométrica.

Sua condição de verificação é

$$V: (x_2 = k - 1)$$

Esta máquina parte de uma configuração inicial definida pela seguinte proposição:

$$P: (t = 0) \Leftrightarrow (x_1 = a_1 \wedge x_2 = 0)$$

sendo $a_1$ o primeiro termo da progressão geométrica.

Desta maneira, a proposição característica do algoritmo algébrico legítimo em questão será

$$R_C: \Big(\big((t = y_1) \Leftrightarrow (x_1 = y_2 \wedge x_2 = y_3)\big) \Longrightarrow \big((t = y_1 + 1) \Leftrightarrow (x_1 = qy_2 \wedge x_2 = y_3 + 1)\big)\Big)$$

$$\wedge\, (x_2 = k - 1) \wedge \big((t = 0) \Leftrightarrow (x_1 = a_1 \wedge x_2 = 0)\big)$$

Executemos, sobre $R_C$, o seguinte prosseguimento, dando origem a $n(R_C)$:

1- Inclua em $R_C$ como conjuntivos as proposições $(t = y_1 \wedge t > h \wedge t < 1) \Leftrightarrow \left(x_u = y_1 \wedge \bigwedge_{\substack{j=1 \\ j \neq u}}^{n} x_j = 0\right)$, $\left(t = y_1 \Leftrightarrow \left(\bigwedge_{\substack{j=1 \\ j \neq u}}^{n} x_j = 0 \wedge x_u = y_u\right)\right) \Rightarrow \left(t = y_1 + 1 \Leftrightarrow \left(\bigwedge_{\substack{j=1 \\ j \neq u}}^{n} x_j = 0 \wedge x_u = y_u + 1\right)\right)$ e $\sim\bigwedge_{\substack{j=1 \\ j \neq u}}^{n} x_j = 0$, sendo que o compartimento temporal é o u-ésimo compartimento.

2- Substitua cada regra de transição da proposição resultante da operação do item anterior, que tem a forma

$$\left(t = y_{n+1} \Leftrightarrow \left(\bigwedge_{j=1}^{n} (x_j = y_j) \wedge p(x_1, x_2, \ldots, x_n)\right)\right)$$
$$\Rightarrow \left(t = y_{n+1} + 1 \Leftrightarrow \bigwedge_{j=1}^{n} x_j = f_j(y_1, y_2, \ldots, y_n)\right)$$

pela correspondente proposição da forma

$$\left(t = y_{n+1} \Leftrightarrow \left(\bigwedge_{j=1}^{n} (x_j = y_j) \wedge \sim \bigwedge_{\substack{j=1 \\ j \neq u}}^{n} x_j = 0 \wedge p(y_1, y_2, \ldots, y_n)\right)\right)$$
$$\Rightarrow \left(t = y_{n+1} + 1 \Leftrightarrow \bigwedge_{j=1}^{n} x_j = f_j(y_1, y_2, \ldots, y_n)\right)$$

3- Feito isso, substitua toda expressão da forma $a \neq b$ da proposição resultante por $\sim a = b$ (lembre-se de que $\sim p$ é a negação da proposição $p$).

4- Substitua a condição de verificação, $V(x_1, x_2, \ldots, x_n)$ por

$$\bigwedge_{j=1}^{n} (x_j \geq y_j \wedge x_j < y_j + h) \Rightarrow V(y_1, y_2, \ldots, y_n)$$

5- Em seguida, substitua toda expressão da forma $a = b$, com a e b constantes em relação às variáveis principais e temporal (e apenas estas), por $a \geq b \wedge a \leq b$ e substitua as demais expressões da forma $a = b$ por $a \geq b \wedge a < b + h$.

6- Depois, substitua toda expressão da forma $a < b$ por $\sim a \geq b$, e toda expressão da forma $a > b$ por $\sim a \leq b$.

Este procedimento, descrito no capítulo IV, é válido para todo algoritmo algébrico legítimo, não apenas ao algoritmo que estamos estudando. Com ele, encontramos a proposição característica de um algoritmo algébrico legítimo associada a determinada configuração, a qual será tomada como configuração inicial, normalizada, $n(R_C)$. Em seguida, definimos a proposição característica associada a C normalizada quantificada $q(R_C)$, formada pela mera introdução de certos quantificadores em $n(R_C)$, respeitada a seguinte relação:

$$q(R_C) = \forall y_1 \in \mathbb{R}_+ \forall y_2 \in \mathbb{R}_+ \ldots \forall y_a \in \mathbb{R}_+ n(R_C)$$

Trata-se de uma relação que também é válida para qualquer outro algoritmo algébrico legítimo. No caso do algoritmo em questão, n=2 e a=3, de maneira que, neste caso,

$$q(R_C) = \forall y_1 \in \mathbb{R}_+ \forall y_2 \in \mathbb{R}_+ \forall y_3 \in \mathbb{R}_+ n(R_C)$$

Definida $q(R_C)$, o valor do k-ésimo termo da progressão geométrica estudada, equivalente ao valor do primeiro compartimento no momento da implementação da condição de verificação, é dado por

$$v = \lim_{h \to 0^+} \frac{\int_0^\infty \int_0^\infty [q(R_C)] x_1 e^{-\alpha_1 x_1} e^{-\alpha_2 x_2} e^{-\alpha_3 x_3} dx_1 dx_2 dx_3}{\int_0^\infty \int_0^\infty [q(R_C)] e^{-\alpha_1 x_1} e^{-\alpha_2 x_2} e^{-\alpha_3 x_3} dx_1 dx_2\, dx_3}$$

em que $q(R_C)$ é definida por meio do procedimento já enunciado. A variável t foi renomeada de $x_{n+1}$. Os termos $\alpha_1$, $\alpha_2$ e $\alpha_3$ podem ser escolhidos arbitrariamente entre os números reais positivos. As variáveis q e $a_1$, integrantes de $q(R_C)$, correspondem à entrada do algoritmo algébrico legítimo, a ser introduzida pelo usuário. Esta é a fórmula $\alpha$ aplicada ao algoritmo algébrico em questão, a qual assume a seguinte forma para o caso geral:

$$v = \lim_{h \to 0^+} \frac{\int_0^\infty \int_0^\infty \ldots \int_0^\infty [q(R_C)] x_w \prod_{j=1}^{n+1} e^{-\alpha_j x_j}\, dx_1 dx_2 \ldots dx_{n+1}}{\int_0^\infty \int_0^\infty \ldots \int_0^\infty [q(R_C)] \prod_{j=1}^{n+1} e^{-\alpha_j x_j}\, dx_1 dx_2 \ldots dx_{n+1}}$$

desde que v seja diferente de 0, sendo w o número de ordem do compartimento referencial e as constantes $\alpha_j$ tomadas arbitrariamente entre os números reais positivos. Renomeamos t para $x_{n+1}$ em $q(R_C)$ para simplificar a notação.

Claro que o método aqui empregado é extremamente complicado para o cálculo do valor de um termo de uma progressão geométrica, o qual admite uma fórmula simples. O que nos importa é que o método que apresentamos aqui é suficiente tanto para isso, quanto para se resolver problemas muito mais complexos. Vejamos mais um exemplo, apenas a título ilustrativo, de um problema simples que pode ser resolvido pelo mesmo método, para depois passarmos a expor problemas bem mais complexos.

Projetaremos agora um algoritmo algébrico legítimo que dá como saída o k-ésimo termo da sequência de Fibonacci. A sequência de Fibonacci tem o primeiro e o segundo termos iguais a 1. A partir do terceiro, cada termo da sequência é igual à soma dos dois anteriores. É uma sequência infinita, cujos primeiros termos são mostrados a seguir: (1,1,2,3,5,8,13,...). Há uma fórmula simples para se calcular um termo qualquer desta sequência, mas, apenas como uma ilustração do nosso método, vamos aplicá-lo a este problema. Um algoritmo algébrico legítimo que dá como saída, no primeiro compartimento, o k-ésimo termo da sequência de Fibonacci pode ser definido da seguinte forma:

A configuração inicial é definida assim:

$$t = 0 \Leftrightarrow (x_1 = 1 \wedge x_2 = 1 \wedge x_3 = 0)$$

Este algoritmo algébrico tem três compartimentos, sendo o terceiro o compartimento temporal. A sua única regra de transição é

$$\big((t = y_1) \Leftrightarrow (x_1 = y_2 \wedge x_2 = y_3 \wedge x_3 = y_4)\big) \\ \Rightarrow \big((t = y_1 + 1) \Leftrightarrow (x_1 = y_3 \wedge x_2 = y_2 + y_3 \wedge x_3 = y_4 + 1)\big)$$

Vê-se que os termos do primeiro compartimento são dados pela soma dos dois termos anteriores, ao longo da computação desta máquina, após duas ocorrências do número 1, definindo, assim, a sequência de Fibonacci. O mesmo ocorre com o segundo compartimento, mas com uma defasagem de uma etapa. O terceiro compartimento é o compartimento temporal, apenas refletindo o tempo da computação, ou seja, o número de ordem da etapa a ser computada.

Podemos considerar que, quando o valor do compartimento temporal for igual a $k - 1$, o valor do primeiro compartimento será o k-ésimo termo da sequência de Fibonacci, e o valor do segundo compartimento será o termo seguinte. Desta forma, para que possamos considerar que a saída do algoritmo algébrico seja o k-ésimo termo da sequência de Fibonacci, basta considerar que o compartimento referencial é o primeiro (w=1) e a condição de verificação é

$$x_3 = k - 1$$

Por analogia ao exemplo dado anteriormente, em que queremos definir o valor do k-ésimo termo de uma progressão geométrica, o próximo passo é definir $n(R_C)$, o que se dá por meio do procedimento que já apresentamos no capítulo IV, sendo que repetimos esta apresentação no capítulo presente, para, em seguida, definir $q(R_C)$ e, então, aplicar a fórmula $\alpha$. Este é o nosso método para resolver problemas de Matemática, e não nos daremos ao trabalho de mostrar a execução destes passos, o que é ato mecânico, que pode ser executado tranquilamente pelo próprio leitor. O único passo que requer alguma audácia é projetar o algoritmo algébrico legítimo que tome como entrada as informações pertinentes do problema a ser resolvido e dê como saída a solução, ou uma representação da solução, e é apenas neste passo que nos focaremos. A definição do algoritmo algébrico legítimo se dá pela simples fixação da sua proposição característica associada à configuração da qual o algoritmo algébrico em questão deva partir, a qual é a conjunção das regras de transição do algoritmo com as proposições que enunciem a condição de verificação e a configuração inicial. Por estes motivos, o que faremos daqui em diante nas resoluções de problemas será a mera definição destas três classes de proposições associadas ao algoritmo algébrico legítimo a ser definido. Há uma série de relações de recorrência que podem ser abordadas à luz do método que estamos expondo, sendo os dois problemas resolvidos até aqui meros exemplos simples.

Neste momento, passaremos a estudar um importante problema de Matemática, para o qual não se conhecem algoritmos eficientes até o presente momento: o problema da fatoração. Dado um número natural maior do que 1, como podemos fazer para determinar, em um número razoável de etapas, um par de divisores que, caso o número dado seja composto, sejam diferentes de 1 e do próprio número. Aplicaremos a este problema o mesmo método que utilizamos nos dois problemas anteriores, mas, como enfatizamos no parágrafo anterior, nos limitaremos a definir um algoritmo algébrico legítimo que dará, como saída, o menor divisor maior do que 1 do número dado. Com isso, também verificaremos se o número dado é primo, pois será este o caso, se, e somente se, a saída for o próprio número, uma vez que o menor divisor de N maior do que 1 é igual a N, se, e somente se, N é primo. O algoritmo algébrico legítimo em questão respeita o esquema que segue. Se não mencionarmos o valor que, em certo estágio, deve ser introduzido em determinado compartimento, entenda que o mesmo permanece inalterado, exceto se se tratar do terceiro compartimento, que é o compartimento temporal, a cujo valor é adicionada uma unidade a cada execução de um estágio qualquer.

Configuração inicial: inicie com 2 no primeiro e segundo compartimentos e 0 no terceiro e quarto compartimentos.

Estágio único: verifique se o valor inserido no segundo compartimento é maior, menor ou igual a N. Se for menor, some o valor inserido no primeiro compartimento ao segundo compartimento, e depois volte a este único estágio. Se for maior, inclua o sucessor do valor inserido no primeiro compartimento no primeiro e segundo compartimentos, e, após, volte ao estágio único. Se, por outro lado, este valor for igual a N, copie o conteúdo do primeiro compartimento ao quarto compartimento e introduza o sucessor de N aos dois primeiros compartimentos, voltando, em seguida, a este estágio. A cada execução deste único estágio, adicione uma unidade ao valor inserido no terceiro compartimento, que é o compartimento temporal, e mantenha o valor do quarto compartimento inalterado, exceto no caso em que copiamos o valor do primeiro compartimento no quarto compartimento, especificado acima.

Condição de verificação: o valor do primeiro compartimento é maior ou igual a N+1.

A proposição que descreve a configuração inicial é a que segue:

$$t = 0 \Leftrightarrow (x_1 = 2 \wedge x_2 = 2 \wedge x_3 = 0 \wedge x_4 = 0)$$

As regras de transição são definidas como mostramos a seguir:

$$\big((t = y_1) \Leftrightarrow (x_1 = y_2 \wedge x_2 = y_3 \wedge x_3 = y_4 \wedge x_4 = y_5 \wedge x_2 < N)\big) \Longrightarrow \big((t = y_1 + 1) \Leftrightarrow (x_1 = y_2 \wedge x_2 = y_3 + y_2 \wedge x_3 = y_4 + 1 \wedge x_4 = y_5)\big)$$

$$\big((t = y_1) \Leftrightarrow (x_1 = y_2 \wedge x_2 = y_3 \wedge x_3 = y_4 \wedge x_4 = y_5 \wedge x_2 > N)\big) \Longrightarrow \big((t = y_1 + 1) \Leftrightarrow (x_1 = y_2 + 1 \wedge x_2 = y_2 + 1 \wedge x_3 = y_4 + 1 \wedge x_4 = y_5)\big)$$

$$\big((t = y_1) \Leftrightarrow (x_1 = y_2 \wedge x_2 = y_3 \wedge x_3 = y_4 \wedge x_4 = y_5 \wedge x_2 = N)\big) \Longrightarrow \big((t = y_1 + 1) \Leftrightarrow (x_1 = N + 1 \wedge x_2 = N + 1 \wedge x_3 = y_4 + 1 \wedge x_4 = y_2)\big)$$

Por fim, o enunciado da condição de verificação fica assim:

$$x_1 \geq N + 1$$

Quando esta condição se verificar, o valor do quarto compartimento é o divisor de N procurado.

Com isso, definimos um algoritmo algébrico legítimo cujo compartimento referencial é o primeiro (w=1), sendo que tal compartimento, no momento da implementação da condição de verificação, fornece o menor divisor de N maior do que 1, que necessariamente será um divisor primo. Isso tanto resolve o problema da fatoração quanto o problema de decisão de se verificar se N é primo ou composto: será primo se, e somente se, no momento da verificação, o valor do compartimento referencial for igual a N, sendo composto em caso contrário. Cabe ao leitor, se assim desejar, percorrer as etapas seguintes do nosso método, culminando na aplicação da fórmula $\alpha$, na qual, no caso, N é uma variável livre, a ser substituída livremente pelo usuário pelo número natural maior ou igual a 2 a ser fatorado. Definido um divisor primo de N, é fácil encontrar outros divisores primos de N. Basta repetir o procedimento sobre $\frac{N}{d}$, sendo d o divisor encontrado na implementação anterior, de maneira que podemos definir todos os divisores primos de N, um após o outro. No capítulo XVIII, veremos que o algoritmo que estamos executando fundado no algoritmo algébrico legítimo que definimos é polinomial em função do comprimento da representação de N em uma base aritmética qualquer, o que certamente representa algum avanço para a Matemática.

A resolução que expusemos do problema da fatoração nos fornece uma base sólida para encarar um célebre problema não resolvido da Matemática: a conjectura de Goldbach. Segundo esta conjectura, todo número par maior do que 2 é a soma de dois números primos (iguais ou distintos). Por exemplo: 4=2+2; 8=5+3; 10=7+3=5+5; etc... Não se sabe se esta proposição é verdadeira ou falsa, embora nunca se tenha encontrado um contraexemplo, um número par maior do que 2 que não seja a soma de dois números primos. Entretanto, isso não é o suficiente para se afirmar esta proposição. O fato é que nunca ninguém a demonstrou nem a refutou. Vamos projetar um algoritmo algébrico legítimo para resolver este problema. Chamaremos de G este algoritmo algébrico.

G tem sete compartimentos. Os dois primeiros compartimentos comportam-se de maneira similar aos dois primeiros compartimentos do algoritmo que projetamos para resolver o problema da fatoração. O terceiro é o compartimento temporal. O quarto compartimento registra o estágio atual da computação. Nosso algoritmo percorre seis estágios distintos, de maneira alternada, como veremos. O conteúdo do quarto compartimento é 1, se estivermos no primeiro estágio, 2, se estivermos no segundo, 3, no terceiro, etc...

Chamemos de N o valor inserido no quinto compartimento em determinado momento e de z o valor inserido no sexto compartimento no mesmo momento. O algoritmo G verifica se z é a soma de dois números primos, para z=4, 6, 8, 10, etc... Para tanto, para cada z, G verifica se N e $z-N$ são primos, para N=2, 3, 4, 5, ..., $\frac{z}{2}$. Primeiramente, G faz a verificação sobre N (nos dois primeiros estágios), para depois fazê-la sobre $z-N$, no terceiro e quarto estágios. Se z satisfaz à conjectura de Goldbach, ou seja, se z é a soma de dois números primos, G substitui o z pelo seu sucessor par no sexto compartimento e reinicia a verificação para este outro número par maior do que 2. O sétimo compartimento se inicia com o valor 1, e permanece sempre com este valor, a não ser que algum contraexemplo da conjectura de Goldbach for detectado (algum z que não seja a soma de dois primos), quando então o sétimo compartimento passa a conter o valor 2. Neste caso, G passa ao sexto estágio, em que todos os valores dos seis compartimentos se mantém, perpetuamente, inalterados, exceto o compartimento temporal.

O que ocorre é que, se verificarmos o valor inserido no sétimo compartimento na k-ésima etapa da computação de G, para algum k infinito, este valor será igual a 1, se, e somente se, a conjectura de Goldbach for verdadeira, e será 2, se, e somente se, tal proposição for falsa, por admitir pelo menos 1 contraexemplo. Assim, o compartimento referencial de G é o sétimo, e a condição de verificação é: o valor inserido no compartimento temporal é maior ou igual a k, sendo k um número infinito. Quando determinarmos a proposição característica associada normalizada de G, introduziremos a *variável de limite*, h, tal que h assume um número positivo infinitesimal, de maneira que podemos considerar que k seja o inverso de h, por exemplo. A seguir, definimos a configuração inicial e a descrição dos seis estágios da computação de G. Se não mencionarmos o valor que, em certo estágio, deve ser introduzido em determinado compartimento, entenda que o mesmo permanece inalterado, exceto se se tratar do terceiro compartimento, que é o compartimento temporal, a cujo valor é adicionada uma unidade a cada execução de um estágio qualquer.

Configuração inicial: inicie com 2 no primeiro e segundo compartimentos, 0 no terceiro compartimento, 1 no quarto compartimento, 2 no quinto compartimento, 4 no sexto compartimento e 1 no sétimo e último compartimento.

Estágio 1: verifique se o valor inserido no segundo compartimento é maior, menor ou igual ao conteúdo do quinto compartimento. Se for menor, some o valor inserido no primeiro compartimento ao valor inserido no segundo compartimento, introduzindo o resultado da adição neste último, e depois volte ao primeiro estágio. Se for maior, o número contido no primeiro compartimento não é divisor do número contido no quinto compartimento, e, neste caso, mude para 2 o conteúdo do quarto compartimento e vá para o estágio 2. Se, por outro lado, este valor for igual ao valor contido no quinto compartimento, o número contido no primeiro compartimento é o menor divisor maior do que 1 do número contido no quinto compartimento; além disso, este divisor do número contido no quinto compartimento e o número contido no quinto compartimento são distintos, de maneira que o número contido no quinto compartimento é composto (não é primo), e, neste caso, adicione uma unidade ao valor inserido no quinto compartimento e introduza o número 2 nos dois primeiros compartimentos, voltando, então para este estágio 1.

Estágio 2: se o valor inserido no primeiro compartimento for menor do que o antecessor do valor contido no quinto compartimento, mude para 1 o conteúdo do quarto compartimento, introduza no primeiro e no segundo compartimentos o sucessor do valor até então contido no primeiro compartimento e vá para o estágio 1. Se o valor inserido no primeiro compartimento for maior ou igual ao antecessor do valor contido no quinto compartimento, o número contido no quinto compartimento é primo, e, neste caso, substitua o valor contido no quinto compartimento por $z - N$, sendo z o número que se encontra no sexto compartimento e N o valor que, antes da substituição, se encontra no quinto compartimento, substitua por 2 o valor dos dois primeiros compartimentos e, então, vá para o estágio 3, com a devida substituição do valor contido no quarto compartimento por 3.

Estágio 3: verifique se o valor inserido no segundo compartimento é maior, menor ou igual ao conteúdo do quinto compartimento. Se for menor, adicione o valor inserido no primeiro compartimento ao valor inserido no segundo compartimento, introduzindo o resultado da adição neste último, e depois volte a este terceiro estágio. Se for maior, o número contido no primeiro compartimento não é divisor do número contido no quinto compartimento, e, neste caso, mude para 4 o conteúdo do quarto compartimento e vá para o estágio 4. Se, por outro lado, este valor for igual ao valor contido no quinto compartimento, o número contido no primeiro compartimento é o menor divisor maior do que 1 do número contido no quinto compartimento; além disso, este divisor do número contido no quinto compartimento e o número contido no quinto compartimento são distintos, de maneira que o número contido no quinto compartimento é composto (não é primo), e, neste caso, vá para o estágio 5, com a devida alteração do valor inserido no quarto compartimento para 5.

Estágio 4: se o valor inserido no primeiro compartimento for menor do que o antecessor do valor contido no quinto compartimento, mude para 3 o conteúdo do quarto compartimento, introduza no primeiro e no segundo compartimentos o sucessor do valor até então contido no primeiro compartimento e vá para o estágio 3. Se o valor inserido no primeiro compartimento for maior ou igual ao antecessor do valor contido no quinto compartimento, o número contido no quinto compartimento é primo; além disso, o valor de $z - N$ também é primo, o que já foi verificado nos dois primeiros estágios, sendo z e N, respectivamente, os valores inseridos no sexto e no quinto compartimentos, de maneira que z satisfaz à conjectura de Goldbach. Neste caso, adicione duas unidades ao valor inserido no sexto compartimento e introduza 2 nos dois primeiros compartimentos e 1 no quarto compartimento, voltando, então, para o estágio 1, passando a fazer a verificação da satisfação do sucessor par de z à conjectura de Goldbach.

Estágio 5: o que verificamos até agora é que $N$ e $z - N$, sendo z e $z - N$, respectivamente, os valores inseridos no sexto e quinto compartimentos, não é um par de primos, embora N seja. Assim, se $N \geq \frac{z}{2}$, z é um contraexemplo da conjectura de Goldbach. O primeiro número primo do par $(s, z - s)$, para algum s, é o menor do par. O candidato a s é detectado nos dois primeiros estágios. Se, neste quinto estágio, $N \geq \frac{z}{2}$, isso significa que o primo detectado nos dois primeiros estágios, candidato a ser s, não satisfaz ao requisito de ser o menor número do par $(s, z - s)$, sendo que todos os candidatos legítimos já foram verificados e descartados, seja por não serem primos, seja pelo fato de seu complemento em relação a z não ser primo. Neste caso, mude para 2 o conteúdo do sétimo compartimento e vá para o estágio 6, com a devida alteração para 6 do valor do quarto compartimento. Se $N < \frac{z}{2}$, introduza $z - N + 1$ no quinto compartimento, introduza 2 nos dois primeiros compartimentos, 1 no quarto compartimento e volte para o estágio 1, iniciando, então, uma verificação sobre um novo par ordenado candidato a ser o par de primos $(s, z - s)$.

Estágio 6: mantenha inalterados os valores de todos os compartimentos, exceto o temporal. Após a mudança do valor do compartimento temporal, volte para este sexto estágio.

Assim, podemos definir da seguinte forma a configuração inicial, as regras de transição e a condição de verificação do algoritmo algébrico legítimo em questão:

Configuração inicial:

$$t = 0 \Leftrightarrow (x_1 = 2 \wedge x_2 = 2 \wedge x_3 = 0 \wedge x_4 = 1 \wedge x_5 = 2 \wedge x_6 = 4 \wedge x_7 = 1)$$

Estágio 1:

$$\begin{aligned}&\big(t = y_1 \Leftrightarrow (x_1 = y_2 \wedge x_2 = y_3 \wedge x_3 = y_4 \wedge x_4 = 1 \wedge x_5 = y_5 \wedge x_6 = y_6 \wedge x_7 = y_7 \wedge x_2 < x_5)\big)\\ &\qquad \Rightarrow \big(t = y_1 + 1\\ &\qquad \Leftrightarrow (x_1 = y_2 \wedge x_2 = y_2 + y_3 \wedge x_3 = y_4 + 1 \wedge x_4 = 1 \wedge x_5 = y_5 \wedge x_6 = y_6 \wedge x_7 = y_7)\big)\end{aligned}$$

$$\begin{aligned}&\big(t = y_1 \Leftrightarrow (x_1 = y_2 \wedge x_2 = y_3 \wedge x_3 = y_4 \wedge x_4 = 1 \wedge x_5 = y_5 \wedge x_6 = y_6 \wedge x_7 = y_7 \wedge x_2 > x_5)\big)\\ &\qquad \Rightarrow \big(t = y_1 + 1\\ &\qquad \Leftrightarrow (x_1 = y_2 \wedge x_2 = y_3 \wedge x_3 = y_4 + 1 \wedge x_4 = 2 \wedge x_5 = y_5 \wedge x_6 = y_6 \wedge x_7 = y_7)\big)\end{aligned}$$

$$\begin{aligned}&\big(t = y_1 \Leftrightarrow (x_1 = y_2 \wedge x_2 = y_3 \wedge x_3 = y_4 \wedge x_4 = 1 \wedge x_5 = y_5 \wedge x_6 = y_6 \wedge x_7 = y_7 \wedge x_2 = x_5)\big)\\ &\qquad \Rightarrow \big(t = y_1 + 1\\ &\qquad \Leftrightarrow (x_1 = 2 \wedge x_2 = 2 \wedge x_3 = y_4 + 1 \wedge x_4 = 1 \wedge x_5 = y_5 + 1 \wedge x_6 = y_6 \wedge x_7 = y_7)\big)\end{aligned}$$

Estágio 2:

$$\big(t = y_1 \Leftrightarrow (x_1 = y_2 \wedge x_2 = y_3 \wedge x_3 = y_4 \wedge x_4 = 2 \wedge x_5 = y_5 \wedge x_6 = y_6 \wedge x_7 = y_7 \wedge x_1 < x_5 - 1)\big)$$
$$\Rightarrow \big(t = y_1 + 1$$
$$\Leftrightarrow (x_1 = y_2 + 1 \wedge x_2 = y_2 + 1 \wedge x_3 = y_4 + 1 \wedge x_4 = 1 \wedge x_5 = y_5 \wedge x_6 = y_6 \wedge x_7 = y_7)\big)$$

$$\big(t = y_1 \Leftrightarrow (x_1 = y_2 \wedge x_2 = y_3 \wedge x_3 = y_4 \wedge x_4 = 2 \wedge x_5 = y_5 \wedge x_6 = y_6 \wedge x_7 = y_7 \wedge x_1 \geq x_5 - 1)\big)$$
$$\Rightarrow \big(t = y_1 + 1$$
$$\Leftrightarrow (x_1 = 2 \wedge x_2 = 2 \wedge x_3 = y_4 + 1 \wedge x_4 = 3 \wedge x_5 = y_6 - y_5 \wedge x_6 = y_6 \wedge x_7 = y_7)\big)$$

Estágio 3:

$$\big(t = y_1 \Leftrightarrow (x_1 = y_2 \wedge x_2 = y_3 \wedge x_3 = y_4 \wedge x_4 = 3 \wedge x_5 = y_5 \wedge x_6 = y_6 \wedge x_7 = y_7 \wedge x_2 < x_5)\big)$$
$$\Rightarrow \big(t = y_1 + 1$$
$$\Leftrightarrow (x_1 = y_2 \wedge x_2 = y_2 + y_3 \wedge x_3 = y_4 + 1 \wedge x_4 = 3 \wedge x_5 = y_5 \wedge x_6 = y_6 \wedge x_7 = y_7)\big)$$

$$\big(t = y_1 \Leftrightarrow (x_1 = y_2 \wedge x_2 = y_3 \wedge x_3 = y_4 \wedge x_4 = 3 \wedge x_5 = y_5 \wedge x_6 = y_6 \wedge x_7 = y_7 \wedge x_2 > x_5)\big)$$
$$\Rightarrow \big(t = y_1 + 1$$
$$\Leftrightarrow (x_1 = y_2 \wedge x_2 = y_3 \wedge x_3 = y_4 + 1 \wedge x_4 = 4 \wedge x_5 = y_5 \wedge x_6 = y_6 \wedge x_7 = y_7)\big)$$

$$\big(t = y_1 \Leftrightarrow (x_1 = y_2 \wedge x_2 = y_3 \wedge x_3 = y_4 \wedge x_4 = 3 \wedge x_5 = y_5 \wedge x_6 = y_6 \wedge x_7 = y_7 \wedge x_2 = x_5)\big)$$
$$\Rightarrow \big(t = y_1 + 1$$
$$\Leftrightarrow (x_1 = y_2 \wedge x_2 = y_3 \wedge x_3 = y_4 + 1 \wedge x_4 = 5 \wedge x_5 = y_5 \wedge x_6 = y_6 \wedge x_7 = y_7)\big)$$

Estágio 4:

$$\big(t = y_1 \Leftrightarrow (x_1 = y_2 \wedge x_2 = y_3 \wedge x_3 = y_4 \wedge x_4 = 4 \wedge x_5 = y_5 \wedge x_6 = y_6 \wedge x_7 = y_7 \wedge x_1 < x_5 + 1)\big)$$
$$\Rightarrow \big(t = y_1 + 1$$
$$\Leftrightarrow (x_1 = y_2 + 1 \wedge x_2 = y_2 + 1 \wedge x_3 = y_4 + 1 \wedge x_4 = 3 \wedge x_5 = y_5 \wedge x_6 = y_6 \wedge x_7 = y_7)\big)$$

$$\big(t = y_1 \Leftrightarrow (x_1 = y_2 \wedge x_2 = y_3 \wedge x_3 = y_4 \wedge x_4 = 4 \wedge x_5 = y_5 \wedge x_6 = y_6 \wedge x_7 = y_7 \wedge x_1 \geq x_5 - 1)\big)$$
$$\Rightarrow \big(t = y_1 + 1$$
$$\Leftrightarrow (x_1 = 2 \wedge x_2 = 2 \wedge x_3 = y_4 + 1 \wedge x_4 = 1 \wedge x_5 = y_5 \wedge x_6 = y_6 + 2 \wedge x_7 = y_7)\big)$$

Estágio 5:

$$\left(t = y_1 \Leftrightarrow \left(x_1 = y_2 \wedge x_2 = y_3 \wedge x_3 = y_4 \wedge x_4 = 5 \wedge x_5 = y_5 \wedge x_6 = y_6 \wedge x_7 = y_7 \wedge x_6 - x_5 \geq \frac{x_6}{2}\right)\right)$$
$$\Rightarrow (t = y_1 + 1$$
$$\Leftrightarrow (x_1 = y_2 \wedge x_2 = y_3 \wedge x_3 = y_4 + 1 \wedge x_4 = 6 \wedge x_5 = y_5 \wedge x_6 = y_6 \wedge x_7 = 2))$$

$$\left(t = y_1 \Leftrightarrow \left(x_1 = y_2 \wedge x_2 = y_3 \wedge x_3 = y_4 \wedge x_4 = 5 \wedge x_5 = y_5 \wedge x_6 = y_6 \wedge x_7 = y_7 \wedge x_6 - x_5 < \frac{x_6}{2}\right)\right)$$
$$\Rightarrow (t = y_1 + 1$$
$$\Leftrightarrow (x_1 = 2 \wedge x_2 = 2 \wedge x_3 = y_4 + 1 \wedge x_4 = 1 \wedge x_5 = y_6 - y_5 + 1 \wedge x_6 = y_6 \wedge x_7 = y_7))$$

Estágio 6:

$$(t = y_1 \Leftrightarrow (x_1 = y_2 \wedge x_2 = y_3 \wedge x_3 = y_4 \wedge x_4 = 6 \wedge x_5 = y_5 \wedge x_6 = y_6 \wedge x_7 = 2))$$
$$\Rightarrow (t = y_1 + 1$$
$$\Leftrightarrow (x_1 = y_2 \wedge x_2 = y_3 \wedge x_3 = y_4 + 1 \wedge x_4 = 6 \wedge x_5 = y_5 \wedge x_6 = y_6 \wedge x_7 = 2))$$

Condição de verificação:

$$x_3 \geq \frac{1}{h} - 1$$

sendo h a variável de limite da proposição característica associada à configuração inicial normalizada quantificada. No capítulo IX, veremos por que escolhemos esta proposição como condição de verificação.

Vemos que G executa busca por força bruta em um espaço de busca infinito. Nosso método permite que isso seja feito, pois não precisaremos computar G para verificar a sua saída. O que fazemos é aplicar a fórmula $\alpha$ sobre a sua descrição. De maneira geral, quando fizermos isso na aplicação do nosso método a algum problema, a condição de verificação será $x_v \geq \frac{1}{h} - 1$, sendo v o número de ordem do compartimento temporal e h a variável de limite da proposição característica associada à configuração inicial normalizada quantificada. Voltando ao caso de G, calculamos o limite da expressão do segundo membro da fórmula $\alpha$ quando $x_v$ tende a infinito, já que $(h \longrightarrow 0^+) \Rightarrow \left(\frac{1}{h} - 1 \longrightarrow \infty\right)$, de maneira que, mesmo que o menor contraexemplo da conjectura de Goldbach, caso haja, seja um número par infinito, o valor do compartimento referencial no momento da condição de verificação que elegemos será igual a 2, sendo que o mesmo será igual a 1, se, e somente se, não houver contraexemplos finitos ou infinitos. Isso se dá pelo fato de que o valor do segundo membro da fórmula $\alpha$ não é calculado exatamente para h infinitesimal, mas sim *no limite* em que h tende a 0 pela direita.

Mostraremos agora como determinar a saída de uma máquina de Turing qualquer do tipo aceitador por meio de um atalho. Pelo nosso método, definimos um algoritmo algébrico legítimo que simula uma máquina de Turing, e aplicamos a fórmula $\alpha$ sobre a sua descrição. Desta forma, não precisamos computar a máquina de Turing sobre a entrada eleita para saber qual é a sua saída. Em seguida, faremos o mesmo para máquinas de Turing do tipo transdutor. Enfatizamos que, ao longo de todo este trabalho, adotamos as definições de máquina de Turing dos tipos aceitador e transdutor que apresentamos no capítulo XIX, de modo que convidamos o leitor a ler a parte inicial daquele capítulo, apenas para se familiarizar com as nossas definições, mas não recomendamos que o leitor leia o restante daquele capítulo neste momento. Entretanto, precisamos fazer uma breve digressão para tratar da questão da representação numérica de cadeias. Isso se deve ao fato de que, enquanto os algoritmos algébricos computam *números*, as máquinas de Turing computam *cadeias*. Apesar da aparente incompatibilidade, não há qualquer obstáculo à simulação de máquinas de Turing por algoritmos algébricos, já que podemos estabelecer uma função bijetora entre os números de determinado subconjunto de $\mathbb{N}$ e o conjunto de todas as cadeias sobre o alfabeto de fita de uma máquina de Turing.

Vamos ao problema. Suponhamos que T seja uma máquina de Turing do tipo aceitador com alfabeto de entrada $\Sigma$ e alfabeto de fita $\Gamma$. Suponhamos também que $\Sigma$ tem p elementos, e $\Gamma$, q elementos. Em qualquer caso, q>p. Tomemos qualquer número maior ou igual a q, e chamemo-lo de N. Vamos, primeiramente, definir a função bijetora $f\colon \Gamma^* \longrightarrow \mathrm{A}$, em que A é o conjunto de todos os números naturais cuja representação na base N não inclui nenhum algarismo maior ou igual a q. Para tanto, basta respeitarmos as seguintes condições:

1- $s \in \Sigma \Longrightarrow 1 \leq \mathrm{f(s)} \leq \mathrm{p}$

2- $(s \in \Gamma - \Sigma \wedge \mathrm{s} \neq \_) \Longrightarrow \mathrm{p}+1 \leq \mathrm{f(s)} \leq q-1$

3- $s = \_ \Longrightarrow f(s) = 0$

Aqui, o símbolo "_" é o símbolo **em branco**.

Observe que f é de fato uma função bijetora, que associa um número natural a cada cadeia sobre o alfabeto de fita de T. Veja, também, que nem todo número natural pode ser imagem de f, a menos que N=q. A função f pode ser definida arbitrariamente, desde que as imagens de cada símbolo sejam números naturais que satisfaçam às três condições acima. Com tudo o que foi dito, definimos apenas a imagem de símbolos, mas falta definir a imagem da cadeia vazia e de cadeias com dois ou mais símbolos. Fixaremos em 0 a imagem da cadeia vazia (não se preocupe por enquanto com o fato de esta ser também a imagem do símbolo em branco, o que será justificado no momento oportuno).

Passemos ao caso que falta: as cadeias com dois ou mais símbolos. A cadeia "$s_1s_2s_3 \dots s_k$", em que $s_i$ é um símbolo, para i natural não nulo menor ou igual a k, tem a imagem definida pela seguinte equação:

$$f(s_1s_2s_3 \dots s_k) = \sum_{j=1}^{k} N^{j-1} f(s_j)$$

Com isso, estamos igualando todas as cadeias que difiram entre si apenas por um símbolo em branco à direita. Por exemplo, a cadeia "#$%" tem a mesma imagem que a cadeia "#$%_" e a cadeia "#$%__". Tal fato não compromete em nada a representação, uma vez que, na fita da máquina de Turing, após o final da cadeia, todas as infinitas células seguintes são preenchidas com este símbolo, de maneira que, para qualquer efeito, não há distinção entre uma cadeia e ela mesma seguida de um símbolo em branco.

Também precisamos definir a função bijetora $g: Q \longrightarrow \{1,2,\dots,r\}$, em que Q é o conjunto de estados de T e r é o número de elementos de Q. Pela aplicação desta função, representamos numericamente os estados de T, o que fazemos com as cadeias por meio da aplicação de f. O estado inicial, o estado de aceitação e o estado de rejeição de T são nomeados, respectivamente, I, A e R. A função de transição de T é $\delta: Q \times \Gamma \longrightarrow Q \times \Gamma \times \{D, E\}$, em que D é o comando para mover a cabeça de fita para a direita, e E, para a esquerda.

A simulação de T pelo algoritmo algébrico legítimo em questão se dá como segue. Sendo w a cadeia de entrada, esta máquina começa com f(w) no segundo e no quarto compartimentos. Caso não se esteja no estado de aceitação ou rejeição, a máquina subtrai N do segundo compartimento sucessivamente até que o seu conteúdo seja inferior a N. Em seguida, divide-se por N o valor do quarto compartimento e copia-se o valor para o segundo e para o quarto, caso o movimento da máquina T seja para a direita, ou se o multiplica por N e copia-se o valor para o segundo e quarto compartimento, caso o movimento da cabeça da fita seja para a esquerda e, no mesmo ato, executa-se uma substituição do valor que estava na cabeça da fita pelo seguinte seguindo a função de transição de T e o valor que representa o estado atual pelo seguinte, também nos termos da função de transição. O algarismo que representa o símbolo da cabeça da fita é o da classe das unidades do valor do quarto compartimento na base N, e este valor é maior ou igual a *a* e menor do que $a + 1$, sendo *a* o valor inserido no segundo compartimento neste momento. O terceiro compartimento registra o estado atual, mantendo o valor g(q) durante a simulação da máquina T no estado q. Após isso, copia-se o valor do quarto compartimento para o segundo e continua-se o processo, até que se atinja o estado de aceitação ou o de rejeição. O quinto compartimento inclui o número 0, caso a cabeça de fita esteja na primeira célula, 1, se estiver na segunda célula, e assim por diante. O primeiro compartimento é o compartimento temporal, de maneira que, a cada etapa, tem uma unidade adicionada ao valor nele inserido, sendo que a máquina parte com o valor 0 inserido neste compartimento (no momento t=0).

O sexto compartimento indicará o estágio da computação em que o algoritmo algébrico se encontra. Trata-se de um "marcador". Chamamos de marcadores os compartimentos com esta função. Em muitos casos, quando projetamos algoritmos algébricos legítimos, é útil incluir neles um ou mais marcadores. Um marcador mantém o mesmo valor enquanto permanece no mesmo estágio e muda o seu valor no momento da mudança de estágio, sendo que os valores nele contidos são idênticos em momentos distintos em que se execute o mesmo estágio, e distintos em caso contrário. Repare que o quarto compartimento do algoritmo algébrico que projetamos para decidir sobre a veracidade ou falsidade da conjectura de Goldbach é um legítimo marcador. Na simulação de T, quando T atinge o estado de aceitação, o algoritmo algébrico que propomos passa a incluir o valor 4 no marcador, o sexto compartimento, e permanece com este valor eternamente. Quando T atinge o estado de rejeição, o valor do sexto compartimento passa a ser 5 e permanece com este valor eternamente. Assim, a condição de verificação é "o valor do sexto compartimento é 4 ou 5". Este será também o compartimento referencial, sendo que, atingida a condição de verificação, seu valor será 4 se T aceita a cadeia de entrada, e será 5, se o rejeita. É condição de validade do segundo membro da fórmula $\alpha$ aplicada a este algoritmo algébrico e a qualquer entrada que T seja um decisor, ou seja, uma máquina de Turing do tipo aceitador que pare sobre todas as entradas. Claro que tal expressão será igualmente válida se T parar sobre a entrada em questão, representada pela imagem de f sobre tal entrada, ainda que T não seja um decisor, já que T não entrará em *loop* sobre a entrada em questão.

Sendo x a imagem que f assume sobre a cadeia de entrada, o algoritmo algébrico legítimo que simula T tem a seguinte configuração inicial e as seguintes regras de transição.

Configuração inicial: inicie com 0 no primeiro compartimento, x no segundo compartimento, g(I) no terceiro compartimento, x no quarto compartimento, 0 no quinto compartimento e 1 no sexto compartimento.

1- $\Big(t = y_1 \Leftrightarrow (x_1 = y_2 \wedge x_2 = y_3 \wedge x_3 = y_4 \wedge x_4 = y_5 \wedge x_5 = y_6 \wedge x_6 = 1 \wedge x_3 \neq g(A) \wedge x_3 \neq g(R))\Big) \Rightarrow \big(t = y_1 + 1 \Leftrightarrow (x_1 = y_2 + 1 \wedge x_2 = y_3 \wedge x_3 = y_4 \wedge x_4 = y_5 \wedge x_5 = y_6 \wedge x_6 = 2)\big)$

2- $\big(t = y_1 \Leftrightarrow (x_1 = y_2 \wedge x_2 = y_3 \wedge x_3 = y_4 \wedge x_4 = y_5 \wedge x_5 = y_6 \wedge x_6 = 2 \wedge x_2 \geq N)\big) \Rightarrow \big(t = y_1 + 1 \Leftrightarrow (x_1 = y_2 + 1 \wedge x_2 = y_3 - N \wedge x_3 = y_4 \wedge x_4 = y_5 \wedge x_5 = y_6 \wedge x_6 = 2)\big)$

3- $\big(t = y_1 \Leftrightarrow (x_1 = y_2 \wedge x_2 = y_3 \wedge x_3 = y_4 \wedge x_4 = y_5 \wedge x_5 = y_6 \wedge x_6 = 2 \wedge x_2 < N)\big) \Rightarrow \big(t = y_1 + 1 \Leftrightarrow (x_1 = y_2 + 1 \wedge x_2 = y_3 \wedge x_3 = y_4 \wedge x_4 = y_5 \wedge x_5 = y_6 \wedge x_6 = 3)\big)$

4- $\big(t = y_1 \Leftrightarrow (x_1 = y_2 \wedge x_2 = y_3 \wedge x_3 = g(A) \wedge x_4 = y_5 \wedge x_5 = y_6 \wedge x_6 = 1)\big) \Rightarrow \big(t = y_1 + 1 \Leftrightarrow (x_1 = y_2 + 1 \wedge x_2 = y_3 \wedge x_3 = g(A) \wedge x_4 = y_5 \wedge x_5 = y_6 \wedge x_6 = 4)\big)$

5- $\big(t = y_1 \Leftrightarrow (x_1 = y_2 \wedge x_2 = y_3 \wedge x_3 = g(R) \wedge x_4 = y_5 \wedge x_5 = y_6 \wedge x_6 = 1)\big) \Rightarrow \big(t = y_1 + 1 \Leftrightarrow (x_1 = y_2 + 1 \wedge x_2 = y_3 \wedge x_3 = g(R) \wedge x_4 = y_5 \wedge x_5 = y_6 \wedge x_6 = 5)\big)$

6- $\big(t = y_1 \Leftrightarrow (x_1 = y_2 \wedge x_2 = y_3 \wedge x_3 = y_4 \wedge x_4 = y_5 \wedge x_5 = y_6 \wedge x_6 = 4)\big) \Rightarrow \big(t = y_1 + 1 \Leftrightarrow (x_1 = y_2 + 1 \wedge x_2 = y_3 \wedge x_3 = y_4 \wedge x_4 = y_5 \wedge x_5 = y_6 \wedge x_6 = 4)\big)$

7- $\big(t = y_1 \Leftrightarrow (x_1 = y_2 \wedge x_2 = y_3 \wedge x_3 = y_4 \wedge x_4 = y_5 \wedge x_5 = y_6 \wedge x_6 = 5)\big) \Rightarrow \big(t = y_1 + 1 \Leftrightarrow (x_1 = y_2 + 1 \wedge x_2 = y_3 \wedge x_3 = y_4 \wedge x_4 = y_5 \wedge x_5 = y_6 \wedge x_6 = 5)\big)$

8- Para cada regra de transição da forma $\delta$(a,Q1)=(b,Q2,D) da máquina T, inclua na descrição do algoritmo algébrico, ou seja, sua proposição característica associada à configuração inicial eleita, a seguinte sentença:

$$\big(t = y_1 \Leftrightarrow (x_1 = y_2 \wedge x_2 \geq f(a) \wedge x_2 < f(a) + 1 \wedge x_3 = g(Q1) \wedge x_4 = y_5 \wedge x_5 = y_6 \wedge x_6 = 3)\big) \Rightarrow \left(t = y_1 + 1 \Leftrightarrow \left(x_1 = y_2 + 1 \wedge x_2 = \frac{y_5 + f(b) - f(a)}{N} \wedge x_3 = g(Q2) \wedge x_4 = \frac{y_5 + f(b) - f(a)}{N} \wedge x_5 = y_6 + 1 \wedge x_6 = 1\right)\right)$$

9- Para cada regra de transição da forma $\delta$(a,Q1)=(b,Q2,E) da máquina T, inclua na descrição do algoritmo algébrico a seguinte sentença:

$$\left(t = y_1 \Leftrightarrow (x_1 = y_2 \land x_2 \geq f(a) \land x_2 < f(a) + 1 \land x_3 = g(Q1) \land x_4 = y_5 \land x_5 = y_6 \land x_6 = 3 \land x_5 > 0)\right) \Rightarrow \Big(t = y_1 + 1 \Leftrightarrow \big(x_1 = y_2 + 1 \land x_2 = \big(y_5 + f(b) - f(a)\big)N \land x_3 = g(Q2) \land x_4 = \big(y_5 + f(b) - f(a)\big)N \land x_5 = y_6 - 1 \land x_6 = 1\big)\Big)$$

10- Para cada regra de transição da forma $\delta$(a,Q1)=(b,Q2,E) da máquina T, inclua na descrição do algoritmo algébrico a seguinte sentença:

$$\left(t = y_1 \Leftrightarrow (x_1 = y_2 \land x_2 \geq f(a) \land x_2 < f(a) + 1 \land x_3 = g(Q1) \land x_4 = y_5 \land x_5 = 0 \land x_6 = 3)\right) \Rightarrow \big(t = y_1 + 1 \Leftrightarrow (x_1 = y_2 + 1 \land x_2 = y_5 + f(b) - f(a) \land x_3 = g(Q2) \land x_4 = y_5 + f(b) - f(a) \land x_5 = 0 \land x_6 = 1)\big)$$

Condição de verificação: $x_6 = 4 \lor x_6 = 5$

Como podemos ver, o algoritmo algébrico em questão tem dez classes de regras de transição. Cada uma das sete primeiras corresponde a uma única regra de transição, mas a cardinalidade das três últimas depende do número de regras de transição de T.

Podemos demonstrar a equivalência entre máquinas de Turing e uma classe especial de algoritmos algébricos legítimos. O leitor perceberá, ao longo da leitura deste trabalho, que toda máquina de Turing do tipo aceitador, e não apenas os decisores, pode ser simulada por um algoritmo algébrico desta classe, e vice-versa. Desta forma, nada perdemos em poder computacional se adotarmos os algoritmos algébricos legítimos como modelo computacional, e isso nos é útil em vários casos, como podemos ver.

O segundo membro da fórmula $\alpha$ aplicada sobre o algoritmo algébrico que acabamos de apresentar é função de x. Consideraremos que x é a entrada deste algoritmo algébrico.

Veremos agora o segundo caso de simulação de uma máquina de Turing por um algoritmo algébrico legítimo: o caso de uma máquina de Turing do tipo transdutor. Chamemos de R o transdutor a ser simulado, de L o algoritmo algébrico que o simula e de A algoritmo algébrico que definimos anteriormente para simular um aceitador. A simula T, e L simula R. A computação de L é bastante similar à computação de A. Quase poderíamos importar o mesmo procedimento para a definição da sua proposição característica associada. No entanto, há algumas diferenças pelo fato de T ser um aceitador e R, um transdutor, de modo que surge a necessidade de fazermos algumas adaptações.

Utilizaremos, na medida do possível, a mesma nomenclatura que utilizamos anteriormente, quando definimos A em função de T.

Em primeiro lugar, R não tem um estado de aceitação e um estado de rejeição, mas sim um estado final, que chamaremos de F. Além disso, quando F for atingido, a cabeça de fita não estará necessariamente sobre a primeira célula. Assim, após a chegada ao estado F, manteremos inalterada a cadeia escrita sobre a fita, mas movimentaremos a cabeça da fita para a esquerda, uma célula de cada vez, até chegar à primeira célula. Com isso, a saída de R será um número natural, a saber f(S), sendo S a saída de R para a entrada dada.

Assim, L simula R basicamente da mesma forma como A simula T. Quando atingimos o estado final, F, a cada etapa, multiplicamos por N o conteúdo do quarto compartimento, que armazena a cadeia que se encontra sobre a fita de R dividida por $N^j$, para algum j natural, e subtraímos uma unidade do valor contido no quinto compartimento, que, até então, continha o valor j. Repetimos sucessivamente estas duas operações simultâneas até que o valor contido no quinto compartimento seja 0, quando, então, mantemos eternamente o valor do quinto compartimento inalterado. Quando isso acontecer, e apenas a partir deste momento, o marcador permanecerá eternamente com o valor 5, de maneira que podemos definir esta situação como condição de verificação. O compartimento referencial, aqui, é o quarto, e este incluirá, no momento da implementação da condição de verificação, f(S), sendo S a cadeia de saída de R sobre a entrada dada. Para determinar a saída de R sobre a entrada dada, basta aplicar a função inversa de f sobre o valor dado pela fórmula $\alpha$. Vejamos.

1- $\left(t = y_1 \Leftrightarrow (x_1 = y_2 \wedge x_2 = y_3 \wedge x_3 = y_4 \wedge x_4 = y_5 \wedge x_5 = y_6 \wedge x_6 = 1 \wedge x_3 \neq g(F))\right) \Rightarrow \left(t = y_1 + 1 \Leftrightarrow (x_1 = y_2 + 1 \wedge x_2 = y_3 \wedge x_3 = y_4 \wedge x_4 = y_5 \wedge x_5 = y_6 \wedge x_6 = 2)\right)$

2- $\left(t = y_1 \Leftrightarrow (x_1 = y_2 \wedge x_2 = y_3 \wedge x_3 = y_4 \wedge x_4 = y_5 \wedge x_5 = y_6 \wedge x_6 = 2 \wedge x_2 \geq N)\right) \Rightarrow \left(t = y_1 + 1 \Leftrightarrow (x_1 = y_2 + 1 \wedge x_2 = y_3 - N \wedge x_3 = y_4 \wedge x_4 = y_5 \wedge x_5 = y_6 \wedge x_6 = 2)\right)$

3- $\left(t = y_1 \Leftrightarrow (x_1 = y_2 \wedge x_2 = y_3 \wedge x_3 = y_4 \wedge x_4 = y_5 \wedge x_5 = y_6 \wedge x_6 = 2 \wedge x_2 < N)\right) \Rightarrow \left(t = y_1 + 1 \Leftrightarrow (x_1 = y_2 + 1 \wedge x_2 = y_3 \wedge x_3 = y_4 \wedge x_4 = y_5 \wedge x_5 = y_6 \wedge x_6 = 3)\right)$

4- $\left(t = y_1 \Leftrightarrow (x_1 = y_2 \wedge x_2 = y_3 \wedge x_3 = g(F) \wedge x_4 = y_5 \wedge x_5 = y_6 \wedge x_6 = 1)\right) \Rightarrow \left(t = y_1 + 1 \Leftrightarrow (x_1 = y_2 + 1 \wedge x_2 = y_3 \wedge x_3 = g(F) \wedge x_4 = y_5 \wedge x_5 = y_6 \wedge x_6 = 4)\right)$

5- $\left(t = y_1 \Leftrightarrow (x_1 = y_2 \wedge x_2 = y_3 \wedge x_3 = y_4 \wedge x_4 = y_5 \wedge x_5 = y_6 \wedge x_6 = 4 \wedge x_5 > 0)\right) \Rightarrow \left(t = y_1 + 1 \Leftrightarrow (x_1 = y_2 + 1 \wedge x_2 = y_3 \wedge x_3 = y_4 \wedge x_4 = Ny_5 \wedge x_5 = y_6 - 1 \wedge x_6 = 4)\right)$

6- $\left(t = y_1 \Leftrightarrow (x_1 = y_2 \wedge x_2 = y_3 \wedge x_3 = y_4 \wedge x_4 = y_5 \wedge x_5 = 0 \wedge x_6 = 4)\right) \Rightarrow \left(t = y_1 + 1 \Leftrightarrow (x_1 = y_2 + 1 \wedge x_2 = y_3 \wedge x_3 = y_4 \wedge x_4 = y_5 \wedge x_5 = 0 \wedge x_6 = 5)\right)$

7- $\left(t = y_1 \Leftrightarrow (x_1 = y_2 \wedge x_2 = y_3 \wedge x_3 = y_4 \wedge x_4 = y_5 \wedge x_5 = y_6 \wedge x_6 = 5)\right) \Rightarrow \left(t = y_1 + 1 \Leftrightarrow (x_1 = y_2 + 1 \wedge x_2 = y_3 \wedge x_3 = y_4 \wedge x_4 = y_5 \wedge x_5 = y_6 \wedge x_6 = 5)\right)$

8- Para cada regra de transição da forma $\delta$(a,Q1)=(b,Q2,D) da máquina R, inclua na descrição do algoritmo algébrico, ou seja, sua proposição característica associada à configuração inicial eleita, a seguinte sentença:

$$\left(t = y_1 \Leftrightarrow (x_1 = y_2 \wedge x_2 \geq f(a) \wedge x_2 < f(a) + 1 \wedge x_3 = g(Q1) \wedge x_4 = y_5 \wedge x_5 = y_6 \wedge x_6 = 3)\right) \Rightarrow \left(t = y_1 + 1 \Leftrightarrow \left(x_1 = y_2 + 1 \wedge x_2 = \frac{y_5 + f(b) - f(a)}{N} \wedge x_3 = g(Q2) \wedge x_4 = \frac{y_5 + f(b) - f(a)}{N} \wedge x_5 = y_6 + 1 \wedge x_6 = 1\right)\right)$$

9- Para cada regra de transição da forma δ(a,Q1)=(b,Q2,E) da máquina R, inclua na descrição do algoritmo algébrico a seguinte sentença:

$$\big(t = y_1 \Leftrightarrow (x_1 = y_2 \wedge x_2 \geq f(a) \wedge x_2 < f(a) + 1 \wedge x_3 = g(Q1) \wedge x_4 = y_5 \wedge x_5 = y_6 \wedge x_6 = 3 \wedge x_5 > 0)\big) \Rightarrow \Big(t = y_1 + 1 \Leftrightarrow \big(x_1 = y_2 + 1 \wedge x_2 = \big(y_5 + f(b) - f(a)\big)N \wedge x_3 = g(Q2) \wedge x_4 = \big(y_5 + f(b) - f(a)\big)N \wedge x_5 = y_6 - 1 \wedge x_6 = 1\big)\Big)$$

10- Para cada regra de transição da forma δ(a,Q1)=(b,Q2,E) da máquina R, inclua na descrição do algoritmo algébrico a seguinte sentença:

$$\big(t = y_1 \Leftrightarrow (x_1 = y_2 \wedge x_2 \geq f(a) \wedge x_2 < f(a) + 1 \wedge x_3 = g(Q1) \wedge x_4 = y_5 \wedge x_5 = 0 \wedge x_6 = 3)\big) \Rightarrow \big(t = y_1 + 1 \Leftrightarrow (x_1 = y_2 + 1 \wedge x_2 = y_5 + f(b) - f(a) \wedge x_3 = g(Q2) \wedge x_4 = y_5 + f(b) - f(a) \wedge x_5 = 0 \wedge x_6 = 1)\big)$$

Condição de verificação: $x_6 = 5$

A possibilidade de se simular máquinas de Turing em algoritmos algébricos legítimos abre caminho para a resolução de uma série de problemas. Se tivermos dificuldade de projetar um algoritmo algébrico legítimo para resolver certo problema, podemos recorrer a esta técnica. Projetamos uma máquina de Turing determinística de uma única fita que resolva o problema, seja ela um aceitador ou um transdutor, e, em seguida, a convertemos em um algoritmo algébrico legítimo. O interessante é que, na determinação da máquina de Turing em questão, não precisamos nos preocupar com a sua eficiência em termos de tempo ou espaço de execução. Ainda que tal máquina de Turing seja extremamente ineficiente, não teremos grandes problemas no que diz respeito ao tempo ou espaço de execução do procedimento que estivermos adotando, como veremos ao longo deste trabalho, especialmente no capítulo XVIII. Isso porque aplicaremos a fórmula $\alpha$ à descrição do algoritmo algébrico legítimo determinado ao longo da implementação do nosso método, e, posteriormente, executaremos um algoritmo para extrair as integrais e o limite da expressão resultante, calculando um valor aproximado desta. Estudaremos este algoritmo a partir do capítulo VII e o chamaremos de algoritmo $\gamma$. Com isso, concluímos a exposição do método que propomos para a resolução de problemas de Matemática, o qual se mostra especialmente eficiente para efeito de resolução de problemas de Teoria dos Números, como o problema da fatoração e a conjectura de Goldbach, e resolução de relações de recorrência, como as progressões geométricas e a sequência de Fibonacci, para citar exemplos simples.

# VI- Conversões de Algoritmos Algébricos Legítimos

Suponhamos que temos um algoritmo algébrico legítimo e, ao invés de querermos saber o valor do compartimento referencial no momento de implementação da condição de verificação, v, queiramos a imagem assumida por uma função sobre este valor. Se pudermos determinar o valor exato de v, tudo o que devemos fazer é aplicar a lei da função em questão sobre este valor, chegando ao valor desejado. Entretanto, como veremos a partir do próximo capítulo, de maneira geral não podemos calcular o valor exato de v, mas sim uma aproximação, e, se sobre tal aproximação aplicarmos a lei da função, teremos um erro no valor final difícil de ser mensurado em termos de margem de erro. Porém, podemos em muitos casos converter o algoritmo algébrico legítimo original a outro algoritmo algébrico legítimo que dá como saída, em um de seus compartimentos, uma função do valor atingido em certo compartimento do primeiro algoritmo algébrico. Trataremos neste capítulo de alguns casos de conversão de algoritmos algébricos legítimos em situações em que o fato mencionado se observa.

Para tratar das conversões que nos interessam, chamemos de L o algoritmo algébrico original e de M o algoritmo algébrico que definiremos. Ambos são algoritmos algébricos legítimos. O algoritmo L tem n compartimentos, e seu compartimento referencial é o w-ésimo compartimento. Ele parte da configuração $(b_1, b_2, \ldots b_n)$, e sua proposição característica é $R_L$, composta pela conjunção da condição de verificação e as regras de transição, as quais estão na forma padrão, que é a que segue:

$$\left(t = y_{n+1} \Leftrightarrow \left(\bigwedge_{j=1}^{n}(x_j = y_j) \wedge p(x_1, x_2, \ldots, x_n)\right)\right) \Rightarrow \left(t = y_{n+1} + 1 \Leftrightarrow \bigwedge_{j=1}^{n} x_j = f_j(y_1, y_2,, \ldots, y_{n+1})\right)$$

A proposição $p(x_1, x_2, \ldots, x_n)$, acima, é a propriedade de teste da referida regra de transição e a função $f_j(y_1, y_2,, \ldots, y_{n+1})$ para dado i natural não nulo menor ou igual a n é um componente da função de transição associada à regra de transição em questão.

A condição de verificação de L é a proposição $V(x_1, x_2, \ldots, x_n)$, composta por equações ou inequações lineares sobre as variáveis principais de L ligadas entre si pelos conectivos de conjunção, disjunção, implicação material ou equivalência lógica, o mesmo podendo ser dito de cada propriedade de teste. Além disso, o valor do compartimento referencial de L no momento de implementação de $V(x_1, x_2, \ldots, x_n)$ é v.

Queremos determinar um algoritmo algébrico, M, que dê como saída do p-ésimo compartimento o valor $f(v)$ para qualquer atribuição de valores às variáveis $b_i$, as quais definem a configuração inicial de L, sendo f uma função. Isso equivale a definir a configuração inicial, a condição de verificação e cada regra de transição de M em função da configuração inicial, da condição de verificação e de cada regra de transição de L. No que segue, faremos esta definição para algumas funções f, as quais serão denominadas de *funções de conversão* no contexto presente.

Suponhamos que $f(v) = cv$ para alguma constante racional positiva c. Primeiramente, definiremos M para, em seguida, demonstrar que L e M guardam entre si a relação mencionada. M pode ser fixado assim:

1- O algoritmo algébrico M tem n compartimentos, e o seu compartimento referencial é o p-ésimo compartimento.

2- O valor do i-ésimo compartimento de M na sua configuração inicial é $cb_i$, para todo i natural não nulo menor ou igual a n.

3- Para cada regra de transição de L, introduza na proposição característica de M uma regra de transição que seja a decorrente da substituição, na regra de transição em questão de L, de cada membro da forma $a_1y_1 + a_2y_2 + \cdots + a_ny_n + a_{n+1}$ de uma equação ou inequação por $a_1y_1 + a_2y_2 + \cdots + a_ny_n + ca_{n+1}$ e de cada membro da forma $a_1x_1 + a_2x_2 + \cdots + a_nx_n + a_{n+1}$ de uma equação ou inequação por $a_1x_1 + a_2x_2 + \cdots + a_nx_n + ca_{n+1}$. Tal substituição se dá tanto na propriedade de teste quanto na definição dos componentes da função de transição.

4- Sendo $V(x_1, x_2, \ldots, x_n)$ a condição de verificação de L e $V'(x_1, x_2, \ldots, x_n)$ a condição de verificação de M, substitua cada membro da forma $a_1x_1 + a_2x_2 + \cdots + a_nx_n + a_{n+1}$ de $V(x_1, x_2, \ldots, x_n)$ por $a_1x_1 + a_2x_2 + \cdots + a_nx_n + ca_{n+1}$, chegando a $V'(x_1, x_2, \ldots, x_n)$.

Mostraremos que, sendo v´ o valor do compartimento referencial de M no momento de implementação de $V'(x_1, x_2, \ldots, x_n)$, durante a execução de M, tal valor é dado por $v' = f(v) = cv$.

Se, no estágio t, o valor do j-ésimo compartimento de M é igual a c vezes o valor do j-ésimo compartimento de L no mesmo estágio, para qualquer j natural não nulo menor ou igual a n, então o item nº 3 da descrição de M nos garante que a regra de transição aplicável à configuração de M neste estágio torna o valor do j-ésimo compartimento de M no estágio $t+1$ a constante c vezes o valor do j-ésimo compartimento de L no estágio $t+1$, para qualquer j natural não nulo menor ou igual a n. Além disso, de acordo com o item nº 2 da descrição de M, no estágio inicial, ou seja, quando $t=0$, a configuração de M é $(cb_i, cb_2, \dots, cb_n)$, o que implica que, para qualquer t natural, se o valor do j-ésimo compartimento de L é $x_j$ no estágio t, o valor do j-ésimo compartimento de M no estágio t é $cx_j$, $\forall j \in \{1,2,\dots,n\}$.

O primeiro item da descrição de M apenas nos conta que devemos comparar compartimentos de mesmo número de ordem quando confrontarmos a computação de L com a de M. Comparamos o w-ésimo compartimento de L com o w-ésimo compartimento de M.

O item nº 4 da descrição de M define a sua condição de verificação, que é equivalente à de L, pois sendo estas tal como definidas, podemos verificar que $V(x_1, x_2, \dots, x_n) \Leftrightarrow V'(cx_1, cx_2, \dots, cx_n)$, já que cada equação ou inequação que compõe $V(x_1, x_2, \dots, x_n)$ ou $V'(x_1, x_2, \dots, x_n)$ é linear.

Suponhamos que introduzimos em L mais um compartimento, o de ordem $n+1$, que se mantém constante no valor de 1 (claro que seremos obrigados a adicionar mais um compartimento em M), e que não definimos c, deixando-a como "variável" ou constante indeterminada. E vamos supor, também, que impusemos ao sistema que, ao executar M, o valor do p-ésimo compartimento no momento de implementação da sua condição de verificação seja 1. Neste caso, $c=\frac{1}{v}$. Como o valor do (n+1)-ésimo compartimento de M é igual a c vezes o valor do (n+1)-ésimo compartimento de L, que é 1, se tomarmos este compartimento de M como o referencial, teremos que a saída de M será $\frac{1}{v}$. Isso nos dá a receita para, em função da descrição de L, definir uma máquina M cuja saída respeite a $f(v)=\frac{1}{v}$, o que se dá de acordo com o procedimento seguinte:

1- Defina L´, cujos n primeiros compartimentos seguem a mesma história de computação de L, mas que tem mais um compartimento, que inclui sempre o valor 1.

2- Após, defina L", que, em função de L´, segue a função $f(v)=cv$, sem especificar o valor de c, sendo $V"(x_1, x_2, \dots, x_{n+1})$ a sua condição de verificação.

3- Defina M em seguida da seguinte forma:

3.1- Substitua c por $x_{n+1}$ em cada componente da proposição característica associada de L", bem como em $V"(x_1, x_2, \dots, x_{n+1})$.

3.2- Defina como compartimento referencial o (n+1)-ésimo compartimento.

3.3- Acrescente à proposição resultante do item 3.1 o conjuntivo $x_p = 1$.

Veja que não fizemos outra coisa senão definir um algoritmo algébrico legítimo, M, que funciona da maneira como prescrevemos no parágrafo anterior a tal descrição, por meio de um procedimento de transformação da descrição de L na descrição de M, passando pelas descrições de dois outros algoritmos algébricos legítimos, L´ e L".

Vamos projetar agora um algoritmo algébrico legítimo M em função de um algoritmo algébrico legítimo dado, L, de maneira que a relação entre os valores dos compartimentos referenciais destes dois algoritmos algébricos legítimos no momento da implementação das suas respectivas condições de verificação seja a função $f(v) = v + d$, para alguma constante racional positiva d.

M tem $n+1$ compartimentos, 1 a mais do que L, e computa nos seus n primeiros compartimentos da mesma forma que L, até que L atinja a sua condição de verificação pela primeira vez, mantendo o último compartimento, o de número $n+1$, com o valor 1 durante todo este estágio. Após isso, o último compartimento passa a incluir o número 2 e é somado ao valor que se encontra em cada um dos primeiros n compartimentos, exceto o temporal, o que dura apenas um estágio. Depois disso, os valores de todos os compartimentos permanecem imutáveis, exceto o compartimento temporal, ao qual é adicionada uma unidade a cada passo. A condição de verificação de M é a proposição $x_{n+1} = 2$ e o compartimento referencial de M é o mesmo de L, o que garantirá a conversão desejada, desde que o compartimento referencial de L não seja o seu compartimento temporal. Vamos projetar M, de maneira que a sua computação seja a descrita aqui.

1- A configuração inicial de M é $(b_1, b_2, \dots b_n, 1)$.

2- Para cada regra de transição de L da forma

$$\left(t = y_{n+1} \Leftrightarrow \left(\bigwedge_{j=1}^{n} (x_j = y_j) \wedge p(x_1, x_2, \dots, x_n)\right)\right) \Rightarrow \left(t = y_{n+1} + 1 \Leftrightarrow \bigwedge_{j=1}^{n} x_j = f_j(y_1, y_2, , \dots, y_{n+1})\right)$$

introduza na proposição característica de M uma regra de transição da forma

$$\left(t = y_{n+1} \Leftrightarrow \left(\bigwedge_{j=1}^{n}(x_j = y_j) \wedge p(x_1, x_2, \dots, x_n) \wedge x_{n+1} = 1 \wedge {\sim}V(x_1, x_2, \dots, x_n)\right)\right)$$

$$\Longrightarrow \left(t = y_{n+1} + 1 \Leftrightarrow \left(\bigwedge_{j=1}^{n} x_j = f_j(y_1, y_2, \dots, y_{n+1}) \wedge x_{n+1} = 1\right)\right)$$

3- Introduza na proposição característica de M as duas regras de transição correspondentes às seguintes formas:

$$\left(t = y_{n+1} \Leftrightarrow \left(\bigwedge_{j=1}^{n}(x_j = y_j) \wedge x_{n+1} = 1 \wedge V(x_1, x_2, \dots, x_n)\right)\right)$$

$$\Longrightarrow \left(t = y_{n+1} + 1 \Leftrightarrow \left(\bigwedge_{\substack{j=1 \\ j \neq u}}^{n}(x_j = y_j + d) \wedge x_u = y_u + 1 \wedge x_{n+1} = 2\right)\right)$$

$$\left(t = y_{n+1} \Leftrightarrow \left(\bigwedge_{j=1}^{n}(x_j = y_j) \wedge x_{n+1} = 2\right)\right)$$

$$\Longrightarrow \left(t = y_{n+1} + 1 \Leftrightarrow \left(\bigwedge_{\substack{j=1 \\ j \neq u}}^{n}(x_j = y_j) \wedge x_u = y_u + 1 \wedge x_{n+1} = 2\right)\right)$$

4- A condição de verificação de M é $x_{n+1} = 2$.

É muito útil, em diversos casos, a conversão sucessiva de algoritmos algébricos, quando a função de conversão, f(v), é uma função composta definida a partir de funções para as quais já dispomos de uma receita de definição do algoritmo algébrico legítimo resultante da conversão. Assim, se $f(v) = g \circ h(v)$, definimos L´ que respeite a função de conversão $h(v)$ em relação ao algoritmo algébrico legítimo original, L, e, em função de L´, definimos L" de maneira a respeitar, nesta segunda conversão, a função de conversão $g(v)$. Um raciocínio análogo é cabível quando a função de transição for da forma $f(v) = g_1 \circ g_2 \circ \dots \circ g_k(v)$, em que as funções de conversão $g_1(v)$, $g_2(v)$, ..., $g_k(v)$ têm receitas de conversão conhecidas.

Suponhamos que $f(v) = cv + d$, com c e d constantes e racionais positivos. Neste caso, $f(v) = g \circ h(v)$, em que $h(v) = cv$ e $g(v) = v + d$. E se

$$f(v) = \frac{av + b}{cv + d}$$

em que a, b, c e d são números racionais positivos e $bc - ad > 0$, como poderemos pensar? Ora, verifica-se a seguinte igualdade:

$$\frac{av+b}{cv+d} = \left(\frac{a}{c}\right)\frac{cv + \frac{cb}{a}}{cv+d} = \left(\frac{a}{c}\right)\left(\frac{cv+d}{cv+d} + \frac{\frac{cb}{a} + b - d}{cv+d}\right) = \frac{a}{c} + \frac{bc - ad}{c(cv+d)}$$

Assim,

$$f(v) = \frac{a}{c} + \frac{bc - ad}{c(cv+d)}$$

$$f(v) = g_1 \circ g_2 \circ g_3 \circ g_4 \circ g_5 \circ g_6(v)$$

em que

$$g_6(v) = g_4(v) = cv$$

$$g_5(v) = v + d$$

$$g_3(v) = \frac{1}{v}$$

$$g_2(v) = (bc - ad)v$$

$$g_1(v) = v + \frac{a}{c}$$

E se, para a mesma função, $bc - ad < 0$, o que faremos? Nesta situação, exploraremos o fato de que

$$\frac{av+b}{cv+d} = \frac{1}{\left(\frac{cv+d}{av+b}\right)}$$

e, mais uma vez, caímos em uma composição de funções para as quais já temos a receita de conversão.

Mostramos alguns casos de conversão de algoritmos algébricos legítimos, e o leitor poderá pensar em outros

# VII- O Algoritmo $\gamma$

No capítulo IV, estudamos uma alternativa à execução de um algoritmo algébrico legítimo. Trata-se da fórmula $\alpha$, mediante a qual podemos determinar uma expressão cujo valor numérico é a saída (ou elemento de saída) de um algoritmo algébrico legítimo qualquer, definida em função da proposição característica e da configuração inicial do algoritmo em questão. Entretanto, dada a complexidade desta fórmula, não damos por cumprida a tarefa de determinar o valor desejado por meio da sua mera aplicação. Isso porque há, no seu segundo membro, os operadores limite e integração, bem como, o que é pior, termos veritativos dentro dos integrandos. Para complicar ainda mais a situação, o numerador e o denominador da razão da qual se toma o limite são nulos, quando h tende a 0 pela direita, o que será demonstrado no capítulo seguinte. Diante de todos estes fatores, o que nos cabe agora é dar ao leitor um algoritmo para calcular o valor dado pela fórmula $\alpha$, senão exato, pelo menos aproximado. Partiremos para a segunda alternativa: neste capítulo e nos seis seguintes (até o capítulo XIII), apresentaremos o algoritmo $\gamma$, que fornece um valor aproximado da expressão do segundo membro da fórmula $\alpha$ dentro de uma margem de erro eleita arbitrariamente, por meio de operações elementares, tais como adição, multiplicação, suas operações inversas e comparação. Como dissemos, a margem de erro é *eleita*, o que significa que podemos chegar tão proximamente quanto queiramos do valor exato da expressão original, a ser calculada.

Dividiremos o algoritmo $\gamma$ em fases e estas em estágios. No presente capítulo fazemos um resumo de tais fases, deixando para desmiuçar tais fases e seus fundamentos nos capítulos VIII a XIII. Nos momentos apropriados, mencionamos o exato capítulo em que o leitor terá a oportunidade de ver em maiores detalhes a matéria então exposta. Sugerimos ao leitor que opte entre duas formas de leitura destes sete capítulos. Na primeira forma, faz-se a leitura em ordem, abordando a síntese em primeiro lugar e deixando os detalhes pequenos para depois, e, na segunda, lê-se no presente capítulo sobre determinada fase (ou fundamento) do algoritmo $\gamma$, para, então, ler o capítulo em que é exibida a demonstração da sua validade, voltando, em seguida, para cá.

Dividiremos, nesta exposição, o algoritmo $\gamma$ nos algoritmos $\gamma_1$, $\gamma_2$ e $\gamma_3$. Na primeira sub-rotina, $\gamma_1$, definimos uma *proposição substitutiva da proposição característica normalizada associada à configuração inicial*, de que tratamos no capítulo seguinte, para então aplicarmos uma variante aproximativa da fórmula $\alpha$, matéria que também é tratada naquele capítulo. Se quisermos que a margem de erro seja menor do que E, baseamo-nos na quinta propriedade fundamental dos algoritmos algébricos legítimos, demonstrada no capítulo VIII: se o algoritmo algébrico legítimo L tem n compartimentos, parte da configuração inicial C, e se a proposição característica de L normalizada associada à configuração C é $n(R_C)$, então uma *proposição substitutiva* de $n(R_C)$ com margem de erro E é $s(R_C)$, sendo esta última proposição determinada a partir de um procedimento de 9 passos descritos no capítulo seguinte. A aplicação deste teorema se dá a partir do seguinte: se o valor inserido no w-ésimo compartimento no momento da concretização da condição de verificação é v, sendo diferente de 0, então

$$v = \lim_{h \to 0^+} \frac{\int_0^\infty \int_0^\infty \dots \int_0^\infty [qs(R_C)] x_w \prod_{j=1}^{n+1} e^{-\alpha_j x_j} \, dx_1 dx_2 \dots dx_{n+1}}{\int_0^\infty \int_0^\infty \dots \int_0^\infty [qs(R_C)] \prod_{j=1}^{n+1} e^{-\alpha_j x_j} \, dx_1 dx_2 \dots dx_{n+1}} - \chi$$

para valores $\alpha_1, \alpha_2, \alpha_3 \dots \alpha_{n+1}$ reais positivos tomados arbitrariamente, sendo que $0 \leq \chi < E$ e $qs(R_C) = \forall y_1 \in \mathbb{R}_+ \forall y_2 \in \mathbb{R}_+ \dots \forall y_a \in \mathbb{R}_+ s(R_C)$, em que a variável t é representada como $x_{n+1}$, sendo que $s(R_C)$ é uma proposição substitutiva de $n(R_C)$ e tem *a* variáveis auxiliares. Esta é uma *variante aproximativa* da fórmula $\alpha$. Entretanto, para simplificar algumas expressões, não representaremos os compartimentos temporal e referencial desta forma. Tais expressões serão mais fáceis de descrever se a variável $x_{n+1}$ representar o compartimento referencial, de maneira que, em $s(R_C)$ e $qs(R_C)$, substituímos $x_w$ por $x_{n+1}$ e, em seguida, t por $x_w$, de tal modo que a equação acima passa a assumir a seguinte forma:

$$v = \lim_{h \to 0^+} \frac{\int_0^\infty \int_0^\infty \dots \int_0^\infty [qs(R_C)] x_{n+1} \prod_{j=1}^{n+1} e^{-\alpha_j x_j} \, dx_1 dx_2 \dots dx_{n+1}}{\int_0^\infty \int_0^\infty \dots \int_0^\infty [qs(R_C)] \prod_{j=1}^{n+1} e^{-\alpha_j x_j} \, dx_1 dx_2 \dots dx_{n+1}} - \chi$$

A equação acima é válida, pois decorre de uma equação válida transformada por meio de uma mera alteração de "nomes" de variáveis.

A partir do parágrafo anterior, encerramos a definição do algoritmo $\gamma_1$. Convidamos o leitor a ler o capítulo seguinte neste momento para conhecer uma demonstração da validade da quinta propriedade fundamental dos algoritmos algébricos legítimos, bem como para conhecer um método para definir $s(R_C)$, prosseguindo na leitura do presente capítulo em seguida. Caso prefira, salientamos que o leitor pode prosseguir neste capítulo para ter uma visão mais ampla do algoritmo $\gamma$, deixando para depois as devidas verificações.

Em seguida, executamos o algoritmo $\gamma_2$, o qual tem o objetivo de eliminar os quantificadores da variante aproximativa da fórmula $\alpha$, definida no algoritmo $\gamma_1$ (tratamos disso no capítulo IX). Resumidamente, passamos a expor agora o que ocorre. A expressão $[qs(R_C)]$ respeita a seguinte igualdade:

$$[qs(R_C)] = 1 - \left[ \sum_{j_1=0}^{\frac{1}{l^2}} \sum_{j_2=0}^{\frac{1}{l^2}} \dots \sum_{j_a=0}^{\frac{1}{l^2}} [\sim s(R_C)(j_1 l, j_2 l, \dots, j_a l)] \geq 1 \right]$$

em que l é o inverso de um número natural infinito e $s(R_C)(k_1, k_2, \dots, k_a)$ é igual à proposição resultante da substituição de $y_1$, $y_2$,... $y_a$ por $k_1$, $k_2$,..., $k_a$, respectivamente, em $s(R_C)$.

O algoritmo $\gamma_2$ toma como entrada uma expressão equivalente a

$$\sum_{b_1=0}^{\frac{1}{l_1^2}} \sum_{b_2=0}^{\frac{1}{l_2^2}} \dots \sum_{b_a=0}^{\frac{1}{l_a^2}} [\sim s(R_C)(b_1 l_1, b_2 l_2, \dots, b_a l_a)]$$

em que cada termo $l_j$ é um número infinitesimal com certas características, que definiremos oportunamente (no capítulo IX), e dá como saída uma expressão equivalente, a qual terá, necessariamente, a forma

$$\sum_{j_1=u_1}^{v_1} \sum_{j_2=u_2}^{v_2} \dots \sum_{j_q=u_q}^{v_q} C_{j_1, j_2, \dots, j_q} \prod_{k=1}^{z_{j_1, j_2, \dots, j_q}} \left[ R_{j_1, j_2, \dots, j_q, k} \geq 0 \right]$$

em que cada termo $z_{j_1, j_2, \dots, j_q}$ é constante em relação a h, $x_1$, $x_2$, ... e $x_{n+1}$, cada expressão $R_{j_1, j_2, \dots, j_q, k}$ é uma função linear sobre $\frac{x_1}{h}$, $\frac{x_2}{h}$, ..., $\frac{x_{n+1}}{h}$ e $\frac{1}{h}$, e cada expressão $C_{j_1, j_2, \dots, j_q}$ é o produto de potências com expoentes naturais de funções lineares sobre $\frac{x_1}{h^{u+1}}$, $\frac{x_2}{h^{u+1}}$, ..., $\frac{x_{n+1}}{h^{u+1}}$, $\frac{1}{h^u}$ e $\frac{1}{h^{u+1}}$ com coeficiente independente nulo, para algum u natural, multiplicado por uma potência de h (com expoente inteiro), sendo que tais constantes e funções têm seus valores determinados mediante a sub-rotina agora em pauta. É importante salientar que a expressão então gerada é finita, pois o número de termos de cada somatória ou produtório é finito, bem como o número de somatórias. Mais uma vez, tem o leitor a opção de prosseguir a leitura em ordem ou fazer uma breve digressão, analisando neste momento o conteúdo do capítulo IX.

A expressão

$$\sum_{b_1=0}^{\frac{1}{l_1^2}} \sum_{b_2=0}^{\frac{1}{l_2^2}} \dots \sum_{b_a=0}^{\frac{1}{l_a^2}} [\sim s(R_C)(b_1 l_1, b_2 l_2, \dots, b_a l_a)]$$

será chamada de $\omega_0$. Mediante a aplicação das funções veritativas estudadas no capítulo III, convertemos $\omega_0$ a uma expressão da forma

$$\sum_{b_1=0}^{\frac{1}{l_1^2}} \sum_{b_2=0}^{\frac{1}{l_2^2}} \dots \sum_{b_a=0}^{\frac{1}{l_a^2}} \sum_{k=1}^{u} d_k \prod_{j=1}^{v_k} [p_{j,k}]$$

a qual chamaremos de $\omega_1$, e esta última será a entrada do algoritmo $\gamma_2$. A saída do algoritmo $\gamma_2$ será uma expressão numericamente equivalente a $\omega_0$ e $\omega_1$, e a chamaremos de $\omega_2$.

No capítulo X, demonstramos diversos teoremas que nos habilitam a encarar as integrais indefinidas existentes na expressão resultante da cabível substituição decorrente da execução do algoritmo $\gamma_2$ incidente sobre os termos veritativos da expressão do segundo membro da variante aproximativa da fórmula $\alpha$ com a margem de erro eleita, sobre a qual passamos a trabalhar. No ponto a que chegamos no final do parágrafo anterior, ainda não eliminamos os operadores de integração, que, como sabemos, representam uma dificuldade ao cálculo do valor que pretendemos determinar, muito embora tenhamos nas mãos uma expressão aproximada para tal valor. É um capítulo preliminar, de cunho teórico, que, embora tenha ampla aplicabilidade no âmbito do Cálculo Integral e Diferencial, será empregado por nós especificamente na determinação do algoritmo $\gamma_3$, do qual tratamos no capítulo XIII a partir dos fundamentos apresentados no capítulo XI.

No capítulo XI, calculamos, em termos aproximados, os valores das integrais

$$\int_0^\infty \int_0^\infty \dots \int_0^\infty \prod_{k=1}^{n} e^{-\alpha x_k} \prod_{m=1}^{v} [p_m(x_1, x_2, \dots, x_n) \geq 0] \, dx_1 dx_2 \dots dx_n$$

e

$$\int_0^\infty \int_0^\infty \dots \int_0^\infty x_n \prod_{k=1}^{n} e^{-\alpha x_k} \prod_{m=1}^{v} [p_m(x_1, x_2, \dots, x_n) \geq 0] \, dx_1 dx_2 \dots dx_n$$

em que cada termo $p_m(x_1, x_2, \dots, x_n)$ é um polinômio sobre $x_1$, $x_2$, ..., $x_n$.

Veremos, no mencionado capítulo, que

$$\int_0^{\infty}\int_0^{\infty}\cdots\int_0^{\infty}\prod_{k=1}^{n}e^{-\alpha x_k}\prod_{m=1}^{v}[p_m(x_1,x_2,\dots,x_n)\geq 0]\,dx_1dx_2\dots dx_n$$
$$=\sum_{j_1=0}^{N-1}\sum_{j_2=0}^{N-1}\cdots\sum_{j_n=0}^{N-1}\left(\prod_{m=1}^{v}\left[p_m\left(\left(\frac{N}{j_1+1}-1\right),\left(\frac{N}{j_2+1}-1\right),\dots,\left(\frac{N}{j_n+1}-1\right)\right)\right.\right.$$
$$\left.\left.\geq 0\right]\right)\left(\frac{e^{\alpha}}{\alpha}\right)^{n}\prod_{p=1}^{n}\left(e^{-\frac{\alpha N}{j_p+1}}-\lim_{s\to j_p^+}e^{-\frac{\alpha N}{s}}\right)+\psi$$

em que

$$\psi=\frac{r}{\alpha^n}\left(\lambda_1e^{\alpha}+\lambda_2e^{2\alpha}\sum_{j_1}^{N-1}\prod_{p=1}^{1}\left(e^{-\frac{\alpha N}{j_p+1}}-\lim_{s\to j_p^+}e^{-\frac{\alpha N}{s}}\right)+\lambda_3e^{3\alpha}\sum_{j_1=0}^{N-1}\sum_{j_2=0}^{N-1}\prod_{p=1}^{2}\left(e^{-\frac{\alpha N}{j_p+1}}-\lim_{s\to j_p^+}e^{-\frac{\alpha N}{s}}\right)+\dots\right.$$
$$+\lambda_{n-1}e^{(n-1)\alpha}\sum_{j_1=0}^{N-1}\sum_{j_2=0}^{N-1}\cdots\sum_{j_{n-2}=0}^{N-1}\prod_{p=1}^{n-2}\left(e^{-\frac{\alpha N}{j_p+1}}-\lim_{s\to j_p^+}e^{-\frac{\alpha N}{s}}\right)$$
$$\left.+\lambda_ne^{n\alpha}\sum_{j_1=0}^{N-1}\sum_{j_2=0}^{N-1}\cdots\sum_{j_{n-1}=0}^{N-1}\prod_{p=1}^{n-1}\left(e^{-\frac{\alpha N}{j_p+1}}-\lim_{s\to j_p^+}e^{-\frac{\alpha N}{s}}\right)\right)$$

sendo que

$$r=\left[\frac{\alpha N}{2}\leq 1\right]\frac{e^{\alpha}}{\alpha}e^{-\frac{\alpha N}{2}}+\left[\frac{\alpha N}{2}>1\right]\left(\frac{e^{\alpha}}{\alpha}e^{-\frac{2\alpha N}{\alpha N+2}}-\frac{e^{\alpha}}{\alpha}e^{-\frac{2\alpha N}{\alpha N-2}}\right)$$

No mesmo capítulo, provaremos que

$$\int_0^{\infty}\int_0^{\infty}\cdots\int_0^{\infty}x_n\prod_{k=1}^{n}e^{-\alpha x_k}\prod_{m=1}^{v}[p_m(x_1,x_2,\dots,x_n)\geq 0]\,dx_1dx_2\dots dx_n$$
$$=\left(\frac{e^{\alpha}}{\alpha}\right)^{n-1}\sum_{j_1=0}^{N-1}\sum_{j_2=0}^{N-1}\cdots\sum_{j_n=0}^{N-1}\left(\prod_{m=1}^{v}\left[p_m\left(\left(\frac{N}{j_1+1}-1\right),\left(\frac{N}{j_2+1}-1\right),\dots,\left(\frac{N}{j_n+1}-1\right)\right)\right.\right.$$
$$\left.\left.\geq 0\right]\right)\prod_{p=1}^{n-1}\left(e^{-\frac{\alpha N}{j_p+1}}-\lim_{s\to j_p^+}e^{-\frac{\alpha N}{s}}\right)\left(\lim_{s\to j_n^+}\left(-\frac{e^{-\alpha\left(\frac{N}{s}-1\right)}}{\alpha^2}\left(\frac{N\alpha}{s}-\alpha+1\right)\right.\right.$$
$$\left.\left.+\frac{e^{-\alpha\left(\frac{N}{j_n+1}-1\right)}}{\alpha^2}\left(\frac{N\alpha}{j_n+1}-\alpha+1\right)\right)\right)+\phi$$

em que

$$\phi = \frac{r}{\alpha^n}\left(\lambda_1 e^{\alpha} + \lambda_2 e^{2\alpha}\sum_{j_1}^{N-1}\prod_{p=1}^{1}\left(e^{-\frac{\alpha N}{j_p+1}} - \lim_{s\to j_p^+} e^{-\frac{\alpha N}{s}}\right) + \lambda_3 e^{3\alpha}\sum_{j_1=0}^{N-1}\sum_{j_2=0}^{N-1}\prod_{p=1}^{2}\left(e^{-\frac{\alpha N}{j_p+1}} - \lim_{s\to j_p^+} e^{-\frac{\alpha N}{s}}\right) + \dots\right.$$

$$\left. + \lambda_{n-1}e^{(n-1)\alpha}\sum_{j_1=0}^{N-1}\sum_{j_2=0}^{N-1}\dots\sum_{j_{n-1}=0}^{N-1}\prod_{p=1}^{n-2}\left(e^{-\frac{\alpha N}{j_p+1}} - \lim_{s\to j_p^+} e^{-\frac{\alpha N}{s}}\right)\right)$$

$$+ \lambda_n\left(\frac{e^{\alpha}}{\alpha}\right)^{n-1}\left(\frac{1}{\alpha^2} - \frac{e^{-\frac{\alpha}{N-1}}}{\alpha^2}\left(\frac{\alpha}{N-1}+1\right)\right)\sum_{j_1=0}^{N-1}\sum_{j_2=0}^{N-1}\dots\sum_{j_{n-1}=0}^{N-1}\prod_{p=1}^{n-1}\left(e^{-\frac{\alpha N}{j_p+1}} - \lim_{s\to j_p^+} e^{-\frac{\alpha N}{s}}\right)$$

e o valor de r é definido como antes.

Nos dois casos, os valores de $\lambda_1$, $\lambda_2$,... , $\lambda_n$ são desconhecidos, mas é sabido que cada um deles permanece em determinado intervalo finito. Voltaremos a esta questão mais adiante. Antes, porém, precisamos fazer uma reflexão sobre os aspectos gerais do erro causado pela aplicação destas relações durante a execução do algoritmo $\gamma$.

Como já dissemos, a expressão $[qs(R_C)]$, que aparece na variante aproximativa da fórmula $\alpha$, respeita a seguinte igualdade:

$$[qs(R_C)] = 1 - \left[\sum_{j_1=u_1}^{v_1}\sum_{j_2=u_2}^{v_2}\dots\sum_{j_q=u_q}^{v_q} C_{j_1,j_2,\dots,j_q}\prod_{k=1}^{z_{j_1,j_2,\dots,j_q}}\left[R_{j_1,j_2,\dots,j_q,k} \geq 0\right] \geq 1\right]$$

$$\sum_{j_1=u_1}^{v_1}\sum_{j_2=u_2}^{v_2}\dots\sum_{j_q=u_q}^{v_q} C_{j_1,j_2,\dots,j_q}\prod_{k=1}^{z_{j_1,j_2,\dots,j_q}}\left[R_{j_1,j_2,\dots,j_q,k} \geq 0\right]$$

em que cada termo $z_{j_1,j_2,\dots,j_q}$ é constante em relação a h, $x_1$, $x_2$, ... e $x_{n+1}$, cada expressão $R_{j_1,j_2,\dots,j_q,k}$ é uma função linear sobre $\frac{x_1}{h}$, $\frac{x_2}{h}$, ..., $\frac{x_{n+1}}{h}$ e $\frac{1}{h}$, e cada expressão $C_{j_1,j_2,\dots,j_q}$ é o produto de potências com expoentes naturais de funções lineares sobre $\frac{x_1}{h^{u+1}}$, $\frac{x_2}{h^{u+1}}$, ..., $\frac{x_{n+1}}{h^{u+1}}$, $\frac{1}{h^u}$ e $\frac{1}{h^{u+1}}$ com coeficiente independente nulo, para algum u natural, multiplicado por uma potência de h, sendo que o componente

$$\sum_{j_1=u_1}^{v_1}\sum_{j_2=u_2}^{v_2}\dots\sum_{j_q=u_q}^{v_q} C_{j_1,j_2,\dots,j_q}\prod_{k=1}^{z_{j_1,j_2,\dots,j_q}}\left[R_{j_1,j_2,\dots,j_q,k} \geq 0\right]$$

é definido pelo algoritmo $\gamma_2$.

$$\frac{\int_0^\infty \int_0^\infty \dots \int_0^\infty [qs(R_C)]x_{n+1} \prod_{j=1}^{n+1} e^{-\alpha_j x_j}\, dx_1 dx_2 \dots dx_{n+1}}{\int_0^\infty \int_0^\infty \dots \int_0^\infty [qs(R_C)] \prod_{j=1}^{n+1} e^{-\alpha_j x_j}\, dx_1 dx_2 \dots dx_{n+1}} = \frac{A}{B}$$

em que

$$A = \int_0^\infty \int_0^\infty \dots \int_0^\infty [qs(R_C)]x_{n+1} \prod_{j=1}^{n+1} e^{-\alpha_j x_j}\, dx_1 dx_2 \dots dx_{n+1}$$

$$B = \int_0^\infty \int_0^\infty \dots \int_0^\infty [qs(R_C)] \prod_{j=1}^{n+1} e^{-\alpha_j x_j}\, dx_1 dx_2 \dots dx_{n+1}$$

Podemos considerar que a variável de limite, h, que aparece em $qs(R_C)$, deve assumir, aqui, algum valor infinitesimal positivo, para garantir a validade das relações que estamos expondo.

Veja que, como $\alpha_1, \alpha_2, \alpha_3 \dots \alpha_n$ são fixados arbitrariamente entre os números reais positivos, podemos perfeitamente estabelecer o mesmo valor para todas estas constantes, o que de fato faremos, por uma questão de simplicidade. Assim, imporemos ao sistema que

$$\alpha_1 = \alpha_2 = \dots = \alpha_{n+1} = \alpha$$

No momento oportuno, escolheremos um valor para $\alpha$, da maneira que for mais conveniente.

No capítulo XI indicamos duas maneiras de calcular A e B. Partamos para a primeira.

É fato que podemos converter a expressão

$$\left[\sum_{j_1=u_1}^{v_1} \sum_{j_2=u_2}^{v_2} \dots \sum_{j_q=u_q}^{v_q} C_{j_1,j_2,\dots,j_q} \prod_{k=1}^{z_{j_1,j_2,\dots,j_q}} \left[R_{j_1,j_2,\dots,j_q,k} \geq 0\right] \geq 1\right]$$

em uma expressão da forma

$$\sum_{j_1=u_1}^{v_1} \sum_{j_2=u_2}^{v_2} \dots \sum_{j_q=u_q}^{v_q} c_{j_1,j_2,\dots,j_q} \prod_{k=1}^{s_{j_1,j_2,\dots,j_q}} \left[q_{j_1,j_2,\dots,j_q,k} \geq 0\right]$$

em que cada termo $q_{j_1,j_2,\dots,j_q,k}$ é um polinômio sobre h e as variáveis de integração e os termos $c_{j_1,j_2,\dots,j_q}$ são constantes em relação a tais variáveis (incluindo h), mediante a aplicação da relação que já estudamos que nos permite eliminar os colchetes dentro de outros colchetes (vide capítulo III). Chamaremos a primeira expressão de $p(x_1, x_2, \dots, x_{n+1})$.

$$p(x_1, x_2, \dots, x_{n+1}) = \left( \sum_{j_1=u_1}^{v_1} \sum_{j_2=u_2}^{v_2} \dots \sum_{j_q=u_q}^{v_q} c_{j_1,j_2,\dots,j_q} \prod_{k=1}^{z_{j_1,j_2,\dots,j_q}} \left[ R_{j_1,j_2,\dots,j_q,k} \geq 0 \right] \geq 1 \right)$$

Em virtude da mencionada igualdade envolvendo $[p(x_1, x_2, \dots, x_n)]$, podemos desenvolver A e B como mostramos em seguida:

$$A = \int_0^\infty \int_0^\infty \dots \int_0^\infty [qs(R_C)] x_{n+1} \prod_{j=1}^{n+1} e^{-\alpha x_j} \, dx_1 dx_2 \dots dx_{n+1}$$

$$= \int_0^\infty \int_0^\infty \dots \int_0^\infty \left( 1 - \sum_{j_1=u_1}^{v_1} \sum_{j_2=u_2}^{v_2} \dots \sum_{j_q=u_q}^{v_q} c_{j_1,j_2,\dots,j_q} \prod_{k=1}^{s_{j_1,j_2,\dots,j_q}} \left[ q_{j_1,j_2,\dots,j_q,k} \right] \right) x_{n+1} \prod_{j=1}^{n+1} e^{-\alpha x_j} \, dx_1 dx_2 \dots dx_{n+1}$$

$$= \int_0^\infty \int_0^\infty \dots \int_0^\infty x_{+1} \prod_{j=1}^{n+1} e^{-\alpha x_j} \, dx_1 dx_2 \dots dx_{n+1}$$

$$- \sum_{j_1=u_1}^{v_1} \sum_{j_2=u_2}^{v_2} \dots \sum_{j_q=u_q}^{v_q} c_{j_1,j_2,\dots,j_q} \int_0^\infty \int_0^\infty \dots \int_0^\infty \left( \prod_{k=1}^{s_{j_1,j_2,\dots,j_q}} \left[ q_{j_1,j_2,\dots,j_q,k} \right] \right) x_{+1} \prod_{j=1}^{n+1} e^{-\alpha x_j} \, dx_1 dx_2 \dots dx_{n+1}$$

$$B = \int_0^\infty \int_0^\infty \dots \int_0^\infty [qs(R_C)] \prod_{j=1}^{n+1} e^{-\alpha x_j} \, dx_1 dx_2 \dots dx_{n+1}$$

$$= \int_0^\infty \int_0^\infty \dots \int_0^\infty \left( 1 - \sum_{j_1=u_1}^{v_1} \sum_{j_2=u_2}^{v_2} \dots \sum_{j_q=u_q}^{v_q} c_{j_1,j_2,\dots,j_q} \prod_{k=1}^{s_{j_1,j_2,\dots,j_q}} \left[ q_{j_1,j_2,\dots,j_q,k} \right] \right) \prod_{j=1}^{n+1} e^{-\alpha x_j} \, dx_1 dx_2 \dots dx_{n+1}$$

$$= \int_0^\infty \int_0^\infty \dots \int_0^\infty \prod_{j=1}^{n+1} e^{-\alpha x_j} \, dx_1 dx_2 \dots dx_{n+1}$$

$$- \sum_{j_1=u_1}^{v_1} \sum_{j_2=u_2}^{v_2} \dots \sum_{j_q=u_q}^{v_q} c_{j_1,j_2,\dots,j_q} \int_0^\infty \int_0^\infty \dots \int_0^\infty \left( \prod_{k=1}^{s_{j_1,j_2,\dots,j_q}} \left[ q_{j_1,j_2,\dots,j_q,k} \right] \right) \prod_{j=1}^{n+1} e^{-\alpha x_j} \, dx_1 dx_2 \dots dx_{n+1}$$

para apropriadas constantes das classes $u_i$, $v_i$, $c_{j_1,j_2,\dots,j_q}$ e $s_{j_1,j_2,\dots,j_q}$. Para determinar as proposições $q_{j_1,j_2,\dots,j_q,k}$, devemos fazer a mencionada conversão de $p(x_1, x_2, \dots, x_n)$.

Resta determinar o valor das integrais que sobraram nas formas desenvolvidas de A e B. O problema já está resolvido para as integrais

$$\int_0^\infty \int_0^\infty \dots \int_0^\infty \prod_{k=1}^{n+1} e^{-\alpha x_k} \prod_{m=1}^{v} [p_m(x_1, x_2, \dots, x_{n+1}) \geq 0] \, dx_1 dx_2 \dots dx_{n+1}$$

e

$$\int_0^\infty \int_0^\infty \dots \int_0^\infty x_{n+1} \prod_{k=1}^{n+1} e^{-\alpha x_k} \prod_{m=1}^{v} [p_m(x_1, x_2, \dots, x_{n+1}) \geq 0] \, dx_1 dx_2 \dots dx_{n+1}$$

cujos valores já foram apresentados neste capítulo com base nas demonstrações do capítulo XI. Restam apenas as integrais

$$\int_0^\infty \int_0^\infty \dots \int_0^\infty \prod_{k=1}^{n+1} e^{-\alpha x_k} \, dx_1 dx_2 \dots dx_{n+1}$$

e

$$\int_0^\infty \int_0^\infty \dots \int_0^\infty x_{n+1} \prod_{k=1}^{n+1} e^{-\alpha x_k} \, dx_1 dx_2 \dots dx_{n+1}$$

Antes de resolvê-la, vamos ver como calcular os valores das integrais indefinidas

$$\int cxe^{-\alpha x} dx$$

e

$$\int ce^{-\alpha x} dx$$

$$\int ce^{-\alpha x} dx = -\frac{ce^{-\alpha x}}{\alpha}$$

$$\int cxe^{-\alpha x} dx = \int -cxe^{-\alpha x} dx = -\frac{cxe^{-\alpha x}}{\alpha} + \int \frac{ce^{-\alpha x}}{\alpha} dx + k == -\frac{cxe^{-\alpha x}}{\alpha} + \int \frac{ce^{-\alpha x}}{\alpha} dx + k$$
$$= -\frac{cxe^{-\alpha x}}{\alpha} - \frac{ce^{-\alpha x}}{\alpha^2} + k = -\frac{ce^{-\alpha x}}{\alpha^2}(\alpha x + 1) + k$$

Com isso,

$$\int_0^\infty \int_0^\infty \dots \int_0^\infty \prod_{k=1}^{n+1} e^{-\alpha x_k}\, dx_1 dx_2 \dots dx_{n+1} = \frac{1}{\alpha^{n+1}}$$

e

$$\int_0^\infty \int_0^\infty \dots \int_0^\infty x_{n+1} \prod_{k=1}^{n+1} e^{-\alpha x_k}\, dx_1 dx_2 \dots dx_{n+1} = \frac{1}{\alpha^n} \int_0^\infty x_{n+1} e^{-\alpha x_k} dx_{n+1} = \frac{1}{\alpha^{n+2}}$$

A segunda maneira de se calcular os valores de A e B consiste em se desenvolver as integrais

$$\int_0^\infty \int_0^\infty \dots \int_0^\infty \prod_{k=1}^{n} e^{-\alpha x_k} \prod_{m=1}^{v} [p_m(x_1, x_2, \dots, x_n) \geq 0]\, dx_1 dx_2 \dots dx_n$$

e

$$\int_0^\infty \int_0^\infty \dots \int_0^\infty x_n \prod_{k=1}^{n} e^{-\alpha x_k} \prod_{m=1}^{v} [p_m(x_1, x_2, \dots, x_n) \geq 0]\, dx_1 dx_2 \dots dx_n$$

O surgimento, no segundo membro de uma variante aproximativa da fórmula $\alpha$, do componente

$$\sum_{j_1=u_1}^{v_1} \sum_{j_2=u_2}^{v_2} \dots \sum_{j_q=u_q}^{v_q} C_{j_1,j_2,\dots,j_q} \prod_{k=1}^{z_{j_1,j_2,\dots,j_q}} \left[R_{j_1,j_2,\dots,j_q,k} \geq 0\right]$$

decorre do algoritmo $\gamma_2$, como vimos no capítulo IX. Desta forma, definindo $p(x_1, x_2, \dots, x_n)$ como

$$\sum_{j_1=u_1}^{v_1} \sum_{j_2=u_2}^{v_2} \dots \sum_{j_q=u_q}^{v_q} C_{j_1,j_2,\dots,j_q} \prod_{k=1}^{z_{j_1,j_2,\dots,j_q}} \left[R_{j_1,j_2,\dots,j_q,k} \geq 0\right] \geq 1$$

temos que

$$p(x_1, x_2, \dots, x_{n+1}) = \left( \sum_{j_1=u_1}^{v_1} \sum_{j_2=u_2}^{v_2} \dots \sum_{j_q=u_q}^{v_q} C_{j_1,j_2,\dots,j_q} \prod_{k=1}^{z_{j_1,j_2,\dots,j_q}} \left[R_{j_1,j_2,\dots,j_q,k} \geq 0\right] \geq 1 \right) = (\omega_2 \geq 1)$$

Vamos simplificar um pouco mais o problema.

$$[qs(R_C)] = [\forall y_1 \forall y_2 \dots \forall y_{a+1} s(R_C)(y_1, y_2, \dots, y_{a+1})] = 1 - [p(x_1, x_2, \dots, x_{n+1})] = [\sim p(x_1, x_2, \dots, x_{n+1})]$$

$$=$$

$$A = \int_0^\infty \int_0^\infty \dots \int_0^\infty x_{n+1} \prod_{k=1}^{n+1} e^{-\alpha x_k} [\sim p(x_1, x_2, \dots, x_{n+1})] \, dx_1 dx_2 \dots dx_{n+1}$$

$$= \int_0^\infty \int_0^\infty \dots \int_0^\infty x_{n+1} \prod_{k=1}^{n+1} e^{-\alpha x_k} [p'(x_1, x_2, \dots, x_{n+1})] \, dx_1 dx_2 \dots dx_{n+1}$$

$$B = \int_0^\infty \int_0^\infty \dots \int_0^\infty \prod_{k=1}^{n+1} e^{-\alpha x_k} [\sim p(x_1, x_2, \dots, x_{n+1})] \, dx_1 dx_2 \dots dx_{n+1}$$

$$= \int_0^\infty \int_0^\infty \dots \int_0^\infty \prod_{k=1}^{n+1} e^{-\alpha x_k} [p'(x_1, x_2, \dots, x_{n+1})] \, dx_1 dx_2 \dots dx_{n+1}$$

em que $p'(x_1, x_2, \dots, x_{n+1}) = \sim(\omega_2 \geq 1) = (\omega_2 - 1 < 0)$.

Agora, para calcularmos os valores de A e B, falta calcular os valores das integrais

$$\int_0^\infty \int_0^\infty \dots \int_0^\infty x_{n+1} \prod_{k=1}^{n+1} e^{-\alpha x_k} [p'(x_1, x_2, \dots, x_{n+1})] \, dx_1 dx_2 \dots dx_{n+1}$$

e

$$\int_0^\infty \int_0^\infty \dots \int_0^\infty \prod_{k=1}^{n+1} e^{-\alpha x_k} [p'(x_1, x_2, \dots, x_{n+1})] \, dx_1 dx_2 \dots dx_{n+1}$$

No final do capítulo XI, fizemos isso, chegando ao seguinte:

$$\int_0^\infty \int_0^\infty \dots \int_0^\infty \prod_{k=1}^{n+1} e^{-\alpha x_k} [p'(x_1, x_2, \dots, x_{n+1})] \, dx_1 dx_2 \dots dx_{n+1}$$

$$= \sum_{j_1=0}^{N-1} \sum_{j_2=0}^{N-1} \dots \sum_{j_{n+1}=0}^{N-1} \left[ p'\left( \left( \frac{N}{j_1+1} - 1 \right), \left( \frac{N}{j_2+1} - 1 \right), \dots, \left( \frac{N}{j_{n+1}+1} - 1 \right) \right) \right] \left( \frac{e^{\alpha}}{\alpha} \right)^{n+1} \prod_{p=1}^{n+1} \left( e^{-\frac{\alpha N}{j_p+1}} - \lim_{s \to j_p^+} e^{-\frac{\alpha N}{s}} \right) + \phi$$

em que

$$\phi = \frac{r}{\alpha^n}\left(\lambda_1 e^{\alpha} + \lambda_2 e^{2\alpha}\sum_{j_1=0}^{N-1}\prod_{p=1}^{1}\left(e^{-\frac{\alpha N}{j_p+1}} - \lim_{s\to j_p^+} e^{-\frac{\alpha N}{s}}\right) + \lambda_3 e^{3\alpha}\sum_{j_1=0}^{N-1}\sum_{j_2=0}^{N-1}\prod_{p=1}^{2}\left(e^{-\frac{\alpha N}{j_p+1}} - \lim_{s\to j_p^+} e^{-\frac{\alpha N}{s}}\right) + \dots\right.$$

$$+ \lambda_n e^{(n-1)\alpha}\sum_{j_1=0}^{N-1}\sum_{j_2=0}^{N-1}\dots\sum_{j_{n-1}=0}^{N-1}\prod_{p=1}^{n-1}\left(e^{-\frac{\alpha N}{j_p+1}} - \lim_{s\to j_p^+} e^{-\frac{\alpha N}{s}}\right)$$

$$\left. + \lambda_{n+1} e^{n\alpha}\sum_{j_1=0}^{N-1}\sum_{j_2=0}^{N-1}\dots\sum_{j_n=0}^{N-1}\prod_{p=1}^{n}\left(e^{-\frac{\alpha N}{j_p+1}} - \lim_{s\to j_p^+} e^{-\frac{\alpha N}{s}}\right)\right)$$

e

$$u \in \{1,2,\dots,n+1\} \Longrightarrow (-2 < \lambda_u < 2)$$

Além disso, demonstramos no mesmo capítulo que

$$\int_0^{\infty}\int_0^{\infty}\dots\int_0^{\infty} x_{n+1}\prod_{k=1}^{n+1} e^{-\alpha x_k}[p'(x_1, x_2, \dots, x_{n+1})]\, dx_1 dx_2 \dots dx_{n+1}$$

$$= \left(\frac{e^{\alpha}}{\alpha}\right)^n \sum_{j_1=0}^{N-1}\sum_{j_2=0}^{N-1}\dots\sum_{j_{n+1}=0}^{N-1}\left[p'\left(\left(\frac{N}{j_1+1} - 1\right), \left(\frac{N}{j_2+1} - 1\right), \dots, \left(\frac{N}{j_{n+1}+1}\right.\right.\right.$$

$$\left.\left.\left. - 1\right)\right)\right]\prod_{p=1}^{n}\left(e^{-\frac{\alpha N}{j_p+1}} - \lim_{s\to j_p^+} e^{-\frac{\alpha N}{s}}\right)\left(\lim_{s\to j_{n+1}^+}\left(-\frac{e^{-\alpha\left(\frac{N}{s}-1\right)}}{\alpha^2}\left(\frac{N\alpha}{s} - \alpha + 1\right)\right)\right.$$

$$\left. + \frac{e^{-\alpha\left(\frac{N}{j_{n+1}+1}-1\right)}}{\alpha^2}\left(\frac{N\alpha}{j_{n+1}+1} - \alpha + 1\right)\right) + \psi$$

em que

$$\psi = \frac{r}{\alpha^{n+1}}\left(\gamma_1 e^{\alpha} + \gamma_2 e^{2\alpha}\sum_{j_1=0}^{N-1}\prod_{p=1}^{1}\left(e^{-\frac{\alpha N}{j_p+1}} - \lim_{s\to j_p^+} e^{-\frac{\alpha N}{s}}\right)\right.$$

$$+ \gamma_3 e^{3\alpha}\sum_{j_1=0}^{N-1}\sum_{j_2=0}^{N-1}\prod_{p=1}^{2}\left(e^{-\frac{\alpha N}{j_p+1}} - \lim_{s\to j_p^+} e^{-\frac{\alpha N}{s}}\right) + \dots$$

$$\left. + \gamma_{n-1} e^{(n-1)\alpha}\sum_{j_1=0}^{N-1}\sum_{j_2=0}^{N-1}\dots\sum_{j_n=0}^{N-1}\prod_{p=1}^{n-1}\left(e^{-\frac{\alpha N}{j_p+1}} - \lim_{s\to j_p^+} e^{-\frac{\alpha N}{s}}\right)\right)$$

$$+\gamma_n\left(\frac{e^\alpha}{\alpha}\right)^n\left(\frac{1}{\alpha^2}-\frac{e^{-\frac{\alpha}{N-1}}}{\alpha^2}\left(\frac{\alpha}{N-1}+1\right)\right)\sum_{j_1=0}^{N-1}\sum_{j_2=0}^{N-1}\dots\sum_{j_n=0}^{N-1}\prod_{p=1}^{n}\left(e^{-\frac{\alpha N}{j_p+1}}-\lim_{s\to j_p^+}e^{-\frac{\alpha N}{s}}\right)$$

e

$$u\in\{1,2,\dots,n+1\}\Longrightarrow(-2<\gamma_u<2)$$

Podemos simplificar as expressões que fornecem os erros de A e B na execução do algoritmo $\gamma$, que são os termos $\phi$ e $\psi$.

$$\phi=\frac{r}{\alpha^{n+1}}\left(\lambda_1e^\alpha+\lambda_2e^{2\alpha}\sum_{j_1=0}^{N-1}\prod_{p=1}^{1}\left(e^{-\frac{\alpha N}{j_p+1}}-\lim_{s\to j_p^+}e^{-\frac{\alpha N}{s}}\right)\right.$$
$$+\lambda_3e^{3\alpha}\sum_{j_1=0}^{N-1}\sum_{j_2=0}^{N-1}\prod_{p=1}^{2}\left(e^{-\frac{\alpha N}{j_p+1}}-\lim_{s\to j_p^+}e^{-\frac{\alpha N}{s}}\right)+\dots$$
$$+\lambda_ne^{(n-1)\alpha}\sum_{j_1=0}^{N-1}\sum_{j_2=0}^{N-1}\dots\sum_{j_{n-1}=0}^{N-1}\prod_{p=1}^{n-1}\left(e^{-\frac{\alpha N}{j_p+1}}-\lim_{s\to j_p^+}e^{-\frac{\alpha N}{s}}\right)$$
$$\left.+\lambda_{n+1}e^{n\alpha}\sum_{j_1=0}^{N-1}\sum_{j_2=0}^{N-1}\dots\sum_{j_n=0}^{N-1}\prod_{p=1}^{n}\left(e^{-\frac{\alpha N}{j_p+1}}-\lim_{s\to j_p^+}e^{-\frac{\alpha N}{s}}\right)\right)$$
$$=\frac{r\lambda_{n+2}}{\alpha^{n+1}}\left(e^\alpha+e^{2\alpha}\sum_{j_1=0}^{N-1}\prod_{p=1}^{1}\left(e^{-\frac{\alpha N}{j_p+1}}-\lim_{s\to j_p^+}e^{-\frac{\alpha N}{s}}\right)\right.$$
$$+e^{3\alpha}\sum_{j_1=0}^{N-1}\sum_{j_2=0}^{N-1}\prod_{p=1}^{2}\left(e^{-\frac{\alpha N}{j_p+1}}-\lim_{s\to j_p^+}e^{-\frac{\alpha N}{s}}\right)+\dots$$
$$+e^{(n-1)\alpha}\sum_{j_1=0}^{N-1}\sum_{j_2=0}^{N-1}\dots\sum_{j_{n-1}=0}^{N-1}\prod_{p=1}^{n-1}\left(e^{-\frac{\alpha N}{j_p+1}}-\lim_{s\to j_p^+}e^{-\frac{\alpha N}{s}}\right)$$
$$\left.+e^{n\alpha}\sum_{j_1=0}^{N-1}\sum_{j_2=0}^{N-1}\dots\sum_{j_n=0}^{N-1}\prod_{p=1}^{n}\left(e^{-\frac{\alpha N}{j_p+1}}-\lim_{s\to j_p^+}e^{-\frac{\alpha N}{s}}\right)\right)$$

em que

$$-2<\lambda_{n+2}<2$$

No capítulo XI, veremos que a função

$$g(j) = \frac{ce^{\alpha}}{\alpha}\left(e^{-\frac{\alpha N}{j+1}} - \lim_{s \to j^{+}} e^{-\frac{\alpha N}{s}}\right)$$

atinge seu máximo no ponto $j_0 = \frac{\alpha N}{2}$. Com isso,

$$\forall j \in Dg(g(j) < g(j_0))$$

$$(j_0 - 1) > 0 \Longrightarrow \left(\forall j \in Dg(g(j) < g(j_0) + g(j_0 - 1))\right)$$

Consequentemente,

$$(j_0 - 1) > 0 \Longrightarrow \forall j\left(\left(e^{-\frac{\alpha N}{j+1}} - \lim_{s \to j^{+}} e^{-\frac{\alpha N}{s}}\right) < \left(e^{-\frac{\alpha N}{\frac{\alpha N}{2}+1}} - \lim_{s \to \left(\frac{\alpha N}{2}-1\right)^{+}} e^{-\frac{\alpha N}{s}}\right)\right)$$

$$\alpha N > 2 \Longrightarrow \forall j\left(\left(e^{-\frac{\alpha N}{j+1}} - \lim_{s \to j^{+}} e^{-\frac{\alpha N}{s}}\right) < \left(e^{-\frac{2\alpha N}{\alpha N+2}} - e^{-\frac{2\alpha N}{\alpha N-2}}\right)\right)$$

$$\alpha N > 2 \Longrightarrow \left(\prod_{p=1}^{k}\left(e^{-\frac{\alpha N}{j_p+1}} - \lim_{s \to j_p^{+}} e^{-\frac{\alpha N}{s}}\right) < \left(e^{-\frac{2\alpha N}{\alpha N+2}} - e^{-\frac{2\alpha N}{\alpha N-2}}\right)^{k}\right)$$

A seguir, pressuporemos que $\alpha N > 2$.

Sabemos que

$$\phi = \frac{r\lambda_{n+2}}{\alpha^{n+1}}\left(e^{\alpha} + e^{2\alpha}\sum_{j_1=0}^{N-1}\prod_{p=1}^{1}\left(e^{-\frac{\alpha N}{j_p+1}} - \lim_{s \to j_p^{+}} e^{-\frac{\alpha N}{s}}\right) + e^{3\alpha}\sum_{j_1=0}^{N-1}\sum_{j_2=0}^{N-1}\prod_{p=1}^{2}\left(e^{-\frac{\alpha N}{j_p+1}} - \lim_{s \to j_p^{+}} e^{-\frac{\alpha N}{s}}\right) + \ldots\right.$$
$$+ e^{(n-1)\alpha}\sum_{j_1=0}^{N-1}\sum_{j_2=0}^{N-1}\ldots\sum_{j_{n-1}=0}^{N-1}\prod_{p=1}^{n-1}\left(e^{-\frac{\alpha N}{j_p+1}} - \lim_{s \to j_p^{+}} e^{-\frac{\alpha N}{s}}\right)$$
$$\left.+ e^{n\alpha}\sum_{j_1=0}^{N-1}\sum_{j_2=0}^{N-1}\ldots\sum_{j_n=0}^{N-1}\prod_{p=1}^{n}\left(e^{-\frac{\alpha N}{j_p+1}} - \lim_{s \to j_p^{+}} e^{-\frac{\alpha N}{s}}\right)\right)$$

Isso nos leva a que

$$-\frac{2r}{\alpha^{n+1}}\left(e^{\alpha}+e^{2\alpha}\sum_{j_1=0}^{N-1}\prod_{p=1}^{1}\left(e^{-\frac{\alpha N}{j_p+1}}-\lim_{s\to j_p^+}e^{-\frac{\alpha N}{s}}\right)+e^{3\alpha}\sum_{j_1=0}^{N-1}\sum_{j_2=0}^{N-1}\prod_{p=1}^{2}\left(e^{-\frac{\alpha N}{j_p+1}}-\lim_{s\to j_p^+}e^{-\frac{\alpha N}{s}}\right)+\dots\right.$$

$$+e^{n\alpha}\sum_{j_1=0}^{N-1}\sum_{j_2=0}^{N-1}\dots\sum_{j_{n-1}=0}^{N-1}\prod_{p=1}^{n-1}\left(e^{-\frac{\alpha N}{j_p+1}}-\lim_{s\to j_p^+}e^{-\frac{\alpha N}{s}}\right)$$

$$\left.+e^{(n+1)\alpha}\sum_{j_1=0}^{N-1}\sum_{j_2=0}^{N-1}\dots\sum_{j_n=0}^{N-1}\prod_{p=1}^{n}\left(e^{-\frac{\alpha N}{j_p+1}}-\lim_{s\to j_p^+}e^{-\frac{\alpha N}{s}}\right)\right)<\phi$$

$$<\frac{2r}{\alpha^{n+1}}\left(e^{\alpha}+e^{2\alpha}\sum_{j_1=0}^{N-1}\prod_{p=1}^{1}\left(e^{-\frac{\alpha N}{j_p+1}}-\lim_{s\to j_p^+}e^{-\frac{\alpha N}{s}}\right)\right.$$

$$+e^{3\alpha}\sum_{j_1=0}^{N-1}\sum_{j_2=0}^{N-1}\prod_{p=1}^{2}\left(e^{-\frac{\alpha N}{j_p+1}}-\lim_{s\to j_p^+}e^{-\frac{\alpha N}{s}}\right)+\dots$$

$$+e^{n\alpha}\sum_{j_1=0}^{N-1}\sum_{j_2=0}^{N-1}\dots\sum_{j_{n-1}=0}^{N-1}\prod_{p=1}^{n-1}\left(e^{-\frac{\alpha N}{j_p+1}}-\lim_{s\to j_p^+}e^{-\frac{\alpha N}{s}}\right)$$

$$\left.+e^{(n+1)\alpha}\sum_{j_1=0}^{N-1}\sum_{j_2=0}^{N-1}\dots\sum_{j_n=0}^{N-1}\prod_{p=1}^{n}\left(e^{-\frac{\alpha N}{j_p+1}}-\lim_{s\to j_p^+}e^{-\frac{\alpha N}{s}}\right)\right)$$

$$-\frac{2r}{\alpha^{n+1}}\left(e^{\alpha}+e^{2\alpha}\sum_{j_1=0}^{N-1}\left(e^{-\frac{2\alpha N}{\alpha N+2}}-e^{-\frac{2\alpha N}{\alpha N-2}}\right)^{1}+e^{3\alpha}\sum_{j_1=0}^{N-1}\sum_{j_2=0}^{N-1}\left(e^{-\frac{2\alpha N}{\alpha N+2}}-e^{-\frac{2\alpha N}{\alpha N-2}}\right)^{2}\dots\right.$$

$$+e^{n\alpha}\sum_{j_1=0}^{N-1}\sum_{j_2=0}^{N-1}\dots\sum_{j_{n-1}=0}^{N-1}\left(e^{-\frac{2\alpha N}{\alpha N+2}}-e^{-\frac{2\alpha N}{\alpha N-2}}\right)^{n-1}$$

$$\left.+e^{(n+1)\alpha}\sum_{j_1=0}^{N-1}\sum_{j_2=0}^{N-1}\dots\sum_{j_n=0}^{N-1}\left(e^{-\frac{2\alpha N}{\alpha N+2}}-e^{-\frac{2\alpha N}{\alpha N-2}}\right)^{n}\right)<\phi$$

$$<\frac{2r}{\alpha^{n+1}}\left(e^{\alpha}+e^{2\alpha}\sum_{j_1=0}^{N-1}\left(e^{-\frac{2\alpha N}{\alpha N+2}}-e^{-\frac{2\alpha N}{\alpha N-2}}\right)^{1}+e^{3\alpha}\sum_{j_1=0}^{N-1}\sum_{j_2=0}^{N-1}\left(e^{-\frac{2\alpha N}{\alpha N+2}}-e^{-\frac{2\alpha N}{\alpha N-2}}\right)^{2}\dots\right.$$

$$+e^{n\alpha}\sum_{j_1=0}^{N-1}\sum_{j_2=0}^{N-1}\dots\sum_{j_{n-1}=0}^{N-1}\left(e^{-\frac{2\alpha N}{\alpha N+2}}-e^{-\frac{2\alpha N}{\alpha N-2}}\right)^{n-1}$$

$$\left.+e^{(n+1)\alpha}\sum_{j_1=0}^{N-1}\sum_{j_2=0}^{N-1}\dots\sum_{j_n=0}^{N-1}\left(e^{-\frac{2\alpha N}{\alpha N+2}}-e^{-\frac{2\alpha N}{\alpha N-2}}\right)^{n}\right)$$

$$\phi = \frac{\lambda r}{\alpha^{n+1}}\left(e^{\alpha} + e^{2\alpha}\sum_{j_1=0}^{N-1}\left(e^{-\frac{2\alpha N}{\alpha N+2}} - e^{-\frac{2\alpha N}{\alpha N-2}}\right)^1 + e^{3\alpha}\sum_{j_1=0}^{N-1}\sum_{j_2=0}^{N-1}\left(e^{-\frac{2\alpha N}{\alpha N+2}} - e^{-\frac{2\alpha N}{\alpha N-2}}\right)^2 \dots\right.$$

$$+ e^{(n-1)\alpha}\sum_{j_1=0}^{N-1}\sum_{j_2=0}^{N-1}\dots\sum_{j_{n-1}=0}^{N-1}\left(e^{-\frac{2\alpha N}{\alpha N+2}} - e^{-\frac{2\alpha N}{\alpha N-2}}\right)^{n-1}$$

$$\left. + e^{n\alpha}\sum_{j_1=0}^{N-1}\sum_{j_2=0}^{N-1}\dots\sum_{j_n=0}^{N-1}\left(e^{-\frac{2\alpha N}{\alpha N+2}} - e^{-\frac{2\alpha N}{\alpha N-2}}\right)^n\right)$$

$$= \frac{\lambda e^{\alpha} r}{\alpha^{n+1}}\left(\left(\left(e^{-\frac{2\alpha N}{\alpha N+2}} - e^{-\frac{2\alpha N}{\alpha N-2}}\right)e^{\alpha}N\right)^0 + \left(\left(e^{-\frac{2\alpha N}{\alpha N+2}} - e^{-\frac{2\alpha N}{\alpha N-2}}\right)e^{\alpha}N\right)^1 + \cdots\right.$$

$$\left. + \left(\left(e^{-\frac{2\alpha N}{\alpha N+2}} - e^{-\frac{2\alpha N}{\alpha N-2}}\right)e^{\alpha}N\right)^n\right)$$

em que

$$-2 < \lambda < 2$$

Assim,

$$\phi = \frac{\lambda e^{\alpha} r}{\alpha^{n+1}}\sum_{p=0}^{n}\left(\left(e^{-\frac{2\alpha N}{\alpha N+2}} - e^{-\frac{2\alpha N}{\alpha N-2}}\right)e^{\alpha}N\right)^p$$

estando $\lambda$ no intervalo mencionado.

Da mesma forma, podemos simplificar a expressão de $\psi$. Adotamos, para isso, a mesma linha de raciocínio, partindo do fato de que

$$\psi = \frac{r}{\alpha^{n+1}}\left(\gamma_1 e^{\alpha} + \gamma_2 e^{2\alpha}\sum_{j_1}^{N-1}\prod_{p=1}^{1}\left(e^{-\frac{\alpha N}{j_p+1}} - \lim_{s\to j_p^+} e^{-\frac{\alpha N}{s}}\right)\right.$$

$$+ \gamma_3 e^{3\alpha}\sum_{j_1=0}^{N-1}\sum_{j_2=0}^{N-1}\prod_{p=1}^{2}\left(e^{-\frac{\alpha N}{j_p+1}} - \lim_{s\to j_p^+} e^{-\frac{\alpha N}{s}}\right) + \dots$$

$$\left. + \gamma_n e^{n\alpha}\sum_{j_1=0}^{N-1}\sum_{j_2=0}^{N-1}\dots\sum_{j_{n-1}=0}^{N-1}\prod_{p=1}^{n-1}\left(e^{-\frac{\alpha N}{j_p+1}} - \lim_{s\to j_p^+} e^{-\frac{\alpha N}{s}}\right)\right)$$

$$+ \gamma_{n+1}\left(\frac{e^{\alpha}}{\alpha}\right)^n\left(\frac{1}{\alpha^2} - \frac{e^{-\frac{\alpha}{N-1}}}{\alpha^2}\left(\frac{\alpha}{N-1} + 1\right)\right)\sum_{j_1=0}^{N-1}\sum_{j_2=0}^{N-1}\dots\sum_{j_n=0}^{N-1}\prod_{p=1}^{n}\left(e^{-\frac{\alpha N}{j_p+1}} - \lim_{s\to j_p^+} e^{-\frac{\alpha N}{s}}\right)$$

em que

$$u \in \{1,2,\dots,n+1\} \Longrightarrow (-2 < \gamma_u < 2)$$

para chegar a

$$\psi = \frac{r\gamma_{n+2}}{\alpha^{n+1}}\left(e^{\alpha} + e^{2\alpha}\sum_{j_1}^{N-1}\prod_{p=1}^{1}\left(e^{-\frac{\alpha N}{j_p+1}} - \lim_{s\to j_p^+} e^{-\frac{\alpha N}{s}}\right) + e^{3\alpha}\sum_{j_1=0}^{N-1}\sum_{j_2=0}^{N-1}\prod_{p=1}^{2}\left(e^{-\frac{\alpha N}{j_p+1}} - \lim_{s\to j_p^+} e^{-\frac{\alpha N}{s}}\right) + \dots\right.$$

$$\left. + e^{n\alpha}\sum_{j_1=0}^{N-1}\sum_{j_2=0}^{N-1}\dots\sum_{j_{n-1}=0}^{N-1}\prod_{p=1}^{n-1}\left(e^{-\frac{\alpha N}{j_p+1}} - \lim_{s\to j_p^+} e^{-\frac{\alpha N}{s}}\right)\right)$$

$$+\left(\frac{e^{\alpha}}{\alpha}\right)^{n}\left(\frac{1}{\alpha^2} - \frac{e^{-\frac{\alpha}{N-1}}}{\alpha^2}\left(\frac{\alpha}{N-1}+1\right)\right)\sum_{j_1=0}^{N-1}\sum_{j_2=0}^{N-1}\dots\sum_{j_n=0}^{N-1}\prod_{p=1}^{n}\left(e^{-\frac{\alpha N}{j_p+1}} - \lim_{s\to j_p^+} e^{-\frac{\alpha N}{s}}\right)$$

em que

$$-2 < \gamma_{n+2} < 2$$

Prosseguindo, chegamos a que

$$\psi = \frac{r\gamma}{\alpha^{n+1}}\left(e^{\alpha} + e^{2\alpha}\sum_{j_1=0}^{N-1}\left(e^{-\frac{2\alpha N}{\alpha N+2}} - e^{-\frac{2\alpha N}{\alpha N-2}}\right)^{1} + e^{3\alpha}\sum_{j_1=0}^{N-1}\sum_{j_2=0}^{N-1}\left(e^{-\frac{2\alpha N}{\alpha N+2}} - e^{-\frac{2\alpha N}{\alpha N-2}}\right)^{2} + \dots\right.$$

$$\left. + e^{n\alpha}\sum_{j_1=0}^{N-1}\sum_{j_2=0}^{N-1}\dots\sum_{j_{n-1}=0}^{N-1}\left(e^{-\frac{2\alpha N}{\alpha N+2}} - e^{-\frac{2\alpha N}{\alpha N-2}}\right)^{n-1}\right)$$

$$+\left(\frac{e^{\alpha}}{\alpha}\right)^{n}\left(\frac{1}{\alpha^2} - \frac{e^{-\frac{\alpha}{N-1}}}{\alpha^2}\left(\frac{\alpha}{N-1}+1\right)\right)\sum_{j_1=0}^{N-1}\sum_{j_2=0}^{N-1}\dots\sum_{j_n=0}^{N-1}\left(e^{-\frac{2\alpha N}{\alpha N+2}} - e^{-\frac{2\alpha N}{\alpha N-2}}\right)^{n}$$

em que

$$-2 < \gamma < 2$$

e, finalmente, concluímos que

$$\psi = \frac{re^{\alpha}\gamma}{\alpha^{n+1}}\left(\sum_{p=0}^{n-1}\left(\left(e^{-\frac{2\alpha N}{\alpha N+2}} - e^{-\frac{2\alpha N}{\alpha N-2}}\right)e^{\alpha}N\right)^{p}\right.$$

$$\left. + (e^{\alpha})^{n-1}\left(\frac{1}{\alpha} - \frac{e^{-\frac{\alpha}{N-1}}}{\alpha}\left(\frac{\alpha}{N-1}+1\right)\right)\left(\left(e^{-\frac{2\alpha N}{\alpha N+2}} - e^{-\frac{2\alpha N}{\alpha N-2}}\right)N\right)^{n}\right)$$

sendo $\gamma$ um número desconhecido que se encontra no intervalo mencionado.

Mostraremos agora que os erros de A e B tendem a 0 quando N tende a ∞. Isso significa que $\lim_{N\to\infty}\phi = 0$ e $\lim_{N\to\infty}\psi = 0$.

$$\lim_{N\to\infty}\left(e^{-\frac{2\alpha N}{\alpha N+2}} - e^{-\frac{2\alpha N}{\alpha N-2}}\right) = \lim_{N\to\infty}\left(e^{-\frac{2\alpha}{\alpha+\frac{2}{N}}} - e^{-\frac{2\alpha}{\alpha-\frac{2}{N}}}\right) = \lim_{N\to\infty}(e^{-2} - e^{-2}) = 0$$

Consequentemente, $\lim_{N\to\infty} r = 0$.

Chamemos de z o inverso de N.

Continuando,

$$\lim_{z\to 0^+} r = \lim_{N\to\infty} r = 0$$

$$\lim_{N\to\infty} N\left(e^{-\frac{2\alpha N}{\alpha N+2}} - e^{-\frac{2\alpha N}{\alpha N-2}}\right) = \lim_{z\to 0^+}\frac{\left(e^{-\frac{2\alpha}{\alpha+2z}} - e^{-\frac{2\alpha}{\alpha-2z}}\right)}{z}$$

Precisamos aplicar a regra de l´Hospital uma vez, já que os limites do numerador e do denominador são nulos. Isso nos conduz ao seguinte:

$$\lim_{N\to\infty} N\left(e^{-\frac{2\alpha N}{\alpha N+2}} - e^{-\frac{2\alpha N}{\alpha N-2}}\right) = \lim_{z\to 0^+}\frac{\left(e^{-\frac{2\alpha}{\alpha+2z}} - e^{-\frac{2\alpha}{\alpha-2z}}\right)}{z}$$
$$= \lim_{z\to 0^+}\left(\frac{4\alpha}{(\alpha+2z)^2}e^{-\frac{2\alpha}{\alpha+2z}} + \frac{4\alpha}{(\alpha+2z)^2}e^{-\frac{2\alpha}{\alpha-2z}}\right) = \frac{8e^{-2}}{\alpha}$$

Como $\phi = \frac{\lambda e^{\alpha} r}{\alpha^{n+1}}\sum_{p=0}^{n}\left(\left(e^{-\frac{2\alpha N}{\alpha N+2}} - e^{-\frac{2\alpha N}{\alpha N-2}}\right)e^{\alpha}N\right)^p$, podemos dizer que

$$\lim_{N\to\infty}\phi = \lim_{z\to 0^+}\phi = \lim_{z\to 0^+}\frac{\lambda e^{\alpha} r}{\alpha^{n+1}}\sum_{p=0}^{n}\left(\left(e^{-\frac{2\alpha N}{\alpha N+2}} - e^{-\frac{2\alpha N}{\alpha N-2}}\right)e^{\alpha}N\right)^p = \lim_{z\to 0^+}\frac{\lambda e^{\alpha} r}{\alpha^{n+1}}\sum_{p=0}^{n}\left(\frac{8e^{-2}e^{\alpha}}{\alpha}\right)^p$$
$$= \frac{\lambda e^{\alpha}}{\alpha^{n+1}}\left(\lim_{z\to 0^+} r\right)\sum_{p=0}^{n}\left(\frac{8e^{\alpha-2}}{\alpha}\right)^p = 0$$

Passemos para o cálculo de $\lim_{N\to\infty}\psi = 0$. Lembremos que

$$\psi = \frac{re^{\alpha}\gamma}{\alpha^{n+1}}\left(\sum_{p=0}^{n-1}\left(\left(e^{-\frac{2\alpha N}{\alpha N+2}} - e^{-\frac{2\alpha N}{\alpha N-2}}\right)e^{\alpha}N\right)^{p} + (e^{\alpha})^{n-1}\left(\frac{1}{\alpha} - \frac{e^{-\frac{\alpha}{N-1}}}{\alpha}\left(\frac{\alpha}{N-1}+1\right)\right)\left(\left(e^{-\frac{2\alpha N}{\alpha N+2}} - e^{-\frac{2\alpha N}{\alpha N-2}}\right)N\right)^{n}\right)$$

Esta expressão pode ser entendida como o produto de cinco fatores. Como o limite de um deles, r, com N tendendo a ∞ é nulo, o limite de toda esta expressão será nula, caso os limites dos outros quatro fatores, com N tendendo a ∞, forem finitos. Os limites de $e^{\alpha}$, $\gamma$ e $\frac{1}{\alpha^{n+1}}$ são finitos, pois tais expressões são constantes em relação a N e finitas. Resta analisar

$$\sum_{p=0}^{n-1}\left(\left(e^{-\frac{2\alpha N}{\alpha N+2}} - e^{-\frac{2\alpha N}{\alpha N-2}}\right)e^{\alpha}N\right)^{p} + (e^{\alpha})^{n-1}\left(\frac{1}{\alpha} - \frac{e^{-\frac{\alpha}{N-1}}}{\alpha}\left(\frac{\alpha}{N-1}+1\right)\right)\left(\left(e^{-\frac{2\alpha N}{\alpha N+2}} - e^{-\frac{2\alpha N}{\alpha N-2}}\right)N\right)^{n}$$

Trata-se de uma soma com (n+1) parcelas. Como vimos quando analisamos $\phi$, as primeiras n parcelas são finitas. Também são finitas as expressões $(e^{\alpha})^{n-2}$ e $\lim_{N\to\infty}\left(\left(e^{-\frac{2\alpha N}{\alpha N+2}} - e^{-\frac{2\alpha N}{\alpha N-2}}\right)N\right)^{n}$. Já analisamos expressões da forma desta última. Resta apenas verificar se também é finito o limite, com N tendendo a ∞, de

$$\frac{1}{\alpha} - \frac{e^{-\frac{\alpha}{N-1}}}{\alpha}\left(\frac{\alpha}{N-1}+1\right)$$

Podemos facilmente verificar que

$$\lim_{N\to\infty}\left(\frac{1}{\alpha} - \frac{e^{-\frac{\alpha}{N-1}}}{\alpha}\left(\frac{\alpha}{N-1}+1\right)\right) = 0$$

Está completa a demonstração. $\lim_{N\to\infty}\psi = 0$.

Vamos interpretar o fato de que $\lim_{N\to\infty}\phi = 0$ e $\lim_{N\to\infty}\psi = 0$. Calculamos estes limites, mas cabe lembrar a definição de limite ao infinito para fazermos algumas observações. Extraímos de GUIDORIZZI, Hamilton Luiz (2008, p. 99) a seguinte definição:

$$\lim_{x\to\infty} f(x) = L \Leftrightarrow \exists a \in D_f \forall \epsilon > 0 \exists \delta > 0, com\ \delta > a, \forall x \in D_f (x > \delta \Longrightarrow L - \epsilon < f(x) < L + \epsilon)$$

de acordo com a qual temos que

$$\forall E > 0 \exists c\big(N > c \Longrightarrow (-E < \phi < E) \wedge (-E < \psi < E)\big)$$

Em outras palavras: para qualquer margem de erro escolhida, existe um valor a partir do qual N torna os erros das expressões aproximativas de A e B compatíveis com a margem de erro eleita, ou seja, sendo E a margem de erro, podemos estar certos de que para N suficientemente grande, tais erros, $\phi$ e $\psi$, têm módulos menores do que E. Podemos escolher E livremente entre os números positivos (E não pode ser nulo), mas, uma vez atribuído um valor a E, podemos determinar o menor valor possível a ser atribuído a N de modo a respeitar a margem de erro E na aplicação das expressões aproximativas para A e B que já apresentamos neste capítulo.

Estabeleceremos que N é maior do que 2. Analisemos, então, a expressão que define r. Fixaremos em 1 o valor de $\alpha$. Analisemos, então, o valor de r.

$$r = \left[\frac{\alpha N}{2} \leq 1\right]\frac{e^{\alpha}}{\alpha}e^{-\frac{\alpha N}{2}} + \left[\frac{\alpha N}{2} > 1\right]\left(\frac{e^{\alpha}}{\alpha}e^{-\frac{2\alpha N}{\alpha N+2}} - \frac{e^{\alpha}}{\alpha}e^{-\frac{2\alpha N}{\alpha N-2}}\right)$$

Com o que fixamos,

$$r = e\left(e^{-\frac{2N}{N+2}} - e^{-\frac{2N}{N-2}}\right)$$

Além disso, os valores de N em A e em B não precisam ser os mesmos. Chamaremos de M este valor em A, para distingui-lo de N, o antecessor da diferença entre os limitantes superior e inferior do valor do índice de cada somatória que aparece em B.

Feitas estas observações, temos o seguinte:

$$A = e^{n+1}M\sum_{j_1=0}^{M-1}\sum_{j_2=0}^{M-1}\cdots\sum_{j_{n+1}=0}^{M-1}\left[p'\left(\left(\frac{M}{j_1+1}-1\right),\left(\frac{M}{j_2+1}-1\right),\dots,\left(\frac{M}{j_{n+1}+1}-1\right)\right)\right]\prod_{p=1}^{n}\left(e^{-\frac{M}{j_p+1}} - \lim_{s\to j_p^+} e^{-\frac{M}{s}}\right)\left(\frac{e^{-\frac{M}{j_{n+1}+1}}}{j_{n+1}+1} - \lim_{s\to j_{n+1}^+}\left(\frac{e^{-\frac{M}{s}}}{s}\right)\right) + \psi$$

em que

$$\psi = e^2\left(e^{-\frac{2M}{M+2}} - e^{-\frac{2M}{M-2}}\right)\gamma\left(\sum_{p=0}^{n-1}\left(\left(e^{-\frac{2M}{M+2}} - e^{-\frac{2M}{M-2}}\right)eM\right)^p + e^{n-1}\left(1 - e^{-\frac{1}{M-1}}\left(\frac{1}{M-1}+1\right)\right)\left(\left(e^{-\frac{2M}{M+2}} - e^{-\frac{2M}{M-2}}\right)N\right)^n\right)$$

e

$$-2 < \gamma < 2$$

$$B = \sum_{j_1=0}^{N-1}\sum_{j_2=0}^{N-1}\cdots\sum_{j_{n+1}=0}^{N-1}\left[p'\left(\left(\frac{N}{j_1+1}-1\right),\left(\frac{N}{j_2+1}-1\right),\dots,\left(\frac{N}{j_{n+1}+1}-1\right)\right)\right]e^{n+1}\prod_{p=1}^{n+1}\left(e^{-\frac{N}{j_p+1}} - \lim_{s\to j_p^+} e^{-\frac{N}{s}}\right) + \phi$$

em que

$$\phi = e^2\left(e^{-\frac{2N}{N+2}} - e^{-\frac{2N}{N-2}}\right)\lambda\sum_{p=0}^{n}\left(\left(e^{-\frac{2N}{N+2}} - e^{-\frac{2N}{N-2}}\right)eN\right)^p$$

e

$$-2 < \lambda < 2$$

Aqui, $p'(x_1, x_2, \dots, x_{n+1}) = (\omega_2 - 1 < 0)$, sendo $\omega_2$ a saída do algoritmo $\gamma_2$.

Chamaremos de A´ e B´, respectivamente, os valores numéricos das expressões que definem A e B, desprezando-se $\psi$ e $\phi$. Assim,

$$A' = e^{n+1}M\sum_{j_1=0}^{M-1}\sum_{j_2=0}^{M-1}\cdots\sum_{j_{n+1}=0}^{M-1}\left[p'\left(\left(\frac{M}{j_1+1}-1\right),\left(\frac{M}{j_2+1}-1\right),\dots,\left(\frac{M}{j_{n+1}+1}-1\right)\right)\right]\prod_{p=1}^{n}\left(e^{-\frac{M}{j_p+1}} - \lim_{s\to j_p^+} e^{-\frac{M}{s}}\right)\left(\frac{e^{-\frac{M}{j_{n+1}+1}}}{j_{n+1}+1} - \lim_{s\to j_{n+1}^+}\left(\frac{e^{-\frac{M}{s}}}{s}\right)\right)$$

$$B' = e^{n+1}\sum_{j_1=0}^{N-1}\sum_{j_2=0}^{N-1}\cdots\sum_{j_{n+1}=0}^{N-1}\left[p'\left(\left(\frac{N}{j_1+1}-1\right),\left(\frac{N}{j_2+1}-1\right),\dots,\left(\frac{N}{j_{n+1}+1}-1\right)\right)\right]\prod_{p=1}^{n+1}\left(e^{-\frac{N}{j_p+1}} - \lim_{s\to j_p^+} e^{-\frac{N}{s}}\right)$$

Para calcularmos A e B, calcularemos A´ e B´, os quais são valores aproximados dos primeiros. Entretanto, não temos meios de determinar os valores exatos de A´ e B´, devido às funções exponenciais de base *e* que surgem nas expressões que os define. Cada termo da forma $e^{-\frac{N}{j_p+1}}$ ou $\frac{e^{-\frac{M}{j_{n+1}+1}}}{j_{n+1}+1}$ será calculado por meio de uma parcial de série de Taylor, fornecendo valores aproximados de A´ e B´, os quais chamaremos de A" e B".

Os termos das parciais das séries de Taylor empregadas nestes cálculos serão arredondados, logicamente. Os polinômios de Taylor empregados no cálculo que define A" serão de q-ésimo grau, e cada um de seus termos será arredondado com erro menor do que $a_1$. Da mesma forma, os polinômios de Taylor empregados no cálculo que define B" serão de k-ésimo grau, e cada um de seus termos será arredondado com erro menor do que $a_2$.

Como podemos ver, tudo de que precisamos para calcular os valores *exatos* de A" e B" (o que inclui os erros de arredondamento) são a definição de $p'(x_1, x_2, \ldots, x_{n+1})$ e a fixação dos valores de M, N, q, k, $a_1$ e $a_2$. A definição de $p'(x_1, x_2, \ldots, x_{n+1})$ decorre do algoritmo $\gamma_2$. As seis constantes que precisamos determinar correspondem às soluções de um sistema de inequações que chamamos de sistema de inequações fundamentais. No capítulo XII definimos este sistema de inequações, o qual contém 12 inequações, que são as seguintes:

$$2e^2\left(e^{-\frac{2N}{N+2}} - e^{-\frac{2N}{N-2}}\right)\sum_{p=0}^{n}\left(\left(e^{-\frac{2N}{N+2}} - e^{-\frac{2N}{N-2}}\right)eN\right)^p < \frac{Ee^{-\sup v-2}(1-e^{-E})^2}{2\big(E(1-e^{-E}) + (2+E)(1-(E+1)e^{-E})\big)}$$

$$\frac{e^{-\frac{3}{5}}3^{k+1}}{(k+1)!} < \frac{1 - e^{-\frac{2N}{N+2}} + e^{-\frac{2N}{N-2}}}{4}$$

$$\frac{e^{-\frac{3}{5}}3^{k+1}}{(k+1)!} < \frac{Ee^{-\sup v-2}(1-e^{-E})^2}{16e^{n+1}N^{n+1}\big(E(1-e^{-E}) + (2+E)(1-(E+1)e^{-E})\big)\big((2^{n+1}-2)+1\big)}$$

$$a_2(k+1) < \frac{1 - e^{-\frac{2N}{N+2}} + e^{-\frac{2N}{N-2}}}{4}$$

$$a_2(k+1) < \frac{Ee^{-\sup v-2}(1-e^{-E})^2}{16e^{n+1}N^{n+1}\big(E(1-e^{-E}) + (2+E)(1-(E+1)e^{-E})\big)(2^{n+1}-1)}$$

$$2e^{2}\left(e^{-\frac{2M}{M+2}}-e^{-\frac{2M}{M-2}}\right)\left(\sum_{p=0}^{n-1}\left(\left(e^{-\frac{2M}{M+2}}-e^{-\frac{2M}{M-2}}\right)eM\right)^{p}\right.$$

$$\left.+e^{n-1}\left(1-e^{-\frac{1}{M-1}}\left(\frac{1}{M-1}+1\right)\right)\left(\left(e^{-\frac{2M}{M+2}}-e^{-\frac{2M}{M-2}}\right)M\right)^{n}\right)<\frac{e^{-\sup v-2}E(1-e^{-E})}{4(2+E)}$$

$$\frac{32e^{-1}M^{q+1}}{(q+1)!}<\frac{e^{-\sup v-2}E(1-e^{-E})}{e^{n+1}M^{n+2}(2+E)(2^{n+1}-1)}$$

$$\frac{4e^{-1}M^{q+1}}{(q+1)!}<1-e^{-\frac{2M}{M+2}}+e^{-\frac{2M}{M-2}}$$

$$\frac{4e^{-1}M^{q+1}}{(q+1)!}<1-\frac{e^{-1}}{M}+\frac{e^{-\frac{M}{M-1}}}{M-1}$$

$$32a_{1}(q+1)<\frac{e^{-\sup v-2}E(1-e^{-E})}{e^{n+1}M^{n+2}(2+E)(2^{n+1}-1)}$$

$$4a_{1}(q+1)<1-e^{-\frac{2M}{M+2}}+e^{-\frac{2M}{M-2}}$$

$$4a_{1}(q+1)<1-\frac{e^{-1}}{M}+\frac{e^{-\frac{M}{M-1}}}{M-1}$$

Naquele mesmo capítulo, fornecemos algumas sugestões sobre quais valores das suas seis incógnitas convém adotar para os cálculos exatos de A" e B". Qualquer solução deste sistema nos habilita a determinar valores exatos de A" e B", que são valores aproximados de A e B que nos garante com toda certeza que o valor a ser calculado de v, apesar de ser aproximado, respeita a margem de erro eleita, mas convém adotar os menores valores possíveis de M, N, q e k e os maiores possíveis de $a_1$ e $a_2$, por uma questão de complexidade computacional.

Analisando este sistema, o leitor poderá perceber que o seu conjunto-solução é função de E, n e $\sup v$. O número E é um valor intimamente relacionado à margem de erro que elegemos para o cálculo aproximado de v, n é o número de compartimentos do algoritmo algébrico legítimo em questão e a última constante, $\sup v$, é, por definição, uma limitante superior do valor de v, sendo que v é o valor a ser calculado pelo algoritmo $\gamma$, que por sua vez é o número inserido no compartimento referencial do algoritmo algébrico legítimo em questão no momento da implementação da condição de verificação. Qualquer valor real maior ou igual a v poderá ser adotado como $\sup v$. O fato de não conhecermos, até o momento, o valor de v não significa que não conheçamos antecipadamente uma limitante superior deste valor. Em muitos casos conheceremos um valor com esta propriedade. Apesar disso, haverá casos em que não teremos a menor ideia de um intervalo finito em que figure v. Em casos assim, nos valeremos das técnicas que apresentaremos no capítulo XVII, em complementação ao algoritmo $\gamma$. Apesar de, via de regra, precisarmos conhecer antecipadamente uma limitante superior do valor de v para executar o algoritmo $\gamma$, as técnicas desenvolvidas no capítulo XVII nos dispensam deste conhecimento prévio e permitem que executemos o algoritmo $\gamma$ ainda que não saibamos nada sobre a saída de um algoritmo algébrico legítimo, em uma situação em que tudo o que sabemos antecipadamente são a configuração inicial do algoritmo algébrico legítimo em questão e sua proposição característica associada, além, é claro, do valor que desejamos atribuir a E.

A partir da proposição característica de um algoritmo algébrico legítimo, de sua configuração inicial, de uma limitante superior do valor do compartimento referencial no momento de implementação da condição de verificação e de um valor atribuído a E, podemos executar o algoritmo $\gamma$. Devido à importância do procedimento, daremos um nome a ele. Sendo L um algoritmo algébrico legítimo, chamaremos de algoritmo *meta-algébrico* associado a L o algoritmo $\gamma$ executado sobre L para dada configuração inicial e dada margem de erro escolhida, além de um limitante superior de v. Os algoritmos meta-algébricos se agrupam em classes, sendo que, para cada classe, são definidas as mesmas uplas $(M, N, q, k, a_1, a_2)$. Chamaremos estas classes de *classes fundamentais de algoritmos meta-algébricos*. Um membro desta classe é uma upla $(L, E, \sup v)$. Como o sistema de inequações fundamentais define os possíveis valores vetoriais da upla $(M, N, q, k, a_1, a_2)$ para a correta execução do algoritmo meta-algébrico e depende de n, E e $\sup v$, cada classe fundamental de algoritmos meta-algébricos corresponde a algoritmos algébricos que serão calculados mediante a execução do algoritmo $\gamma$, adotando-se os mesmos valores de M, N, q, k, $a_1$ e $a_2$. Em suma: para dois algoritmos algébricos com o mesmo número de compartimento, a mesma limitante superior de v e adotando-se a mesma margem de erro, nada impede que adotemos a mesma solução do sistema de inequações fundamentais. Quando executamos mais de uma vez o algoritmo $\gamma$ sobre algoritmos algébricos cujos algoritmos meta-algébricos pertencem à mesma classe fundamental, basta resolver o sistema de inequações fundamentais uma única vez e adotar uma de suas soluções para todos os algoritmos meta-algébricos em questão, de maneira que não consideraremos que a solução do sistema de inequações fundamentais seja parte integrante do algoritmo $\gamma$. É um problema a ser resolvido *antes* da execução do algoritmo $\gamma$ e não o integra.

Chamemos de v´ o valor da razão de A" por B" e definamos $\beta$ da seguinte forma:

$$\beta = 1 - \frac{2}{2+E}$$

O cálculo de A" e B" com emprego de valores de M, N, q, k, $a_1$ e $a_2$ que satisfaçam ao sistema de inequações fundamentais é suficiente para nos assegurarmos de que

$$\frac{A}{B} - \beta < \frac{A"}{B"} < \frac{A}{B} + \beta$$

O valor exato de v é dado por

$$v = \frac{A}{B} - \chi$$

em que $0 \leq \chi < E$. Fazendo-se as devidas substituições, concluímos que

$$v + \chi - \beta < v' < v + \chi + \beta$$

Como $\chi > \beta$, conforme demonstramos no capítulo XII e $\chi < E$, o que pode ser facilmente verificado, chagamos a

$$v < v' < v + 2E$$

Definamos um outro valor aproximado de v, o qual chamaremos de v":

$$v" = v' - E$$

Com isso,

$$v - E < v" < v + E$$

Calcularemos v", mediante a seguinte relação

$$v" = \frac{A"}{B"} - E$$

e este é o valor aproximado que buscamos. Voltamos a dizer que

$$v - E < v" < v + E$$

É isso o que queremos dizer, quando falamos que o valor calculado de v, mediante a divisão de A" por B" e posterior subtração de E, respeita a margem de erro E.

Podemos perceber, então, que tudo o que precisamos para calcular um valor aproximado de v com margem de erro E é calcular os valores exatos de A" e B", uma vez fixado E, que deve ser necessariamente um número racional positivo. Calculamos os valores de A" e B" mediante a execução do algoritmo $\gamma_3$. Claro que, a partir das informações que trazemos no presente capítulo, é possível calcular estes valores, mas, para facilitar a vida do leitor, optamos por apresentar a terceira sub-rotina do nosso procedimento detalhadamente no capítulo XIII, encerrando, assim, a nossa exposição do algoritmo $\gamma$.

Diante de todo o exposto, uma vez definidos a configuração inicial do algoritmo algébrico legítimo em questão, o compartimento referencial, a proposição característica associada ao algoritmo algébrico e o valor de E, podemos sintetizar o algoritmo $\gamma$ da seguinte forma:

1- Defina a proposição substitutiva da proposição característica normalizada associada à configuração inicial para o cálculo do valor do compartimento referencial no momento de implementação da condição de verificação com margem de erro E, mediante a execução do algoritmo $\gamma_1$.

2- Execute, sobre a proposição definida no item 1, o algoritmo $\gamma_2$, o qual dará como saída $\omega_2$.

3- Defina a proposição p´ da seguinte forma: $p'(x_1, x_2, \dots, x_{n+1}) = (\omega_2 - 1 < 0)$.

4- Execute, sobre $(p'(x_1, x_2, \dots, x_{n+1}), E, M, N, q, k, a_1, a_2)$, o algoritmo $\gamma_3$, o que nos dará como saída (A",B").

5- Calcule v", mediante a seguinte regra: $v" = \frac{A"}{B"} - E$.

A saída do item 5 descrito acima é um valor aproximado de v com erro menor do que E, o que completa o nosso trabalho.

# VIII- Variantes Aproximativas da Fórmula $\alpha$

A fórmula $\alpha$, cujos requisitos de validade são enunciados pela quarta propriedade fundamental dos algoritmos algébricos legítimos, tem a seguinte forma, como vimos:

$$v = \lim_{h \to 0^+} \frac{\int_0^{\infty} \int_0^{\infty} \dots \int_0^{\infty} [q(R_C)] x_w \prod_{j=1}^{n+1} e^{-\alpha_j x_j} \, dx_1 dx_2 \dots dx_{n+1}}{\int_0^{\infty} \int_0^{\infty} \dots \int_0^{\infty} [q(R_C)] \prod_{j=1}^{n+1} e^{-\alpha_j x_j} \, dx_1 dx_2 \dots dx_{n+1}}$$

em que $q(R_C) = \forall y_1 \forall y_2 \dots \forall y_a(n(R_C))$.

Suponhamos que calculemos os valores exatos (em função de h) do numerador e do denominador da fração em relação à qual é aplicado o operador limite lateral à direita. Teríamos aí um problema.

Como vemos, o valor de v é dado pelo limite desta fração quando h tende a 0 pela direita, e pode-se mostrar que, neste caso, tanto o numerador quanto o denominador tendem a 0. O valor deste limite pode ser dado, como se pode presumir, pela aplicação da regra de l´Hospital uma ou mais vezes (pelo menos é o que se espera). Desta forma, temos a razão de duas funções de h que se anulam no ponto 0; assim, derivamos uma vez o numerador e o denominador em relação a h e verificamos se ambas as funções se anulam no ponto h=0. Em caso positivo, derivamos as funções resultantes em relação a h novamente e verificamos se, no mesmo ponto, tais derivadas se anulam. E assim sucessivamente. Em primeiro lugar, dependendo das funções originais, talvez não tenhamos um método para verificar se elas são nulas no ponto h=0. Especialmente se houver na expressão que define as suas imagens números irracionais (como o número neperiano), hipótese em que no máximo chegaremos a valores aproximados, ainda que com um erro arbitrariamente pequeno, sem, contudo, termos como verificar se se trata de valores nulos ou não nulos. Em segundo lugar, não temos como garantir que o número necessário de aplicações da regra de l´Hospital exista e seja finito, tanto que há casos em que a aplicação desta regra dá origem a expressões ainda mais complexas. Desta maneira, nos ocuparemos em definir um valor aproximado de v como o limite lateral à direita da razão de duas integrais múltiplas impróprias, como na forma original da fórmula $\alpha$, mas de maneira que o limite da integral do denominador com h tendendo a 0 pela direita não seja nulo, o que faremos nas linhas que seguem.

Primeiramente, mostraremos que tal situação se verifica, qual seja, que tanto o numerador quanto o denominador desta fração tendem a 0 quando h tende a 0 pela direita.

Chamaremos de f(h) o numerador desta fração:

$$f(h) = \int_0^\infty \int_0^\infty \dots \int_0^\infty [q(R_C)]x_w \prod_{j=1}^{n+1} e^{-\alpha_j x_j}\, dx_1 dx_2 \dots dx_{n+1}$$

Já ao denominador da fração em questão, chamaremos de g(h):

$$g(h) = \int_0^\infty \int_0^\infty \dots \int_0^\infty [q(R_C)] \prod_{j=1}^{n+1} e^{-\alpha_j x_j}\, dx_1 dx_2 \dots dx_{n+1}$$

O valor de v é dado por:

$$v = \lim_{h \to 0^+} \frac{f(h)}{g(h)}$$

Retomando o experimento $E_1$, enunciado no capítulo IV, vemos que, por definição, $\lim_{h\to 0^+} g(h)$ é a probabilidade de $\forall y_1 \forall y_2 \dots \forall y_a (R_C)$ (no universo dos números reais não negativos) ser verdadeira. Ora, este valor é infinitesimal, ou nulo para qualquer efeito prático. Dispensaremos uma análise rigorosa sobre o fato de o limite de f(h), do numerador da fração acima, ser nulo, por considerarmos isso desnecessário. Apenas pincelando a questão em linhas gerais, podemos conjecturar que seja porque, caso contrário, o valor de v seria infinito em qualquer caso, o que ocorre sempre que há uma fração com denominador infinitesimal e numerador real não infinitesimal.

Dada a proposição característica do algoritmo algébrico L associada à configuração C normalizada, $n(R_C)$, com *n* variáveis principais e *a* variáveis auxiliares, diremos que $s(R_C)$ é uma proposição substitutiva de $n(R_C)$ com referência no w-ésimo compartimento, desde que este não seja o compartimento temporal, e margem de erro E, sendo E>0, e que $qs(R_C)$ é uma proposição substitutiva de $n(R_C)$ quantificada, se, e somente se, existe $\chi$ tal que

$$\big(qs(R_C) = \forall y_1 \in \mathbb{R}_+ \forall y_2 \in \mathbb{R}_+ \dots \forall y_a \in \mathbb{R}_+ s(R_C)\big) \wedge v = \lim_{h\to 0^+} \frac{\int_0^\infty \int_0^\infty \dots \int_0^\infty [qs(R_C)]x_w \prod_{j=1}^{n+1} e^{-\alpha_j x_j}\, dx_1 dx_2 \dots dx_{n+1}}{\int_0^\infty \int_0^\infty \dots \int_0^\infty [qs(R_C)] \prod_{j=1}^{n+1} e^{-\alpha_j x_j}\, dx_1 dx_2 \dots dx_{n+1}} - \chi \wedge (0 \le \chi < E) \wedge \left( \lim_{h\to 0^+} \int_0^\infty \int_0^\infty \dots \int_0^\infty [qs(R_C)] \prod_{j=1}^{n+1} e^{-\alpha_j x_j}\, dx_1 dx_2 \dots dx_{n+1} \neq 0 \right)$$

sendo v o valor inserido no w-ésimo compartimento no momento da implementação da condição de verificação de L. Tal compartimento será chamado de compartimento referencial.

Trata-se de uma variante aproximativa da fórmula $\alpha$ com base na qual não temos o inconveniente de ter no denominador da fração sobre a qual é aplicado o limite uma função de h que tende a 0 quando h tende a 0 pela direita, obrigando-nos a aplicar a regra de l'Hospital inúmeras vezes, e o que temos a fazer é achar alguma maneira de definir uma proposição substitutiva da proposição característica do algoritmo algébrico legítimo L associada à configuração C com margem de erro E em função da proposição característica de L associada a C normalizada. É o que faremos agora. Antes, porém, precisamos definir duas classes mutuamente excludentes de algoritmos algébricos legítimos.

Chamaremos de *algoritmo algébrico especial* todo algoritmo algébrico legítimo L que atenda aos seguintes requisitos:

1- Nenhuma propriedade de teste depende do valor do compartimento temporal no estágio atual, ou seja, cada proposição indivisível (que não pode ser desmembrada em outras proposições) que integra uma propriedade de teste é uma equação ou inequação cujos dois membros são constantes em relação a $x_u$, sendo o compartimento temporal o u-ésimo compartimento.

2- Cada componente de uma função de transição que defina um compartimento que não seja o temporal (u-ésimo compartimento) é constante em relação a $y_u$, ou seja, o valor de nenhum compartimento em certo estágio depende do valor do compartimento temporal no estágio anterior, exceto o próprio compartimento temporal.

3- A condição de verificação não depende do valor do compartimento temporal no estágio atual, quer dizer, todos os seus componentes proposicionais indivisíveis são equações ou inequações constantes em relação a $x_u$, definido nos itens anteriores.

Se um algoritmo algébrico legítimo não é um algoritmo algébrico especial, ou seja, se ele não satisfaz a pelo menos um dos requisitos expostos acima, diremos que ele é um *algoritmo algébrico transcendental.* Definiremos agora uma proposição substitutiva da proposição característica associada normalizada de um algoritmo algébrico especial qualquer em função da sua respectiva proposição característica associada. Primeiramente, apresentaremos um procedimento de transformação da proposição característica associada em uma outra proposição, para depois demonstrarmos que a nova proposição é de fato uma proposição substitutiva. Posteriormente, trataremos da conversão de um algoritmo algébrico transcendental em um algoritmo algébrico especial. Desta forma, cobrimos toda a classe de algoritmos algébricos legítimos, pois, se o algoritmo algébrico legítimo em questão for especial, o procedimento que apresentaremos nos conduz a uma expressão aproximada para o valor do compartimento referencial diretamente, com a margem de erro desejada, ao passo que se o algoritmo for transcendental, o converteremos a um algoritmo algébrico especial para, em seguida, realizar o procedimento.

Dados um algoritmo algébrico L e uma configuração inicial C, sendo que a proposição característica de L associada a C é $R_C$, o compartimento temporal de L é o u-ésimo compartimento e a proposição característica de L associada a C normalizada é $n(R_C)$, suponhamos que uma proposição substitutiva de $n(R_C)$ com referência no w-ésimo compartimento e margem de erro E, $s(R_C)$, sendo $w \neq u$, seja a proposição formada pela seguinte transformação sobre $R_C$:

1- Sendo o conjuntivo de $R_C$ que define a configuração inicial

$$(t = 0) \Leftrightarrow (x_1 = a_1 \wedge x_2 = a_2 \wedge \dots \wedge x_n = a_n)$$

introduza em $s(R_C)$ como conjuntivos as proposições:

$$\left(t = \frac{1}{2}\right) \Leftrightarrow \left( \bigwedge_{\substack{j=1 \\ j \neq u}}^{n} x_j = a_j \wedge x_u = \frac{1}{2} \right)$$

$$\left(t > \frac{1}{2} \wedge t < 1 \wedge t = y_{n+1}\right) \Leftrightarrow \left( x_u > \frac{1}{2} \wedge x_u < 1 \wedge x_u = y_{n+1} \wedge \bigwedge_{\substack{j=1 \\ j \neq u}}^{n} x_j = 0 \right)$$

2- Sendo $V(x_1, x_2, \dots, x_n)$ a proposição de $R_C$ que define a condição de verificação, para cada conjuntivo de $R_C$ da forma

$$\left( t = y_{n+1} \Leftrightarrow \left( \bigwedge_{j=1}^{n} (x_j = y_j) \wedge p(x_1, x_2, \dots, x_n) \right) \right)$$

$$\Rightarrow \left( t = y_{n+1} + 1 \Leftrightarrow \bigwedge_{j=1}^{n} x_j = f_j(y_1, y_2, , \dots, y_n) \right)$$

introduza em $s(R_C)$ o seguinte conjuntivo:

$$\left(t = y_{n+1} \wedge t < 1 \Leftrightarrow \left(\bigwedge_{j=1}^{n}(x_j = y_j) \wedge p(y_1, y_2, \dots, y_n) \wedge \sim V(y_1, y_2, \dots, y_n) \wedge \sim \bigwedge_{\substack{j=1 \\ j \neq u}}^{n} x_j = 0\right)\right)$$

$$\Longrightarrow \left(t = \frac{y_{n+1}}{2} \Leftrightarrow \left(\bigwedge_{\substack{j=1 \\ j \neq u}}^{n} x_j = f_j(y_1, y_2, , \dots, y_n) \wedge x_u = \frac{y_u}{2}\right)\right)$$

3- Sendo $V(x_1, x_2, \dots, x_n)$ o conjuntivo de $R_C$ que define a condição de verificação de L e $x_u$ a variável principal de $R_C$ que representa o compartimento temporal, introduza em $s(R_C)$ os conjuntivos

$$\left(\left(t = y_{n+1} \wedge t < 1 \Leftrightarrow \left(x_u = y_u \wedge \bigwedge_{\substack{j=1 \\ j \neq u}}^{n} x_j = 0\right)\right)\right.$$

$$\left.\Longrightarrow \left(t = \frac{y_{n+1}}{2} \Leftrightarrow \left(\bigwedge_{\substack{j=1 \\ j \neq u}}^{n} x_j = 0 \wedge x_u = \frac{y_u}{2}\right)\right)\right)$$

$$\left(\left(t < 1 \Leftrightarrow \left(\bigwedge_{j=1}^{n}(x_j = y_j) \wedge V(y_1, y_2, \dots, y_n) \wedge \sim \bigwedge_{\substack{j=1 \\ j \neq u}}^{n} x_j = 0\right)\right)\right.$$

$$\left.\Longrightarrow \big(t \geq 1 \wedge t < 2 \Leftrightarrow (x_w \geq y_w \wedge x_w < y_w + E \wedge x_u \geq 1 \wedge x_u < 2)\big)\right)$$

4- Introduza em $s(R_C)$ o conjuntivo

$$\big((t \geq y_{n+1} \wedge t < y_{n+1} + 1)$$
$$\Leftrightarrow (x_w \geq y_w \wedge x_w < y_w + E \wedge x_u \geq y_u \wedge x_u < y_u + 1 \wedge x_u \geq 1)\big)$$
$$\Longrightarrow \big((t \geq y_{n+1} + 1 \wedge t < y_{n+1} + 2)$$
$$\Leftrightarrow (x_w \geq y_w \wedge x_w < y_w + E \wedge x_u \geq y_u + 1 \wedge x_u < y_u + 2)\big)$$

5- Inclua em $s(R_C)$ como conjuntivo a proposição $x_u \geq 1$.

6- Inclua em $R_C$ como conjuntivo a proposição

$$\sim \bigwedge_{\substack{j=1 \\ j \neq u}}^{n} x_j = 0$$

sendo que o compartimento temporal é o u-ésimo compartimento.

7- Feito isso, substitua toda expressão da forma $a \neq b$ por $\sim a = b$.

8- Em seguida, substitua toda expressão da forma $a = b$, com a e b constantes em relação às variáveis principais e temporal (e apenas nestes casos), por $a \geq b \wedge a \leq b$ e substitua as demais expressões da forma $a = b$ por $a \geq b \wedge a < b + h$.

9- Depois, substitua toda expressão da forma $a < b$ por $\sim a \geq b$, e toda expressão da forma $a > b$ por $\sim a \leq b$.

Analisemos. Começaremos com a proposição resultante dos cinco primeiros passos enunciados acima. Chamemos de P esta proposição. Podemos considerar que P é a proposição característica de certo algoritmo algébrico legítimo "não determinístico", que chamaremos de A, associada a uma configuração que chamaremos de C´.

Sendo C a configuração inicial de L, de acordo com o primeiro passo da transformação enunciada acima, podemos definir C´ a partir de C assim:

$$k \neq u \Longrightarrow x_k(C') = x_k(C)$$

$$x_u(C) = \frac{1}{2}$$

sendo u o número de ordem do compartimento temporal de L, $x_k(C)$ o conteúdo do k-ésimo compartimento da configuração C e $x_k(C')$ o conteúdo do k-ésimo compartimento de C´. Antes de analisar P, faremos breves observações acerca de duas variáveis de $s(R_C)$.

O leitor deve ter notado que a variável temporal e a variável principal que representa o compartimento temporal de A seguem uma sistemática diferente das variáveis correspondentes dos compartimentos temporais que temos visto até aqui. Via de regra, para garantir a validade dos teoremas que enunciamos, não precisamos ter um compartimento que contenha a etapa da computação propriamente dita e a variável t também não precisa refleti-la a cada momento. Basta que a variável t assuma a imagem de uma função bijetora sobre a etapa da computação correspondente, o mesmo podendo-se dizer da variável que representa o compartimento temporal. Este é requisito para as duas variáveis mencionadas. Chamemos de t´ uma variável que represente o estágio da computação, e definamos a função g(t´), que associa um valor de t a cada valor de t´. Se a proposição característica associada ou a substitutiva da proposição característica associada da máquina estão na forma padrão (conforme definimos no capítulo II), ocorre que tal função (g) é a função identidade e a imagem da mesma função fornece $x_u$, que é o caso de todos os algoritmos algébricos legítimos de que tratamos até agora. Mas, no caso da proposição que apresentamos, ela não está na forma padrão. Observe, analisando as regras de transição que introduzimos em $s(R_C)$, que

$$t' \in \mathbb{N} \Longrightarrow g(t') = \left(\frac{1}{2}\right)^{t'+1}$$

o que garante a inversibilidade mencionada (se considerarmos o domínio de g o conjunto dos números naturais). O valor do u-ésimo compartimento para determinada atribuição de um número natural a t´ é o mesmo que o valor de t. Entretanto, como se verá, definimos $s(R_C)$ de maneira que t pode assumir qualquer valor real não negativo.

Talvez seja mais conveniente definir g como a função que associa cada valor possível de t´ com o *intervalo* fechado ou semiaberto cujos valores t pode assumir. Chamemos de $t'_0$ a etapa da computação de L em que L atinge a condição de verificação pela primeira vez. Analisando as regras de transição de A introduzidas em $s(R_C)$ no passo 2, temos que

$$t' \leq t'_0 \Longrightarrow g(t') = \left\{\left(\frac{1}{2}\right)^{t'+1}\right\}$$

E, analisando o segundo conjuntivo introduzido em $s(R_C)$ no passo 3, temos que

$$g(t'_0 + 1) = \{t|1 \leq t < 2\}$$

Veremos em breve a relação entre $t'$ e t, quando $t' > t'_0 + 1$.

O primeiro conjuntivo introduzido neste mesmo passo poderia nos levar a crer que t também poderia assumir o elemento $\frac{t'_0}{2}$ neste mesmo estágio $(t'_0 + 1)$, entretanto, o conjuntivo introduzido no passo 6 afasta esta possibilidade.

Na interpretação do conjuntivo introduzido no passo 4, podemos considerar que, quando $t' = t'_0 + a$, para algum a natural,

$$g(t') = \{t|1 + a \leq t < 2 + a\}$$

considerando, também, que, a partir do estágio $t'_0 + 1$, A pode conter no w-ésimo compartimento qualquer valor entre v e v+E, sendo v o valor introduzido no w-ésimo compartimento de L quando esta máquina atinge a condição de verificação e os valores dos demais compartimentos, exceto o temporal, podem assumir qualquer valor real não negativo.

O primeiro passo, em que começamos a montar a proposição candidata a substitutiva, consiste na definição do que ocorre em A, quando t´<1. Quando t´=0, trata-se da configuração inicial, e, quando 0<t´<1, todos os compartimentos, exceto o temporal, incluem o número 0. Este fato, conjugado com a primeira proposição introduzida no passo 3, garante que, quando t´ não é natural, todos os compartimentos, exceto o temporal, incluem o número 0. Como, por força da proposição introduzida no sexto passo, não é possível que todos os compartimentos, exceto o temporal, incluam o número 0 para o mesmo valor de t´, podemos assegurar que t´ deve assumir valores naturais.

O algoritmo algébrico A computa até atingir, pela primeira vez, a condição de verificação de L. Até este momento, a história da computação de A é igual à de L, ou seja, inclui as mesmas configurações para os mesmos estágios, exceto quanto ao compartimento temporal, que é a imagem de g sobre t´, na máquina A. Quando isso ocorre (a implementação desta condição), o compartimento temporal (u), cujo valor deve ser menor do que 1, passa a conter *qualquer* valor maior ou igual a 1 e menor do que 2, o compartimento referencial passa a conter *qualquer* valor no intervalo [v,v+E[, sendo v o valor contido no compartimento referencial de L no momento da implementação de V, e cada um dos demais compartimentos passa a conter *qualquer* valor real não negativo. A palavra "qualquer" acima nos legitima a classificar A como um algoritmo algébrico "não determinístico", por analogia às máquinas não determinísticas de outras classes, apesar de o não determinismo de A envolver infinitas possibilidades (uma possibilidade por compartimento para cada ponto do intervalo em que o seu conteúdo pode figurar). A partir do momento em que o compartimento temporal passa a ser maior ou igual a 1, este passa a cada estágio a assumir qualquer valor do intervalo [a,a+1[, sendo *a* a extremidade inferior do intervalo cujos valores tal compartimento podia assumir no estágio anterior, o valor do compartimento referencial (w) passa a figurar eternamente no intervalo [v,v+E[, e os demais compartimentos, no intervalo $[0,\infty[$. Isso é assegurado pela regra introduzida no passo 4. Note que cada proposição introduzida no segundo passo da exposição acima é uma regra de transição de A (estas regras têm uma forma um pouco diferente da expressa no capítulo II para garantir a computação de A descrita neste parágrafo). A condição de verificação de A é expressa por $x_u \geq 1$, e esta proposição é integrada a P no quinto passo. Quando atingida por A, esta condição garante que o valor do compartimento temporal figura no intervalo [v,v+E[.

Do passo 7 ao 9 da exposição anterior da transformação de $R_C$ em $s(R_C)$ temos o procedimento de normalização de P. Observe que os passos 7 a 9 deste procedimento são idênticos aos passos 3 a 5 descritos no capítulo IV em que construímos a proposição característica associada normalizada de L. Sendo assim, $s(R_C)$ é a proposição P normalizada. Se considerar necessário, revise o procedimento de normalização de uma proposição característica associada a certa configuração no capítulo IV.

Fixada $s(R_C)$, definimos $qs(R_C)$ da seguinte forma:

$$\left(qs(R_C) = \forall y_1 \in \mathbb{R}_+ \forall y_2 \in \mathbb{R}_+ \ldots \forall y_{n+1} \in \mathbb{R}_+ s(R_C)\right)$$

No capítulo IV, mostramos que uma proposição característica normalizada de um algoritmo algébrico legítimo associada a certa configuração satisfaz a uma variante de cada uma das duas primeiras propriedades fundamentais dos algoritmos algébricos legítimos e as expusemos. Mediante um raciocínio similar, o leitor poderá verificar que tal fato também se dá em relação às proposições substitutivas, as quais satisfazem ao seguinte:

$$h \longrightarrow 0^+ \Longrightarrow \exists | x_w \exists x_1 \exists x_2 \ldots \exists x_{w-1} \exists x_{w+1} \ldots \exists x_n \exists t \forall y_1 \forall y_2 \ldots \forall y_a s(R_C)$$

$$h \longrightarrow 0^+ \Longrightarrow \forall x_1 \ldots \forall x_n \forall t (\forall y_1 \forall y_2 \ldots \forall y_a \, s(R_C) \Rightarrow v \leq x_w < v + E)$$

em que v é o valor inserido no w-ésimo compartimento de um algoritmo algébrico especial cuja proposição substitutiva da proposição característica associada à configuração C normalizada com referência ao w-ésimo compartimento e com margem de erro E é $n(R_C)$ no momento da implementação da condição de verificação e os universos de todas as variáveis quantificadas são $\mathbb{R}_+$. Um bom meio de se verificar isso é uma demonstração análoga à que apresentamos no capítulo II para sustentar a veracidade da primeira e da segunda propriedades fundamentais dos algoritmos algébricos legítimos na sua forma original.

Verificaremos agora que $qs(R_C)$ é de fato uma proposição substitutiva da proposição característica do algoritmo algébrico L quantificada e pode ser empregada para um cálculo aproximado do valor do compartimento referencial de L no momento da implementação da condição de verificação, partindo-se da configuração inicial C.

Mais uma vez lembramos que, dado um espaço amostral associado a um experimento aleatório, se a proposição *a* afirma que o evento A ocorre em certa realização do experimento e a afirmação *b*, que o evento B ocorre na mesma ocasião, então, se

$$b \Longrightarrow a$$

então

$$P(A|B) = 1$$

Da mesma forma, se

$$b \Longrightarrow \sim a$$

então

$$P(A|B) = 0$$

mas, desta vez, acrescentamos que, se existe um elemento de B que não é elemento de A, então

$$0 \leq P(A|B) < 1$$

Retomando o experimento $E_1$ nos moldes do que definimos no capítulo IV, agora aplicado ao algoritmo algébrico A, entendido como o procedimento de se "sortear" valores a serem atribuídos às variáveis principais e temporal de $qs(R_C)$, representado pela proposição $qs(R_C)$, podemos verificar que as três proposições a seguir são verdadeiras:

$$v \geq s \Rightarrow \lim_{h \to 0^+} P\left( x_w \geq s | \bigwedge_{j=1}^{n} x_j \geq 0 \wedge t \geq 0 \wedge qs(R_C) \right) = 1$$

$$v < s - E \Rightarrow \lim_{h \to 0^+} P\left( x_w \geq s | \bigwedge_{j=1}^{n} x_j \geq 0 \wedge t \geq 0 \wedge qs(R_C) \right) = 0$$

$$s - E \leq v < s \Rightarrow 0 \leq \lim_{h \to 0^+} P\left( x_w \geq s | \bigwedge_{j=1}^{n} x_j \geq 0 \wedge t \geq 0 \wedge qs(R_C) \right) < 1$$

em que $qs(R_C)$ é a proposição que definimos anteriormente. Nosso objetivo é mostrar que $qs(R_C)$ é uma proposição substitutiva da proposição característica de L associada a C normalizada quantificada com margem de erro E em relação ao w-ésimo compartimento. O leitor que considerar necessário pode fazer uma revisão do capítulo IV, na parte da demonstração da fórmula $\alpha$, uma vez que a demonstração que iniciamos com as três proposições precedentes é similar à demonstração da mencionada fórmula na sua forma original. Trata-se de uma variante da terceira propriedade fundamental dos algoritmos algébricos legítimos.

A partir das três proposições anteriores, realizando uma soma infinita sobre os valores naturais não nulos de s, tomando a soma membro a membro das inequações decorrentes destas proposições para cada valor de s, temos que existe $\chi$ no intervalo [0;E[ tal que

$$\sum_{j=1}^{\infty} \lim_{h\to 0^+} P\left( x_w \geq j | \bigwedge_{k=1}^{n} x_k \geq 0 \wedge t \geq 0 \wedge qs(R_C) \right) = \{v + \chi\} + m$$

em que m é um número real positivo menor ou igual a 1.

Isso se deve ao fato de que:

$$\{v\} \leq \sum_{j=1}^{\infty} \lim_{h\to 0^+} P\left( x_w \geq j | \bigwedge_{k=1}^{n} x_k \geq 0 \wedge t \geq 0 \wedge qs(R_C) \right) < \{v + E\} + 1$$

De maneira mais geral, podemos dizer que:

$$\left\{\frac{v}{l}\right\} \leq \sum_{j=1}^{\infty} \lim_{h\to 0^+} P\left( x_w \geq j | \bigwedge_{k=1}^{n} x_k \geq 0 \wedge t \geq 0 \wedge qs(R_C) \right) < \left\{\frac{v + E}{l}\right\} + 1$$

para todo l real positivo, o que se pode deduzir por um procedimento análogo.

$$\sum_{j=1}^{\infty} \lim_{h\to 0^+} P\left( x_w \geq jl | \bigwedge_{k=1}^{n} x_k \geq 0 \wedge t \geq 0 \wedge qs(R_C) \right) = \left\{\frac{v + \chi}{l}\right\} + m$$

para todo l real positivo, sendo m um número real não negativo menor ou igual a 1 e $\chi$ um número real positivo menor do que E. Se l é um real positivo arbitrário, então:

$$\lim_{h\to 0^+} \sum_{j=1}^{\infty} \frac{P\left(x_w \geq jl \wedge \bigwedge_{k=1}^{n} x_k \geq 0 \wedge t \geq 0 \wedge qs(R_C)\right)}{P\left(\bigwedge_{k=1}^{n} x_k \geq 0 \wedge t \geq 0 \wedge qs(R_C)\right)} = \left\{\frac{v + \chi}{l}\right\} + m$$

Chamaremos t, sempre que for mais conveniente, de $x_{n+1}$, por simplicidade.

$$\lim_{h\to 0^+} \sum_{j=1}^{\infty} \frac{P\left(x_w \geq jl \wedge \bigwedge_{k=1}^{n+1} x_k \geq 0 \wedge qs(R_C)\right)}{P\left(\bigwedge_{k=1}^{n+1} x_k \geq 0 \wedge qs(R_C)\right)} = \left\{\frac{v + \chi}{l}\right\} + m$$

$$\lim_{h\to 0^+} \sum_{j=1}^{\infty} \frac{P(J_1 \wedge J_2 \wedge x_w \geq jl)}{P(J_1 \wedge J_2)} = \left\{\frac{v + \chi}{l}\right\} + m$$

em que $J_1 = \bigwedge_{k=1}^{n+1} x_k \geq 0$ e $J_2 = qs(R_C)$ (e assim será daqui em diante).

$$\lim_{h\to 0^+}\sum_{j=1}^{\infty}\frac{\iiint\dots\int[J_1\wedge J_2\wedge x_w\geq jl]\,f(X)dx_1dx_2dx_3\dots dx_{n+1}}{\iiint\dots\int[J_1\wedge J_2]\,f(X)dx_1dx_2dx_3\dots dx_{n+1}}=\left\{\frac{v+\chi}{l}\right\}+m$$

em que $X=(x_1,x_2,x_3,\dots x_{n+1})$. Em outras palavras, $f(X)=f(x_1,x_2,x_3,\dots x_{n+1})$. Estamos adotando esta escrita por simplicidade, para reduzir o tamanho da equação. As integrais acima e as que seguem (exceto quando afirmarmos o contrário) devem ser calculadas em todos os pontos de $\mathbb{R}^{n+1}$.

$$\lim_{h\to 0^+}\sum_{j=1}^{\infty}\frac{\iiint\dots\int[J_1][J_2][x_w\geq jl]\,f(X)dx_1dx_2dx_3\dots dx_{n+1}}{\iiint\dots\int[[J_1][J_2]]\,f(X)dx_1dx_2dx_3\dots dx_{n+1}}=\left\{\frac{v+\chi}{l}\right\}+m$$

$$\lim_{h\to 0^+}\frac{\iiint\dots\int\sum_{j=1}^{\infty}[x_w\geq jl]\,[J_1][J_2]\,f(X)dx_1dx_2dx_3\dots dx_{n+1}}{\iiint\dots\int[[J_1][J_2]]\,f(X)dx_1dx_2dx_3\dots dx_{n+1}}=\left\{\frac{v+\chi}{l}\right\}+m$$

Porém, sabemos que:

$$\sum_{j=1}^{\infty}[x_w\geq jl]=\left\{\frac{x_w}{l}\right\}$$

Consequentemente:

$$\lim_{h\to 0^+}\frac{\iiint\dots\int\left\{\frac{x_w}{l}\right\}[J_1][J_2]\,f(X)dx_1dx_2dx_3\dots dx_{n+1}}{\iiint\dots\int[[J_1][J_2]]\,f(X)dx_1dx_2dx_3\dots dx_{n+1}}=\left\{\frac{v+\chi}{l}\right\}+m$$

Observe que, na expressão $\left\{\frac{x_w}{l}\right\}$, $x_w$ pode assumir todos os valores reais positivos, posto que se trata de uma variável de integração de uma integral a ser calculada sobre todos os pontos do conjunto dos números reais positivos.

$$\lim_{h\to 0^+}\frac{\iiint\dots\int\left\{\frac{x_w}{l}\right\}[J_1][J_2]\,f(X)dx_1dx_2dx_3\dots dx_{n+1}}{\iiint\dots\int[[J_1][J_2]]\,f(X)dx_1dx_2dx_3\dots dx_{n+1}\left\{\frac{v+\chi}{l}\right\}}=1+\frac{m}{\left\{\frac{v+\chi}{l}\right\}}$$

$$\lim_{l\to 0^+}\lim_{h\to 0^+}\frac{\iiint\dots\int\left\{\frac{x_w}{l}\right\}[J_1][J_2]\,f(X)dx_1dx_2dx_3\dots dx_{n+1}}{\iiint\dots\int[[J_1][J_2]]\,f(X)dx_1dx_2dx_3\dots dx_{n+1}\left\{\frac{v+\chi}{l}\right\}}=1+\frac{m}{\left\{\frac{v+\chi}{l}\right\}}$$

Quando l tende a 0 pela direita, $\left\{\frac{x_w}{l}\right\} = \frac{x_w}{l} - u_1$ e $\left\{\frac{v+\chi}{l}\right\} = \frac{v+\chi}{l} - u_2$, para algum valor de $u_1$ e algum valor de $u_2$, sendo que $0 \leq u_1 < 1$ e $0 \leq u_2 < 1$, de maneira que:

$$\lim_{l\to 0^+}\left(\lim_{h\to 0^+}\frac{\iiint\dots\int\left(\frac{x_w}{l}-u_1\right)[J_1][J_2]\,f(X)dx_1dx_2dx_3\dots dx_{n+1}}{\iiint\dots\int[[J_1][J_2]]\,f(X)dx_1dx_2dx_3\dots dx_{n+1}\left(\frac{v+\chi}{l}-u_2\right)}-\frac{ml}{v+\chi-u_2l}\right)=1$$

$$\lim_{l\to 0^+}\left(\lim_{h\to 0^+}\frac{\iiint\dots\int\left(\frac{x_w-lu_1}{l}\right)[J_1][J_2]\,f(X)dx_1dx_2dx_3\dots dx_{n+1}}{\iiint\dots\int[[J_1][J_2]]\,f(X)dx_1dx_2dx_3\dots dx_{n+1}\left(\frac{v+\chi-lu_2}{l}\right)}-\frac{ml}{v+\chi-u_2l}\right)=1$$

$$\lim_{l\to 0^+}\left(\lim_{h\to 0^+}\frac{\iiint\dots\int(x_w-lu_1)[J_1][J_2]\,f(X)dx_1dx_2dx_3\dots dx_{n+1}}{\iiint\dots\int[[J_1][J_2]]\,f(X)dx_1dx_2dx_3\dots dx_{n+1}(v+\chi-lu_2)}-\frac{ml}{v+\chi-u_2l}\right)=1$$

Como no primeiro membro da equação acima l tende a 0 pela direita, $lu_1$, $lu_2$ e $ml$ tendem a 0, de maneira que temos o seguinte:

$$\lim_{h\to 0^+}\frac{\iiint\dots\int x_w[J_1][J_2]\,f(X)dx_1dx_2dx_3\dots dx_{n+1}}{\iiint\dots\int[[J_1][J_2]]\,f(X)dx_1dx_2dx_3\dots dx_{n+1}(v+\chi)}=1$$

$$v+\chi=\lim_{h\to 0^+}\frac{\iiint\dots\int[J_1][J_2]x_w\,f(X)dx_1dx_2dx_3\dots dx_{n+1}}{\iiint\dots\int[[J_1][J_2]]\,f(X)dx_1dx_2dx_3\dots dx_{n+1}}$$

Fazendo-se as devidas substituições em decorrência das relações que definimos, podemos afirmar que a equação anterior é equivalente à seguinte:

$$v=\lim_{h\to 0^+}\frac{\int_0^\infty\int_0^\infty\dots\int_0^\infty[qs(R_C)]x_w\prod_{j=1}^{n+1}e^{-\alpha_jx_j}\,dx_1dx_2\dots dx_{n+1}}{\int_0^\infty\int_0^\infty\dots\int_0^\infty[qs(R_C)]\prod_{j=1}^{n+1}e^{-\alpha_jx_j}\,dx_1dx_2\dots dx_{n+1}}-\chi$$

Aqui substituímos f(X) pelo seu valor correspondente, na forma de produtório.

Para considerarmos $s(R_C)$ uma proposição substitutiva de $n(R_C)$ com margem de erro E, falta verificar mais um requisito, qual seja, que o denominador da fração acima seja não nulo. Trata-se da expressão

$$\int_0^\infty\int_0^\infty\dots\int_0^\infty[qs(R_C)]\prod_{j=1}^{n+1}e^{-\alpha_jx_j}\,dx_1dx_2\dots dx_{n+1}$$

Esta expressão, como sabemos, define a probabilidade de $qs(R_C)$ ser verdadeira. Como todos os compartimentos de A, no momento da condição de verificação podem assumir valores num intervalo não nulo e não infinitesimal, $qs(R_C)$ é equivalente a uma proposição Q, sendo Q da forma

$$\bigwedge_{j=1}^{n+1}(c_j \leq x_j < c_j + E)$$

para convenientes valores de $c_j$ para cada j.

Desta forma, o denominador da fração de que estamos tratando é igual a

$$\int_0^{\infty}\int_0^{\infty}...\int_0^{\infty}[Q]\prod_{j=1}^{n+1}e^{-\alpha_j x_j}\,dx_1 dx_2 \ldots dx_{n+1}$$

e é fácil verificar que o valor de tal expressão é maior que 0. Basta observar que a probabilidade de Q é não nula e não infinitesimal, para E não infinitesimal. Isso completa a demonstração.

Chamaremos de *quinta propriedade fundamental dos algoritmos algébricos legítimos* o enunciado que segue, baseado em tudo o que dissemos até agora:

Se o algoritmo algébrico especial L tem n compartimentos, parte da configuração inicial C, e se a proposição característica de L normalizada associada à configuração C é $n(R_C)$, então uma proposição substitutiva de $n(R_C)$ com referência no w-ésimo compartimento e margem de erro E é $s(R_C)$, que por sua vez é a proposição resultante da transformação indicada anteriormente a partir de $R_C$ neste mesmo capítulo, em um procedimento de 9 passos (e não vem ao caso transcrever a sua apresentação).

Se o valor inserido no w-ésimo compartimento de L no momento da concretização da condição de verificação é v, sendo diferente de 0, então

$$v = \lim_{h\longrightarrow 0^+}\frac{\int_0^{\infty}\int_0^{\infty}...\int_0^{\infty}[qs(R_C)]x_w\prod_{j=1}^{n+1}e^{-\alpha_j x_j}\,dx_1 dx_2 \ldots dx_{n+1}}{\int_0^{\infty}\int_0^{\infty}...\int_0^{\infty}[qs(R_C)]\prod_{j=1}^{n+1}e^{-\alpha_j x_j}\,dx_1 dx_2 \ldots dx_{n+1}} - \chi$$

para valores $\alpha_1, \alpha_2, \alpha_3 \ldots \alpha_n$ reais positivos tomados arbitrariamente, sendo que $0 \leq \chi < E$.

Falta tratar dos algoritmos algébricos transcendentais. Se L é um algoritmo algébrico transcendental com n compartimentos cujo compartimento temporal é o u-ésimo compartimento, e se C é a sua configuração inicial e $R_C$ é a sua proposição característica associada à configuração

C, definimos o algoritmo algébrico A como o algoritmo algébrico legítimo que parte da configuração C´ e cuja proposição característica associada a C´, $R'_{C'}$, tem a seguinte forma:

1- Para cada regra de transição de L da forma

$$\left(t = y_{n+1} \Leftrightarrow \left(\bigwedge_{j=1}^{n}(x_j = y_j) \wedge p(x_1, x_2, \dots, x_n)\right)\right) \Rightarrow \left(t = y_{n+1} + 1 \Leftrightarrow \bigwedge_{j=1}^{n} x_j = f_j(y_1, y_2, \dots, y_{n+1})\right)$$

há uma um conjuntivo de $R'_{C'}$, que consiste em uma regra de transição de A, da forma

$$\left(t = y_{n+2} \Leftrightarrow \left(\bigwedge_{j=1}^{n+1}(x_j = y_j) \wedge x_{n+1} = y_{n+1} \wedge p(x_1, x_2, \dots, x_n)\right)\right)$$

$$\Rightarrow \left(t = y_{n+2} + 1 \Leftrightarrow \left(\bigwedge_{j=1}^{n} x_j = f_j(y_1, y_2, \dots, y_{n+1}) \wedge x_{n+1} = y_{n+1} + 1\right)\right)$$

2- A relação entre C e C´ é tal que, se $C = (a_1, a_2, \dots, a_n)$, então $C' = (a_1, a_2, \dots, a_n, 0)$, de maneira que o conjuntivo de $R'_{C'}$ que define C´ é

$$(t = 0) \Leftrightarrow (x_1 = a_1 \wedge x_2 = a_2 \wedge \dots \wedge x_n = a_n \wedge x_{n+1} = 0)$$

3- As condições de verificação de L e A são dadas pela mesma proposição sobre as variáveis principais.

Nestas condições, A é um algoritmo algébrico especial que, partindo da configuração C´, atinge a configuração S´ no momento da implementação da condição de verificação (V). O que fizemos foi simplesmente incluir mais um compartimento à máquina L, reproduzindo o u-ésimo compartimento como o (n+1)-ésimo compartimento, passando a considerar este novo compartimento o compartimento temporal do novo algoritmo algébrico legítimo (A). Esta consideração é importante porque, no procedimento que apresentamos para definir uma proposição substitutiva da proposição característica associada normalizada, fazemos distinção entre o compartimento temporal e os demais compartimentos. Desta forma, ao definir a proposição substitutiva da proposição característica associada a C´ normalizada de A, com referência a algum compartimento (o qual poderá ser o u-ésimo) e com alguma margem de erro, não se esqueça de que o u-ésimo compartimento não é o compartimento temporal de A, o qual é o último compartimento; este sim é o temporal, de modo que A é um algoritmo algébrico especial, por satisfazer aos três requisitos da classe.

# IX- A Eliminação dos Quantificadores da Fórmula $\alpha$

Tanto a fórmula $\alpha$ na sua forma padrão quanto a variante que fornece um valor aproximado do conteúdo do compartimento referencial no momento da implementação da condição de verificação, tal como estudado no capítulo anterior, têm um inconveniente: há nos integrandos uma parte veritativa referente a uma proposição quantificada. O segundo membro da fórmula $\alpha$, nestas duas versões, consiste no limite lateral à direita da razão de duas integrais múltiplas impróprias de duas expressões que têm quantificadores na proposição constante da sua parte veritativa. Vejamos a fórmula $\alpha$ na sua forma padrão:

$$v = \lim_{h \to 0^+} \frac{\int_0^\infty \int_0^\infty \dots \int_0^\infty [q(R_C)] x_{n+1} \prod_{j=1}^{n+1} e^{-\alpha_j x_j}\, dx_1 dx_2 \dots dx_{n+1}}{\int_0^\infty \int_0^\infty \dots \int_0^\infty [q(R_C)] \prod_{j=1}^{n+1} e^{-\alpha_j x_j}\, dx_1 dx_2 \dots dx_{n+1}}$$

em que $q(R_C) = \forall y_1 \forall y_2 \dots \forall y_a (R_C)$.

A variante aproximativa da fórmula $\alpha$ é similar neste ponto (a ocorrência de quantificação). No capítulo III, em que introduzimos a Aritmética Veritativa, estudamos algumas relações envolvendo integrais de funções com parte veritativa não quantificada. Se pudermos converter a expressão do segundo membro da fórmula $\alpha$ em uma expressão que não contenha quantificadores no interior dos integrandos das integrais múltiplas, poderemos calcular o valor do segundo membro desta fórmula, ainda que de forma aproximada. Este é o nosso objetivo neste capítulo, e o processo de conversão constitui a segunda etapa do algoritmo $\gamma$ (a primeira é a determinação da proposição substitutiva da proposição característica associada normalizada com a margem de erro adequada). Como tanto o numerador quanto o denominador da razão que figura nesta fórmula tendem a 0 quando h tende a 0 pela direita e o limite é calculado com h tendendo a 0 pela direita, aplicaremos nesta etapa do algoritmo $\gamma$ a variante aproximativa da fórmula $\alpha$, a qual estudamos no capítulo anterior. Tal variante tem a seguinte forma:

$$v = \lim_{h \to 0^+} \frac{\int_0^\infty \int_0^\infty \dots \int_0^\infty [qs(R_C)] x_w \prod_{j=1}^{n+1} e^{-\alpha_j x_j}\, dx_1 dx_2 \dots dx_{n+1}}{\int_0^\infty \int_0^\infty \dots \int_0^\infty [qs(R_C)] \prod_{j=1}^{n+1} e^{-\alpha_j x_j}\, dx_1 dx_2 \dots dx_{n+1}} - \chi$$

em que $qs(R_C)$ é a proposição substitutiva da proposição característica do algoritmo algébrico legítimo em questão associado à sua configuração inicial normalizada quantificada com margem de erro E, sendo que $0 \leq \chi < E$.

Observemos, em primeiro lugar, que $qs(R_C) = \forall y_1 \in \mathbb{R}_+ \forall y_2 \in \mathbb{R}_+ \dots \forall y_a \in \mathbb{R}_+ s(R_C)$, em que $s(R_C)$ é a proposição substitutiva da proposição característica do algoritmo algébrico em questão associada à sua configuração inicial normalizada (não quantificada) com margem de erro E. Por simplicidade, renomeamos a variável principal correspondente ao compartimento referencial e a variável temporal. Passamos a nomear a primeira, a qual antes da renomeação é denominada $x_w$, de $x_{n+1}$ e, posteriormente, a última, de $x_w$.

Fazemos esta renomeação pelo fato de que a variável temporal recebe, ao longo de todo algoritmo $\gamma$, o mesmo tratamento dispendido às variáveis principais.

Antes de apresentar a etapa do algoritmo $\gamma$ que nos propomos a expor neste capítulo, faremos um breve apanhado das principais relações que exploraremos para este fim, o que se concretizará nos parágrafos seguintes.

A partir de agora, utilizaremos uma série de teoremas enunciados no capítulo III. Caso o leitor não esteja muito familiarizado com o conteúdo daquele capítulo, sugerimos que o revise. Não nos daremos ao trabalho de demonstrar novamente tais relações, esperando que o leitor as tome como verdadeiras. Reiteramos que, neste capítulo, o leitor deverá ter certa paciência, pois precisaremos apresentar diversas relações antes de enunciar a sub-rotina do algoritmo $\gamma$ a que este capítulo se destina.

Sabemos que, no universo do conjunto dos números reais não negativos,

$$[\exists x_1 \exists x_2 \dots \exists x_n p(x_1, x_2, \dots, x_n)] = \lim_{l \to 0^+} \left[ \sum_{j_1=0}^{\left\{\frac{1}{l^2}\right\}} \sum_{j_2=0}^{\left\{\frac{1}{l^2}\right\}} \dots \sum_{j_n=0}^{\left\{\frac{1}{l^2}\right\}} [p(j_1 l, j_2 l, \dots, j_n l)] \geq 1 \right]$$

$$[\forall x_1 \forall x_2 \dots \forall x_n p(x_1, x_2, \dots, x_n)] = [\sim\exists x_1 \exists x_2 \dots \exists x_n \sim p(x_1, x_2, \dots, x_n)] =$$
$$= 1 - [\exists x_1 \exists x_2 \dots \exists x_n \sim p(x_1, x_2, \dots, x_n)]$$

de acordo com o que vimos no capítulo III.

Desta forma, temos que

$$[\forall y_1 \forall y_2 \ldots \forall y_a s(R_C)(y_1, y_2, \ldots, y_{a+1})] = 1 - \left[ \sum_{j_1=0}^{\frac{1}{l^2}} \sum_{j_2=0}^{\frac{1}{l^2}} \ldots \sum_{j_{a+1}=0}^{\frac{1}{l^2}} [\sim s(R_C)(j_1 l, j_2 l, \ldots, j_a l)] \geq 1 \right]$$

em que l é o inverso de um número natural infinito e $s(R_C)(k_1, k_2, \ldots, k_a)$ é igual à proposição resultante da substituição de $y_1$, $y_2$,... $y_{a+1}$ por $k_1$, $k_2$,..., $k_a$, respectivamente, em $s(R_C)$. (Sempre que empregarmos expressões da forma $s(R_C)(k_1, k_2, \ldots, k_a)$, será com este significado.) Para assegurar a legitimidade do segundo membro da equação acima, entre todos os valores possíveis para l, tomaremos um valor positivo infinitesimal que seja o inverso de um número natural (infinito). Essa abordagem não compromete a validade das nossas demonstrações, e a adotaremos por uma questão de simplicidade. Por um caminho muito parecido, porém mais longo, podemos chegar às mesmas conclusões às quais chegaremos partindo de

$$[\forall y_1 \forall y_2 \ldots \forall y_a s(R_C)(y_1, y_2, \ldots, y_a)] = 1 - \lim_{l \to 0^+} \left[ \sum_{j_1=0}^{\left\{\frac{1}{l^2}\right\}} \sum_{j_2=0}^{\left\{\frac{1}{l^2}\right\}} \ldots \sum_{j_a=0}^{\left\{\frac{1}{l^2}\right\}} [\sim s(R_C)(j_1 l, j_2 l, \ldots, j_a l)] \geq 1 \right]$$

Podemos fazer distinção entre os termos infinitesimais que aí aparecem:

$$[\forall y_1 \forall y_2 \ldots \forall y_a s(R_C)(y_1, y_2, \ldots, y_a)] = 1 - \lim_{l_m \to 0^+} \left[ \sum_{j_1=0}^{\left\{\frac{1}{l_1^2}\right\}} \sum_{j_2=0}^{\left\{\frac{1}{l_2^2}\right\}} \ldots \sum_{j_a=0}^{\left\{\frac{1}{l_a^2}\right\}} [\sim s(R_C)(j_1 l_1, j_2 l_2, \ldots, j_a l_a)] \geq 1 \right]$$

Precisaremos fazer uma distinção entre os termos $l_1$, $l_2$, ..., $l_a$, como veremos mais adiante.

O primeiro passo já foi dado, mas não resolvemos o problema, ou seja, eliminamos os quantificadores, mas, com isso, convertemos a expressão original em uma função com *a* somatórias infinitas. Agora precisamos converter esta expressão em uma outra com um número finito de operações. Para tanto, vamos converter a expressão

$$\sum_{j_1=0}^{\left\{\frac{1}{l_1^2}\right\}} \sum_{j_2=0}^{\left\{\frac{1}{l_2^2}\right\}} \ldots \sum_{j_a=0}^{\left\{\frac{1}{l_a^2}\right\}} [\sim s(R_C)(j_1 l_1, j_2 l_2, \ldots, j_a l_a)] \geq 1$$

em uma expressão finita independente dos $l_w$, já que, para $l_w$ infinitesimal para cada w, tal soma tem infinitas parcelas.

Como vimos no capítulo III, qualquer proposição P que tenha como componentes elementares as proposições $p_1, p_2, \dots p_n$, sendo que em P os seus componentes (com ou sem negações) somente se conectam uns com os outros como conjunções, disjunções, implicações materiais, equivalências lógicas e somas, temos que

$$[P(p_1, p_2, \dots p_n)] = \sum_{j_1=0}^{1} \sum_{j_2=0}^{1} \dots \sum_{j_n=0}^{1} a_{j_1, j_2, \dots j_n} \prod_{k=1}^{n} [p_k]^{j_k}$$

em que todos os coeficientes são racionais.

Observe que todos os expoentes são iguais a 0 ou 1. Como decorrência disso, $[P(p_1, p_2, \dots p_n)]$ pode ser expresso como uma somatória em que cada termo é um número racional multiplicado pelo produto dos valores veritativos de 0 ou mais componentes, sendo que o produto de 0 fatores interpreta-se como a constante 1.

Por estas razões,

$$[\sim s(R_C)(j_1 l_1, j_2 l_2, \dots, j_a l_a)] = \sum_{z=1}^{p} a_z \prod_{q=1}^{r_z} [s_{z,q}]$$

para algum p natural e algum $r_z$ natural não nulo para cada z natural não nulo menor ou igual a p, algum $a_z$ racional para cada z natural não nulo menor ou igual a p, em que, para cada z e cada q, $s_{z,q}$ é uma proposição de uma das formas seguintes:

$$f(j_1 l_1, j_2 l_2, \dots, j_a l_a, x_1, x_2, \dots, x_{n+1}, l) \geq 0$$

$$f(j_1 l_1, j_2 l_2, \dots, j_1 l_a, x_1, x_2, \dots, x_{n+1}, l) \leq 0$$

$$f(j_1 l_1, j_2 l_2, \dots, j_1 l_a, x_1, x_2, \dots, x_{n+1}, l) > 0$$

$$f(j_1 l_1, j_2 l_2, \dots, j_a l_a, x_1, x_2, \dots, x_{n+1}, l) < 0$$

sendo f uma função linear. Claro que cada expressão $s_{z,q}$ corresponde a uma função linear distinta, de maneira geral.

Neste capítulo, chamaremos uma expressão B de um *componente* da expressão A, se B aparece em A como parte integrante. Por exemplo: a expressão (2+2) é componente da expressão

$$\frac{1}{9} - j\frac{(2+2)^{kl}}{3}$$

O mesmo se pode dizer das seguintes expressões:

$$(2+2)^{kl}$$

$$\frac{(2+2)^{kl}}{3}$$

$$j\frac{(2+2)^{kl}}{3}$$

Chamaremos de expressão da classe K de primeira, segunda, terceira, quarta, quinta e sexta espécies sobre b, respectivamente, as seguintes expressões

$$A \geq B$$

$$A \leq B$$

$$A > B$$

$$A < B$$

$$A = B$$

$$A \neq B$$

em que A e B são funções lineares sobre b (e possivelmente outras variáveis). Se B=0, trata-se de uma expressão da classe K *ideal* de primeira, segunda, terceira, quarta, quinta ou sexta espécie sobre b. Observe que as expressões da classe K são proposições (ou sentenças), e não números.

Não é difícil perceber que

$$\prod_{k=1}^{u}[b \leq a_k] = [b \leq min(a_1, a_2, \ldots, a_u)]$$

$$\prod_{k=1}^{u}[b \geq a_k] = [b \geq max(a_1, a_2, \ldots, a_u)]$$

Disso decorre que, se $A_k$ é uma função linear sobre b, para k natural não nulo menor ou igual a u, temos que

$$\prod_{k=1}^{u}[A_k \geq 0] = [b \geq max(f_1(A_1)/b, f_1(A_2)/b, \dots, f_1(A_u)/b)][b$$
$$\leq min(f_2(A_1)/b, f_2(A_2)/b, \dots, f_2(A_u)/b)] \prod_{k=1}^{u} f_3(A_k)\,/b$$

em que os operadores $f_1$, $f_2$ e $f_3$ aplicam-se a funções em relação a alguma variável, tal como os operadores *derivada*, *derivada parcial* e *integral indefinida* (no caso acima, estes três operadores são aplicados às funções $A_1$, $A_2$ e $A_3$ *em relação a b*, o que indicamos por "/b", sendo que tais operadores são definidos assim:

$$\frac{\partial A}{\partial b} > 0 \Longrightarrow f_1(A)/b = \frac{-A + \frac{\partial A}{\partial b} b}{\frac{\partial A}{\partial b}}$$

$$\frac{\partial A}{\partial b} \leq 0 \Longrightarrow f_1(A)/b = v_1$$

$$\frac{\partial A}{\partial b} < 0 \Longrightarrow f_2(A)/b = \frac{-A + \frac{\partial A}{\partial b} b}{\frac{\partial A}{\partial b}}$$

$$\frac{\partial A}{\partial b} \geq 0 \Longrightarrow f_2(A)/b = v_2$$

$$\frac{\partial A}{\partial b} = 0 \Longrightarrow f_3(A)/b = [A \geq 0]$$

$$\frac{\partial A}{\partial b} \neq 0 \Longrightarrow f_3(A)/b = 1$$

em que $v_1$ é o mínimo valor que b pode assumir no contexto em questão, o que depende do domínio da função a que o operador $f_1$ é aplicado, e $v_2$ é o máximo dos valores que b pode assumir, o que depende da função a que o operador $f_1$ é aplicado. Para esta relação fazer sentido, precisamos tratar de um contexto em que há um valor mínimo e um valor máximo que b pode assumir. Aplicaremos a mencionada relação em situações em que a variável (aqui representada por "b") assume valores em determinado intervalo fechado conhecido, o que determina os valores de $v_1$ e $v_2$. Observe que $\frac{\partial A}{\partial b}$, sendo A uma função linear de b, é o coeficiente de primeiro grau de A em relação a b, enquanto $-A + \frac{\partial A}{\partial b} b$ é o oposto do coeficiente independente.

Uma demonstração rigorosa desta relação seria extremamente tediosa, mas nada impede que o leitor faça a verificação se assim o desejar. Uma alternativa mais simples e informal seria tomar alguns casos concretos como exemplos, pelo menos para vislumbrar a plausibilidade da relação que aqui expusemos. Limitamos a afirmar que esta relação é decorrência do seguinte:

$$\left(\prod_{k=1}^{u_1}[b \geq B_k]\right)\left(\prod_{k=1}^{u_2}[b \leq C_k]\right) = [b \geq \max(B_1, B_2, \ldots B_{u_1})][b \leq min(C_1, C_2, \ldots C_{u_2})]$$

em que cada expressão $B_k$ e $C_k$ é constante em relação a b. Isso implica necessariamente que

$$\left(\prod_{k=1}^{u_1}[b \geq B_k]\right)\left(\prod_{k=1}^{u_2}[b \leq C_k]\right)\left(\prod_{k=1}^{u_3}[D_k \geq E_k]\right)$$

$$= [b \geq \max(B_1, B_2, \ldots B_{u_1})][b \leq min(C_1, C_2, \ldots C_{u_2})]\left(\prod_{k=1}^{u_3}[D_k \geq E_k]\right)$$

A partir disso, o leitor poderá demonstrar o que expusemos, ou seja, que

$$\prod_{k=1}^{u}[A_k \geq 0] = [b \geq max(f_1(A_1)/b, f_1(A_2)/b, \ldots, f_1(A_u)/b)][b$$

$$\leq min(f_2(A_1)/b, f_2(A_2)/b, \ldots, f_2(A_u)/b)]\prod_{k=1}^{1} f_3(A_k)\,/b$$

nas condições mencionadas.

Observe que no componente

$$\prod_{k=1}^{u} f_3(A_k)\,/b$$

tudo se passa como se multiplicássemos apenas os termos da forma $[A_k \geq 0]$ para os quais $A_k$ é constante em relação a b.

A partir da citada relação, temos que, nas condições já mencionadas,

$$\prod_{k=1}^{u}[A_k \geq 0] = \Bigg[b$$

$$\geq max\left(\left[\frac{\partial A_1}{\partial b} > 0\right]\frac{-A_1 + \frac{\partial A_1}{\partial b}b}{\frac{\partial A_1}{\partial b} + \left[\frac{\partial A_1}{\partial b} = 0\right]} + \left[\frac{\partial A_1}{\partial b} \leq 0\right]v_1, \left[\frac{\partial A_2}{\partial b} > 0\right]\frac{-A_2 + \frac{\partial A_2}{\partial b}b}{\frac{\partial A_2}{\partial b} + \left[\frac{\partial A_2}{\partial b} = 0\right]}\right.$$

$$\left. + \left[\frac{\partial A_2}{\partial b} \leq 0\right]v_1, \ldots, \left[\frac{\partial A_u}{\partial b} > 0\right]\frac{-A_u + \frac{\partial A_u}{\partial b}b}{\frac{\partial A_u}{\partial b} + \left[\frac{\partial A_u}{\partial b} = 0\right]} + \left[\frac{\partial A_u}{\partial b} \leq 0\right]v_1\right)\Bigg]\Bigg[b$$

$$\leq min\left(\left[\frac{\partial A_1}{\partial b} < 0\right]\frac{-A_1 + \frac{\partial A_1}{\partial b}b}{\frac{\partial A_1}{\partial b} + \left[\frac{\partial A_1}{\partial b} = 0\right]} + \left[\frac{\partial A_1}{\partial b} \geq 0\right]v_2, \left[\frac{\partial A_2}{\partial b} < 0\right]\frac{-A_2 + \frac{\partial A_2}{\partial b}b}{\frac{\partial A_2}{\partial b} + \left[\frac{\partial A_2}{\partial b} = 0\right]}\right.$$

$$+ \left[\frac{\partial A_2}{\partial b} \geq 0\right]v_2, \ldots, \left[\frac{\partial A_u}{\partial b} < 0\right]\frac{-A_u + \frac{\partial A_u}{\partial b}b}{\frac{\partial A_u}{\partial b} + \left[\frac{\partial A_u}{\partial b} = 0\right]}$$

$$\left. + \left[\frac{\partial A_u}{\partial b} \geq 0\right]v_2\right)\Bigg]\prod_{k=1}^{u}\left(\left[\frac{\partial A_k}{\partial b} = 0\right][A_k \geq 0] + \left[\frac{\partial A_k}{\partial b} \neq 0\right]\right)$$

Observe que o denominador da fração

$$\frac{-A_k + \frac{\partial A_k}{\partial b}b}{\frac{\partial A_k}{\partial b} + \left[\frac{\partial A_k}{\partial b} = 0\right]}$$

é igual a 1 caso $\frac{\partial A_k}{\partial b} = 0$ e, em caso contrário, é igual a $\frac{\partial A_k}{\partial b}$. No primeiro caso, a fração, nas suas ocorrências na relação exposta acima, é multiplicada por 0, mas decidimos, da mesma forma, incluir no seu denominador o termo $\left[\frac{\partial A_k}{\partial b} = 0\right]$ para que este seja diferente de 0, já que, como se sabe, não há, em um sistema formal consistente que abranja a aritmética, divisão por 0.

Para chegar a isso, apenas fizemos as substituições dos operadores $f_1$, $f_2$ e $f_3$ aplicados na equação original pelas expressões correspondentes, decorrentes das suas respectivas definições.

Adotaremos a partir de agora alguns conceitos de Matemática Discreta, especialmente de Cálculo de Diferenças Finitas, e exploraremos alguns dos resultados destes ramos da Matemática.

Chamamos de potência fatorial decrescente, e representaremos por $u^{[v]}$, com v natural, a seguinte função:

$$u^{[v]} = \prod_{j=0}^{v-1}(u-j)$$

Há, na literatura matemática, diversas maneiras de se representar a potência fatorial decrescente. Optamos por deixar o número de fatores entre colchetes e como índice superior, sem que isso implique ambiguidade em virtude do fato de utilizarmos proposições entre colchetes para representar expressões veritativas porque, neste último caso, a expressão entre colchetes é uma proposição, enquanto no primeiro caso é um número natural.

O "expoente" da potência fatorial decrescente pode também assumir valores negativos, mas para nossos propósitos adotaremos apenas potências fatoriais decrescentes com expoentes naturais.

É extremamente conhecida, em Cálculo de Diferenças Finitas, a seguinte igualdade:

$$\sum_{a \le k < b} k^{[m]} = \frac{b^{[m+1]} - a^{[m+1]}}{m+1}$$

para m natural, a e b inteiros e b>a.

O leitor poderá encontrar subsídios para demonstrar esta relação em KNUTH, Donald E., GRAHAM, Ronald L. e PATASHNIK, Oren *(*1995, p. 35-42).

Outras relações importantes de Matemática Discreta envolvem os números de Stirling, que nos permitem fazer conversões entre potências fatoriais decrescentes e potências comuns. Há os números de Stirling de primeira e segunda espécies. Os de primeira espécie representaremos com expressões da forma $\begin{bmatrix} n \\ k \end{bmatrix}$, enquanto os de segunda serão representados com expressões como $\begin{Bmatrix} n \\ k \end{Bmatrix}$, sendo que, em ambos os casos, tanto n quanto k devem ser números naturais e $n \geq k$.

Vamos definir estes números, começando com os números de Stirling de primeira espécie, os quais são definidos pela seguinte relação de recorrência:

$$\begin{bmatrix} n \\ k \end{bmatrix} = (n-1)\begin{bmatrix} n-1 \\ k \end{bmatrix} + \begin{bmatrix} n-1 \\ k-1 \end{bmatrix}$$

Esta relação é válida sempre que $n > k$. Para definir o valor de $\begin{bmatrix} n \\ k \end{bmatrix}$, adotamos esta equação combinada com as seguintes definições:

$$\begin{bmatrix} q \\ q \end{bmatrix} = 1$$

$$q \neq 0 \Longrightarrow \begin{bmatrix} q \\ 0 \end{bmatrix} = 0$$

$$\begin{bmatrix} 0 \\ 0 \end{bmatrix} = 1$$

Também para os números de Stirling de segunda espécie, temos que

$$\begin{Bmatrix} q \\ q \end{Bmatrix} = 1$$

$$q \neq 0 \Longrightarrow \begin{Bmatrix} q \\ 0 \end{Bmatrix} = 0$$

$$\begin{Bmatrix} 0 \\ 0 \end{Bmatrix} = 1$$

e estes são dados pela seguinte relação de recorrência:

$$\begin{Bmatrix} n \\ k \end{Bmatrix} = k \begin{Bmatrix} n-1 \\ k \end{Bmatrix} + \begin{Bmatrix} n-1 \\ k-1 \end{Bmatrix}$$

que representa uma relação válida sempre que $n > k$.

Com isso, podemos calcular qualquer número de Stirling de primeira ou segunda espécie. Com estes números podemos converter expressões contendo potências fatoriais decrescentes em expressões que contenham potências comuns e vice-versa, o que fazemos a partir das seguintes equações:

$$x^n = \sum_{k=0}^{n} \begin{Bmatrix} n \\ k \end{Bmatrix} x^{[k]}$$

$$x^{[n]} = \sum_{k=0}^{n} \begin{bmatrix} n \\ k \end{bmatrix} (-1)^{n-k} x^k$$

Outras relações importantes estudadas no capítulo III que exploraremos neste capítulo são a determinação de $min(x_1, x_2, \dots, x_n)$ e $max(x_1, x_2, \dots, x_n)$ em função de inequações lineares sobre $x_1$, $x_2$, ... e $x_n$ e a determinação do valor de uma expressão com colchetes entre colchetes apresentada por meio de uma outra expressão sem colchetes entre colchetes. Todas elas são mostradas a seguir:

$$max(x_1, x_2, \dots, x_n) = x_1 \prod_{m=2}^{n} [x_1 \geq x_m] + \sum_{j=2}^{n} x_j \left( \prod_{\substack{m=1 \\ m \neq j}}^{n} [x_j \geq x_m] \right) \prod_{k=1}^{j-1} [x_j \neq x_k]$$

$$min(x_1, x_2, \dots, x_n) = x_1 \prod_{m=2}^{n} [x_1 \leq x_m] + \sum_{j=2}^{n} x_j \left( \prod_{\substack{m=1 \\ m \neq j}}^{n} [x_j \leq x_m] \right) \prod_{k=1}^{j-1} [x_j \neq x_k]$$

$$[p([q_1], [q_2], \dots, [q_n])] = \sum_{j_1=0}^{1} \sum_{j_2=0}^{1} \dots \sum_{j_n=0}^{1} \left( \prod_{v=1}^{n} (j_v + (1 - 2j_v)[q_v]) \right) [p(j_1, j_2, \dots, j_n)]$$

Esta última relação, na qual podemos eliminar os colchetes dentro de outros colchetes de uma expressão veritativa, requer um tratamento especial neste capítulo. Ao longo do processo de eliminação dos quantificadores do segundo membro da fórmula $\alpha$ e conversão da expressão resultante, que inclui somatórias infinitas, em uma expressão finita, chegaremos a expressões da forma $[p([q_1], [q_2], \dots, [q_u])]$, em que $q_1$, $q_2$, ... e $q_u$ são expressões da classe K sobre $b_1$, $b_2$, ... e $b_r$. Precisamos, por motivos que o leitor entenderá oportunamente, converter esta expressão para alguma da forma

$$\sum_{j_1=0}^{v_1} \sum_{j_2=0}^{v_2} \dots \sum_{j_w=0}^{v_w} a_{j_1, j_2, \dots, j_w} \prod_{k=1}^{z} [r_k]$$

em que todas as expressões $r_k$ são expressões da classe K sobre $b_1$, $b_2$, ... e $b_r$, sendo estas últimas variáveis os índices das somatórias infinitas que ainda há na expressão de que estamos eliminando tais somatórias (as infinitas), e todas as expressões $a_{j_1, j_2, \dots, j_w}$ têm a forma $cL^{[u]}$ para alguma constante c e alguma constante u (em relação a $b_1$, $b_2$, ... e $b_r$) e L é alguma função linear sobre $b_1$, $b_2$, ... e $b_r$. Para fazer a mencionada conversão, verifiquemos que o componente

$$\prod_{v=1}^{n} (j_v + (1 - 2j_v)[q_v])$$

pode ser convertido a uma expressão da citada forma. O valor veritativo de uma proposição verdadeira é 1, então podemos dizer que $j_v = [v]j_v$ para qualquer proposição verdadeira v.

Tomamos arbitrariamente uma proposição da classe K sobre $b_1$, $b_2$, ... e $b_r$ e a nomeamos de v para prosseguir. Escolhemos, desta forma, a proposição $0 \geq 0$. Assim,

$$j_v = [0 \geq 0]j_v$$

$$\prod_{v=1}^{n}(j_v[0 \geq 0] + (1 - 2j_v)[q_v])$$

Por outro lado, podemos afirmar, em decorrência de uma simples manipulação algébrica, que

$$\prod_{v=1}^{n}(A_{0,v} + A_{1,v}) = \sum_{j_1=0}^{1}\sum_{j_2=0}^{1}\dots\sum_{j_n=0}^{1}\prod_{k=1}^{n}A_{j_k,k}$$

Consequentemente, se considerarmos que

$$\prod_{v=1}^{n}(j_v[0 \geq 0] + (1 - 2j_v)[q_v]) = \prod_{v=1}^{n}(c_{0,v}[r_{0,v}] + c_{1,v}[r_{1,v}])$$

em que, $\forall v \in \{0,1,\dots,n\}$,

$$r_{0,v} = (0 \geq 0)$$

$$r_{1,v} = q_v$$

$$c_{0,v} = j_v$$

$$c_{1,v} = 1 - 2j_v$$

teremos necessariamente que

$$\prod_{v=1}^{n}(j_v[0 \geq 0] + (1 - 2j_v)[q_v]) = \sum_{j_1=0}^{1}\sum_{j_2=0}^{1}\dots\sum_{j_n=0}^{1}\prod_{k=1}^{n}c_{j_k,k}[r_{j_k,k}]$$

o que implica que

$$[p([q_1],[q_2],\dots,[q_u])] = \sum_{j_1=0}^{1}\sum_{j_2=0}^{1}\dots\sum_{j_u=0}^{1}\sum_{j_{u+1}=0}^{1}\sum_{j_{u+2}=0}^{1}\dots\sum_{j_{2u}=0}^{1}\left(\prod_{k=1}^{u}c_{j_{k+u},k}\right)\left(\prod_{k=1}^{u}[r_{j_{k+u},k}]\right)[p(j_1,j_2,\dots,j_u)]$$

em que, $\forall v \in \{0,1,\dots,u\}$,

$$r_{0,v} = (0 \geq 0)$$

$$r_{1,v} = q_v$$

$$c_{0,v} = j_v$$

$$c_{1,v} = 1 - 2j_v$$

de maneira que a expressão do segundo membro da equação acima satisfaz à forma requerida, ou seja,

$$\sum_{j_1=0}^{v_1} \sum_{j_2=0}^{v_2} \cdots \sum_{j_w=0}^{v_w} a_{j_1,j_2,\dots,j_w} \prod_{k=1}^{z} [r_k]$$

em que todas as expressões $r_k$ são expressões da classe K sobre $b_1$, $b_2$, ... e $b_r$ e todas as expressões $a_{j_1,j_2,\dots,j_w}$ têm a forma $cL^{[u]}$ para alguma constante c e alguma constante u (em relação a $b_1$, $b_2$, ... e $b_r$) e L é alguma função linear sobre $b_1$, $b_2$, ... e $b_r$.

Voltemos ao algoritmo $\gamma$. Já dissemos que a primeira etapa deste algoritmo é a determinação do segundo membro da variante aproximativa da fórmula $\alpha$ com a margem de erro adequada. Chamaremos esta etapa de algoritmo $\gamma_1$ e dela tratamos no capítulo anterior. A segunda etapa, a qual chamaremos de algoritmo $\gamma_2$, consiste na eliminação dos quantificadores do segundo membro desta fórmula, convertendo-o em uma expressão finita em que não há quantificadores nos seus termos veritativos, matéria do presente capítulo. Após esta, há mais uma etapa, por nós chamada de algoritmo $\gamma_3$, em que já eliminamos os sinais de integral, substituindo a expressão decorrente do algoritmo $\gamma_2$ por outra em que todos os operadores são a adição, a multiplicação, suas operações inversas e a atribuição de valores de verdade a equações ou inequações aritméticas em que todas as constantes são racionais e todas as operações são adições, multiplicações ou suas operações inversas. Já tratamos deste desmembramento do algoritmo $\gamma$ no capítulo VII, no qual fizemos uma exposição preliminar dele.

Apresentaremos, a seguir, o algoritmo $\gamma_2$, o qual tem dez etapas. Executamos o estágio 1 uma ou mais vezes e, em seguida, fazemos o mesmo com o estágio 2. Depois, passamos para o estágio 3, executando-o uma ou mais vezes, conforme determinado no texto que segue, no qual definimos as operações a serem executadas em cada estágio. Passamos por cada estágio pelo tempo necessário, seguindo a ordem (do primeiro ao décimo estágio), formando assim um *ciclo*. O primeiro ciclo é a primeira passagem pelos dez estágios deste algoritmo, o segundo é a segunda passagem, e assim por diante. No décimo estágio em determinado ciclo, o algoritmo para e dá a saída. A operação executada em cada estágio é a substituição de um componente da expressão formada no estágio anterior por uma expressão equivalente. A expressão que temos por referência em cada estágio em cada ciclo do algoritmo $\gamma_2$ será chamada de *expressão referencial*, e o seu componente que será substituído, a cada estágio, por uma expressão equivalente é o *núcleo* da expressão referencial. Após cada substituição, chegamos a uma nova expressão referencial, equivalente à anterior. Em alguns estágios, substituímos o núcleo da expressão referencial por uma expressão em que figuram termos que não estavam definidos antes e incluímos as suas definições em uma lista. Chamaremos esta lista de *lista suplementar*, e as definições de cada termo que figure nesta lista deve se dar em função das variáveis principais, constantes que constem da proposição característica associada da cabível variante aproximativa da fórmula $\alpha$ e de termos já definidos anteriormente na lista suplementar. Por fim, devemos definir o que chamamos de *constante referencial.* Tal como a expressão referencial muda após a execução de cada estágio, esta constante muda a cada ciclo. No primeiro ciclo, seu valor é $a$, no segundo é $a-1$, no terceiro, $a-2$, e assim por diante. A cada novo ciclo, o valor da constante referencial é reduzido em uma unidade, até que se torne 1 (no último ciclo). Denotaremos por r o valor da constante referencial na exposição do algoritmo, a qual segue.

Precisamos definir a expressão referencial no momento do primeiro estágio no primeiro ciclo. Como vimos no início deste capítulo, o valor inserido no compartimento referencial do algoritmo algébrico linear em questão (tal valor será denotado por v) é dado pela fórmula

$$v = \lim_{h \to 0^+} \frac{\int_0^\infty \int_0^\infty \dots \int_0^\infty [qs(R_C)] x_{n+1} \prod_{j=1}^{n+1} e^{-\alpha_j x_j}\, dx_1 dx_2 \dots dx_{n+1}}{\int_0^\infty \int_0^\infty \dots \int_0^\infty [qs(R_C)] \prod_{j=1}^{n+1} e^{-\alpha_j x_j}\, dx_1 dx_2 \dots dx_{n+1}} - \chi$$

em que $qs(R_C)$ é a proposição substitutiva da proposição característica do algoritmo algébrico legítimo em questão associado à sua configuração inicial normalizada quantificada com margem de erro E, e sendo que $0 \leq \chi < E$.

Vimos, também, que

$$[\forall x_1 \forall x_2 \dots \forall x_n s(R_C)(y_1, y_2, \dots, y_a)] = 1 - \lim_{l_k \to 0^+} \left[ \sum_{j_1=0}^{\left\{\frac{1}{l_1^2}\right\}} \sum_{j_2=0}^{\left\{\frac{1}{l_2^2}\right\}} \dots \sum_{j_a=0}^{\left\{\frac{1}{l_a^2}\right\}} [\sim s(R_C)(j_1 l_1, j_2 l_2, \dots, j_a l_a)] \geq 1 \right]$$

em que cada termo $l_i$ é o inverso de um número natural infinito. Com esta substituição, eliminamos os quantificadores sobre as variáveis auxiliares da proposição substitutiva da proposição característica do algoritmo algébrico legítimo. Tomaremos o componente

$$\sum_{b_1=0}^{\left\{\frac{1}{l_1^2}\right\}} \sum_{b_2=0}^{\left\{\frac{1}{l_2^2}\right\}} \dots \sum_{b_a=0}^{\left\{\frac{1}{l_a^2}\right\}} [\sim s(R_C)(b_1 l_1, b_2 l_2, \dots, b_a l_a)]$$

e notamos que ele é equivalente a uma expressão da forma

$$\sum_{b_1=0}^{\frac{1}{l_1^2}} \sum_{b_2=0}^{\frac{1}{l_2^2}} \dots \sum_{b_a=0}^{\frac{1}{l_a^2}} \sum_{k=1}^{u} d_k \prod_{j=1}^{v_k} [p_{j,k}]$$

sendo que cada proposição $p_{j,k}$ é uma expressão da classe K ideal de primeira espécie sobre $b_1$, $b_2$, ..., $b_a$ cujo primeiro membro é função de h (e o segundo membro é nulo, pois se trata de uma expressão *ideal*, como já definimos). Podemos definir esta última expressão por meio das funções veritativas, matéria que estudamos no capítulo III. Tomaremos esta última expressão como a expressão referencial no início do algoritmo $\gamma_2$. Nesta expressão, cada termo $d_k$ é uma constante racional conhecida. Cada termo $l_m$ é um número infinitesimal inverso de um número natural (infinito). Para nos assegurarmos de certas propriedades, sobre as quais trataremos oportunamente, definiremos estes termos infinitesimais da seguinte forma:

$$l_m = h^m$$

Lembre-se que o termo h aparece na proposição substitutiva da proposição característica associada à configuração inicial, como o que chamamos de variável de limite. Adotaremos como h um número infinitesimal positivo com certas características que, quando for o caso, mencionaremos e justificaremos.

Assim, a expressão referencial antes do primeiro ciclo será uma expressão da forma

$$\sum_{b_1=0}^{\frac{1}{h^2}} \sum_{b_2=0}^{\frac{1}{h^4}} \dots \sum_{b_a=0}^{\frac{1}{h^{2a}}} \sum_{k=1}^{u} d_k \prod_{j=1}^{v_k} [p_{j,k}]$$

em que cada proposição $p_{j,k}$ é uma expressão da classe K ideal de primeira espécie sobre $b_1$, $b_2$, ..., $b_a$ cujo primeiro membro é função de h (e o segundo membro é nulo, pois se trata de uma expressão *ideal*, como já definimos).

Cabe, aqui, fazer uma breve digressão, importante para os casos em que o algoritmo algébrico em questão realiza uma busca em um espaço de busca infinito. O algoritmo algébrico projetado para resolver o problema da Conjectura de Goldbach, que vimos no capítulo V, é um exemplo disso, e veremos mais um, consistindo na execução preliminar de um algoritmo que chamamos de *Smart Brain*; este algoritmo responde a perguntas e a execução "preliminar" consiste em um algoritmo relacionado para verificar se a pergunta candidata a ser respondida pelo *Smart Brain* tem resposta. Nestes casos, impomos como condição de verificação que o valor do compartimento temporal seja maior ou igual a g, sendo g um número infinito. A questão é: qual número infinito? Podemos considerar que $g = f(h)$, sendo que $\lim_{h \to 0^+} f(h) = \infty$, já que, de fato, tomamos a variável h neste limite. Rigorosamente, qualquer função f que satisfaça a este requisito pode ser aplicada, da mesma maneira que qualquer função com esta característica pode ser empregada nos limitantes superiores das somatórias da expressão que apresentamos acima, ou seja,

$$\sum_{b_1=0}^{\frac{1}{h^2}} \sum_{b_2=0}^{\frac{1}{h^4}} \dots \sum_{b_a=0}^{\frac{1}{h^{2a}}} \sum_{k=1}^{u} d_k \prod_{j=1}^{v_k} [p_{j,k}]$$

Entretanto, uma vez que fixamos determinada relação entre os limitantes superiores destas somatórias e h, como realmente fizemos, considerando o limitante superior do índice de cada somatória desta expressão é uma potência do inverso de h, restringimos nossa margem de liberdade na escolha da função f, definidora de g, surgindo mais um requisito para a escolha de f. O que importa é assegurar que tal soma seja maior ou igual a um, se, e somente se, existir uma atribuição de valores para os índices destas somatórias tal que a negação da proposição característica associada que estamos empregando no nosso cálculo seja verdadeira, pois esta expressão é equivalente a

$$\sum_{j_1=0}^{\left\{\frac{1}{l_1^2}\right\}} \sum_{j_2=0}^{\left\{\frac{1}{l_2^2}\right\}} \dots \sum_{j_a=0}^{\left\{\frac{1}{l_a^2}\right\}} [\sim s(R_C)(j_1 l_1, j_2 l_2, \dots, j_a l_a)]$$

e levamos em conta no nosso cálculo o valor

$$\left[ \sum_{j_1=0}^{\left\{\frac{1}{l_1^2}\right\}} \sum_{j_2=0}^{\left\{\frac{1}{l_2^2}\right\}} \dots \sum_{j_a=0}^{\left\{\frac{1}{l_a^2}\right\}} [\sim s(R_C)(j_1 l_1, j_2 l_2, \dots, j_a l_a)] \geq 1 \right]$$

Este é um requisito adicional a que a função f deve satisfazer. Neste caso, é suficiente que $f(h) = \frac{1}{h} - 1$, pois esta função satisfaz a todos os seus requisitos. Diante do exposto, nos casos dos algoritmos algébricos mencionados (relacionados à Conjectura de Goldbach e à execução preliminar do *Smart Brain*), bem como nos casos de qualquer outro algoritmo algébrico legítimo "convergente", ou seja, em que, a partir de determinado momento da sua computação, o valor do compartimento referencial se torna imutável, permanecendo inalterado eternamente, se quisermos saber qual é o valor a que o conteúdo deste compartimento converge, é suficiente estabelecermos como condição de verificação a seguinte proposição:

$$x_u \geq \frac{1}{h} - 1$$

sendo o compartimento temporal o u-ésimo compartimento.

Voltemos ao algoritmo $\gamma_2$. A seguir, descrevemos seus dez estágios.

**Estágio 1-** Há potências comuns de expressões lineares sobre $b_r$. Isolar $b_r$ Observe que, na primeira execução deste estágio, o que se dá no primeiro ciclo, $r = a$, de maneira que $b_r = b_a$. Na execução do estágio 1 no segundo ciclo, $r = a - 1$ e $b_r = b_{a-1}$. Na execução deste mesmo estágio no terceiro ciclo, $r = a - 2$ e $b_r = b_{a-2}$, e assim por diante. Haverá, no início deste estágio, uma ou mais expressões que sejam funções lineares sobre $b_r$. Escolheremos arbitrariamente qualquer expressão que seja uma função linear sobre $b_r$ que não integre outra função linear sobre $b_r$ (diferente) elevada a alguma potência, caso haja, e a definiremos como o núcleo da expressão referencial neste estágio. Se não houver tal expressão, passaremos ao estágio 2. Sendo o núcleo da expressão referencial a expressão $cL^k$, em que L é uma função linear sobre $b_r$ e k uma expressão que não seja a constante 0 ou 1, então, neste primeiro estágio, $cL^k$ deve ser substituído por

$$\sum_{j=0}^{k} c\left(L - \frac{\partial L}{\partial b_r} b_r\right)^j \left(\frac{\partial L}{\partial b_r}\right)^{k-j} (b_r)^{k-j}$$

É fácil ver que, se L é uma função linear sobre $b_r$,

$$L = \left(L - \frac{\partial L}{\partial b_r} b_r\right) + \frac{\partial L}{\partial b_r} b_r$$

e, sendo assim, a igualdade

$$L^k = \sum_{j=0}^{k} \left(L - \frac{\partial L}{\partial b_r} b_r\right)^j \left(\frac{\partial L}{\partial b_r} b_r\right)^{k-j}$$

decorre do binômio de Newton, de maneira que a substituição efetuada neste estágio é legítima. Para determinar o núcleo da expressão referencial neste primeiro estágio, são úteis as seguintes orientações: 1- se L é uma expressão linear sobre $b_1$, $b_2$, ... e $b_r$, $\frac{\partial L}{\partial b_u}$ é constante em relação a $b_1$, $b_2$, ... e $b_r$; 2- se w é constante em relação a $b_u$, então w e $wb_u$ são funções lineares sobre $b_u$; 3- se $L_1$ e $L_2$ são funções lineares sobre $b_u$, então $L_1 + L_2$ também é. Após a execução deste estágio, mediante a mencionada substituição, se ainda houver expressões que possam ser consideradas o núcleo deste primeiro estágio, volte ao estágio 1. Caso contrário, vá para o estágio 2.

**Estágio 2-** Reduzir o número de potências de $b_r$ na expressão referencial e reorganizar as somatórias. No início da execução deste estágio, haverá expressões da forma

$$\sum_{k_1=0}^{v_1} d_{k_1} b_r^{u_{k_1}} \sum_{k_2=0}^{v_2} d_{k_2} b_r^{u_{k_2}} \dots \sum_{k_m=0}^{v_m} d_{k_m} b_r^{u_{k_m}}$$

Deve-se escolher, arbitrariamente, qualquer expressão que não integre outra expressão mais extensa desta forma e considerá-la o núcleo da expressão referencial. Em seguida, deve-se substituí-la pela expressão correspondente da forma

$$\sum_{k_1=0}^{v_1} \sum_{k_2=0}^{v_2} \dots \sum_{k_m=0}^{v_m} \left(\prod_{t=1}^{m} d_t\right) b_r^{u_{k_1}+u_{k_2}+\dots+u_{k_m}}$$

reduzindo, como pretendíamos, o número de potências de $b_r$ e tornando mais "amigável" a ordem das somatórias. Após isso, se ainda houver expressões que possam ser consideradas legitimamente o núcleo da expressão referencial no segundo estágio, volte ao estágio 2. Caso contrário, vá para o estágio 3.

**Estágio 3-** $b_r$ aparece em potências comuns. Converter estas potências a potências fatoriais decrescentes. Devemos, neste estágio, considerar o núcleo da expressão referencial qualquer potência de $b_r$ com expoente diferente das constantes 0 ou 1. Se o expoente de $b_r$ em algum componente da expressão referencial for alguma função de um índice de alguma somatória ou produtório, ainda que a mencionada função possa assumir os valores 0 ou 1, tal expressão pode ser considerada o núcleo da expressão referencial, pois consideramos que, neste caso, o expoente não é uma constante. Sendo o núcleo da expressão referencial, a expressão

$$cb_r^u$$

que não integre outra expressão com esta mesma forma, em que u é uma expressão qualquer diferente das constantes 0 ou 1, devemos, neste terceiro estágio, substituir o núcleo por

$$\sum_{k=0}^{u} c \left\{ {u \atop k} \right\} b_r^{[k]}$$

Esta substituição é um passo válido, em virtude de uma relação já apresentada neste capítulo envolvendo números de Stirling, a saber:

$$x^n = \sum_{k=0}^{n} \left\{ {n \atop k} \right\} x^{[k]}$$

de maneira que a expressão anterior à substituição e a expressão resultante da substituição são equivalentes. Após a execução do terceiro estágio, se houver ainda componentes da nova expressão referencial que possam ser consideradas o seu núcleo neste terceiro estágio, volte ao estágio 3. Se não houver, vá para o estágio 4.

**Estágio 4-** Eliminar os produtórios de expressões da classe K sobre $b_r$ entre colchetes. No momento da execução deste estágio, há expressões da forma

$$\prod_{k=0}^{v} [p_k]$$

em que cada termo $p_k$ é uma expressão da classe K sobre $b_r$. Qualquer expressão desta forma pode ser eleita o núcleo da expressão referencial, sendo, então, realizada a substituição característica deste quarto estágio, da qual trataremos em breve. Após isso, se ainda houver, na nova expressão referencial, alguma expressão que possa ser definida como o núcleo da expressão referencial neste quarto estágio, voltar ao seu início. Caso contrário, prosseguir para o estágio 5. Se, no momento da execução deste estágio, houver expressões da forma

$$\prod_{k=0}^{u} [p_k] \prod_{j=0}^{v} [q_j]$$

Devemos encará-las como um único produtório, que pode ser expresso assim:

$$\prod_{k=0}^{u+v} [r_k]$$

em que,

$$k \le u \Longrightarrow r_k = p_k$$

$$k > u \Longrightarrow r_k = q_{k-u-1}$$

definições que deverão integrar a lista suplementar.

Claro que, se houver mais de dois produtórios multiplicados na expressão referencial, encararemos tal produto como um só produtório e consideraremos este último o núcleo da expressão referencial. Da mesma forma, a expressão

$$\prod_{k=0}^{u} [p_k]\, q \prod_{j=0}^{v} [r_j] \prod_{i=0}^{w} [s_i]$$

também deve ser encarada como um único produtório, neste caso, com u+v+w+1 fatores, e, antes de executarmos a substituição típica deste estágio, a trocaremos por um único produtório e introduziremos as definições pertinentes à lista suplementar.

Mostramos, neste mesmo capítulo, que, se $A_k$, para $k \in \{1,2,\dots,u\}$, é uma função linear sobre b, e, ainda, se $v_1$ é o mínimo valor que b pode assumir no contexto em questão e $v_2$ é o máximo dos valores que b pode assumir, então

$$\prod_{k=1}^{u} [A_k \ge 0] = \left[ b \right.$$

$$\left. \ge max\left( \left[\frac{\partial A_1}{\partial b} > 0\right] \frac{-A_1 + \frac{\partial A_1}{\partial b} b}{\frac{\partial A_1}{\partial b} + \left[\frac{\partial A_1}{\partial b} = 0\right]} + \left[\frac{\partial A_1}{\partial b} \le 0\right] v_1, \left[\frac{\partial A_2}{\partial b} > 0\right] \frac{-A_2 + \frac{\partial A_2}{\partial b} b}{\frac{\partial A_2}{\partial b} + \left[\frac{\partial A_2}{\partial b} = 0\right]} \right. \right.$$

$$\left. \left. + \left[\frac{\partial A_2}{\partial b} \le 0\right] v_1, \dots, \left[\frac{\partial A_u}{\partial b} > 0\right] \frac{-A_u + \frac{\partial A_u}{\partial b} b}{\frac{\partial A_u}{\partial b} + \left[\frac{\partial A_u}{\partial b} = 0\right]} + \left[\frac{\partial A_u}{\partial b} \le 0\right] v_1 \right) \right]$$

$$\left[b \leq min\left(\left[\frac{\partial A_1}{\partial b} < 0\right]\frac{-A_1 + \frac{\partial A_1}{\partial b}b}{\frac{\partial A_1}{\partial b} + \left[\frac{\partial A_1}{\partial b} = 0\right]} + \left[\frac{\partial A_1}{\partial b} \geq 0\right]v_2, \left[\frac{\partial A_2}{\partial b} < 0\right]\frac{-A_2 + \frac{\partial A_2}{\partial b}b}{\frac{\partial A_2}{\partial b} + \left[\frac{\partial A_2}{\partial b} = 0\right]}\right.\right.$$

$$+ \left[\frac{\partial A_2}{\partial b} \geq 0\right]v_2, \ldots, \left[\frac{\partial A_u}{\partial b} < 0\right]\frac{-A_u + \frac{\partial A_u}{\partial b}b}{\frac{\partial A_u}{\partial b} + \left[\frac{\partial A_u}{\partial b} = 0\right]}$$

$$\left.\left. + \left[\frac{\partial A_u}{\partial b} \geq 0\right]v_2\right)\right]\prod_{k=1}^{u}\left(\left[\frac{\partial A_k}{\partial b} = 0\right][A_k \geq 0] + \left[\frac{\partial A_k}{\partial b} \neq 0\right]\right)$$

ou, de maneira mais sucinta, que

$$\prod_{k=1}^{u}[A_k \geq 0] = \left[b \geq max_{k=1}^{u}\left(\left[\frac{\partial A_k}{\partial b} > 0\right]\frac{-A_k + \frac{\partial A_k}{\partial b}b}{\frac{\partial A_k}{\partial b} + \left[\frac{\partial A_k}{\partial b} = 0\right]} + \left[\frac{\partial A_k}{\partial b} \leq 0\right]v_1\right)\right]\left[b\right.$$

$$\leq min_{k=1}^{u}\left(\left[\frac{\partial A_k}{\partial b} < 0\right]\frac{-A_k + \frac{\partial A_k}{\partial b}b}{\frac{\partial A_k}{\partial b} + \left[\frac{\partial A_k}{\partial b} = 0\right]}\right.$$

$$\left.\left. + \left[\frac{\partial A_k}{\partial b} \geq 0\right]v_2\right)\right]\prod_{k=1}^{u}\left(\left[\frac{\partial A_k}{\partial b} = 0\right]\left[A_k - \frac{\partial A_k}{\partial b} \geq 0\right] + \left[\frac{\partial A_k}{\partial b} \neq 0\right]\right)$$

Tendo em vista que $b_r$ assume todos os valores naturais menores ou iguais a $\frac{1}{h^{2r}}$, sendo o núcleo da expressão referencial neste quarto estágio uma expressão da forma

$$\prod_{k=1}^{u}[A_k \geq 0]$$

que não esteja dentro de outro par de colchetes, tudo o que fazemos neste estágio 4 é substituir o núcleo pela correspondente expressão da forma

$$\left[b_r \geq max_{k=1}^{u}\left(\left[\frac{\partial A_k}{\partial b_r} > 0\right]\frac{-A_k + \frac{\partial A_k}{\partial b} b_r}{\frac{\partial A_k}{\partial b_r}}\right)\right]\left[b_r \right.$$

$$\leq min_{k=1}^{u}\left(\left[\frac{\partial A_k}{\partial b_r} < 0\right]\frac{-A_k + \frac{\partial A_k}{\partial b_r} b_r}{\frac{\partial A_k}{\partial b_r}}\right.$$

$$\left.\left. + \left[\frac{\partial A_k}{\partial b_r} \geq 0\right]\frac{1}{h^{2r}}\right)\right]\prod_{k=1}^{u}\left(\left[\frac{\partial A_k}{\partial b_r} = 0\right]\left[A_k - \frac{\partial A_k}{\partial b} \geq 0\right] + \left[\frac{\partial A_k}{\partial b_r} \neq 0\right]\right)$$

**Estágio 5-** Eliminar os operadores max e min. Há, na expressão referencial no início deste estágio, componentes que envolvem os operadores max e min, os quais devem ser eliminados. Conforme vimos no capítulo III,

$$max(x_1, x_2, \dots, x_n) = x_1 \prod_{m=2}^{n}[x_1 \geq x_m] + \sum_{j=2}^{n} x_j \left(\prod_{\substack{m=1 \\ m\neq j}}^{n}[x_j \geq x_m]\right)\prod_{k=1}^{j-1}[x_j \neq x_k]$$

$$min(x_1, x_2, \dots, x_n) = x_1 \prod_{m=2}^{n}[x_1 \leq x_m] + \sum_{j=2}^{n} x_j \left(\prod_{\substack{m=1 \\ m\neq j}}^{n}[x_j \leq x_m]\right)\prod_{k=1}^{j-1}[x_j \neq x_k]$$

Como qualquer que seja $x_j$, $[x_j \geq x_j] = [x_j \leq x_j] = 1$, estas equações são equivalentes às seguintes, respectivamente:

$$max(x_1, x_2, \dots, x_n) = x_1 \prod_{m=2}^{n}[x_1 \geq x_m] + \sum_{j=2}^{n} x_j \left(\prod_{m=1}^{n}[x_j \geq x_m]\right)\prod_{k=1}^{j-1}(1 - [x_k - x_j \geq x_j][x_j - x_k \geq 0])$$

$$min(x_1, x_2, \dots, x_n) = x_1 \prod_{m=2}^{n}[x_1 \leq x_m] + \sum_{j=2}^{n} x_j \left(\prod_{m=1}^{n}[x_j \leq x_m]\right)\prod_{k=1}^{j-1}(1 - [x_k - x_j \geq x_j][x_j - x_k \geq 0])$$

Havendo na expressão referencial alguma expressão da forma $max_{k=1}^{u}(B_k)$ ou $min_{k=1}^{u}(B_k)$ para alguma expressão u e alguma expressão $B_k$, a tomamos como núcleo da expressão referencial, e, havendo mais de uma, tomamos qualquer uma delas como núcleo. Se o núcleo for da forma $max_{k=1}^{u}(B_k)$, o substituiremos, neste estágio, por

$$B_1 \prod_{m=2}^{u} [B_1 - B_m \geq 0] + \sum_{j=2}^{u} B_j \left( \prod_{m=1}^{u} [B_j - B_m \geq 0] \right) \prod_{k=1}^{j-1} (1 - [B_j - B_k \geq 0][B_k - B_j \geq 0])$$

Se, por outro lado, o núcleo da expressão referencial for da forma $min_{k=1}^{u}(B_k)$, devemos, neste quinto estágio, substituí-lo por

$$B_1 \prod_{m=2}^{u} [B_m - B_1 \geq 0] + \sum_{j=2}^{u} B_j \left( \prod_{m=1}^{u} [B_m - B_j \geq 0] \right) \prod_{k=1}^{j-1} (1 - [B_j - B_k \geq 0][B_k - B_j \geq 0])$$

Após a substituição que caracteriza este quinto estágio, se ainda houver, na nova expressão referencial, algum componente da forma $max_{k=1}^{u}(B_k)$ ou $min_{k=1}^{u}(B_k)$ para alguma expressão u e alguma expressão $B_k$, voltamos para o início deste mesmo estágio. Se não houver, passamos ao estágio 6.

**Estágio 6-** Temos, agora, que eliminar muitos dos colchetes entre colchetes que há na expressão referencial. Em virtude das substituições feitas no estágio 5, surgiram na nova expressão referencial componentes da forma

$$\left[ b_r \geq B_1 \prod_{m=2}^{w} [B_1 - B_m \geq 0] + \sum_{j=2}^{w} B_j \left( \prod_{m=1}^{w} [B_j - B_m \geq 0] \right) \prod_{k=1}^{j-1} (1 - [B_j - B_k \geq 0][B_k - B_j \geq 0]) \right]$$

ou

$$\left[ b_r \leq B_1 \prod_{m=2}^{w} [B_m - B_1 \geq 0] + \sum_{j=2}^{w} B_j \left( \prod_{m=1}^{w} [B_m - B_j \geq 0] \right) \prod_{k=1}^{j-1} (1 - [B_j - B_k \geq 0][B_k - B_j \geq 0]) \right]$$

Dentro das expressões $B_1$, $B_2$, ..., $B_w$, porventura, haverá proposições em colchetes, mas não nos preocuparemos em eliminá-los, pois os dois membros das equações ou inequações dentro destes são constantes em relação a $b_1$, $b_2$, ... e $b_r$.

Elegeremos, neste sexto estágio, como núcleo da expressão referencial, qualquer componente desta que, além de integrar uma expressão entre colchetes, seja uma expressão de alguma destas formas:

$$\left[ b_r \geq B_1 \prod_{m=2}^{w} [B_1 - B_m \geq 0] + \sum_{j=2}^{w} B_j \left( \prod_{m=1}^{w} [B_j - B_m \geq 0] \right) \prod_{k=1}^{j-1} (1 - [B_j - B_k \geq 0][B_k - B_j \geq 0]) \right]$$

ou

$$\left[b_r \leq B_1 \prod_{m=2}^{w}[B_m - B_1 \geq 0] + \sum_{j=2}^{w} B_j \left(\prod_{m=1}^{w}[B_m - B_j \geq 0]\right) \prod_{k=1}^{j-1}(1 - [B_j - B_k \geq 0][B_k - B_j \geq 0])\right]$$

Substituiremos, então, o núcleo pela expressão decorrente da aplicação da seguinte relação, que demonstramos neste mesmo capítulo:

$$[p([q_1],[q_2],\dots,[q_u])] = \sum_{j_1=0}^{1}\sum_{j_2=0}^{1}\dots\sum_{j_u=0}^{1}\sum_{j_{u+1}=0}^{1}\sum_{j_{u+2}=0}^{1}\dots\sum_{j_{2u}=0}^{1}\left(\prod_{k=1}^{u} c_{j_{k+u},k}\right)\left(\prod_{k=1}^{u}[r_{j_{k+u},k}]\right)[p(j_1,j_2,\dots,j_u)]$$

em que, $\forall v \in \{0,1,\dots,u\}$,

$$r_{0,v} = (0 \geq 0)$$

$$r_{1,v} = q_v$$

$$c_{0,v} = j_v$$

$$c_{1,v} = 1 - 2j_v$$

acrescentando à lista suplementar as definições dos termos $c_{s,,v}$ e dos coeficientes do primeiro membro das expressões $r_{s,v}$, que são necessariamente expressões da classe K sobre $b_1$, , $b_2$, ... e $b_{r-1}$.

Na saída de cada execução deste estágio, que será uma somatória múltipla cujo somando terá a forma

$$C\left(\prod_{k=1}^{u} c_{j_{k+u},k}\right)\left(\prod_{k=1}^{u}[r_{j_{k+u},k}]\right)[p(j_1,j_2,\dots,j_u)]$$

as expressões $r_{s,v}$ devem ser escritas não desta forma, mas como uma inequação linear sobre $b_1$, , $b_2$, ... e $b_{r-1}$ em que seus coeficientes, que constam da lista suplementar, "apareçam". Claro que isso exige que se crie uma nomenclatura para tais coeficientes que leve em consideração que este estágio será executado diversas vezes ao longo da implementação do algoritmo $\gamma_2$.

Neste estágio, não levamos em consideração o fato de haver no núcleo da expressão referencial componentes da forma $\left[\frac{\partial A_k}{\partial b_r} \geq 0\right]$, $\left[\frac{\partial A_k}{\partial b_r} > 0\right]$ ou $\left[\frac{\partial A_k}{\partial b_r} = 0\right]$, os quais, apesar de serem proposições entre colchetes, são proposições aritméticas, ou seja, equações ou inequações cujos membros são constantes em relação a quaisquer variáveis, de maneira que, por uma questão de simplicidade não eliminaremos estes colchetes.

Após a execução da substituição típica deste sexto estágio, se ainda houver, na nova expressão referencial componentes da forma

$$\left[b_r \geq B_1 \prod_{m=2}^{w}[B_1 - B_m \geq 0] + \sum_{j=2}^{w} B_j \left(\prod_{m=1}^{w}[B_j - B_m \geq 0]\right)\prod_{k=1}^{j-1}(1 - [B_j - B_k \geq 0][B_k - B_j \geq 0])\right]$$

ou

$$\left[b_r \leq B_1 \prod_{m=2}^{w}[B_m - B_1 \geq 0] + \sum_{j=2}^{w} B_j \left(\prod_{m=1}^{w}[B_m - B_j \geq 0]\right)\prod_{k=1}^{j-1}(1 - [B_j - B_k \geq 0][B_k - B_j \geq 0])\right]$$

voltamos ao início do estágio 6. Se não houver, seguimos para o estágio 7.

**Estágio 7-** Mudar a ordem das somatórias de modo que a última somatória seja uma somatória infinita sobre $b_r$. A somatória infinita com índice $b_r$ deve seguir a ordem em que seja a última somatória de cada cadeia de somatórias. O núcleo da expressão de referência é a própria expressão referencial, a qual tem a forma

$$\sum_{b_1=0}^{\frac{1}{h^2}} \sum_{b_2=0}^{\frac{1}{h^4}} \cdots \sum_{b_r=0}^{\frac{1}{h^{2r}}} \sum_{k_1=0}^{v_1} \sum_{k_2=0}^{v_2} \cdots \sum_{k_w=0}^{v_w} C_{b_1,b_2,\dots b_r,k_1,k_2,\dots k_w}$$

em que $w$, $v_1$, $v_2$, ... e $v_w$ são constantes naturais ou expressões algébricas que somente podem assumir valores entre os números naturais e $C_{b_1,b_2,\dots b_r,k_1,k_2,\dots k_w}$ é uma expressão que pode conter como componentes termos veritativos. Havendo mais de um componente da expressão referencial, qualquer uma pode ser eleita, arbitrariamente, núcleo da expressão referencial. Com a inversão da ordem das somatórias, chegaremos, com a execução deste sétimo estágio, à expressão

$$\sum_{b_1=0}^{\frac{1}{h^2}} \sum_{b_2=0}^{\frac{1}{h^4}} \cdots \sum_{b_{r-1}=0}^{\frac{1}{h^{2(a-1)}}} \sum_{k_1=0}^{v_1} \sum_{k_2=0}^{v_2} \cdots \sum_{k_m=0}^{v_m} \sum_{b_r=0}^{\frac{1}{h^{2r}}} C_{b_1,b_2,\dots b_r,k_1,k_2,\dots k_w}$$

Os limitantes superior e inferior de cada somatória da cadeia de somatórias que aparece no núcleo da expressão referencial deste estágio são constantes uns em relação aos outros, o que nos permite permutar os sinais de somatória livremente, em virtude da associatividade e comutatividade da adição. Após a execução deste estágio, não haverá necessidade de voltar ao início deste estágio. Portanto, neste momento, vá para o estágio 8.

**Estágio 8-** Converter uma das somatórias infinitas de potências fatoriais decrescentes de $b_r$ em uma expressão finita. Neste momento, há, na expressão referencial, componentes da forma

$$\sum_{b_r=0}^{\frac{1}{h^{2r}}} cb_r^{[u]}\,[b_r \geq A][b_r \leq B]$$

para alguma expressão c, alguma expressão A e alguma expressão B, todas constantes em relação a $b_r$. Demonstraremos, oportunamente, que os termos A e B que aparecem durante a execução deste algoritmo são inteiros. Em todos os casos em que surgem componentes como estes ao longo da execução deste algoritmo, A e B são números inteiros. Devemos definir qualquer expressão desta forma integrante da expressão referencial como seu núcleo. Para definir a expressão pela qual substituiremos o núcleo da expressão referencial, observemos que o núcleo é igual a

$$\left[\min\left(\frac{1}{h^{2r}}, B\right) - \max(0, A) \geq 0\right] \sum_{b_r=\max(0,A)}^{\min\left(\frac{1}{h^{2r}},B\right)} cb_r^{[u]}$$

Analisaremos as quatro possibilidades inerentes a esta expressão:

$$\left(B \geq \frac{1}{h^{2r}} \wedge A \geq 0\right) \Rightarrow \left[\min\left(\frac{1}{h^{2r}}, B\right) - \max(0, A) \geq 0\right] \sum_{b_r=\max(0,A)}^{\min\left(\frac{1}{h^{2r}},B\right)} cb_r^{[u]} = \left[\frac{1}{h^{2r}} - A \geq 0\right] \sum_{b_r=A}^{\frac{1}{h^{2r}}} cb_r^{[u]}$$

$$\left(B \geq \frac{1}{h^{2r}} \wedge A < 0\right) \Rightarrow \left[\min\left(\frac{1}{h^{2r}}, B\right) - \max(0, A) \geq 0\right] \sum_{b_r=\max(0,A)}^{\min\left(\frac{1}{h^{2r}},B\right)} cb_r^{[u]} = \sum_{b_r=0}^{\frac{1}{h^{2r}}} cb_r^{[u]}$$

$$\left(B < \frac{1}{h^{2r}} \wedge A \geq 0\right) \Rightarrow \left[\min\left(\frac{1}{h^{2r}}, B\right) - \max(0, A) \geq 0\right] \sum_{b_r=\max(0,A)}^{\min\left(\frac{1}{h^{2r}},B\right)} cb_r^{[u]} = [B - A \geq 0] \sum_{b_r=A}^{B} cb_r^{[u]}$$

$$\left(B < \frac{1}{h^{2r}} \wedge A < 0\right) \Rightarrow \left[\min\left(\frac{1}{h^{2r}}, B\right) - \max(0, A) \geq 0\right] = [B \geq 0] \sum_{b_r=0}^{B} cb_r^{[u]}$$

Como estas quatro possibilidades são mutuamente excludentes e os números A, B, 0 e $\frac{1}{h^{2r}}$ são inteiros, temos que

$$\left[\min\left(\frac{1}{h^{2r}},B\right)-\max(0,A)\geq 0\right]\sum_{b_r=\max(0,A)}^{\min\left(\frac{1}{h^{2r}},B\right)} cb_r^{[u]}$$

$$=\left[B\geq\frac{1}{h^{2r}}\wedge A\geq 0\right]\left[\frac{1}{h^{2r}}-A\geq 0\right]\sum_{b_r=A}^{\frac{1}{h^{2r}}} cb_r^{[u]}+\left[B\geq\frac{1}{h^{2r}}\wedge A<0\right]\sum_{b_r=0}^{\frac{1}{h^{2r}}} cb_r^{[u]}$$

$$+\left[B<\frac{1}{h^{2r}}\wedge A\geq 0\right][B-A\geq 0]\sum_{A}^{B} cb_r^{[u]}+\left[B<\frac{1}{h^{2r}}\wedge A<0\right][B\geq 0]\sum_{0}^{B} cb_r^{[u]}$$

$$=\left[B-\frac{1}{h^{2r}}\geq 0\right][A\geq 0]\left[\frac{1}{h^{2r}}-A\geq 0\right]\sum_{b_r=A}^{\frac{1}{h^{2r}}} cb_r^{[u]}+\left[B-\frac{1}{h^{2r}}\geq 0\right][-A\geq 1]\sum_{b_r=0}^{\frac{1}{h^{2r}}} cb_r^{[u]}$$

$$+\left[\frac{1}{h^{2r}}-B\geq 1\right][A\geq 0][B-A\geq 0]\sum_{b_r=A}^{B} cb_r^{[u]}+\left[\frac{1}{h^{2r}}-B\geq 1\right][-A\geq 1]\sum_{b_r=0}^{B} cb_r^{[u]}$$

Nos quatro termos da expressão acima, o limitante inferior do seu índice é menor ou igual ao limitante superior ou o valor numérico do termo em questão é nulo, de maneira que podemos aplicar a regra

$$\sum_{a\leq k<b} k^{[m]}=\frac{b^{[m+1]}-a^{[m+1]}}{m+1}$$

para m natural, a e b inteiros e $b>a$, chegando a

$$\left[\min\left(\frac{1}{h^{2r}},B\right)-\max(0,A)\geq 0\right]\sum_{b_r=\max(0,A)}^{\min\left(\frac{1}{h^{2r}},B\right)} cb_r^{[u]}$$

$$=\left[B-\frac{1}{h^{2r}}\geq 0\right][A\geq 0]\left[\frac{1}{h^{2r}}-A\geq 0\right]\frac{c}{u+1}\left(\left(\frac{1}{h^{2r}}+1\right)^{[u+1]}-A^{[u+1]}\right)$$

$$+\left[B-\frac{1}{h^{2r}}\geq 0\right][-A\geq 1]\frac{c}{u+1}\left(\frac{1}{h^{2r}}+1\right)^{[u+1]}$$

$$+\left[\frac{1}{h^{2r}}-B\geq 1\right][A\geq 0][B-A\geq 0]\frac{c}{u+1}\left((B+1)^{[u+1]}-A^{[u+1]}\right)$$

$$+\left[\frac{1}{h^{2r}}-B\geq 1\right][-A\geq 1]\frac{c}{u+1}(B+1)^{[u+1]}$$

Desta maneira, substituímos o núcleo da expressão referencial, neste estágio, pela expressão correspondente da forma

$$\left[B-\frac{1}{h^{2r}}\geq 0\right][A\geq 0]\left[\frac{1}{h^{2r}}-A\geq 0\right]\frac{c}{u+1}\left(\left(\frac{1}{h^{2r}}+1\right)^{[u+1]}-A^{[u+1]}\right)$$
$$+\left[B-\frac{1}{h^{2r}}\geq 0\right][-A\geq 1]\frac{c}{u+1}\left(\frac{1}{h^{2r}}+1\right)^{[u+1]}\text{`}$$
$$+\left[\frac{1}{h^{2r}}-B\geq 1\right][A\geq 0][B-A\geq 0]\frac{c}{u+1}\left((B+1)^{[u+1]}-A^{[u+1]}\right)$$
$$+\left[\frac{1}{h^{2r}}-B\geq 1\right][-A\geq 1]\frac{c}{u+1}(B+1)^{[u+1]}$$

Caso haja, após a substituição, alguma expressão da forma

$$\sum_{b_r=0}^{\frac{1}{h^{2r}}} cb_r^{[u]}\,[b_r\geq A][b_r\leq B]$$

devemos voltar ao início deste estágio. Em caso contrário, passamos ao estágio 9.

**Estágio 9-** A nós, neste estágio, cabe desmembrar uma somatória de somas em soma de somatórias. Isso porque surgiram, no estágio anterior, nos somandos de certas somatórias, componentes da forma

$$[p_1][p_2][p_3]c\left({d_1}^{[u]}-{d_2}^{[u]}\right)+[p_4][p_5]c{d_3}^{[u]}\text{`}+[p_6][p_7][p_8]c\left({d_4}^{[u]}-{d_5}^{[u]}\right)+[p_9][p_{10}]c{d_6}^{[u]}$$

em que $c$ é constante em relação a $b_1$, $b_2$, ..., $b_r$, $p_j$, para cada j natural não nulo menor ou igual a 10, é uma expressão da classe K da primeira espécie sobre $b_1$, $b_2$, ..., $b_{r-1}$, e $d_m$, para cada m natural não nulo menor ou igual a 6, é função linear com variáveis independentes $b_1$, $b_2$, ..., $b_{r-1}$ (consideramos h constante).

Neste estágio, consideramos o núcleo da expressão referencial qualquer componente com esta forma, e o substituímos por

$$\sum_{k=1}^{6} r_k[q_{3k+1}][q_{3k+2}][q_{3k+3}]d_k^{[u]}$$

em que os termos $r_k$, $q_{3k+m}$ e $m\in\{1,2,3\}$ passam a integrar a lista suplementar, com as seguintes definições, em função dos termos que havia na expressão referencial anterior:

$$r_1=c\wedge r_2=-c\wedge r_3=c\wedge r_4=c\wedge r_5=-c\wedge r_6=c$$

$$q_1=p_1\wedge q_2=p_2\wedge q_3=p_3\wedge q_4=p_1\wedge q_5=p_2\wedge q_6=p_3\wedge q_7=p_4\wedge q_8=p_5$$

$$q_9 = (0 \geq 0)$$

$$q_{10} = p_6 \wedge q_{11} = p_7 \wedge q_{12} = p_8 \wedge q_{13} = p_6 \wedge q_{14} = p_7 \wedge q_{15} = p_8 \wedge q_{16} = p_9 \wedge q_{17} = p_{10}$$

$$q_{18} = (0 \geq 0)$$

Como no estágio 6, os termos $d_k$ não devem integrar a expressão da saída deste estágio. Escrevemos assim apenas por simplicidade, mas, para que o algoritmo funcione corretamente, a saída deste estágio deve ser uma expressão que torne explícito cada coeficiente presente em cada expressão $d_k$, que é uma função linear de $b_1$, $b_2$, ..., $b_{r-1}$, o que requererá certo cuidado com a nomenclatura para que se evitem ambiguidades, levando-se em conta que este estágio será executado diversas vezes ao longo da implementação do algoritmo $\gamma_2$.

Após esta substituição, se ainda houver, na nova expressão referencial, algum componente da forma

$$[p_1][p_2][p_3]c\left({d_1}^{[u]} - {d_2}^{[u]}\right) + [p_4][p_5]c{d_3}^{[u]} + [p_6][p_7][p_8]c\left({d_4}^{[u]} - {d_5}^{[u]}\right) + [p_9][p_{10}]c{d_6}^{[u]}$$

voltamos ao início deste mesmo estágio, e, em caso contrário, prosseguimos para o décimo e último estágio.

**Estágio 10-** O que fazemos no décimo estágio é converter potências fatoriais decrescentes das funções lineares sobre $b_{r-1}$ em potências comuns, mediante a exploração dos números de Stirling.

Sabemos que

$$x^{[n]} = \sum_{k=0}^{n} \begin{bmatrix} n \\ k \end{bmatrix} (-1)^{n-k} x^k$$

Por outro lado, há na expressão referencial, neste momento, componentes da forma $A^{[B]}$, em que A é uma função linear de $b_1$, $b_2$, ... e $b_{r-1}$ e a expressão B é constante em relação a estas variáveis. Tomamos, então, qualquer expressão da forma $cA^{[B]}$ que não seja componente de outra expressão da mesma forma como núcleo e a substituímos por

$$\sum_{k=0}^{n} c \begin{bmatrix} B \\ k \end{bmatrix} (-1)^{B-k} A^k$$

Em seguida, se, na nova expressão referencial, houver alguma expressão da forma $A^{[B]}$ nas mesmas condições do momento em que procedemos a execução anterior deste estágio 10, voltamos ao início deste estágio, elegendo novo núcleo e fazendo a substituição cabível. Se não houver, devemos fazer o seguinte: se $r = 1$, parar; caso contrário, voltar para o estágio 1, iniciando um novo ciclo, reduzindo em uma unidade o valor da constante referencial.

Passamos agora para uma breve análise do algoritmo descrito.

Antes de qualquer coisa, devemos observar que não fomos rigorosos na nomeação dos índices das somatórias e produtórios, tampouco na nomenclatura dos termos da lista suplementar. O leitor que desejar executar este algoritmo deve ter o cuidado de dar nomes diferentes aos índices de somatórias ou produtórios diferentes. E deverá, também, ter o cuidado de criar um sistema não ambíguo de nomes dos termos da lista suplementar. Na exposição anterior, chamamos de j, k, m, $j_1$, $j_2$, etc., $k_1$, $k_2$, etc, dando nomes diferentes somente a índices diferentes originados na mesma execução do mesmo estágio. Claro que, em ciclos distintos, bem como em execuções distintas do mesmo estágio ao longo do mesmo ciclo, os índices das somatórias ou produtórios que surgem da cabível substituição devem ter nomes distintos. O mesmo se pode dizer sobre os nomes por nós dados aos termos da lista suplementar. Por se tratar de pequenos detalhes, não nos preocupamos, neste texto, com uma nomenclatura rigorosa, mas esta deve ser uma preocupação presente no momento da programação de um computador, caso se desenvolva um programa que venha a executar o algoritmo $\gamma$.

Tomemos a expressão

$$\sum_{b_1=0}^{\frac{1}{h^2}} \sum_{b_2=0}^{\frac{1}{h^4}} \cdots \sum_{b_a=0}^{\frac{1}{h^{2a}}} \sum_{j_1=u_1}^{v_1} \sum_{j_2=u_2}^{v_2} \cdots \sum_{j_q=u_q}^{v_q} C_{j_1,j_2,\ldots,j_q} \prod_{k=1}^{z_{j_1,j_2,\ldots,j_q}} \left[R_{j_1,j_2,\ldots,j_q,k} \geq 0\right]$$

em que $a$ e cada termo $z_{j_1,j_2,\ldots,j_q}$, $v_m$ e $u_m$ é finito e constante em relação às variáveis $x_1$, $x_2$, ..., $x_{n+1}$, cada expressão $R_{j_1,j_2,\ldots,j_q,k}$é uma função linear sobre $\frac{x_1}{h^{r+1}}$, $\frac{x_2}{h^{r+1}}$, ..., $\frac{x_{n+1}}{h^{r+1}}$, $\frac{b_1}{h^r}$, $\frac{b_2}{h^{r-1}}$, ..., $\frac{b_r}{h^1}$, $\frac{1}{h^r}$ e $\frac{1}{h^{r+1}}$, com coeficiente independente nulo e cada expressão $C_{j_1,j_2,\ldots,j_q}$ é o produto de potências com expoentes naturais de funções lineares sobre $\frac{x_1}{h^{u+1}}$, $\frac{x_2}{h^{u+1}}$, ..., $\frac{x_{n+1}}{h^{u+1}}$, $\frac{b_1}{h^r}$, $\frac{b_2}{h^{r-1}}$, ..., $\frac{b_r}{h^1}$, $\frac{1}{h^u}$ e $\frac{1}{h^{u+1}}$ com coeficiente independente nulo, para algum u natural, multiplicado por uma potência de h (com expoente inteiro). Suponhamos, ainda, que h seja um número infinitesimal, inverso a um número natural infinito. Neste caso, $b_1$, $b_2$, ..., $b_r$ são os índices das únicas somatórias infinitas da expressão. Dizemos que uma somatória é infinita quando a diferença entre o maior e o menor valor que pode ser atribuído pelo seu índice é um número infinito, podendo seu índice assumir todos os números inteiros contidos no intervalo entre tais números. Chamaremos uma expressão como a descrita acima de *uma expressão da classe Q*.

Com muita dificuldade, definimos a classe Q. Por que fizemos isso? Muito simples: porque, tal como descrito anteriormente, a realização de um ciclo completo sobre uma expressão da classe Q fornece como saída uma outra expressão da classe Q, que, apesar de mais complexa em termos de número de componentes básicos, tem uma somatória infinita a menos, pois a somatória sobre $b_r$ desaparece, embora se acrescentem outros sinais de somatórias (e estas são finitas). Isso é verdade, desde que os termos nomeados de A e B na nossa descrição do oitavo estágio sejam números inteiros. E ambas as expressões da classe Q, a anterior e a posterior à execução de um ciclo, são numericamente equivalentes. Além disso, a expressão referencial do final do primeiro ciclo do algoritmo $\gamma_2$ é uma expressão da classe Q, o que, juntamente com o que já foi dito, implica necessariamente que a saída de tal algoritmo é uma expressão da classe Q em que todas as somatórias são finitas, desde que os termos nomeados de A e B na nossa descrição do estágio 8 sejam números inteiros, em todas as passagens por este estágio.

O leitor poderá, com alguma dose de esforço, verificar que, partindo da expressão referencial do início de algum ciclo do algoritmo $\gamma_2$, ao passarmos pelo estágio 8, em que o núcleo da expressão referencial é da forma

$$\sum_{b_r=0}^{\frac{1}{h^{2r}}} cb_r^{[u]}\,[b_r \geq A][b_r \leq B]$$

teremos que A e B são funções polinomiais sobre $\frac{1}{h}$ com coeficientes racionais (para valores racionais atribuídos às variáveis principais e temporal) em que o coeficiente independente é algum número inteiro. Consequentemente, existe um número natural infinito $\frac{1}{h}$ para o qual A e B são inteiros em cada ciclo, e, da mesma forma, existe um número natural infinito $\frac{1}{h}$ para o qual todos os termos denominados de A e B que surgem ao longo de todos os ciclos do algoritmo são inteiros. Basta, para isso, escolher como $\frac{1}{h}$ um número natural infinito que seja múltiplo dos denominadores de todas as frações de números inteiros primos entre si que representem todos os coeficientes não nulos de todas as funções polinomiais sobre $\frac{1}{h}$ que surgem ao longo do algoritmo $\gamma_2$. Adotaremos um número com estas especificações para atribuir a $\frac{1}{h}$. Todos os cálculos que serão feitos envolvendo o número h, no algoritmo $\gamma_3$, serão feitos levando em conta o mero fato de h ser infinitesimal positivo, de maneira que, entre diversos números infinitesimais positivos, podemos escolher qualquer um para atribuir a h. Sendo assim, escolheremos aqueles que validam o algoritmo $\gamma_2$, que são os inversos de algum número natural infinito que torne inteiros os números representados por A e B no oitavo estágio de qualquer ciclo do algoritmo $\gamma_2$, garantindo, assim, a validade de tal estágio e, consequentemente, de todo o algoritmo. Para todos os efeitos, consideraremos que, para o valor atribuído a h, todas as expressões do final de cada ciclo do algoritmo $\gamma_2$ são expressões da classe Q, e tais expressões são equivalentes às expressões referenciais do início dos seus respectivos ciclos.

Com isso, chegamos ao seguinte: após a execução do algoritmo $\gamma_2$, a expressão tomada como entrada, que tinha a forma

$$\sum_{b_1=0}^{\frac{1}{h^2}} \sum_{b_2=0}^{\frac{1}{h^4}} \dots \sum_{b_a=0}^{\frac{1}{h^{2a}}} \sum_{k=1}^{u} d_k \prod_{j=1}^{v_k} [p_{j,k}]$$

a qual era a expressão referencial no início do primeiro ciclo, será convertida, no final da sub-rotina que apresentamos, em uma expressão da forma

$$\sum_{j_1=u_1}^{v_1} \sum_{j_2=u_2}^{v_2} \dots \sum_{j_q=u_q}^{v_q} C_{j_1,j_2,\dots,j_q} \prod_{k=1}^{z_{j_1,j_2,\dots,j_q}} \left[R_{j_1,j_2,\dots,j_q,k} \geq 0\right]$$

em que cada termo $z_{j_1,j_2,\dots,j_q}$ é constante em relação a h, $x_1$, $x_2$, ... e $x_{n+1}$, cada expressão $R_{j_1,j_2,\dots,j_q,k}$ é uma função linear sobre $\frac{x_1}{h}$, $\frac{x_2}{h}$, ..., $\frac{x_{n+1}}{h}$ e $\frac{1}{h}$, e cada expressão $C_{j_1,j_2,\dots,j_q}$ é o produto de potências com expoentes naturais de funções lineares sobre $\frac{x_1}{h^{u+1}}$, $\frac{x_2}{h^{u+1}}$, ..., $\frac{x_{n+1}}{h^{u+1}}$, $\frac{1}{h^u}$ e $\frac{1}{h^{u+1}}$ com coeficiente independente nulo, para algum u natural, multiplicado por uma potência de h (com expoente inteiro). Além disso, o valor de cada expressão da forma $v_k - u_k$, para k natural não nulo menor ou igual a q, é um número natural finito, da mesma forma que $z_{j_1,j_2,\dots,j_q} - 1$, de maneira que conseguimos, mediante a execução do algoritmo $\gamma_2$, converter a expressão original em uma expressão finita sem quantificadores, como pretendíamos.

# X- O Teorema de Fubini e Outros Relacionados

Neste capítulo, trataremos de alguns teoremas importantes para se calcular o valor de integrais múltiplas. Ao final, estaremos aptos a calcular o valor aproximado de uma extensa classe de integrais múltiplas.

**Teorema 1**

O seguinte resultado é conhecido como Teorema da Fubini: se $f(x,y)$ é uma função integrável em R, sendo $R = \{(x,y)|a \leq x \leq b, c \leq y \leq d\}$, e se $\int_a^b f(x,y)dx$ existe para todo y em [c,d] e $\int_c^d f(x,y)dy$ existe para todo x em [a,b], então

$$\iint_R f(x,y)dxdy = \int_c^d \left[\int_a^b f(x,y)dx\right]dy = \int_a^b \left[\int_c^d f(x,y)dy\right]dx$$

Podemos simplificar este teorema da seguinte forma: se $f(x,y)$ é uma função integrável em R, sendo $R = \{(x,y)|a \leq x \leq b, c \leq y \leq d\}$, e se $\int_a^b f(x,y)dx$ existe para todo y em [c,d], então

$$\iint_R f(x,y)dxdy = \int_c^d \left[\int_a^b f(x,y)dx\right]dy$$

Não demonstraremos aqui este teorema, de conhecimento amplamente disseminado pela literatura matemática. Não é difícil encontrar em livros de Cálculo Integral e Diferencial demonstrações do Teorema de Fubini, como em GUIDORIZZI, Hamilton Luiz (2002, p. 50).

**Teorema 2**

Se $f(x,y)$ é uma função integrável em B, sendo $B = \{(x,y)|g_1(x,y) \geq 0 \wedge g_2(x,y) \geq 0 \wedge \dots g_n(x,y) \geq 0\}$, e se $\int_{-\infty}^{\infty} f(x,y)dx$ existe para cada y real, então

$$\iint_B f(x,y)dxdy = \int_{-\infty}^{\infty}\left[\int_{-\infty}^{\infty} f(x,y)\left(\prod_{k=1}^{n}[g_k(x,y) \geq 0]\right)dx\right]dy$$

Isso decorre do fato de que, dada a definição de B,

$$\prod_{k=1}^{n}[g_k(x,y) \geq 0] = [(x,y) \in B]$$

Com alguma manipulação algébrica, podemos calcular o valor da integral dupla para o caso em que B é o conjunto de todos os pares ordenados que satisfaçam a uma proposição cujos componentes sejam quaisquer equações ou inequações algébricas sobre as variáveis de integração conectados pelos conectivos de conjunção, disjunção, implicação material e equivalência lógica. Para isso são úteis as relações que estudamos no capítulo III, no estudo que chamamos de Aritmética Veritativa. Isso está explicitado nos próximos quatro teoremas, os quais não demonstraremos aqui, pois de certa forma já tratamos deles no capítulo III.

**Teorema 3**

Em virtude de uma generalização do Teorema 2, podemos afirmar que, sendo f integrável em A, e se $\int_{-\infty}^{\infty}[(x_1,x_2,x_3,\ldots,x_n) \in A]f(x_1,x_2,x_3,\ldots,x_n)dx_1$ existe para cada $(x_1,x_2,x_3,\ldots,x_{n-1}) \in \mathbb{R}^{n-1}$,

$$\iiint_A \ldots \int f(x_1,x_2,x_3,\ldots,x_n)dx_1dx_2dx_3 \ldots dx_n$$

$$= \iiint_{\mathbb{R}^n} \ldots \int [(x_1,x_2,x_3,\ldots,x_n) \in A]f(x_1,x_2,x_3,\ldots,x_n)dx_1dx_2dx_3 \ldots dx_n$$

$$= \iiint_{\mathbb{R}^{n-1}} \ldots \int \left[\int_{-\infty}^{\infty}[(x_1,x_2,x_3,\ldots,x_n) \in A]f(x_1,x_2,x_3,\ldots,x_n)dx_1\right]dx_2dx_3dx_4 \ldots dx_n$$

**Teorema 4**

Aplicando-se o Teorema 3 em cadeia teremos que, sendo f integrável em A, e se $\int_{-\infty}^{\infty}[(x_1,x_2,x_3,\ldots,x_n) \in A]f(x_1,x_2,x_3,\ldots,x_n)dx_1$ existe para cada $(x_1,x_2,x_3,\ldots,x_{n-1}) \in \mathbb{R}^{n-1}$, $\int_{-\infty}^{\infty}\int_{-\infty}^{\infty}[(x_1,x_2,x_3,\ldots,x_n) \in A]f(x_1,x_2,x_3,\ldots,x_n)dx_1\,dx_2$ existe para cada $(x_1,x_2,x_3,\ldots,x_{n-2}) \in \mathbb{R}^{n-2}$, ... e $\int_{-\infty}^{\infty}\int_{-\infty}^{\infty}\ldots\int_{-\infty}^{\infty}[(x_1,x_2,x_3,\ldots,x_n) \in A]f(x_1,x_2,x_3,\ldots,x_n)dx_1\,dx_2 \ldots dx_{n-1}$ existe para cada $x_n \in \mathbb{R}$, então

$$\iiint\limits_A \dots \int f(x_1, x_2, x_3, \dots, x_n) dx_1 dx_2 dx_3 \dots dx_n$$

$$= \iiint\limits_{\mathbb{R}^n} \dots \int [(x_1, x_2, x_3, \dots, x_n) \in A] f(x_1, x_2, x_3, \dots, x_n) dx_1 dx_2 dx_3 \dots dx_n$$

$$= \int_{-\infty}^{\infty} \int_{-\infty}^{\infty} \dots \int_{-\infty}^{\infty} [(x_1, x_2, x_3, \dots, x_n) \in A] f(x_1, x_2, x_3, \dots, x_n) dx_1 dx_2 dx_3 \dots dx_n$$

**Teorema 5**

Sendo $[P(p_1, p_2, \dots p_n)]$ uma proposição em função de $p_1$, $p_2, \dots$ , $p_n$ em que tais componentes se ligam entre si pelos conectivos de conjunção, disjunção, implicação material e equivalência lógica, podendo ser transformados pelo conectivo de negação, então existem os coeficientes racionais $a_{j_1, j_2, \dots j_n}$ tais que

$$[P(p_1, p_2, \dots p_n)] = \sum_{j_1=0}^{1} \sum_{j_2=0}^{1} \dots \sum_{j_n=0}^{1} a_{j_1, j_2, \dots j_n} \prod_{k=1}^{n} [p_k]^{j_k}$$

Este teorema é equivalente ao Teorema 6.

**Teorema 6**

Sendo $[P(p_1, p_2, \dots p_n)]$ uma proposição em função de $p_1$, $p_2, \dots$ , $p_n$ em que tais componentes se ligam entre si pelos conectivos de conjunção, disjunção, implicação material e equivalência lógica, podendo ser transformados pelo conectivo de negação, então existem os coeficientes racionais $a$, $a_k$, $a_{k_1, k_2}, \dots$ e $a_{k_1, k_2 \dots, k_n}$ tais que

$$[P(p_1, p_2, \dots p_n)]$$

$$= a + \sum_{k=1}^{n} a_k [p_k] + \sum_{k_1=1}^{n-1} \sum_{k_2=k_1+1}^{n} a_{k_1, k_2} [p_{k_1}][p_{k_2}]$$

$$+ \sum_{k_1=1}^{n-2} \sum_{k_2=k_1+1}^{n-1} \sum_{k_3=k_2+1}^{n} a_{k_1, k_2, k_3} [p_{k_1}][p_{k_2}][p_{k_3}] \dots$$

$$+ \sum_{k_1=1}^{1} \sum_{k_2=k_1+1}^{2} \dots \sum_{k_n=k_{n-1}+1}^{n} a_{k_1, k_2 \dots, k_n} [p_{k_1}][p_{k_2}] \dots [p_{k_n}]$$

Com base nisso e no Teorema 3, sempre podemos encontrar uma expressão da forma

$$\int_{-\infty}^{\infty}\int_{-\infty}^{\infty}\dots\int_{-\infty}^{\infty}\sum_{j=1}^{2^m} a_j[q_j]\, f(x_1,x_2,x_3,\dots,x_n)dx_1dx_2dx_3\dots dx_n$$

equivalente a

$$\iiint_A \dots \int f(x_1,x_2,x_3,\dots,x_n)dx_1dx_2dx_3\dots dx_n$$

desde que

$$A=\{(x_1,x_2,\dots,x_n)|p(x_1,x_2,\dots,x_n)\}$$

em que $p(x_1,x_2,\dots,x_n)$ é uma proposição formada por equações ou inequações sobre $x_1$, $x_2$,... e $x_n$ ligadas pelos conectivos de conjunção, disjunção, implicação material e equivalência lógica, m é o número de componentes de $p(x_1,x_2,\dots,x_n)$ e $q_j$ é a conjunção de 0 ou mais componentes de $p(x_1,x_2,\dots,x_n)$, sendo a conjunção de 0 componentes interpretada como uma tautologia, cujo valor de verdade é 1.

**Teorema 7**

Se $f(x_1,x_2,\dots x_n)$ é uma função integrável em B, sendo $B=\{(x_1,x_2,\dots x_n)|g_1(x_1,x_2,\dots x_n)\geq 0 \wedge g_2(x_1,x_2,\dots x_n)\geq 0 \wedge \dots g_z(x_1,x_2,\dots x_n)\geq 0\}$, e se $\int_{-\infty}^{\infty} f(x_1,x_2,\dots x_n)dx_n$ existe para cada $(x_1,x_2,\dots x_{n-1})\in\mathbb{R}^{n-1}$, então

$$\iint\dots\int_B f(x_1,x_2,\dots x_n)dx_1dx_2\dots dx_n$$

$$=\iint\dots\int_{\mathbb{R}^{n-1}}\left[\int_{-\infty}^{\infty} f(x_1,x_2,\dots x_n)\left(\prod_{k=1}^{z} g_1(x_1,x_2,\dots x_n)\geq 0\right)dx_n\right]dx_1dx_2\dots dx_{n-1}$$

Como antes, atendidos aos requisitos de aplicabilidade deste teorema, no caso em que o conjunto B é definido como o conjunto de todas as uplas $(x_1,x_2,\dots x_n)$, podemos fazer a devida conversão de uma integral múltipla para uma integral múltipla com uma variável de integração a menos. Para isso, tais variáveis assumem valores que satisfaçam a qualquer proposição em que os componentes, ligados pelos conectivos de conjunção, disjunção (inclusiva ou exclusiva), implicação material e equivalência lógica, sejam quaisquer equações ou inequações sobre as variáveis de integração. Trata-se de uma generalização do Teorema 2, apoiada nos mesmos fundamentos.

**Teorema 8**

Para se calcular uma integral definida, podemos utilizar o método de mudança de variável sempre que conveniente. Neste caso, adotando $x = g(u)$, se $g(c) = a$ e $g(d) = b$ e se f é contínua em [a,b] e g´ é contínua em [c,d], g derivável, temos que

$$\int_a^b f(x)dx = \int_c^d f(g(u))g'(u)du$$

Este teorema e sua demonstração podem ser encontrados em GUIDORIZZI, Hamilton Luiz (2008, p. 317 e 318). Apresentamos o teorema aqui tal como no mencionado livro, mas cabe-nos fazer uma breve observação. Parece implícito que $c \leq d$, mas, com uma suficiente complementação, pode-se demonstrá-lo, também, para o caso em que $c > d$. Desta forma, podemos reescrever o teorema substituindo a expressão "g´ é contínua em [c,d]" por "g´ é contínua no intervalo fechado com extremidades c e d".

O teorema enunciado acima, que possibilita uma mudança de variável, pode ser estendido para um caso mais geral, em que a função f tem um número finito de descontinuidades. Vejamos.

**Teorema 9**

Se $g(v_1) = d_1$, $g(v_2) = d_2$,..., $g(v_k) = d_k$ $g(c) = a$ e $g(d) = b$ e se f é contínua em [a,b], exceto nos pontos $d_1$, $d_2$,..., $d_k$, e g´ é contínua em [c,d] (g derivável), e, ainda, se para qualquer q natural não nulo menor ou igual a k, $\lim_{p\to v_q^-} f(g(p))g'(p)$, $\lim_{p\to v_q^+} f(g(p))g'(p)$ e $\lim_{l\to 0^+} f(d_q \pm l)$ forem finitos, temos que

$$\int_a^b f(x)dx = \int_c^d f(g(u))g'(u)du$$

**Demonstração:**

Vamos considerar que $d_{j-1} < d_j$ para todo j natural maior ou igual a 2 e menor ou igual a k. Por uma questão de brevidade, demonstraremos este teorema somente para o caso em que g é crescente, embora possa ser generalizado para g decrescente ou crescente em um ou mais intervalos e decrescente noutros. É imediato que

$$\int_a^b f(x)dx = \lim_{l\to 0^+}\left(\int_a^{d_1-l} f(x)dx + \int_{d_1+l}^{d_2-l} f(x)dx + \cdots + \int_{d_{k-1}+l}^{d_k-l} f(x)dx + \int_{d_k+l}^{b} f(x)dx + \int_{d_1-l}^{d_1+l} f(x)dx \right.$$
$$\left. + \int_{d_2-l}^{d_2+l} f(x)dx + \cdots + \int_{d_k-l}^{d_k+l} f(x)dx\right)$$

em decorrência do fato de que

$$\int_A^B f(x)dx = \int_A^C f(x)dx + \int_C^B f(x)dx$$

Denominaremos a de $d_0$ e b de $d_{k+1}$.

$$\int_a^b f(x)dx = \lim_{l\longrightarrow 0^+}\left(\sum_{j=0}^{k}\int_{d_j+l}^{d_{j+1}-l} f(x)dx + \sum_{j=1}^{k}\int_{d_j-l}^{d_j+l} f(x)dx\right)$$

Para k finito e $\lim_{l\longrightarrow 0^+} f(d_q \pm l)$ finito para todo q natural menor ou igual a k,

$$\lim_{l\longrightarrow 0^+}\left(\sum_{j=1}^{k}\int_{d_j-l}^{d_j+l} f(x)dx\right) = 0$$

de maneira que

$$\int_a^b f(x)dx = \lim_{l\longrightarrow 0^+}\left(\sum_{j=0}^{k}\int_{d_j+l}^{d_{j+1}-l} f(x)dx\right)$$

sendo que, para todo j natural menor ou igual a k, f(x) é contínua no intervalo $[d_j + l, d_{j+1} - l]$.

Precisamos demonstrar o teorema para o caso em que g´ é contínua em [c,d], sendo g derivável no intervalo. Nomearemos de $v_j$ o número tal que $g(v_j) = d_j$, para todo j natural menor ou igual a k+1. No caso em que g´ é contínua em [c,d], temos que g´ é contínua em $[v_j, v_{j+1}]$, que são subconjuntos daquele intervalo, de maneira que é lícito aplicar o Teorema 8, chegando a

$$\lim_{l\longrightarrow 0^+}\int_{d_j+l}^{d_{j+1}-l} f(x)dx = \lim_{l\longrightarrow 0^+}\int_{v_j+l}^{v_{j+1}-l} f(g(u))g'(u)du$$

Disso, vem que

$$\int_a^b f(x)dx = \lim_{l\longrightarrow 0^+}\left(\sum_{j=0}^{k}\int_{v_j+l}^{v_{j+1}-l} f(g(u))g'(u)du\right)$$

Para k finito e $\lim_{p\longrightarrow v_q^-} f(g(p))g'(p)$, $\lim_{p\longrightarrow v_q^+} f(g(p))g'(p)$ também finitos para todo q natural menor ou igual a k,

$$\lim_{l \to 0^+}\left(\sum_{j=1}^{k}\int_{v_j-l}^{v_j+l} f(g(u))g'(u)du\right) = 0$$

o que implica que

$$\int_a^b f(x)dx = \lim_{l \to 0^+}\left(\sum_{j=0}^{k}\int_{v_j+l}^{v_{j+1}-l} f(g(u))g'(u)du + \sum_{j=1}^{k}\int_{v_j-l}^{v_j+l} f(g(u))g'(u)du\right)$$

$$= \lim_{l \to 0^+}\left(\int_{v_0+l}^{v_{k+1}-l} f(g(u))g'(u)du\right) = \lim_{l \to 0^+}\left(\int_{c+l}^{d-l} f(g(u))g'(u)du\right)$$

$$= \int_c^d f(g(u))g'(u)du$$

Está demonstrado o teorema para o caso em que g é crescente. Para g decrescente, fazemos uma pequena adaptação, levando em conta que $d < d_k < d_{k-1} < \cdots < d_1 < c$, chegando ao mesmo resultado. Sendo este teorema válido para os casos em que g é crescente ou decrescente, podemos mostrar, decompondo o domínio de g nos seus intervalos de crescimento e decrescimento, que o teorema também é válido para o caso em que g é crescente em um ou mais intervalos e decrescente em outros.

**Teorema 10**

Se $f: \mathbb{R}_+ \longrightarrow \mathbb{R}$ é contínua, $p_m: \mathbb{R}_+ \longrightarrow \mathbb{R}$ , para m natural não nulo menor ou igual a v, é uma função sem raízes reais ou com um número finito de raízes reais, se $f(x)$ for finita para todo x pertencente ao domínio de f, e, ainda, $\int_0^\infty |f(x)|dx$ converge, então

$$\int_0^\infty f(x)\prod_{m=1}^{v}[p_m(x) \geq 0]\, dx = \sum_{j=0}^{N-1} L\left(\frac{j+1}{N}\right)\lim_{s \to 0^+}\int_{\frac{N}{j+s}-1}^{\frac{N}{j+1-s}-1} -f(x)dx + \lambda I$$

em que I é qualquer função de N maior ou igual ao máximo da função

$$g(j) = \left|\lim_{s \to 0^+}\int_{\frac{N}{j+s}-1}^{\frac{N}{j+1-s}-1} -f(x)dx\right|$$

para $0 \leq j \leq N-1$, qualquer que seja N natural não nulo, de modo que I é decrescente em relação a N em $]a, \infty[$ para algum a positivo e tende a 0 quando N tende a infinito, e $\lambda$ é um número desconhecido que figura no intervalo ]-d,d[, em que

$$d = \sum_{m=1}^{v} n_m$$

sendo $n_m$ qualquer número escolhido arbitrariamente entre os números maiores ou iguais ao número de raízes reais da função $p_m$ (claro que, escolhendo números menores, melhoramos a análise do erro, dado por $\lambda I$, e tornamos a aproximação mais refinada escolhendo valores maiores para N), e

$$L(t) = \prod_{m=1}^{v} \left[p_m\left(\frac{1}{t} - 1\right) \geq 0\right]$$

No caso, a expressão

$$\sum_{j=0}^{N-1} L\left(\frac{j+1}{N}\right) \lim_{s \to 0^+} \int_{\frac{N}{j+s}-1}^{\frac{N}{j+1-s}-1} -f(x)dx$$

aproxima o valor da integral

$$\int_0^{\infty} f(x) \prod_{m=1}^{v} [p_m(x) \geq 0] \, dx$$

com margem de erro $|Id|$, e, tomando valores de N cada vez maiores (a partir de *a*), tornamos a margem de erro cada vez menor, podendo chegar a aproximações tão refinadas quanto queiramos.

**Demonstração:**

Comecemos fazendo duas mudanças de variáveis, primeiro de x para u, e, depois, de u para t, com fundamento no Teorema 9.

$$\int_0^{\infty} f(x) \prod_{m=1}^{v} [p_m(x) \geq 0] \, dx = \int_1^{\infty} f(u-1) \prod_{m=1}^{v} [p_m(u-1) \geq 0] \, du$$

$$x = u - 1$$

Observe que os requisitos do Teorema 9 são satisfeitos, ou seja, $\int_0^{\infty} f(x) \prod_{m=1}^{v} [p_m(x) \geq 0] \, dx$ é contínua, exceto em um número finito de pontos, e, sendo d um ponto de descontinuidade de f, $f(d)$ e 0 são finitos (vide os requisitos daquele teorema), de maneira que tal mudança de variável é legítima.

$$\int_1^\infty f(u-1)\prod_{m=1}^{v}[p_m(u-1)\geq 0]\,du = \lim_{s\to 0^+}\int_1^s -\frac{f\left(\frac{1}{t}-1\right)}{t^2}L(t)dt = \lim_{s\to 0^+}\int_s^1 \frac{f\left(\frac{1}{t}-1\right)}{t^2}L(t)dt$$

em que

$$L(t) = \prod_{m=1}^{v}\left[p_m\left(\frac{1}{t}-1\right)\geq 0\right]$$

$$t = \frac{1}{u}$$

Esta mudança de variável também é legítima, por satisfazer os pressupostos do Teorema 9.

Com esta mudança de variável (de u para t), rigorosamente, o valor de

$$\int_1^\infty f(u-1)\prod_{m=1}^{v}[p_m(u-1)\geq 0]\,du$$

seria igual a

$$\int_1^0 -\frac{f\left(\frac{1}{t}-1\right)}{t^2}L(t)dt$$

mas, com isso, teríamos que o denominador do integrando seria nulo em uma extremidade do intervalo de integração (no ponto t=0), de maneira que somos obrigados a calcular o valor no limite, chegando a

$$\lim_{s\to 0^+}\int_1^s -\frac{f\left(\frac{1}{t}-1\right)}{t^2}L(t)dt$$

Continuando.

$$\int_0^\infty f(x)\prod_{m=1}^{v}[p_m(x)\geq 0]\,dx = \lim_{s\to 0^+}\int_s^1 \frac{f\left(\frac{1}{t}-1\right)}{t^2}L(t)dt = \sum_{j=0}^{N-1}\lim_{s\to 0^+}\int_{t_j+s}^{t_{j+1}-s}\frac{f\left(\frac{1}{t}-1\right)}{t^2}L(t)dt$$

para qualquer N natural não nulo, em que

$$t_0 = 0$$

$$(j\in\mathbb{N}\wedge j\leq N)\Longrightarrow t_{j+1}-t_j = \frac{1}{N}$$

Com isso, podemos impor que

$$t_j = \frac{j}{N}$$

$$\int_0^\infty f(x) \prod_{m=1}^{v} [p_m(x) \geq 0]\, dx$$

$$= \sum_{j=0}^{N-1} \lim_{s \to 0^+} \int_{t_j+s}^{t_{j+1}-s} \frac{f\left(\frac{1}{t}-1\right)}{t^2} L(t)dt = \sum_{j=0}^{N-1} L(t_{j+1}) \lim_{s \to 0^+} \int_{t_j+s}^{t_{j+1}-s} \frac{f\left(\frac{1}{t}-1\right)}{t^2} dt + \lambda I$$

em que I é qualquer função de N maior ou igual ao máximo da função

$$g(j) = \left| \lim_{s \to 0^+} \int_{t_j+s}^{t_{j+1}-s} \frac{f\left(\frac{1}{t}-1\right)}{t^2} dt \right|$$

para $0 \leq j \leq N-1$, de modo que I é decrescente em relação a N em $\mathbb{R}_+$ e tende a 0 quando N tende a infinito, e $\lambda$ é um número desconhecido que figura no intervalo ]-d,d[, em que

$$d = \sum_{m=1}^{v} n_m$$

sendo $n_m$ qualquer número escolhido arbitrariamente entre os números maiores ou iguais ao número de raízes reais da função $p_m$ (claro que, escolhendo números menores para cada $n_m$ e maiores para N, melhoramos a análise do erro, dado por $\lambda I$).

Esta passagem requer uma atenção especial. Veja que aproximamos o valor de

$$\lim_{s \to 0^+} \int_{t_j+s}^{t_{j+1}-s} \frac{f\left(\frac{1}{t}-1\right)}{t^2} L(t)dt$$

para cada j por meio da expressão

$$L(t_{j+1}) \lim_{s \to 0^+} \int_{t_j+s}^{t_{j+1}-s} \frac{f\left(\frac{1}{t}-1\right)}{t^2} dt$$

Esta substituição é exata quando não há descontinuidade de $\frac{f\left(\frac{1}{t}-1\right)}{t^2}$ no intervalo $[t_j, t_{j+1}[$. Porém, quando há pelo menos um ponto de descontinuidade desta função no intervalo, surge um erro de módulo menor do que $\left|\lim_{s\to 0^+}\int_{t_j+s}^{t_{j+1}-s}\frac{f\left(\frac{1}{t}-1\right)}{t^2}L(t)dt\right|$, e, consequentemente, menor do que I. Observe que o número máximo de expressões em que surge tal erro na correspondente substituição da expressão $\sum_{j=0}^{N-1}\lim_{s\to 0^+}\int_{t_j+s}^{t_{j+1}-s}\frac{f\left(\frac{1}{t}-1\right)}{t^2}L(t)dt$ é o número de descontinuidades de $\frac{f\left(\frac{1}{t}-1\right)}{t^2}L(t)$, o qual, por definição, é menor do que d, de maneira que o módulo do erro cometido na substituição de $\sum_{j=0}^{N-1}\lim_{s\to 0^+}\int_{t_j+s}^{t_{j+1}-s}\frac{f\left(\frac{1}{t}-1\right)}{t^2}L(t)dt$ por $\sum_{j=0}^{N-1}\lim_{s\to 0^+}L(t_{j+1})\int_{t_j+s}^{t_{j+1}-s}\frac{f\left(\frac{1}{t}-1\right)}{t^2}dt$ é, necessariamente, menor do que $|dI|$, o que implica que existe $\lambda$ no intervalo ]-d,d[ tal que o erro total da aproximação é *exatamente* igual a $\lambda I$.

Faremos duas mudanças de variável, seguindo o caminho inverso do que fizemos até agora, mas dessa vez com o termo $L(t_{j+1})$ fora do integrando, o que facilita os nossos cálculos por reduzir a complexidade do integrando.

$$u=\frac{1}{t}$$

$$x=u-1$$

Daí temos que

$$x=\frac{1}{t}-1$$

$$t=\frac{j}{N}+s\Rightarrow x=\frac{1}{\frac{j}{N}+s}-1=\frac{N}{j+Ns}-1$$

$$t=\frac{j+1}{N}-s\Rightarrow x=\frac{1}{\frac{j+1}{N}-s}-1=\frac{N}{j+1-Ns}-1$$

O leitor poderá verificar com relativa facilidade que

$$\int_{\frac{j}{N}+s}^{\frac{j+1}{N}-s}\frac{f\left(\frac{1}{t}-1\right)}{t^2}dt=\int_{\frac{N}{j+Ns}-1}^{\frac{N}{j+1-Ns}-1}-f(x)dx$$

$$\int_0^{\infty} f(x)\prod_{m=1}^{v}[p_m(x) \geq 0]\,dx = \sum_{j=0}^{N-1} L\left(t_{j+1}\right)\lim_{s\to 0^+}\int_{t_j+s}^{t_{j+1}-s}\frac{f\left(\frac{1}{t}-1\right)}{t^2}dt + \lambda I$$

$$= \sum_{j=0}^{N-1} L\left(\frac{j+1}{N}\right)\lim_{s\to 0^+}\int_{\frac{j}{N}+s}^{\frac{j+1}{N}-s}\frac{f\left(\frac{1}{t}-1\right)}{t^2}dt + \lambda I$$

$$= \sum_{j=0}^{N-1} L\left(\frac{j+1}{N}\right)\lim_{s\to 0^+}\int_{\frac{N}{j+Ns}-1}^{\frac{N}{j+1-Ns}-1} -f(x)dx + \lambda I$$

$$= \sum_{j=0}^{N-1} L\left(\frac{j+1}{N}\right)\lim_{s\to 0^+}\int_{\frac{N}{j+s}-1}^{\frac{N}{j+1-s}-1} -f(x)dx + \lambda I$$

Está completa a demonstração.

A principal dificuldade na aplicação deste teorema está na definição de I. Infelizmente, não podemos estabelecer um procedimento rígido para fazê-lo, mas podemos tratar de alguns casos específicos, e é nisso que nos ocuparemos agora.

I é qualquer função de N maior ou igual ao máximo da função

$$g(j) = \left|\lim_{s\to 0^+}\int_{\frac{N}{j+s}-1}^{\frac{N}{j+1-s}-1} -f(x)dx\right|$$

para $0 \leq j \leq N-1$ de modo que I é decrescente em relação a N em $]a, \infty[$ para algum a positivo e tende a 0 quando N tende a infinito. Seja $h\colon \mathbb{R}_+^* \longrightarrow \mathbb{R}$ definida como

$$h(s) = \int -f(s)ds$$

e $k\colon ]0, N] \longrightarrow \mathbb{R}$, como

$$k(j) = \lim_{s\to j^+} h\left(\frac{N}{s}-1\right)$$

Temos, então, que

$$g(j) = |k(j+1) - k(j)|$$

Se k é crescente e com concavidade para baixo em todo o seu domínio, $k(j+1) - k(j)$ é positiva e atinge seu valor máximo para o mínimo de j, ou seja, quando $j = 0$. Ainda na hipótese de k ser crescente, mas com concavidade para cima, $k(j+1) - k(j)$ também é positiva (devido ao crescimento de k), mas neste caso atinge seu valor máximo para o maior valor de j, ou seja, quando $j = N - 1$ (observe que não há valor maior do que esse tal que j+1 pertença ao domínio de k).

Se, por outro lado, k é decrescente, a expressão $k(j + 1) - k(j)$ é negativa. Neste caso, supondo que k tenha concavidade para baixo, o módulo de tal expressão atinge seu maior valor quando j atinge o maior valor, quer dizer, quando $j = N - 1$. O contrário ocorre quando k, decrescente, tem concavidade para cima em todo o seu domínio, quando, necessariamente, $j = 0$ para que a expressão $k(j + 1) - k(j)$ atinja seu maior módulo.

Trata-se de algumas orientações gerais, aplicáveis a determinados casos, que convém que o leitor tenha em mente para definir o valor de I. Para tais casos, é imediata a escolha de I; no caso de k ser crescente e com concavidade para baixo, por exemplo, podemos adotar

$$I = k(1) - k(0)$$

No segundo caso, podemos impor

$$I = k(N) - k(N - 1)$$

Tais orientações podem ser empregadas para definir estratégias de escolhas da definição de I para casos em que há intervalos de crescimento e de decrescimento de k com concavidades em ambos os sentidos. Apenas salientamos que, eleito um candidato a I, pelo meio que for, é importante verificar se a expressão correspondente satisfaz aos requisitos para tanto. Desta forma, devemos verificar, por exemplo, se I é decrescente em relação a N, quando N percorre o intervalo $[a, \infty[$, para algum $a$. Em outras palavras: devemos constatar, para que aceitemos a função em questão, que $\frac{dI}{dN} < 0$ no mencionado intervalo. Além disso, $\lim_{N \to \infty} I = 0$. Conjecturamos com audácia, para depois confirmar com responsabilidade.

**Teorema 11**

Se f é derivável até a ordem (n+1) no intervalo I, e, se $x \in I$ e $x_0 \in I$, então existe um $\omega$ no intervalo aberto com extremos $x$ e $x_0$ tal que

$$f(x) = P_n(x) + \frac{f^{(n+1)}(\omega)}{(n + 1)!}(x - x_0)^{n+1}$$

em que $f^{(k)}(z)$ é a k-ésima derivada de f no ponto z e

$$P_n(x) = \sum_{k=0}^{n} \frac{f^{(k)}(x_0)}{k!}(x - x_0)^k$$

Chamamos $P_n(x)$ de parcial de n-ésima ordem da Série de Taylor centrada em $x_0$.

Os dez teoremas apresentados neste capítulo nos habilitam a calcular o valor de uma extensa classe de integrais múltiplas, incluindo as que aparecem na fórmula $\alpha$. Estamos aptos, agora, a concluir a definição do algoritmo que nos permite calcular um valor aproximado do segundo membro da fórmula $\alpha$, para o que só precisamos de mais três capítulos.

# XI- O Cálculo Aproximado das Integrais do Segundo Membro da Fórmula $\alpha$

No capítulo VIII, estudamos as variantes aproximativas da fórmula $\alpha$, em que, para dado número real positivo E e em função da proposição característica e de determinada configuração de um algoritmo algébrico dado, deduzimos uma expressão que fornece o valor do compartimento referencial no momento de ocorrência da condição de verificação com erro $\chi < E$, se o algoritmo algébrico em questão partir da configuração dada. Fizemos isso porque, como argumentamos naquele capítulo, o denominador do limite lateral à direita do segundo membro da fórmula $\alpha$ tende a 0 quando h tende a 0 pela direita, e isso acarreta uma série de complicações ao cálculo exato. No capítulo seguinte, eliminamos os quantificadores desta expressão, chegando a uma expressão finita em que não há quantificadores nos componentes entre colchetes, o que envolveu o desenvolvimento do algoritmo $\gamma_2$, sem o qual, ainda que eliminássemos os quantificadores, poderíamos chegar a expressões com somatórias infinitas. Entretanto, ainda há um inconveniente na expressão resultante: a ocorrência de integrações. Por isso, dedicamos o presente capítulo à tarefa de converter as integrais da expressão gerada mediante os algoritmos $\gamma_1$ e $\gamma_2$, e com isso calcular o valor do compartimento referencial do algoritmo algébrico legítimo dado no momento da implementação da condição de verificação com erro menor do que E. Faremos isso pela exposição de um procedimento que chamamos de algoritmo $\gamma_3$, o qual se baseia no conteúdo do presente capítulo.

Começamos o nosso estudo definindo expressões aproximadas para as seguintes integrais:

$$\int_0^{\infty} ce^{-\alpha x} \prod_{m=1}^{v} [p_m(x) \geq 0]\, dx$$

$$\int_0^{\infty} cxe^{-\alpha x} \prod_{m=1}^{v} [p_m(x) \geq 0]\, dx$$

para algum $\alpha$ positivo.

Haverá em duas etapas, seguindo os mesmos critérios da demonstração do Teorema 10 do capítulo X. Em ambas, faremos duas mudanças de variáveis, de x para u e de u para t, de acordo com o Teorema 9 enunciado no capítulo anterior, sendo que

$$x = u - 1$$

$$t = \frac{1}{u}$$

Comecemos com a primeira integral.

$$\int_0^\infty ce^{-\alpha x} \prod_{m=1}^{v} [p_m(x) \geq 0]\, dx = \int_1^\infty ce^{-\alpha(u-1)} \prod_{m=1}^{v} [p_m(u-1) \geq 0]\, du$$

$$= \int_1^\infty ce^{\alpha} e^{-\alpha u} \prod_{m=1}^{v} [p_m(u-1) \geq 0]\, du$$

$$\int_1^\infty ce^{\alpha} e^{-\alpha u} \prod_{m=1}^{v} [p_m(u-1) \geq 0]\, du = \lim_{s \to 0^+} \int_1^s -\frac{ce^{-\frac{\alpha}{t}+\alpha}}{t^2} L(t) dt = \lim_{s \to 0^+} \int_s^1 \frac{ce^{-\frac{\alpha}{t}+\alpha}}{t^2} L(t) dt$$

em que

$$L(t) = \prod_{m=1}^{v} \left[p_m\left(\frac{1}{t} - 1\right) \geq 0\right]$$

$$t = \frac{1}{u}$$

Com esta mudança de variável (de u para t), rigorosamente, o valor de

$$\int_1^\infty ce^{-\alpha(u-1)} \prod_{m=1}^{v} [p_m(u-1) \geq 0]\, du$$

seria igual a

$$\int_1^0 -\frac{ce^{-\frac{\alpha}{t}+\alpha}}{t^2} L(t) dt$$

mas, com isso, teríamos que o denominador do integrando seria nulo em uma extremidade do intervalo de integração (no ponto t=0), de maneira que somos obrigados a calcular o valor no limite, chegando a

$$\lim_{s\to 0^+}\int_1^s -\frac{ce^{-\frac{\alpha}{t}+\alpha}}{t^2}L(t)dt$$

Continuando:

$$\int_0^{\infty} ce^{-\alpha x}\prod_{m=1}^{v}[p_m(x)\geq 0]\,dx = \lim_{s\to 0^+}\int_s^1 \frac{ce^{-\frac{\alpha}{t}+\alpha}}{t^2}L(t)dt = \sum_{j=0}^{N-1}\lim_{s\to 0^+}\int_{t_j+s}^{t_{j+1}-s}\frac{ce^{-\frac{\alpha}{t}+\alpha}}{t^2}L(t)dt$$

em que

$$t_0 = 0$$

$$(j\in\mathbb{N}\wedge j\leq N-1)\Rightarrow t_{j+1}-t_j = \frac{1}{N}$$

Com isso, podemos impor que

$$t_j = \frac{j}{N}$$

$$\int_0^{\infty} ce^{-\alpha x}\prod_{m=1}^{v}[p_m(x)\geq 0]\,dx$$

$$= \sum_{j=0}^{N-1}\lim_{s\to 0^+}\int_{t_j+s}^{t_{j+1}-s}\frac{ce^{-\frac{\alpha}{t}+\alpha}}{t^2}L(t)dt = \sum_{j=0}^{N-1}L(t_{j+1})\lim_{s\to 0^+}\int_{t_j+s}^{t_{j+1}-s}\frac{ce^{-\frac{\alpha}{t}+\alpha}}{t^2}dt + \lambda I$$

em que I é qualquer função de c, N e $\alpha$ maior ou igual ao máximo da função

$$g(j) = \lim_{s\to 0^+}\int_{t_j+s}^{t_{j+1}-s}\frac{ce^{-\frac{\alpha}{t}+\alpha}}{t^2}dt$$

para $0\leq j\leq N-1$, de modo que I é decrescente em relação a N em $\mathbb{R}_+$ e tende a 0 quando N tende a infinito, e $\lambda$ é um número desconhecido que figura no intervalo ]-d,d[, em que

$$d = \sum_{m=1}^{v} n_m$$

sendo $n_m$ qualquer número escolhido arbitrariamente entre os números maiores ou iguais ao número de raízes reais da função $p_m$ (claro que, escolhendo números menores, melhoramos a análise do erro, dado por $\lambda I$).

$$\int_0^{\infty} ce^{-\alpha x}\prod_{m=1}^{v}[p_m(x)\geq 0]\,dx=\sum_{j=0}^{N-1}L\left(t_{j+1}\right)\lim_{s\to 0^+}\int_{t_j+s}^{t_{j+1}-s}\frac{ce^{-\frac{\alpha}{t}+\alpha}}{t^2}dt+\lambda I$$

$$=\sum_{j=0}^{N-1}L\left(\frac{j+1}{N}\right)\lim_{s\to 0^+}\int_{\frac{j}{N}+s}^{\frac{j+1}{N}-s}\frac{ce^{-\frac{\alpha}{t}+\alpha}}{t^2}dt+\lambda I$$

$$=\sum_{j=0}^{N-1}L\left(\frac{j+1}{N}\right)\frac{ce^{\alpha}}{\alpha}\lim_{s\to 0^+}\int_{\frac{j}{N}+s}^{\frac{j+1}{N}-s}\left(\frac{\alpha}{t^2}\right)e^{-\frac{\alpha}{t}}dt+\lambda I$$

$$=\sum_{j=0}^{N-1}L\left(\frac{j+1}{N}\right)\frac{ce^{\alpha}}{\alpha}\lim_{s\to 0^+}\left(e^{-\frac{\alpha N}{j+1-sN}}-e^{-\frac{\alpha N}{j+sN}}\right)+\lambda I$$

$$=\sum_{j=0}^{N-1}L\left(\frac{j+1}{N}\right)\frac{ce^{\alpha}}{\alpha}\left(e^{-\frac{\alpha N}{j+1}}-\lim_{s\to j^+}e^{-\frac{\alpha N}{s}}\right)+\lambda I$$

$$=\sum_{j=0}^{N-1}L\left(\frac{j+1}{N}\right)\left(f(j+1)-\lim_{s\to j^+}f(s)\right)+\lambda I$$

em que $f:]0,N+h]\longrightarrow\mathbb{R}_+$ sendo h um número infinitesimal tomado arbitrariamente, tal que

$$f(j)=\frac{ce^{\alpha}}{\alpha}e^{-\frac{\alpha N}{j}}$$

Definiremos a função $g:[0,N-1]\longrightarrow\mathbb{R}_+$ da seguinte forma

$$g(j)=\lim_{s\to j^+}(f(s+1)-f(s))$$

$$\int_0^{\infty} ce^{-\alpha x}\prod_{m=1}^{v}[p_m(x)\geq 0]\,dx=\sum_{j=0}^{N-1}L\left(\frac{j}{N}\right)g(j)+\lambda I$$

Este resultado é compatível com o Teorema 10 do capítulo X. Analisemos a função *f*, para poder definir I, tal como fizemos naquele capítulo para certos casos.

$$f'(j)=\frac{ce^{\alpha}\alpha N}{\alpha j^2}e^{-\frac{\alpha N}{j}}=\frac{ce^{\alpha}N}{j^2}e^{-\frac{\alpha N}{j}}$$

$$f'(j)>0$$

$$f''(j)=\left(-\frac{2ce^{\alpha}N}{j^3}\right)e^{-\frac{\alpha N}{j}}+\frac{ce^{\alpha}N}{j^2}\left(\frac{\alpha N}{j^2}e^{-\frac{\alpha N}{j}}\right)=ce^{\alpha}N\left(-\frac{2}{j^3}+\frac{\alpha N}{j^4}\right)e^{-\frac{\alpha N}{j}}$$

Para verificarmos quando a derivada de segunda ordem de f é positiva, basta verificar quando o componente entre parênteses é positivo.

$$f''(j) > 0 \Leftrightarrow -\frac{2}{j^3} + \frac{\alpha N}{j^4} > 0 \Leftrightarrow -2j + \alpha N > 0 \Leftrightarrow j < \frac{\alpha N}{2}$$

Similarmente,

$$f''(j) < 0 \Leftrightarrow j > \frac{\alpha N}{2}$$

Desta forma, a função f é estritamente crescente em todo o seu domínio e tem concavidade para cima no intervalo $]0, j_0[$ e concavidade para baixo em $]j_0, N + h]$, em que

$$j_0 = \frac{\alpha N}{2}$$

sendo este o único ponto de inflexão da função. Com base na nossa análise da função *f*, podemos atribuir um valor ao elemento I, de que depende o erro do nosso cálculo aproximativo.

$$j_0 \leq 1 \Longrightarrow I = f(2)$$

$$j_0 > 1 \Longrightarrow I = f(j_0 + 1) - f(j_0 - 1)$$

I pode ser considerado como uma "função". Vejamos

$$I = I(\alpha, N, c)$$

Repare que, para $\alpha$ e c fixos, I é contínua em relação a N, pois é contínua em relação a $j_0$, o que se pode verificar a partir do seguinte fato:

$$j_0 = \lim_{s \to 1^-} s \Longrightarrow I = f(2)$$

$$j_0 = \lim_{s \to 1^+} s \Longrightarrow I = f(2) - 0 = f(2)$$

O ponto $j_0 = 1$ é, certamente, o único que poderia gerar alguma dúvida quanto à continuidade de I em relação a N para $\alpha$ e c fixos, já que a função f é contínua, e, uma vez que I é contínua neste ponto, o é em todo o seu domínio.

Sem perda ou ganho de significado, I pode ser definido mais sucintamente assim:

$$\begin{aligned} I &= [j_0 \leq 1] f(2) + [j_0 > 1](f(j_0 + 1) - f(j_0 - 1)) \\ &= [j_0 \leq 1] \frac{ce^\alpha}{\alpha} e^{-\frac{\alpha N}{2}} + [j_0 > 1]\left(\frac{ce^\alpha}{\alpha} e^{-\frac{2\alpha N}{\alpha N + 2}} - \frac{ce^\alpha}{\alpha} e^{-\frac{2\alpha N}{\alpha N - 2}}\right) \end{aligned}$$

$$(\alpha N \neq 2)$$

É fácil ver que, quando N tende a infinito, I tende a 0 (deixamos essa análise a cargo do leitor). Resta verificar a satisfação do outro requisito de I. Por meio da análise de *f*, pudemos conjecturar que a expressão que atribuímos a I é maior ou igual ao máximo de g, e agora podemos averiguar se isso de fato ocorre. Podemos verificar que, quanto maior o valor de N, menor o valor de I, o que implica que, aumentando-se o número de parcelas da somatória $\sum_{j=0}^{N-1} L\left(\frac{j+1}{N}\right) g(j)$, aumentamos a precisão do cálculo de $\int_0^{\infty} ce^{-\alpha x} \prod_{m=1}^{v} [p_m(x) \geq 0]\, dx$. A demonstração consiste em se verificar que I é decrescente em relação a N, o que pode ser observado pelo fato de $\frac{\partial I}{\partial N}$ ser negativo para todo o domínio de I (considerando-se I como uma função, conforme argumentamos). Calculemos, então, o valor de $\frac{\partial I}{\partial N}$, começando com o caso em que $0 < j_0 < 1$.

$$0 < j_0 < 1 \Rightarrow \frac{\partial I}{\partial N} = -\frac{ce^{\alpha}}{2} e^{-\frac{\alpha N}{2}}$$

$$0 < j_0 < 1 \Rightarrow \frac{\partial I}{\partial N} < 0$$

Vejamos agora o que ocorre quando $j_0 > 1$.

$$j_0 > 1 \Rightarrow \frac{\partial I}{\partial N} = \frac{ce^{\alpha}}{\alpha}\left(-\frac{\partial\left(\frac{2\alpha N}{\alpha N + 2}\right)}{\partial N} e^{-\frac{2\alpha N}{\alpha N + 2}} + \frac{\partial\left(\frac{2\alpha N}{\alpha N - 2}\right)}{\partial N} e^{-\frac{2\alpha N}{\alpha N - 2}}\right)$$

$$= -ce^{\alpha}\left(\frac{4}{(\alpha N + 2)^2} e^{-\frac{2\alpha N}{\alpha N + 2}} + \frac{4}{(\alpha N - 2)^2} e^{-\frac{2\alpha N}{\alpha N - 2}}\right)$$

$$\left(N \neq \pm \frac{2}{\alpha}\right)$$

$$j_0 > 1 \Rightarrow \frac{\partial I}{\partial N} < 0$$

Em resumo, o que temos é que:

$$0 < j_0 < 1 \Rightarrow \frac{\partial I}{\partial N} < 0$$

$$j_0 > 1 \Rightarrow \frac{\partial I}{\partial N} < 0$$

Além disso, I é contínua em relação a N (inclusive quando $j_0 = 1$. Portanto, $\frac{\partial I}{\partial N} < 0$, e, consequentemente, I é estritamente decrescente em relação a N, como era esperado.

Passemos agora ao cálculo aproximado de

$$\int_0^\infty cxe^{-\alpha x} \prod_{m=1}^{v} [p_m(x) \geq 0]\, dx$$

Trabalharemos da mesma forma como fizemos até então. Fazendo as mudanças de variáveis, temos:

$$\int_0^\infty cxe^{-\alpha x} \prod_{m=1}^{v} [p_m(x) \geq 0]\, dx = \int_1^\infty c(u-1)e^{-\alpha(u-1)} \prod_{m=1}^{v} [p_m(u-1) \geq 0]\, du$$

$$u - 1 = x$$

$$\int_1^\infty c(u-1)e^{-\alpha(u-1)} \prod_{m=1}^{v} [p_m(u-1) \geq 0]\, du = \lim_{s \to 0^+} \int_1^s -\frac{c\left(\frac{1}{t} - 1\right) e^{-\frac{\alpha}{t}+\alpha}}{t^2} L(t)dt$$

$$= \lim_{s \to 0^+} \int_s^1 -\frac{c(t-1)e^{-\frac{\alpha}{t}+\alpha}}{t^3} L(t)dt$$

em que

$$L(t) = \prod_{m=1}^{v} \left[p_m\left(\frac{1}{t} - 1\right) \geq 0\right]$$

$$t = \frac{1}{u}$$

Com esta mudança de variável (de u para t), rigorosamente, o valor de

$$\int_1^\infty c(u-1)e^{-\alpha(u-1)} \prod_{m=1}^{v} [p_m(u-1) \geq 0]\, du$$

seria igual a

$$\int_1^0 -\frac{c\left(\frac{1}{t} - 1\right) e^{-\frac{\alpha}{t}+\alpha}}{t^2} L(t)dt$$

mas, com isso, teríamos que o denominador do integrando seria nulo em uma extremidade do intervalo de integração (no ponto t=0), de maneira que somos obrigados a calcular o valor no limite, chegando a

$$\lim_{s \to 0^+} \int_1^s -\frac{c\left(\frac{1}{t}-1\right)e^{-\frac{\alpha}{t}+\alpha}}{t^2} L(t)dt$$

$$\int_0^\infty cxe^{-\alpha x} \prod_{m=1}^{v} [p_m(x) \geq 0]\, dx = \lim_{s \to 0^+} \int_s^1 -\frac{c(t-1)e^{-\frac{\alpha}{t}+\alpha}}{t^3} L(t)dt$$
$$= \sum_{j=0}^{N-1} \lim_{s \to 0^+} \int_{t_j+s}^{t_{j+1}-s} -\frac{c(t-1)e^{-\frac{\alpha}{t}+\alpha}}{t^3} L(t)dt$$

em que

$$t_0 = 0$$

$$(j \in \mathbb{N} \wedge j \leq N-1) \Longrightarrow t_{j+1} - t_j = \frac{1}{N}$$

Com isso, podemos impor que

$$t_j = \frac{j}{N}$$

$$\int_0^\infty cxe^{-\alpha x} \prod_{m=1}^{v} [p_m(x) \geq 0]\, dx = \sum_{j=0}^{N-1} \lim_{s \to 0^+} \int_{t_j+s}^{t_{j+1}-s} -\frac{c(t-1)e^{-\frac{\alpha}{t}+\alpha}}{t^3} L(t)dt$$
$$= \sum_{j=0}^{N-1} L(t_{j+1}) \lim_{s \to 0^+} \int_{t_j+s}^{t_{j+1}-s} -\frac{c(t-1)e^{-\frac{\alpha}{t}+\alpha}}{t^3} dt + \lambda I$$

em que I é qualquer função de c, N e $\alpha$ maior ou igual ao máximo da função

$$g(j) = \lim_{s \to 0^+} \int_{\frac{j}{N}+s}^{\frac{j+1}{N}-s} -\frac{c(t-1)e^{-\frac{\alpha}{t}+\alpha}}{t^3} dt$$

para $0 \leq j \leq N-1$, de modo que I é decrescente em relação a N em $\mathbb{R}_+$ e tende a 0 quando N tende a infinito, e $\lambda$ é um número desconhecido que figura no intervalo ]-d,d[, em que

$$d = \sum_{m=1}^{v} n_m$$

sendo $n_m$ qualquer número escolhido arbitrariamente entre os números maiores ou iguais ao número de raízes reais da função $p_m$.

$$\int_0^{\infty} cxe^{-\alpha x}\prod_{m=1}^{v}[p_m(x) \geq 0]\,dx = \sum_{j=0}^{N-1} L\left(t_j\right)\lim_{s\to 0^+}\int_{t_j+s}^{t_{j+1}-s} -\frac{c(t-1)e^{-\frac{\alpha}{t}+\alpha}}{t^3}dt + \lambda I$$

$$= \sum_{j=0}^{N-1} L\left(\frac{j+1}{N}\right)\lim_{s\to 0^+}\int_{\frac{j}{N}+s}^{\frac{j+1}{N}-s} -\frac{c(t-1)e^{-\frac{\alpha}{t}+\alpha}}{t^3}dt + \lambda I$$

Precisamos agora calcular o valor de

$$\int_{\frac{j}{N}+s}^{\frac{j+1}{N}-s} -\frac{c(t-1)e^{-\frac{\alpha}{t}+\alpha}}{t^3}dt$$

Podemos, para tanto, percorrer o caminho inverso de algo que fizemos, fazendo duas mudanças de variáveis: de t para u e de u para x, em que

$$u = \frac{1}{t}$$

$$x = u - 1$$

Daí temos que

$$x = \frac{1}{t} - 1$$

$$t = \frac{j}{N} + s \Rightarrow x = \frac{1}{\frac{j}{N}+s} - 1 = \frac{N}{j+Ns} - 1$$

$$t = \frac{j+1}{N} - s \Rightarrow x = \frac{1}{\frac{j+1}{N}-s} - 1 = \frac{N}{j+1-Ns} - 1$$

O leitor poderá verificar por este caminho, sem dificuldades, que

$$\int_{\frac{j}{N}+s}^{\frac{j+1}{N}-s} -\frac{c(t-1)e^{-\frac{\alpha}{t}+\alpha}}{t^3}dt = \int_{\frac{N}{j+Ns}-1}^{\frac{N}{j+1-Ns}-1} -cxe^{-\alpha x}dx$$

Calculemos, então, a integral indefinida de $cxe^{-\alpha x}dx$, o que faremos por integração por partes.

$$\int -cxe^{-\alpha x}dx = \int (-cx)e^{-\alpha x}dx = \frac{cxe^{-\alpha x}}{\alpha} - \int \frac{ce^{-\alpha x}}{\alpha}dx + k == \frac{cxe^{-\alpha x}}{\alpha} - \int \frac{ce^{-\alpha x}}{\alpha}dx + k$$

$$= \frac{cxe^{-\alpha x}}{\alpha} + \frac{ce^{-\alpha x}}{\alpha^2} + k = \frac{ce^{-\alpha x}}{\alpha^2}(\alpha x + 1) + k$$

Então,

$$\int_{\frac{N}{j+Ns}-1}^{\frac{N}{j+1-Ns}-1} -cxe^{-\alpha x}dx$$

$$= \frac{ce^{-\alpha\left(\frac{N}{j+1-Ns}-1\right)}}{\alpha^2}\left(\alpha\left(\frac{N}{j+1-Ns}-1\right)+1\right) - \frac{ce^{-\alpha\left(\frac{N}{j+Ns}-1\right)}}{\alpha^2}\left(\alpha\left(\frac{N}{j+Ns}-1\right)+1\right)$$

Estas observações nos habilitam a dizer que

$$\int_{\frac{j}{N}+s}^{\frac{j+1}{N}-s} \frac{c(t-1)e^{-\frac{\alpha}{t}+\alpha}}{t^3}dt = -\frac{ce^{-\alpha\left(\frac{N}{j+Ns}-1\right)}}{\alpha^2}\left(\frac{N\alpha}{j+Ns}-\alpha+1\right) + \frac{ce^{-\alpha\left(\frac{N}{j+1-Ns}-1\right)}}{\alpha^2}\left(\frac{N\alpha}{j+1-Ns}-\alpha+1\right)$$

e que

$$\int_0^\infty cxe^{-\alpha x}\prod_{m=1}^{v}[p_m(x)\geq 0]\,dx = \sum_{j=0}^{N-1} L\left(\frac{j+1}{N}\right)\lim_{s\to 0^+}\int_{\frac{j}{N}+s}^{\frac{j+1}{N}-s} -\frac{c(t-1)e^{-\frac{\alpha}{t}+\alpha}}{t^3}dt + \lambda I$$

$$= \sum_{j=0}^{N-1} L\left(\frac{j+1}{N}\right)\lim_{s\to 0^+}\left(-\frac{ce^{-\alpha\left(\frac{N}{j+Ns}-1\right)}}{\alpha^2}\left(\frac{N\alpha}{j+Ns}-\alpha+1\right)\right.$$

$$\left.+\frac{ce^{-\alpha\left(\frac{N}{j+1-Ns}-1\right)}}{\alpha^2}\left(\frac{N\alpha}{j+1-Ns}-\alpha+1\right)\right) + \lambda I$$

$$= \sum_{j=0}^{N-1} L\left(\frac{j+1}{N}\right)\left(\lim_{s\to 0^+}\left(-\frac{ce^{-\alpha\left(\frac{N}{j+s}-1\right)}}{\alpha^2}\left(\frac{N\alpha}{j+s}-\alpha+1\right)\right)\right.$$

$$\left.+\frac{ce^{-\alpha\left(\frac{N}{j+1}-1\right)}}{\alpha^2}\left(\frac{N\alpha}{j+1}-\alpha+1\right)\right) + \lambda I =$$

$$= \sum_{j=0}^{N-1} L\left(\frac{j+1}{N}\right)\left(\lim_{s\to j^+}\left(-\frac{ce^{-\alpha\left(\frac{N}{s}-1\right)}}{\alpha^2}\left(\frac{N\alpha}{s}-\alpha+1\right)\right)+\frac{ce^{-\alpha\left(\frac{N}{j+1}-1\right)}}{\alpha^2}\left(\frac{N\alpha}{j+1}-\alpha+1\right)\right)+\lambda I$$

$$= \sum_{j=0}^{N-1} L\left(\frac{j+1}{N}\right)\left(f(j+1)-\lim_{s\to j^+} f(s)\right)+\lambda I$$

em que I e $\lambda$ têm as especificações já expostas e $f\colon ]0, N+h] \longrightarrow \mathbb{R}$, sendo h um número infinitesimal qualquer, tal que

$$f(j) = \frac{ce^{-\alpha\left(\frac{N}{j}-1\right)}}{\alpha^2}\left(\frac{N\alpha}{j}-\alpha+1\right)$$

Como antes, definiremos a função $g\colon [0, N-1] \longrightarrow \mathbb{R}_+$ da seguinte forma

$$g(j) = \lim_{s\to j^+}(f(s+1)-f(s))$$

Com isso, temos que

$$\int_0^\infty cxe^{-\alpha x}\prod_{m=1}^{v}[p_m(x)\geq 0]\,dx = \sum_{j=0}^{N-1} L\left(\frac{j+1}{N}\right)g(j) + \lambda I$$

I deve ser um número maior ou igual ao máximo de g no seu domínio e deve ser decrescente em relação a N e tender a 0 quando N tende a infinito, mantidos c e $\alpha$ constantes, de maneira que, para defini-lo, faremos uma análise da função f, o que caracteriza um caminho mais econômico do que analisar a função g diretamente. O resultado acima é plenamente compatível com o Teorema 10 do capítulo X. Precisamos identificar os intervalos de crescimento e decrescimento de f, bem como os sentidos de sua concavidade em cada intervalo. Calculemos, então, as derivadas de primeira e segunda ordem de f.

$$f'(j) = \frac{c\alpha Ne^{-\alpha\left(\frac{N}{j}-1\right)}}{\alpha^2 j^2}\left(\frac{N\alpha}{j}-\alpha+1\right)-\frac{ce^{-\alpha\left(\frac{N}{j}-1\right)}}{\alpha^2}\left(\frac{N\alpha}{j^2}\right)=\frac{cNe^{-\alpha\left(\frac{N}{j}-1\right)}}{\alpha j^2}\left(\frac{N\alpha}{j}-\alpha\right)=\frac{cNe^{-\alpha\left(\frac{N}{j}-1\right)}}{j^3}(N-j)$$

$$(j \neq 0)$$

$$0 < j < N \Longrightarrow f' > 0$$

$$\frac{d\left(\frac{cNe^{-\alpha\left(\frac{N}{j}-1\right)}}{j^3}\right)}{dj} = -\frac{3cNe^{-\alpha\left(\frac{N}{j}-1\right)}}{j^4} + \frac{c\alpha N^2 e^{-\alpha\left(\frac{N}{j}-1\right)}}{j^5} = \frac{cNe^{-\alpha\left(\frac{N}{j}-1\right)}}{j^5}(\alpha N - 3j)$$

$$f''(j) = \frac{d\left(\frac{cNe^{-\alpha\left(\frac{N}{j}-1\right)}}{j^3}\right)}{dj}(N-j) - \frac{cNe^{-\alpha\left(\frac{N}{j}-1\right)}}{j^3}\frac{d(N-j)}{dj}$$

$$= \frac{cNe^{-\alpha\left(\frac{N}{j}-1\right)}}{j^5}(\alpha N - 3j)(N-j) + \frac{cNe^{-\alpha\left(\frac{N}{j}-1\right)}}{j^3}$$

$$= \frac{cNe^{-\alpha\left(\frac{N}{j}-1\right)}}{j^5}(3j^2 - \alpha Nj - 3Nj + \alpha N^2 + j^2) = \frac{cNe^{-\alpha\left(\frac{N}{j}-1\right)}}{j^5}(4j^2 - (3+\alpha)Nj + \alpha N^2)$$

Esta derivada é positiva, quando, e somente quando

$$4j^2 - (3+\alpha)Nj + \alpha N^2 > 0$$

e negativa quando

$$4j^2 - (3+\alpha)Nj + \alpha N^2 < 0$$

sendo nula quando tal expressão se anula.

Denominemos a função h a que segue:

$$h(j) = 4j^2 - (3+\alpha)Nj + \alpha N^2$$

Chamaremos as raízes de h de $j_1$ e $j_2$, e de $j_v$ o valor que j assume no vértice da parábola que representa h no plano cartesiano.

$$j_1 = \frac{3+\alpha-\sqrt{(3+\alpha)^2-16\alpha}}{8}N$$

$$j_2 = \frac{3+\alpha+\sqrt{(3+\alpha)^2-16\alpha}}{8}N$$

$$j_v = \frac{3+\alpha}{8}N$$

O discriminante é nulo quando $\alpha = 1$ ou $\alpha = 9$, e nestes casos, respectivamente,

$$j_1 = j_2 = j_v = \frac{N}{2}$$

$$j_1 = j_2 = j_v = \frac{3N}{2}$$

e h(j) é positiva em todos os demais pontos. Quando $1 < \alpha < 9$, o discriminante é negativo e, desta forma forma, como h(j) não tem raízes reais e tem concavidade para cima, assume imagem positiva em todos os pontos de $\mathbb{R}$.

Diante do exposto, podemos dizer que, quando $0 < j < N$ e $1 \leq \alpha \leq 9$, f(j) é crescente e tem concavidade para cima, o que implica que o máximo de g é g(N-1), de maneira que esta será a definição de I.

$$I = g(N-1) = \lim_{s \to N-1^+} (f(s+1) - f(s))$$

$$= \lim_{s \to N-1^+} \left( \frac{ce^{-\alpha\left(\frac{N}{s+1}-1\right)}}{\alpha^2}\left(\frac{N\alpha}{s+1} - \alpha + 1\right) - \frac{ce^{-\alpha\left(\frac{N}{s}-1\right)}}{\alpha^2}\left(\frac{N\alpha}{s} - \alpha + 1\right) \right)$$

$$= \frac{ce^{-\alpha\left(\frac{N}{N}-1\right)}}{\alpha^2}\left(\frac{N\alpha}{N} - \alpha + 1\right) - \frac{ce^{-\alpha\left(\frac{N}{N-1}-1\right)}}{\alpha^2}\left(\frac{N\alpha}{N-1} - \alpha + 1\right) = \frac{c}{\alpha^2} - \frac{ce^{-\frac{\alpha}{N-1}}}{\alpha^2}\left(\frac{\alpha}{N-1} + 1\right)$$

$$(N \neq 1)$$

$$(1 \leq \alpha \leq 9)$$

I pode ser considerado como uma "função", como antes.

$$I = I(\alpha, N, c)$$

Verificaremos a seguir que a expressão dada para I satisfaz aos seus requisitos, que são os seguintes: I é qualquer função de c, N e $\alpha$ maior ou igual ao máximo da função

$$g(j) = \lim_{s \to 0^+} \int_{\frac{j}{N}+s}^{\frac{j+1}{N}-s} -\frac{c(t-1)e^{-\frac{\alpha}{t}+\alpha}}{t^3} dt$$

para $0 \leq j \leq N-1$, de modo que I é decrescente em relação a N em $\mathbb{R}_+$ e tende a 0 quando N tende a infinito.

Quando N tende a infinito,

$$I = \frac{c}{\alpha^2} - \frac{ce^{-\frac{\alpha}{\infty}}}{\alpha^2}\left(\frac{\alpha}{\infty} + 1\right) = \frac{c}{\alpha^2} - \frac{c}{\alpha^2} = 0$$

Para atestar se I é decrescente em relação a N, basta mostrar que $\frac{\partial I}{\partial N} < 0$. Calculemos, então, esta derivada parcial.

$$\frac{\partial I}{\partial N} = \frac{\partial\left(\frac{c}{\alpha^2} - \frac{ce^{-\frac{\alpha}{N-1}}}{\alpha^2}\left(\frac{\alpha}{N-1}+1\right)\right)}{\partial N} = \frac{\partial\left(-\frac{ce^{-\frac{\alpha}{N-1}}}{\alpha^2}\left(\frac{\alpha}{N-1}+1\right)\right)}{\partial N}$$

$$= \frac{\partial\left(-\frac{ce^{-\frac{\alpha}{N-1}}}{\alpha^2}\right)}{\partial N}\left(\frac{\alpha}{N-1}+1\right) + \left(-\frac{ce^{-\frac{\alpha}{N-1}}}{\alpha^2}\right)\frac{\partial\left(\frac{\alpha}{N-1}+1\right)}{\partial N}$$

$$= -\frac{\alpha ce^{-\frac{\alpha}{N-1}}}{(N-1)^2\alpha^2}\left(\frac{\alpha}{N-1}+1\right) + \left(-\frac{ce^{-\frac{\alpha}{N-1}}}{\alpha^2}\right)\left(-\frac{\alpha}{(N-1)^2}\right)$$

$$= -\frac{ce^{-\frac{\alpha}{N-1}}}{(N-1)^2\alpha}\left(\frac{\alpha}{N-1}+1\right) + \frac{ce^{-\frac{\alpha}{N-1}}}{\alpha(N-1)^2} = -\frac{ce^{-\frac{\alpha}{N-1}}}{(N-1)^2\alpha}\left(\frac{\alpha}{N-1}\right) = -\frac{ce^{-\frac{\alpha}{N-1}}}{(N-1)^3}$$

$$\frac{\partial I}{\partial N} < 0$$

Está concluída a demonstração de que podemos considerar que I tem o valor

$$\frac{c}{\alpha^2} - \frac{ce^{-\frac{\alpha}{N-1}}}{\alpha^2}\left(\frac{\alpha}{N-1}+1\right)$$

Em síntese:

$$\alpha > 0 \Rightarrow \int_0^{\infty} ce^{-\alpha x}\prod_{m=1}^{v}[p_m(x) \geq 0]\,dx = \sum_{j=0}^{N-1} L\left(\frac{j+1}{N}\right)\frac{ce^{\alpha}}{\alpha}\left(e^{-\frac{\alpha N}{j+1}} - \lim_{s\to j^+} e^{-\frac{\alpha N}{s}}\right) + \lambda I$$

em que

$$I = \left[\frac{\alpha N}{2} \leq 1\right]\frac{ce^{\alpha}}{\alpha}e^{-\frac{\alpha N}{2}} + \left[\frac{\alpha N}{2} > 1\right]\left(\frac{ce^{\alpha}}{\alpha}e^{-\frac{2\alpha N}{\alpha N+2}} - \frac{ce^{\alpha}}{\alpha}e^{-\frac{2\alpha N}{\alpha N-2}}\right)$$

$$L(t) = \prod_{m=1}^{v}\left[p_m\left(\frac{1}{t}-1\right) \geq 0\right]$$

e $\lambda$ é um número desconhecido que figura no intervalo ]-d,d[, de maneira que

$$d = \sum_{m=1}^{v} n_m$$

sendo $n_m$ qualquer número escolhido arbitrariamente entre os números maiores ou iguais ao número de raízes reais da função $p_m$. Para evitarmos denominadores nulos, devemos impor que $\alpha N \neq 2$.

Além disso, também de maneira sintética, podemos afirmar que

$$1 \leq \alpha \leq 9 \Longrightarrow \int_0^{\infty} cxe^{-\alpha x} \prod_{m=1}^{v} [p_m(x) \geq 0]\, dx$$

$$= \sum_{j=0}^{N-1} L\left(\frac{j+1}{N}\right)\left(\lim_{s \to j^+}\left(-\frac{ce^{-\alpha\left(\frac{N}{s}-1\right)}}{\alpha^2}\left(\frac{N\alpha}{s} - \alpha + 1\right)\right) + \frac{ce^{-\alpha\left(\frac{N}{j+1}-1\right)}}{\alpha^2}\left(\frac{N\alpha}{j+1} - \alpha + 1\right)\right)$$

$$+ \lambda I$$

em que

$$I = \frac{c}{\alpha^2} - \frac{ce^{-\frac{\alpha}{N-1}}}{\alpha^2}\left(\frac{\alpha}{N-1} + 1\right)$$

$$L(t) = \prod_{m=1}^{v} \left[p_m\left(\frac{1}{t} - 1\right) \geq 0\right]$$

e $\lambda$ é um número desconhecido que figura no intervalo ]-d,d[, de maneira que

$$d = \sum_{m=1}^{v} n_m$$

sendo $n_m$ qualquer número escolhido arbitrariamente entre os números maiores ou iguais ao número de raízes reais da função $p_m$. Para evitar valores nulos em denominadores, devemos ter que $N \neq 1$.

Dando continuidade ao nosso estudo, calcularemos os valores de

$$\int_0^{\infty}\int_0^{\infty} \dots \int_0^{\infty} \prod_{k=1}^{n} e^{-\alpha x_k} \prod_{m=1}^{v} [p_m(x_1, x_2, \dots, x_n) \geq 0]\, dx_1 dx_2 \dots dx_n$$

e

$$\int_0^{\infty}\int_0^{\infty} \dots \int_0^{\infty} x_n \prod_{k=1}^{n} e^{-\alpha x_k} \prod_{m=1}^{v} [p_m(x_1, x_2, \dots, x_n) \geq 0]\, dx_1 dx_2 \dots dx_n$$

em que as funções $p_m(x_1, x_2, \ldots, x_n)$ são funções polinomiais de grau menor ou igual a z.

Comecemos pela primeira integral.

$$\int_0^\infty \int_0^\infty \ldots \int_0^\infty \prod_{k=1}^{n} e^{-\alpha x_k} \prod_{m=1}^{v} [p_m(x_1, x_2, \ldots, x_n) \geq 0]\, dx_1 dx_2 \ldots dx_n$$

$$= \int_0^\infty \int_0^\infty \ldots \int_0^\infty \left[ \int_0^\infty \left( \prod_{k=2}^{n} e^{-\alpha x_k} \right) \prod_{m=1}^{v} [p_m(x_1, x_2, \ldots, x_n) \geq 0]\, e^{-\alpha x_1} dx_1 \right] dx_2 dx_3 \ldots dx_n$$

$$= \int_0^\infty \int_0^\infty \ldots \int_0^\infty \left[ \sum_{j_1=0}^{N-1} \prod_{m=1}^{v} \left[ p_m\left( \left( \frac{N}{j_1+1} - 1 \right), x_2, x_3, \ldots, x_n \right) \right.\right.$$

$$\left.\left. \geq 0 \right] \frac{e^\alpha}{\alpha} \left( \prod_{k=2}^{n} e^{-\alpha x_k} \right) \left( e^{-\frac{\alpha N}{j_1+1}} - \lim_{s \to j_1^+} e^{-\frac{\alpha N}{s}} \right) + \lambda_1(x_2, x_3, \ldots, x_n) I_1 \right] dx_2 dx_3 \ldots dx_n$$

em que

$$I_1 = \left( \left[ \frac{\alpha N}{2} \leq 1 \right] \frac{e^\alpha}{\alpha} e^{-\frac{\alpha N}{2}} + \left[ \frac{\alpha N}{2} > 1 \right] \left( \frac{e^\alpha}{\alpha} e^{-\frac{2\alpha N}{\alpha N+2}} - \frac{e^\alpha}{\alpha} e^{-\frac{2\alpha N}{\alpha N-2}} \right) \right) \frac{e^\alpha}{\alpha} \left( \prod_{k=2}^{n} e^{-\alpha x_k} \right)$$

e

$$-vz < \lambda_1(x_2, x_3, \ldots, x_n) < vz$$

sendo z o grau máximo do polinômio $p_m(x_1, x_2, \ldots, x_n)$, para m natural não nulo menor ou igual a v.

$$\int_0^\infty \int_0^\infty \ldots \int_0^\infty \prod_{k=1}^{n} e^{-\alpha x_k} \prod_{j=1}^{v} [p_m(x_1, x_2, \ldots, x_n) \geq 0]\, dx_1 dx_2 \ldots dx_n$$

$$= \int_0^\infty \int_0^\infty \ldots \int_0^\infty \left[ \sum_{j_1=0}^{N-1} \prod_{m=1}^{v} \left[ p_m\left( \left( \frac{N}{j_1+1} - 1 \right), x_2, x_3, \ldots, x_n \right) \right.\right.$$

$$\left.\left. \geq 0 \right] \frac{e^\alpha}{\alpha} \prod_{k=2}^{n} e^{-\alpha x_k} \left( e^{-\frac{\alpha N}{j_1+1}} - \lim_{s \to j_1^+} e^{-\frac{\alpha N}{s}} \right) + \lambda_1(x_2, x_3, \ldots, x_n) I_1 \right] dx_2 dx_3 \ldots dx_n$$

$$= \sum_{j_1=0}^{N-1} \int_0^\infty \int_0^\infty \dots \int_0^\infty \prod_{m=1}^{v} \left[p_m \left( \left( \frac{N}{j_1+1} - 1 \right), x_2, x_3, \dots, x_n \right) \right.$$

$$\left. \geq 0 \right] \frac{e^\alpha}{\alpha} \left( \prod_{k=2}^{n} e^{-\alpha x_k} \right) \left( e^{-\frac{\alpha N}{j_1+1}} - \lim_{s \to j_1^+} e^{-\frac{\alpha N}{s}} \right) dx_2 dx_3 \dots dx_n$$

$$+ \int_0^\infty \int_0^\infty \dots \int_0^\infty \lambda_1(x_2, x_3, \dots, x_n) I_1 \, dx_2 dx_3 \dots dx_n$$

Repetindo-se o procedimento para eliminar a variável de integração $x_2$, temos que

$$\int_0^\infty \int_0^\infty \dots \int_0^\infty \prod_{k=1}^{n} e^{-\alpha x_k} \prod_{j=1}^{v} [p_m(x_1, x_2, \dots, x_n) \geq 0] \, dx_1 dx_2 \dots dx_n$$

$$= \sum_{j_1=0}^{N-1} \sum_{j_2=0}^{N-1} \int_0^\infty \int_0^\infty \dots \int_0^\infty \prod_{m=1}^{v} \left[p_m \left( \left( \frac{N}{j_1+1} - 1 \right), \left( \frac{N}{j_2+1} - 1 \right), x_3, x_4, \dots, x_n \right) \right.$$

$$\left. \geq 0 \right] \left( \frac{e^\alpha}{\alpha} \right)^2 \left( \prod_{k=3}^{n} e^{-\alpha x_k} \right) \left( e^{-\frac{\alpha N}{j_1+1}} - \lim_{s \to j_1^+} e^{-\frac{\alpha N}{s}} \right) \left( e^{-\frac{\alpha N}{j_2+1}} - \lim_{s \to j_2^+} e^{-\frac{\alpha N}{s}} \right) dx_3 dx_4 \dots dx_n$$

$$+ \int_0^\infty \int_0^\infty \dots \int_0^\infty \lambda_1(x_2, x_3, \dots, x_n) I_1 \, dx_2 dx_3 \dots dx_n$$

$$+ \int_0^\infty \int_0^\infty \dots \int_0^\infty \lambda_2(x_3, x_4, \dots, x_n) I_2 \, dx_3 dx_4 \dots dx_n$$

em que $\lambda_1$ e $I_1$ têm as definições já estabelecidas,

$$I_2 = \left( \left[ \frac{\alpha N}{2} \leq 1 \right] \frac{e^\alpha}{\alpha} e^{-\frac{\alpha N}{2}} \right.$$

$$\left. + \left[ \frac{\alpha N}{2} > 1 \right] \left( \frac{e^\alpha}{\alpha} e^{-\frac{2\alpha N}{\alpha N+2}} - \frac{e^\alpha}{\alpha} e^{-\frac{2\alpha N}{\alpha N-2}} \right) \right) \left( \frac{e^\alpha}{\alpha} \right)^2 \left( \prod_{k=3}^{n} e^{-\alpha x_k} \right) \sum_{j_1=0}^{N-1} \left( e^{-\frac{\alpha N}{j_1+1}} - \lim_{s \to j_1^+} e^{-\frac{\alpha N}{s}} \right)$$

e

$$-vz < \lambda_2(x_3, x_4, \dots, x_n) < vz$$

sendo z o grau máximo dos polinômios $p_m(x_1, x_2, \dots, x_n)$, para m natural não nulo menor ou igual a v.

Repetindo sucessivamente o procedimento até eliminar todas as variáveis de integração, chegaremos ao seguinte:

$$\int_0^\infty \int_0^\infty \dots \int_0^\infty \prod_{k=1}^{n} e^{-\alpha x_k} \prod_{j=1}^{v} [p_m(x_1, x_2, \dots, x_n) \geq 0]\, dx_1 dx_2 \dots dx_n$$

$$= \sum_{j_1=0}^{N-1} \sum_{j_2=0}^{N-1} \dots \sum_{j_n=0}^{N-1} \left( \prod_{m=1}^{v} \left[ p_m\left( \left(\frac{N}{j_1+1} - 1\right), \left(\frac{N}{j_2+1} - 1\right), \dots, \left(\frac{N}{j_n+1} - 1\right) \right) \right.\right.$$

$$\left.\left. \geq 0 \right] \right) \left(\frac{e^\alpha}{\alpha}\right)^n \prod_{p=1}^{n} \left( e^{-\frac{\alpha N}{j_p+1}} - \lim_{s \to j_p^+} e^{-\frac{\alpha N}{s}} \right)$$

$$+ \int_0^\infty \int_0^\infty \dots \int_0^\infty \lambda_1(x_2, x_3, \dots, x_n) I_1\, dx_2 dx_3 \dots dx_n$$

$$+ \int_0^\infty \int_0^\infty \dots \int_0^\infty \lambda_2(x_3, x_4, \dots, x_n) I_2\, dx_3 dx_4 \dots dx_n + \dots + \int_0^\infty \lambda_{n-1}(x_n) I_{n-1}\, dx_n + \lambda_n I_n$$

em que

$$I_1 = \left( \left[\frac{\alpha N}{2} \leq 1\right] \frac{e^\alpha}{\alpha} e^{-\frac{\alpha N}{2}} + \left[\frac{\alpha N}{2} > 1\right] \left( \frac{e^\alpha}{\alpha} e^{-\frac{2\alpha N}{\alpha N+2}} - \frac{e^\alpha}{\alpha} e^{-\frac{2\alpha N}{\alpha N-2}} \right) \right) \frac{e^\alpha}{\alpha} \left( \prod_{k=2}^{n} e^{-\alpha x_k} \right)$$

$$1 < u < n \Rightarrow I_u$$

$$= \left( \left[\frac{\alpha N}{2} \leq 1\right] \frac{e^\alpha}{\alpha} e^{-\frac{\alpha N}{2}} \right.$$

$$+ \left[\frac{\alpha N}{2} \right.$$

$$\left. > 1\right] \left( \frac{e^\alpha}{\alpha} e^{-\frac{2\alpha N}{\alpha N+2}} \right.$$

$$\left.\left. - \frac{e^\alpha}{\alpha} e^{-\frac{2\alpha N}{\alpha N-2}} \right) \right) \left(\frac{e^\alpha}{\alpha}\right)^u \left( \prod_{k=u+1}^{n} e^{-\alpha x_k} \right) \sum_{j_1=0}^{N-1} \sum_{j_2=0}^{N-1} \dots \sum_{j_{u-1}=0}^{N-1} \prod_{p=1}^{u-1} \left( e^{-\frac{\alpha N}{j_p+1}} - \lim_{s \to j_p^+} e^{-\frac{\alpha N}{s}} \right)$$

$$I_n = \left( \left[\frac{\alpha N}{2} \leq 1\right] \frac{e^\alpha}{\alpha} e^{-\frac{\alpha N}{2}} \right.$$

$$+ \left[\frac{\alpha N}{2} \right.$$

$$\left. > 1\right] \left( \frac{e^\alpha}{\alpha} e^{-\frac{2\alpha N}{\alpha N+2}} - \frac{e^\alpha}{\alpha} e^{-\frac{2\alpha N}{\alpha N-2}} \right) \Bigg) \left(\frac{e^\alpha}{\alpha}\right)^n \sum_{j_1=0}^{N-1} \sum_{j_2=0}^{N-1} \dots \sum_{j_{n-1}=0}^{N-1} \prod_{p=1}^{n-1} \left( e^{-\frac{\alpha N}{j_p+1}} - \lim_{s \to j_p^+} e^{-\frac{\alpha N}{s}} \right)$$

$$p \in \{1, 2, \dots, n\} \Rightarrow -vz < \lambda_p(x_{p+1}, x_{p+2}, \dots, x_n) < vz$$

Podemos reescrever as equações que definem os termos $I_u$ assim:

$$I_1 = r\frac{e^{\alpha}}{\alpha}\left(\prod_{k=u+1}^{n} e^{-\alpha x_k}\right)$$

$$1 < u < n \Rightarrow I_u = r\left(\frac{e^{\alpha}}{\alpha}\right)^u \left(\prod_{k=u+1}^{n} e^{-\alpha x_k}\right)\sum_{j_1=0}^{N-1}\sum_{j_2=0}^{N-1}\dots\sum_{j_{u-1}=0}^{N-1}\prod_{p=1}^{n-1}\left(e^{-\frac{\alpha N}{j_p+1}} - \lim_{s\to j_p^+} e^{-\frac{\alpha N}{s}}\right)$$

$$I_n = r\left(\frac{e^{\alpha}}{\alpha}\right)^n \sum_{j_1=0}^{N-1}\sum_{j_2=0}^{N-1}\dots\sum_{j_{n-1}=0}^{N-1}\prod_{p=1}^{n-1}\left(e^{-\frac{\alpha N}{j_p+1}} - \lim_{s\to j_p^+} e^{-\frac{\alpha N}{s}}\right)$$

em que

$$r = \left[\frac{\alpha N}{2} \le 1\right]\frac{e^{\alpha}}{\alpha}e^{-\frac{\alpha N}{2}} + \left[\frac{\alpha N}{2} > 1\right]\left(\frac{e^{\alpha}}{\alpha}e^{-\frac{2\alpha N}{\alpha N+2}} - \frac{e^{\alpha}}{\alpha}e^{-\frac{2\alpha N}{\alpha N-2}}\right)$$

Note que r não depende de u. Podemos verificar que, na prática, é possível substituir os termos $\lambda_p(x_{p+1}, x_{p+2}, \dots, x_n)$, os quais são funções de $x_{p+1}$, $x_{p+2}$, ..., $x_n$, por constantes, que, da mesma forma, figuram no intervalo $]-zv, zv[$. Embora estas constantes sejam desconhecidas, o fato de sabermos que elas figuram no intervalo mencionado nos fornece informações preciosas para um cálculo aproximativo. Vejamos.

$$\int_0^{\infty}\int_0^{\infty}\dots\int_0^{\infty} -zvI_u\, dx_{u+1}dx_{u+2}\dots dx_n$$

$$< \int_0^{\infty}\int_0^{\infty}\dots\int_0^{\infty} \lambda_u(x_{u+1}, x_{u+2}, \dots, x_n)I_u\, dx_{u+1}dx_{u+2}\dots dx_n$$

$$< \int_0^{\infty}\int_0^{\infty}\dots\int_0^{\infty} zvI_u\, dx_{u+1}dx_{u+2}\dots dx_n$$

Por isso, podemos afirmar que há uma constante $\lambda_u$ no intervalo $]-zv, zv[$ tal que

$$\int_0^{\infty}\int_0^{\infty}\dots\int_0^{\infty} \lambda_u(x_{u+1}, x_{u+2}, \dots, x_n)I_u\, dx_{u+1}dx_{u+2}\dots dx_n = \int_0^{\infty}\int_0^{\infty}\dots\int_0^{\infty} \lambda_u I_u\, dx_{u+1}dx_{u+2}\dots dx_n$$

sendo que $-zv < \lambda_u < zv$.

Não confunda $\lambda_u(x_{u+1}, x_{u+2}, \dots, x_n)$ com $\lambda_u$. Enquanto a primeira é função de $x_{u+1}$, $x_{u+2}$, ... e $x_n$, a segunda é uma constante, embora ambas estejam no intervalo $]-zv, zv[$.

Com isso, temos que

$$\int_0^\infty\int_0^\infty ... \int_0^\infty \prod_{k=1}^{n} e^{-\alpha x_k} \prod_{j=1}^{v}[p_m(x_1, x_2, ..., x_n) \geq 0]\, dx_1 dx_2 ... dx_n$$

$$= \sum_{j_1=0}^{N-1}\sum_{j_2=0}^{N-1} ... \sum_{j_n=0}^{N-1}\left(\prod_{m=1}^{v}\left[p_m\left(\left(\frac{N}{j_1+1}-1\right),\left(\frac{N}{j_2+1}-1\right),...,\left(\frac{N}{j_n+1}-1\right)\right)\right.\right.$$

$$\left.\left.\geq 0\right]\right)\left(\frac{e^\alpha}{\alpha}\right)^n \prod_{p=1}^{n}\left(e^{-\frac{\alpha N}{j_p+1}} - \lim_{s\to j_p^+} e^{-\frac{\alpha N}{s}}\right) + \int_0^\infty\int_0^\infty ... \int_0^\infty \lambda_1 I_1\, dx_2 dx_3 ... dx_n$$

$$+ \int_0^\infty\int_0^\infty ... \int_0^\infty \lambda_2 I_2\, dx_3 dx_4 ... dx_n + \cdots + \int_0^\infty \lambda_{n-1} I_{n-1}\, dx_n + \lambda_n I_n$$

em que os termos $I_u$ são definidos como antes, e os termos $\lambda_u$ respeitam a

$$-vz < \lambda_u < vz$$

Passemos para as integrais faltantes. Sobraram na expressão resultante (n-1) integrais. Vamos resolvê-las.

$$\int_0^\infty\int_0^\infty ... \int_0^\infty \lambda_u I_u\, dx_{u+1} dx_{u+2} ... dx_n$$

$$= \int_0^\infty\int_0^\infty ... \int_0^\infty \lambda_u r\left(\frac{e^\alpha}{\alpha}\right)^u \left(\prod_{k=u+1}^{n} e^{-\alpha x_k}\right)\sum_{j_1=0}^{N-1}\sum_{j_2=0}^{N-1} ... \sum_{j_{u-1}=0}^{N-1}\prod_{p=1}^{u-1}\left(e^{-\frac{\alpha N}{j_p+1}}\right.$$

$$\left. - \lim_{s\to j_p^+} e^{-\frac{\alpha N}{s}}\right) dx_{u+1} dx_{u+2} ... dx_n$$

$$= \lambda_u r\left(\frac{e^\alpha}{\alpha}\right)^u \sum_{j_1=0}^{N-1}\sum_{j_2=0}^{N-1} ... \sum_{j_{u-1}=0}^{N-1}\prod_{p=1}^{u-1}\left(e^{-\frac{\alpha N}{j_p+1}}\right.$$

$$\left. - \lim_{s\to j_p^+} e^{-\frac{\alpha N}{s}}\right)\int_0^\infty\int_0^\infty ... \int_0^\infty \prod_{k=u+1}^{n} e^{-\alpha x_k}\, dx_{u+1} dx_{u+2} ... dx_n$$

$$\int_0^\infty e^{-\alpha x} dx = \frac{1}{\alpha}$$

$$\int_0^\infty\int_0^\infty ... \int_0^\infty \prod_{k=u+1}^{n} e^{-\alpha x_k}\, dx_{u+1} dx_{u+2} ... dx_n = \frac{1}{\alpha^{n-u}}$$

$$\int_0^\infty\int_0^\infty ... \int_0^\infty \lambda_u I_u\, dx_{u+1} dx_{u+2} ... dx_n = \lambda_u r\frac{e^{\alpha u}}{\alpha^n}\sum_{j_1=0}^{N-1}\sum_{j_2=0}^{N-1} ... \sum_{j_{u-1}=0}^{N-1}\prod_{p=1}^{u-1}\left(e^{-\frac{\alpha N}{j_p+1}} - \lim_{s\to j_p^+} e^{-\frac{\alpha N}{s}}\right)$$

Daí temos o resultado em função dos termos desconhecidos $\lambda_u$:

$$\int_0^\infty \int_0^\infty \cdots \int_0^\infty \prod_{k=1}^{n} e^{-\alpha x_k} \prod_{m=1}^{v} [p_m(x_1, x_2, \dots, x_n) \geq 0]\, dx_1 dx_2 \dots dx_n$$

$$= \sum_{j_1=0}^{N-1} \sum_{j_2=0}^{N-1} \cdots \sum_{j_n=0}^{N-1} \left( \prod_{m=1}^{v} \left[ p_m \left( \left(\frac{N}{j_1+1} - 1\right), \left(\frac{N}{j_2+1} - 1\right), \dots, \left(\frac{N}{j_n+1} - 1\right) \right) \right.\right.$$

$$\left.\left. \geq 0 \right] \right) \left(\frac{e^\alpha}{\alpha}\right)^n \prod_{p=1}^{n} \left( e^{-\frac{\alpha N}{j_p+1}} - \lim_{s \to j_p^+} e^{-\frac{\alpha N}{s}} \right)$$

$$+ \frac{r}{\alpha^n} \left( \lambda_1 e^\alpha + \lambda_2 e^{2\alpha} \sum_{j_1=1}^{N-1} \prod_{p=1}^{1} \left( e^{-\frac{\alpha N}{j_p+1}} - \lim_{s \to j_p^+} e^{-\frac{\alpha N}{s}} \right) \right.$$

$$+ \lambda_3 e^{3\alpha} \sum_{j_1=0}^{N-1} \sum_{j_2=0}^{N-1} \prod_{p=1}^{2} \left( e^{-\frac{\alpha N}{j_p+1}} - \lim_{s \to j_p^+} e^{-\frac{\alpha N}{s}} \right) + \dots$$

$$+ \lambda_{n-1} e^{(n-1)\alpha} \sum_{j_1=0}^{N-1} \sum_{j_2=0}^{N-1} \cdots \sum_{j_{n-2}=0}^{N-1} \prod_{p=1}^{n-2} \left( e^{-\frac{\alpha N}{j_p+1}} - \lim_{s \to j_p^+} e^{-\frac{\alpha N}{s}} \right)$$

$$\left. + \lambda_n e^{n\alpha} \sum_{j_1=0}^{N-1} \sum_{j_2=0}^{N-1} \cdots \sum_{j_{n-1}=0}^{N-1} \prod_{p=1}^{n-1} \left( e^{-\frac{\alpha N}{j_p+1}} - \lim_{s \to j_p^+} e^{-\frac{\alpha N}{s}} \right) \right)$$

em que os termos $\lambda_u$ são desconhecidos e devem figurar no intervalo ]-zv,zv[.

Esta equação aproxima o valor da integral múltipla do primeiro membro, o que se dá da seguinte forma:

$$\int_0^\infty \int_0^\infty \cdots \int_0^\infty \prod_{k=1}^{n} e^{-\alpha x_k} \prod_{m=1}^{v} [p_m(x_1, x_2, \dots, x_n) \geq 0]\, dx_1 dx_2 \dots dx_n$$

$$\cong \sum_{j_1=0}^{N-1} \sum_{j_2=0}^{N-1} \cdots \sum_{j_n=0}^{N-1} \left( \prod_{m=1}^{v} \left[ p_m \left( \left(\frac{N}{j_1+1} - 1\right), \left(\frac{N}{j_2+1} - 1\right), \dots, \left(\frac{N}{j_n+1} - 1\right) \right) \right.\right.$$

$$\left.\left. \geq 0 \right] \right) \left(\frac{e^\alpha}{\alpha}\right)^n \prod_{p=1}^{n} \left( e^{-\frac{\alpha N}{j_p+1}} - \lim_{s \to j_p^+} e^{-\frac{\alpha N}{s}} \right)$$

O erro, aqui, é dado pela expressão

$$\frac{r}{\alpha^n}\left(\lambda_1 e^{\alpha} + \lambda_2 e^{2\alpha}\sum_{j_1}^{N-1}\prod_{p=1}^{1}\left(e^{-\frac{\alpha N}{j_p+1}} - \lim_{s\to j_p^+} e^{-\frac{\alpha N}{s}}\right) + \lambda_3 e^{3\alpha}\sum_{j_1=0}^{N-1}\sum_{j_2=0}^{N-1}\prod_{p=1}^{2}\left(e^{-\frac{\alpha N}{j_p+1}} - \lim_{s\to j_p^+} e^{-\frac{\alpha N}{s}}\right) + \dots\right.$$

$$+ \lambda_{n-1}e^{(n-1)\alpha}\sum_{j_1=0}^{N-1}\sum_{j_2=0}^{N-1}\dots\sum_{j_{n-2}=0}^{N-1}\prod_{p=1}^{n-2}\left(e^{-\frac{\alpha N}{j_p+1}} - \lim_{s\to j_p^+} e^{-\frac{\alpha N}{s}}\right)$$

$$\left.+ \lambda_n e^{n\alpha}\sum_{j_1=0}^{N-1}\sum_{j_2=0}^{N-1}\dots\sum_{j_{n-1}=0}^{N-1}\prod_{p=1}^{n-1}\left(e^{-\frac{\alpha N}{j_p+1}} - \lim_{s\to j_p^+} e^{-\frac{\alpha N}{s}}\right)\right)$$

A margem de erro pode ser tornada tão pequena quanto se queira mediante escolha de um valor suficientemente grande para N.

Para finalizar esta etapa do nosso estudo, calculemos o valor de

$$\int_0^{\infty}\int_0^{\infty}\dots\int_0^{\infty} x_n \prod_{k=1}^{n} e^{-\alpha x_k}\prod_{m=1}^{v}[p_m(x_1, x_2, \dots, x_n) \geq 0]\, dx_1 dx_2 \dots dx_n$$

sendo as funções $p_m(x_1, x_2, \dots, x_n)$ polinomiais de grau menor ou igual a z.

Com este intuito, podemos implementar o mesmo procedimento que nos levou a calcular o valor da integral anterior, ou seja, eliminar uma variável de integração de cada vez mediante a aplicação das relações que já estudamos envolvendo

$$\int_0^{\infty} ce^{-\alpha x}\prod_{m=1}^{v}[p_m(x) \geq 0]\, dx$$

e

$$\int_0^{\infty} cxe^{-\alpha x}\prod_{m=1}^{v}[p_m(x) \geq 0]\, dx$$

Fazendo isso, a cada estágio, eliminamos uma variável de integração, começando com $x_1$. Teremos em determinado estágio (até o (n-1)-ésimo) uma expressão que difere da expressão correspondente ao mesmo estágio na execução deste mesmo procedimento no caso da integral múltipla anterior apenas pela presença do fator $x_n$ no integrando. Assim, podemos repetir o mesmo procedimento para esta nova integral, tendo o mero cuidado adicional de incorporar tal fator ao integrando às expressões decorrentes da execução de cada estágio, até eliminar as (n-1) primeiras variáveis de integração, chegando a

$$\int_0^\infty \int_0^\infty \dots \int_0^\infty x_n \prod_{k=1}^{n} e^{-\alpha x_k} \prod_{m=1}^{v} [p_m(x_1, x_2, \dots, x_n) \geq 0]\, dx_1 dx_2 \dots dx_n$$

$$= \sum_{j_1=0}^{N-1} \sum_{j_2=0}^{N-1} \dots \sum_{j_{n-1}=0}^{N-1} \int_0^\infty \left( \prod_{m=1}^{v} \left[ p_m \left( \left( \frac{N}{j_1+1} - 1 \right), \left( \frac{N}{j_2+1} - 1 \right), \dots, \left( \frac{N}{j_{n-1}+1} - 1 \right), x_n \right) \right.\right.$$

$$\left.\left. \geq 0 \right] \right) \left( \frac{e^\alpha}{\alpha} \right)^{n-1} \prod_{p=1}^{n-1} \left( e^{-\frac{\alpha N}{j_p+1}} - \lim_{s \to j_p^+} e^{-\frac{\alpha N}{s}} \right) x_n e^{-\alpha x_n}\, dx_n$$

$$+ \int_0^\infty \int_0^\infty \dots \int_0^\infty \lambda_1 I_1\, dx_2 dx_3 \dots dx_n + \int_0^\infty \int_0^\infty \dots \int_0^\infty \lambda_2 I_2\, dx_3 dx_4 \dots dx_n + \cdots$$

$$+ \int_0^\infty \lambda_{n-1} I_{n-1}\, dx_n$$

em que

$$I_1 = r \frac{e^\alpha}{\alpha} \left( \prod_{k=2}^{n} e^{-\alpha x_k} \right)$$

$$1 < u < n \Longrightarrow I_u = r \left( \frac{e^\alpha}{\alpha} \right)^u \left( \prod_{k=u+1}^{n} e^{-\alpha x_k} \right) \sum_{j_1=0}^{N-1} \sum_{j_2=0}^{N-1} \dots \sum_{j_{u-1}=0}^{N-1} \prod_{p=1}^{u-1} \left( e^{-\frac{\alpha N}{j_p+1}} - \lim_{s \to j_p^+} e^{-\frac{\alpha N}{s}} \right)$$

$$p \in \{1,2, \dots, n\} \Longrightarrow -vz < \lambda_p < vz$$

sendo que

$$r = \left[ \frac{\alpha N}{2} \leq 1 \right] \frac{e^\alpha}{\alpha} e^{-\frac{\alpha N}{2}} + \left[ \frac{\alpha N}{2} > 1 \right] \left( \frac{e^\alpha}{\alpha} e^{-\frac{2\alpha N}{\alpha N+2}} - \frac{e^\alpha}{\alpha} e^{-\frac{2\alpha N}{\alpha N-2}} \right)$$

Note que, como no caso da integral múltipla anterior, nesta de que estamos tratando agora, surge, a cada estágio do nosso procedimento, um termo que depende de certas variáveis de integração. Estes termos, que figuram no intervalo $]-zv, zv[$, podem ser chamados de $\lambda_u(x_{u+1}, x_{u+2}, \dots, x_n)$, com u natural variando de 1 a (n-1). Da mesma forma que vimos no estudo da integral múltipla anterior, temos que

$$\int_0^\infty \int_0^\infty \dots \int_0^\infty -zvI_u\, dx_{u+1} dx_{u+2} \dots dx_n$$

$$< \int_0^\infty \int_0^\infty \dots \int_0^\infty \lambda_u(x_{u+1}, x_{u+2}, \dots, x_n) I_u\, dx_{u+1} dx_{u+2} \dots dx_n$$

$$< \int_0^\infty \int_0^\infty \dots \int_0^\infty zvI_u \, dx_{u+1} dx_{u+2} \dots dx_n$$

de maneira que

$$\int_0^\infty \int_0^\infty \dots \int_0^\infty \lambda_u(x_{u+1}, x_{u+2}, \dots, x_n) I_u \, dx_{u+1} dx_{u+2} \dots dx_n = \int_0^\infty \int_0^\infty \dots \int_0^\infty \lambda_u I_u \, dx_{u+1} dx_{u+2} \dots dx_n$$

sendo que $-zv < \lambda_u < zv$.

Por este motivo, substituímos, sem qualquer prejuízo, cada termo $\lambda_u(x_{u+1}, x_{u+2}, \dots, x_n)$ por uma constante, a qual chamamos simplesmente de $\lambda_u$.

Com base nas igualdades que demonstramos neste capítulo,

$$\sum_{j_1=0}^{N-1} \sum_{j_2=0}^{N-1} \dots \sum_{j_{n-1}=0}^{N-1} \int_0^\infty \left( \prod_{m=1}^{v} \left[ p_m \left( \left( \frac{N}{j_1+1} - 1 \right), \left( \frac{N}{j_2+1} - 1 \right), \dots, \left( \frac{N}{j_{n-1}+1} - 1 \right), x_n \right) \right.\right.$$

$$\left.\left. \geq 0 \right] \right) \left( \frac{e^\alpha}{\alpha} \right)^{n-1} \prod_{p=1}^{n-1} \left( e^{-\frac{\alpha N}{j_p+1}} - \lim_{s \to j_p^+} e^{-\frac{\alpha N}{s}} \right) x_n e^{-\alpha x_n} \, dx_n$$

$$= \left( \frac{e^\alpha}{\alpha} \right)^{n-1} \sum_{j_1=0}^{N-1} \sum_{j_2=0}^{N-1} \dots \sum_{j_n=0}^{N-1} \left( \prod_{m=1}^{v} \left[ p_m \left( \left( \frac{N}{j_1+1} - 1 \right), \left( \frac{N}{j_2+1} - 1 \right), \dots, \left( \frac{N}{j_n+1} - 1 \right) \right) \right.\right.$$

$$\left.\left. \geq 0 \right] \right) \prod_{p=1}^{n-1} \left( e^{-\frac{\alpha N}{j_p+1}} - \lim_{s \to j_p^+} e^{-\frac{\alpha N}{s}} \right) \left( \lim_{s \to j_n^+} \left( -\frac{e^{-\alpha\left(\frac{N}{s}-1\right)}}{\alpha^2} \left( \frac{N\alpha}{s} - \alpha + 1 \right) \right) \right.$$

$$\left. + \frac{e^{-\alpha\left(\frac{N}{j_n+1}-1\right)}}{\alpha^2} \left( \frac{N\alpha}{j_n+1} - \alpha + 1 \right) \right) + I_n \lambda_n$$

em que $I_u$ para $u < n$ é dado pelas expressões já apresentadas,

$$I_n = \left( \frac{e^\alpha}{\alpha} \right)^{n-1} \left( \frac{1}{\alpha^2} - \frac{e^{-\frac{\alpha}{N-1}}}{\alpha^2} \left( \frac{\alpha}{N-1} + 1 \right) \right) \sum_{j_1=0}^{N-1} \sum_{j_2=0}^{N-1} \dots \sum_{j_{n-1}=0}^{N-1} \prod_{p=1}^{n-1} \left( e^{-\frac{\alpha N}{j_p+1}} - \lim_{s \to j_p^+} e^{-\frac{\alpha N}{s}} \right)$$

e

$$-zv < \lambda_n < zv$$

Prosseguindo,

$$\int_0^\infty \int_0^\infty \dots \int_0^\infty x_n \prod_{k=1}^{n} e^{-\alpha x_k} \prod_{m=1}^{v} [p_m(x_1, x_2, \dots, x_n) \geq 0]\, dx_1 dx_2 \dots dx_n$$

$$= \left(\frac{e^\alpha}{\alpha}\right)^{n-1} \sum_{j_1=0}^{N-1} \sum_{j_2=0}^{N-1} \dots \sum_{j_n=0}^{N-1} \left( \prod_{m=1}^{v} \left[ p_m \left( \left(\frac{N}{j_1+1} - 1\right), \left(\frac{N}{j_2+1} - 1\right), \dots, \left(\frac{N}{j_n+1} - 1\right) \right) \right.\right.$$

$$\left.\left. \geq 0 \right] \right) \prod_{p=1}^{n-1} \left( e^{-\frac{\alpha N}{j_p+1}} - \lim_{s \to j_p^+} e^{-\frac{\alpha N}{s}} \right) \left( \lim_{s \to j_n^+} \left( -\frac{e^{-\alpha\left(\frac{N}{s}-1\right)}}{\alpha^2} \left(\frac{N\alpha}{s} - \alpha + 1\right) \right) \right.$$

$$\left. + \frac{e^{-\alpha\left(\frac{N}{j_n+1}-1\right)}}{\alpha^2} \left(\frac{N\alpha}{j_n+1} - \alpha + 1\right) \right) + \int_0^\infty \int_0^\infty \dots \int_0^\infty \lambda_1 I_1\, dx_2 dx_3 \dots dx_n$$

$$+ \int_0^\infty \int_0^\infty \dots \int_0^\infty \lambda_2 I_2\, dx_3 dx_4 \dots dx_n + \dots + \int_0^\infty \lambda_{n-1} I_{n-1}\, dx_n + I_n \lambda_n$$

Disso, vem que

$$\int_0^\infty \int_0^\infty \dots \int_0^\infty x_n \prod_{k=1}^{n} e^{-\alpha x_k} \prod_{m=1}^{v} [p_m(x_1, x_2, \dots, x_n) \geq 0]\, dx_1 dx_2 \dots dx_n$$

$$= \left(\frac{e^\alpha}{\alpha}\right)^{n-1} \sum_{j_1=0}^{N-1} \sum_{j_2=0}^{N-1} \dots \sum_{j_n=0}^{N-1} \left( \prod_{m=1}^{v} \left[ p_m \left( \left(\frac{N}{j_1+1} - 1\right), \left(\frac{N}{j_2+1} - 1\right), \dots, \left(\frac{N}{j_n+1} - 1\right) \right) \right.\right.$$

$$\left.\left. \geq 0 \right] \right) \prod_{p=1}^{n-1} \left( e^{-\frac{\alpha N}{j_p+1}} - \lim_{s \to j_p^+} e^{-\frac{\alpha N}{s}} \right) \left( \lim_{s \to j_n^+} \left( -\frac{e^{-\alpha\left(\frac{N}{s}-1\right)}}{\alpha^2} \left(\frac{N\alpha}{s} - \alpha + 1\right) \right) \right.$$

$$\left. + \frac{e^{-\alpha\left(\frac{N}{j_n+1}-1\right)}}{\alpha^2} \left(\frac{N\alpha}{j_n+1} - \alpha + 1\right) \right) + \phi$$

em que

$$\phi = \frac{r}{\alpha^n}\left(\lambda_1 e^{\alpha} + \lambda_2 e^{2\alpha}\sum_{j_1=0}^{N-1}\prod_{p=1}^{1}\left(e^{-\frac{\alpha N}{j_p+1}} - \lim_{s\to j_p^+} e^{-\frac{\alpha N}{s}}\right) + \lambda_3 e^{3\alpha}\sum_{j_1=0}^{N-1}\sum_{j_2=0}^{N-1}\prod_{p=1}^{2}\left(e^{-\frac{\alpha N}{j_p+1}} - \lim_{s\to j_p^+} e^{-\frac{\alpha N}{s}}\right) + \dots\right.$$

$$\left. + \lambda_{n-1} e^{(n-1)\alpha}\sum_{j_1=0}^{N-1}\sum_{j_2=0}^{N-1}\dots\sum_{j_{n-1}=0}^{N-1}\prod_{p=1}^{n-2}\left(e^{-\frac{\alpha N}{j_p+1}} - \lim_{s\to j_p^+} e^{-\frac{\alpha N}{s}}\right)\right)$$

$$+ \lambda_n\left(\frac{e^{\alpha}}{\alpha}\right)^{n-1}\left(\frac{1}{\alpha^2} - \frac{e^{-\frac{\alpha}{N-1}}}{\alpha^2}\left(\frac{\alpha}{N-1}+1\right)\right)\sum_{j_1=0}^{N-1}\sum_{j_2=0}^{N-1}\dots\sum_{j_{n-1}=0}^{N-1}\prod_{p=1}^{n-1}\left(e^{-\frac{\alpha N}{j_p+1}} - \lim_{s\to j_p^+} e^{-\frac{\alpha N}{s}}\right)$$

e o valor de r é definido como antes.

Da mesma forma que no caso da integral múltipla anterior, temos um valor aproximativo de erro $\phi$ dado pela expressão anterior, em função dos termos desconhecidos $\lambda_u$, podendo estabelecer a aproximação do valor da integral múltipla desejada pela seguinte proposição:

$$\int_0^{\infty}\int_0^{\infty}\dots\int_0^{\infty} x_n \prod_{k=1}^{n} e^{-\alpha x_k}\prod_{m=1}^{v}[p_m(x_1, x_2, \dots, x_n) \geq 0]\, dx_1 dx_2 \dots dx_n$$

$$\cong \left(\frac{e^{\alpha}}{\alpha}\right)^{n-1}\sum_{j_1=0}^{N-1}\sum_{j_2=0}^{N-1}\dots\sum_{j_n=0}^{N-1}\left(\prod_{m=1}^{v}\left[p_m\left(\left(\frac{N}{j_1+1}-1\right),\left(\frac{N}{j_2+1}-1\right),\dots,\left(\frac{N}{j_n+1}-1\right)\right)\right.\right.$$

$$\left.\left.\geq 0\right]\right)\prod_{p=1}^{n-1}\left(e^{-\frac{\alpha N}{j_p+1}} - \lim_{s\to j_p^+} e^{-\frac{\alpha N}{s}}\right)\left(\lim_{s\to j_n^+}\left(-\frac{e^{-\alpha\left(\frac{N}{s}-1\right)}}{\alpha^2}\left(\frac{N\alpha}{s}-\alpha+1\right)\right)\right.$$

$$\left. + \frac{e^{-\alpha\left(\frac{N}{j_n+1}-1\right)}}{\alpha^2}\left(\frac{N\alpha}{j_n+1}-\alpha+1\right)\right)$$

sendo que o erro desta aproximação é $\phi$.

Conforme mostramos no capítulo VIII, o valor do compartimento referencial de um algoritmo algébrico legítimo, v, é dado por

$$v = \lim_{h\to 0^+}\frac{\int_0^{\infty}\int_0^{\infty}\dots\int_0^{\infty}[qs(R_C)]x_{n+1}\prod_{j=1}^{n+1} e^{-\alpha_j x_j}\, dx_1 dx_2 \dots dx_{n+1}}{\int_0^{\infty}\int_0^{\infty}\dots\int_0^{\infty}[qs(R_C)]\prod_{j=1}^{n+1} e^{-\alpha_j x_j}\, dx_1 dx_2 \dots dx_{n+1}} - \chi$$

sendo $\chi$ o erro, em que

$$[qs(R_C)] = 1 - \left[ \sum_{b_1=0}^{\frac{1}{l^2}} \sum_{b_2=0}^{\frac{1}{l^2}} \dots \sum_{b_{a+1}=0}^{\frac{1}{l^2}} [\sim s(R_C)(b_1 l, b_2 l, \dots, b_{a+1} l)] \geq 1 \right]$$

e a expressão

$$\sum_{b_1=0}^{\frac{1}{l^2}} \sum_{b_2=0}^{\frac{1}{l^2}} \dots \sum_{b_{a+1}=0}^{\frac{1}{l^2}} [\sim s(R_C)(b_1 l, b_2 l, \dots, b_{a+1} l)]$$

pode ser convertida, mediante a execução do algoritmo $\gamma_2$, a uma expressão da forma

$$\sum_{j_1=u_1}^{v_1} \sum_{j_2=u_2}^{v_2} \dots \sum_{j_q=u_q}^{v_q} C_{j_1,j_2,\dots,j_q} \prod_{k=1}^{z_{j_1,j_2,\dots,j_q}} \left[R_{j_1,j_2,\dots,j_q,k} \geq 0\right]$$

em que cada termo $z_{j_1,j_2,\dots,j_q}$ é constante em relação a h, $x_1$, $x_2$, ... e $x_{n+1}$, cada expressão $R_{j_1,j_2,\dots,j_q,k}$ é uma função linear sobre $\frac{x_1}{h}$, $\frac{x_2}{h}$, ..., $\frac{x_{n+1}}{h}$ e $\frac{1}{h}$, e cada expressão $C_{j_1,j_2,\dots,j_q}$ é o produto de potências com expoentes naturais de funções lineares sobre $\frac{x_1}{h^{u+1}}$, $\frac{x_2}{h^{u+1}}$, ..., $\frac{x_{n+1}}{h^{u+1}}$, $\frac{1}{h^u}$ e $\frac{1}{h^{u+1}}$ com coeficiente independente nulo, para algum u natural, multiplicado por uma potência de h (com expoente inteiro). Nas equações acima e em tudo o que segue, substituímos em $s(R_C)$ e $qs(R_C)$ $x_w$ por $x_{n+1}$ e, em seguida, t por $x_w$, para facilitar a escrita de diversas expressões. Trata-se apenas de uma alteração de *nomes*.

A partir disso, podemos converter a expressão

$$\left[ \sum_{b_1=0}^{\frac{1}{l^2}} \sum_{b_2=0}^{\frac{1}{l^2}} \dots \sum_{b_{a+1}=0}^{\frac{1}{l^2}} [\sim s(R_C)(b_1 l, b_2 l, \dots, b_{a+1} l)] \geq 1 \right]$$

em uma expressão da forma

$$\sum_{j_1=u_1}^{v_1} \sum_{j_2=u_2}^{v_2} \dots \sum_{j_q=u_q}^{v_q} c_{j_1,j_2,\dots,j_q} \prod_{k=1}^{s_{j_1,j_2,\dots,j_q}} \left[q_{j_1,j_2,\dots,j_q,k} \geq 0\right]$$

em que cada termo $q_{j_1,j_2,\dots,j_q,k}$ é um polinômio sobre h e as variáveis de integração e os termos $c_{j_1,j_2,\dots,j_q}$ são constantes em relação a tais variáveis (incluindo h), mediante a aplicação da relação que já estudamos que nos permite eliminar os colchetes dentro de outros colchetes.

Com isso, caímos no seguinte:

$$\frac{\int_0^\infty \int_0^\infty \dots \int_0^\infty [qs(R_C)] x_w \prod_{j=1}^{n+1} e^{-\alpha_j x_j}\, dx_1 dx_2 \dots dx_{n+1}}{\int_0^\infty \int_0^\infty \dots \int_0^\infty [qs(R_C)] \prod_{j=1}^{n+1} e^{-\alpha_j x_j}\, dx_1 dx_2 \dots dx_{n+1}} = \frac{A}{B}$$

em que A e B são definidos da forma que segue:

$$A = \int_0^\infty \int_0^\infty \dots \int_0^\infty [qs(R_C)] x_w \prod_{j=1}^{n+1} e^{-\alpha_j x_j}\, dx_1 dx_2 \dots dx_{n+1}$$

$$= \int_0^\infty \int_0^\infty \dots \int_0^\infty \left(1 - \sum_{j_1=u_1}^{v_1} \sum_{j_2=u_2}^{v_2} \dots \sum_{j_q=u_q}^{v_q} c_{j_1,j_2,\dots,j_q} \prod_{k=1}^{s_{j_1,j_2,\dots,j_q}} \left[q_{j_1,j_2,\dots,j_q,k}\right]\right) x_{n+1} \prod_{j=1}^{n+1} e^{-\alpha_j x_j}\, dx_1 dx_2 \dots dx_{n+1}$$

$$= \int_0^\infty \int_0^\infty \dots \int_0^\infty x_{n+1} \prod_{j=1}^{n+1} e^{-\alpha_j x_j}\, dx_1 dx_2 \dots dx_{n+1}$$

$$- \sum_{j_1=u_1}^{v_1} \sum_{j_2=u_2}^{v_2} \dots \sum_{j_q=u_q}^{v_q} c_{j_1,j_2,\dots,j_q} \int_0^\infty \int_0^\infty \dots \int_0^\infty \left(\prod_{k=1}^{s_{j_1,j_2,\dots,j_q}} \left[q_{j_1,j_2,\dots,j_q,k}\right]\right) x_{n+1} \prod_{j=1}^{n} e^{-\alpha_j x_j}\, dx_1 dx_2 \dots dx_{n+1}$$

$$B = \int_0^\infty \int_0^\infty \dots \int_0^\infty [qs(R_C)] \prod_{j=1}^{n+1} e^{-\alpha_j x_j}\, dx_1 dx_2 \dots dx_{n+1}$$

$$= \int_0^\infty \int_0^\infty \dots \int_0^\infty \left(1 - \sum_{j_1=u_1}^{v_1} \sum_{j_2=u_2}^{v_2} \dots \sum_{j_q=u_q}^{v_q} c_{j_1,j_2,\dots,j_q} \prod_{k=1}^{s_{j_1,j_2,\dots,j_q}} \left[q_{j_1,j_2,\dots,j_q,k}\right]\right) \prod_{j=1}^{n+1} e^{-\alpha_j x_j}\, dx_1 dx_2 \dots dx_{n+1}$$

$$= \int_0^\infty \int_0^\infty \dots \int_0^\infty \prod_{j=1}^{n+1} e^{-\alpha_j x_j}\, dx_1 dx_2 \dots dx_{n+1}$$

$$- \sum_{j_1=u_1}^{v_1} \sum_{j_2=u_2}^{v_2} \dots \sum_{j_q=u_q}^{v_q} c_{j_1,j_2,\dots,j_q} \int_0^\infty \int_0^\infty \dots \int_0^\infty \left(\prod_{k=1}^{s_{j_1,j_2,\dots,j_q}} \left[q_{j_1,j_2,\dots,j_q,k}\right]\right) \prod_{j=1}^{n+1} e^{-\alpha_j x_j}\, dx_1 dx_2 \dots dx_{n+1}$$

para apropriadas constantes das classes $u_i$, $v_i$, $c_{j_1,j_2,\dots,j_q}$ e $s_{j_1,j_2,\dots,j_q}$.

As integrais que compõem as definições de A e B podem ser calculadas mediante a aplicação das fórmulas resolutivas aproximativas deduzidas neste capítulo. Mas há outra forma de se determinar A e B. Lembremo-nos de que

$$[qs(R_C)] = [\forall y_1 \forall y_2 \dots \forall y_{a+1} s(R_C)(y_1, y_2, \dots, y_{a+1})]$$
$$= 1 - \left[ \sum_{j_1=u_1}^{v_1} \sum_{j_2=u_2}^{v_2} \dots \sum_{j_q=u_q}^{v_q} C_{j_1,j_2,\dots,j_q} \prod_{k=1}^{z_{j_1,j_2,\dots,j_q}} \left[ R_{j_1,j_2,\dots,j_q,k} \geq 0 \right] \geq 1 \right]$$

em que cada termo $z_{j_1,j_2,\dots,j_q}$ é constante em relação a h, $x_1$, $x_2$, ... e $x_{n+1}$, e cada expressão $R_{j_1,j_2,\dots,j_q,k}$é uma função linear sobre $\frac{x_1}{h}$, $\frac{x_2}{h}$, ..., $\frac{x_{n+1}}{h}$ e $\frac{1}{h}$, e cada expressão $C_{j_1,j_2,\dots,j_q}$ é o produto de potências com expoentes naturais de funções lineares sobre $\frac{x_1}{h^{u+1}}$, $\frac{x_2}{h^{u+1}}$, ..., $\frac{x_{n+1}}{h^{u+1}}$, $\frac{1}{h^u}$ e $\frac{1}{h^{u+1}}$ com coeficiente independente nulo, para algum u natural, multiplicado por uma potência de h (com expoente inteiro).

O componente

$$\sum_{j_1=u_1}^{v_1} \sum_{j_2=u_2}^{v_2} \dots \sum_{j_q=u_q}^{v_q} C_{j_1,j_2,\dots,j_q} \prod_{k=1}^{z_{j_1,j_2,\dots,j_q}} \left[ R_{j_1,j_2,\dots,j_q,k} \geq 0 \right]$$

decorre do algoritmo $\gamma_2$, como vimos no capítulo IX. Desta forma, definindo $p(x_1, x_2, \dots, x_{n+1})$ como

$$\sum_{j_1=u_1}^{v_1} \sum_{j_2=u_2}^{v_2} \dots \sum_{j_q=u_q}^{v_q} C_{j_1,j_2,\dots,j_q} \prod_{k=1}^{z_{j_1,j_2,\dots,j_q}} \left[ R_{j_1,j_2,\dots,j_q,k} \geq 0 \right] \geq 1$$

temos que

$$p(x_1, x_2, \dots, x_{n+1}) = \left( \sum_{j_1=u_1}^{v_1} \sum_{j_2=u_2}^{v_2} \dots \sum_{j_q=u_q}^{v_q} C_{j_1,j_2,\dots,j_q} \prod_{k=1}^{z_{j_1,j_2,\dots,j_q}} \left[ R_{j_1,j_2,\dots,j_q,k} \geq 0 \right] \geq 1 \right)$$

$$[qs(R_C)] = [\forall y_1 \forall y_2 \dots \forall y_{a+1} s(R_C)(y_1, y_2, \dots, y_{a+1})] = 1 - [p(x_1, x_2, \dots, x_{n+1})]$$

$$A = \int_0^\infty \int_0^\infty \dots \int_0^\infty x_{n+1} \prod_{k=1}^{n+1} e^{-\alpha x_k} (1 - [p(x_1, x_2, \dots, x_{n+1})]) \, dx_1 dx_2 \dots dx_{n+1}$$
$$= \int_0^\infty \int_0^\infty \dots \int_0^\infty x_{n+1} \prod_{k=1}^{n+1} e^{-\alpha x_k} \, dx_1 dx_2 \dots dx_{n+1}$$
$$- \int_0^\infty \int_0^\infty \dots \int_0^\infty x_{n+1} \prod_{k=1}^{n+1} e^{-\alpha x_k} [p(x_1, x_2, \dots, x_{n+1})] \, dx_1 dx_2 \dots dx_{n+1}$$

$$B = \int_0^\infty \int_0^\infty \dots \int_0^\infty \prod_{k=1}^{n+1} e^{-\alpha x_k} (1 - [p(x_1, x_2, \dots, x_{n+1})]) \, dx_1 dx_2 \dots dx_{n+1}$$

$$= \int_0^\infty \int_0^\infty \dots \int_0^\infty \prod_{k=1}^{n+1} e^{-\alpha x_k} \, dx_1 dx_2 \dots dx_{n+1}$$

$$- \int_0^\infty \int_0^\infty \dots \int_0^\infty \prod_{k=1}^{n+1} e^{-\alpha x_k} [p(x_1, x_2, \dots, x_{n+1})] \, dx_1 dx_2 \dots dx_{n+1}$$

Precisamos, então, determinar uma maneira de calcular

$$\int_0^\infty \int_0^\infty \dots \int_0^\infty \prod_{k=1}^{n+1} e^{-\alpha x_k} [p(x_1, x_2, \dots, x_{n+1})] \, dx_1 dx_2 \dots dx_{n+1}$$

e

$$\int_0^\infty \int_0^\infty \dots \int_0^\infty x_{n+1} \prod_{k=1}^{n+1} e^{-\alpha x_k} [p(x_1, x_2, \dots, x_{n+1})] \, dx_1 dx_2 \dots dx_{n+1}$$

Os meios de cálculo que propomos para estas integrais são os mesmos que demonstramos para

$$\int_0^\infty \int_0^\infty \dots \int_0^\infty x_n \prod_{k=1}^{n} e^{-\alpha x_k} \prod_{m=1}^{v} [p_m(x_1, x_2, \dots, x_n) \geq 0] \, dx_1 dx_2 \dots dx_n$$

e

$$\int_0^\infty \int_0^\infty \dots \int_0^\infty \prod_{k=1}^{n} e^{-\alpha x_k} \prod_{m=1}^{v} [p_m(x_1, x_2, \dots, x_n) \geq 0] \, dx_1 dx_2 \dots dx_n$$

Baseamo-nos, no estudo destas últimas integrais, nos teoremas apresentados no capítulo anterior, especialmente o teorema 10, o qual o leitor deverá conhecer bem, e os mesmos fundamentos nos permitem ampliar tais resultados a

$$\int_0^\infty \int_0^\infty \dots \int_0^\infty \prod_{k=1}^{n+1} e^{-\alpha x_k} [p(x_1, x_2, \dots, x_{n+1})] \, dx_1 dx_2 \dots dx_{n+1}$$

e

$$\int_0^\infty \int_0^\infty \dots \int_0^\infty x_{n+1} \prod_{k=1}^{n+1} e^{-\alpha x_k} [p(x_1, x_2, \dots, x_{n+1})] \, dx_1 dx_2 \dots dx_{n+1}$$

Apenas precisamos fazer uma ressalva no que tange aos termos $\lambda_u$. Assim, chegamos a que, dado que

$$p(x_1, x_2, \dots, x_{n+1}) = \left( \sum_{j_1=u_1}^{v_1} \sum_{j_2=u_2}^{v_2} \dots \sum_{j_q=u_q}^{v_q} C_{j_1,j_2,\dots,j_q} \prod_{k=1}^{z_{j_1,j_2,\dots,j_q}} \left[ R_{j_1,j_2,\dots,j_q,k} \geq 0 \right] \geq 1 \right)$$

temos que

$$\int_0^\infty \int_0^\infty \dots \int_0^\infty \prod_{k=1}^{n+1} e^{-\alpha x_k} [p(x_1, x_2, \dots, x_{n+1})] \, dx_1 dx_2 \dots dx_{n+1}$$

$$= \sum_{j_1=0}^{N-1} \sum_{j_2=0}^{N-1} \dots \sum_{j_{n+1}=0}^{N-1} \left[ p\left( \left( \frac{N}{j_1+1} - 1 \right), \left( \frac{N}{j_2+1} - 1 \right), \dots, \left( \frac{N}{j_{n+1}+1} - 1 \right) \right) \right.$$

$$\left. \geq 0 \right] \left( \frac{e^\alpha}{\alpha} \right)^{n+1} \prod_{p=1}^{n+1} \left( e^{-\frac{\alpha N}{j_p+1}} - \lim_{s \to j_p^+} e^{-\frac{\alpha N}{s}} \right) + \phi$$

em que

$$\phi = \frac{r}{\alpha^{n+1}} \left( \lambda_1 e^\alpha + \lambda_2 e^{2\alpha} \sum_{j_1}^{N-1} \prod_{p=1}^{1} \left( e^{-\frac{\alpha N}{j_p+1}} - \lim_{s \to j_p^+} e^{-\frac{\alpha N}{s}} \right) \right.$$

$$+ \lambda_3 e^{3\alpha} \sum_{j_1=0}^{N-1} \sum_{j_2=0}^{N-1} \prod_{p=1}^{2} \left( e^{-\frac{\alpha N}{j_p+1}} - \lim_{s \to j_p^+} e^{-\frac{\alpha N}{s}} \right) + \dots$$

$$+ \lambda_n e^{n\alpha} \sum_{j_1=0}^{N-1} \sum_{j_2=0}^{N-1} \dots \sum_{j_{n-1}=0}^{N-1} \prod_{p=1}^{n-1} \left( e^{-\frac{\alpha N}{j_p+1}} - \lim_{s \to j_p^+} e^{-\frac{\alpha N}{s}} \right)$$

$$\left. + \lambda_n e^{(n+1)\alpha} \sum_{j_1=0}^{N-1} \sum_{j_2=0}^{N-1} \dots \sum_{j_n=0}^{N-1} \prod_{p=1}^{n} \left( e^{-\frac{\alpha N}{j_p+1}} - \lim_{s \to j_p^+} e^{-\frac{\alpha N}{s}} \right) \right)$$

e

$$\int_0^\infty \int_0^\infty \dots \int_0^\infty x_{n+1} \prod_{k=1}^{n+1} e^{-\alpha x_k} [p(x_1, x_2, \dots, x_{n+1})]\, dx_1 dx_2 \dots dx_{n+1}$$

$$= \left(\frac{e^\alpha}{\alpha}\right)^n \sum_{j_1=0}^{N-1} \sum_{j_2=0}^{N-1} \dots \sum_{j_{n+1}=0}^{N-1} \left[p\left(\left(\frac{N}{j_1+1}-1\right), \left(\frac{N}{j_2+1}-1\right), \dots, \left(\frac{N}{j_{n+1}+1}-1\right)\right)\right.$$

$$\left. \geq 0\right] \prod_{p=1}^{n} \left(e^{-\frac{\alpha N}{j_p+1}} - \lim_{s\to j_p^+} e^{-\frac{\alpha N}{s}}\right) \left(\lim_{s\to j_{n+1}^+} \left(-\frac{e^{-\alpha\left(\frac{N}{s}-1\right)}}{\alpha^2}\left(\frac{N\alpha}{s} - \alpha + 1\right)\right)\right.$$

$$\left. + \frac{e^{-\alpha\left(\frac{N}{j_{n+1}+1}-1\right)}}{\alpha^2}\left(\frac{N\alpha}{j_{n+1}+1} - \alpha + 1\right)\right) + \psi$$

em que

$$\psi = \frac{r}{\alpha^n}\left(\lambda_1 e^\alpha + \lambda_2 e^{2\alpha} \sum_{j_1=0}^{N-1} \prod_{p=1}^{1} \left(e^{-\frac{\alpha N}{j_p+1}} - \lim_{s\to j_p^+} e^{-\frac{\alpha N}{s}}\right) + \lambda_3 e^{3\alpha} \sum_{j_1=0}^{N-1} \sum_{j_2=0}^{N-1} \prod_{p=1}^{2} \left(e^{-\frac{\alpha N}{j_p+1}} - \lim_{s\to j_p^+} e^{-\frac{\alpha N}{s}}\right) + \dots\right.$$

$$\left. + \lambda_n e^{n\alpha} \sum_{j_1=0}^{N-1} \sum_{j_2=0}^{N-1} \dots \sum_{j_{n-1}=0}^{N-1} \prod_{p=1}^{n-1} \left(e^{-\frac{\alpha N}{j_p+1}} - \lim_{s\to j_p^+} e^{-\frac{\alpha N}{s}}\right)\right)$$

$$+ \lambda_{n+1} \left(\frac{e^\alpha}{\alpha}\right)^n \left(\frac{1}{\alpha^2} - \frac{e^{-\frac{\alpha}{N-1}}}{\alpha^2}\left(\frac{\alpha}{N-1}+1\right)\right) \sum_{j_1=0}^{N-1} \sum_{j_2=0}^{N-1} \dots \sum_{j_n=0}^{N-1} \prod_{p=1}^{n} \left(e^{-\frac{\alpha N}{j_p+1}} - \lim_{s\to j_p^+} e^{-\frac{\alpha N}{s}}\right)$$

Tanto em um caso, quanto em outro

$$u \in \{1,2,\dots,n+1\} \Rightarrow (-2^t z < \lambda_u < 2^t z)$$

em que t é o número de termos de $p(x_1, x_2, \dots, x_{n+1})$, ou seja,

$$t = \prod_{j=1}^{q} (v_j - u_j + 1)$$

o que decorre da própria definição de $p(x_1, x_2, \dots, x_n)$. É simples: esta proposição é uma inequação cujo primeiro membro é uma soma com $\prod_{j=1}^{q}(v_j - u_j + 1)$ termos e o segundo membro é igual a 1.

Agora devemos demonstrar que podemos ter certeza de que

$$-2^t z < \lambda_u < 2^t z$$

para todo u natural não nulo menor ou igual a n.

Partamos das relações que já demonstramos neste capítulo segundo as quais se $p_m(x)$, para m natural não nulo menor ou igual a v, é uma função com um número de raízes reais menor ou igual a z, sendo z finito,

$$\alpha > 0 \Longrightarrow \int_0^{\infty} ce^{-\alpha x} \prod_{m=1}^{v} [p_m(x) \geq 0]\, dx = \sum_{j=0}^{N-1} L\left(\frac{j+1}{N}\right) \frac{ce^{\alpha}}{\alpha}\left(e^{-\frac{\alpha N}{j+1}} - \lim_{s \longrightarrow j^+} e^{-\frac{\alpha N}{s}}\right) + \lambda I$$

em que

$$I = \left[\frac{\alpha N}{2} \leq 1\right] \frac{ce^{\alpha}}{\alpha} e^{-\frac{\alpha N}{2}} + \left[\frac{\alpha N}{2} > 1\right]\left(\frac{ce^{\alpha}}{\alpha} e^{-\frac{2\alpha N}{\alpha N+2}} - \frac{ce^{\alpha}}{\alpha} e^{-\frac{2\alpha N}{\alpha N-2}}\right)$$

$$L(t) = \prod_{m=1}^{v} \left[p_m\left(\frac{1}{t} - 1\right) \geq 0\right]$$

e $\lambda$ é um número desconhecido que figura no intervalo ]-d,d[, de maneira que

$$d = \sum_{m=1}^{v} n_m$$

sendo $n_m$ qualquer número escolhido arbitrariamente entre os números maiores ou iguais ao número de raízes reais da função $p_m$. Para evitarmos denominadores nulos, devemos impor que $\propto N \neq 2$. Além disso,

$$1 \leq \alpha \leq 9 \Longrightarrow \int_0^{\infty} cxe^{-\alpha x} \prod_{m=1}^{v} [p_m(x) \geq 0]\, dx$$

$$= \sum_{j=0}^{N-1} L\left(\frac{j+1}{N}\right)\left(\lim_{s \longrightarrow j^+}\left(-\frac{ce^{-\alpha\left(\frac{N}{s}-1\right)}}{\alpha^2}\left(\frac{N\alpha}{s} - \alpha + 1\right)\right) + \frac{ce^{-\alpha\left(\frac{N}{j+1}-1\right)}}{\alpha^2}\left(\frac{N\alpha}{j+1} - \alpha + 1\right)\right)$$

$$+ \lambda I$$

em que

$$I = \frac{c}{\alpha^2} - \frac{ce^{-\frac{\alpha}{N-1}}}{\alpha^2}\left(\frac{\alpha}{N-1} + 1\right)$$

$$L(t) = \prod_{m=1}^{v}\left[p_m\left(\frac{1}{t} - 1\right) \geq 0\right]$$

e $\lambda$ é um número desconhecido que figura no intervalo ]-d,d[, de maneira que

$$d = \sum_{m=1}^{v} n_m$$

sendo $n_m$ qualquer número escolhido arbitrariamente entre os números maiores ou iguais ao número de raízes reais da função $p_m$. Para evitar valores nulos em denominadores, devemos ter que $N \neq 1$.

Fixemos $v = 1$ e substiuímos $p_1(x_u) \geq 0$ por $p(x_1, x_2, \ldots, x_n)$, mantendo fixos $x_1, x_2, \ldots, x_{u-1}, x_{u+1}, x_{u+2}, \ldots$ e $x_n$, sendo que

$$p(x_1, x_2, \ldots, x_{n+1}) = \left(\sum_{j_1=u_1}^{v_1}\sum_{j_2=u_2}^{v_2} \ldots \sum_{j_q=u_q}^{v_q} C_{j_1,j_2,\ldots,j_q} \prod_{k=1}^{z_{j_1,j_2,\ldots,j_q}}\left[R_{j_1,j_2,\ldots,j_q,k} \geq 0\right] \geq 1\right)$$

Observe que, enquanto $p_1$ é uma função de uma variável real a valores reais, p é uma proposição. O que nos interessa aqui é que, definido u entre os valores naturais não nulos menores ou iguais a n, podemos aplicar as relações que reapresentamos logo acima para calcular

$$\int_0^{\infty} ce^{-\alpha x_u}[p(x_1, x_2, \ldots, x_{n+1})]dx_u$$

e

$$\int_0^{\infty} cx_w e^{-\alpha x_u}[p(x_1, x_2, \ldots, x_{n+1})]dx_u$$

mantendo-se $x_i$ fixos para $i \neq u$.

Mas enfatizamos que temos que tomar algum cuidado com o termo $\lambda$, pois a afirmação de que este termo, desconhecido, encontra-se necessariamente no intervalo ]-z,z[ pode não ser verdadeira. Por outro lado, podemos determinar um intervalo finito no qual este termo figura. Como podemos determiná-lo? Ora, precisamos nos lembrar, naturalmente, de como chegamos a este intervalo quando abordamos as outras integrais que estudamos neste capítulo: tiramos as informações pertinentes para tanto do estudo que fizemos do Teorema 10, apresentado e demonstrado no capítulo anterior. Na ocasião, observamos que, sendo o termo veritativo que se encontra no integrando, a expressão

$$\prod_{m=1}^{v}[p_m(x) \geq 0]$$

$\lambda$ é um número desconhecido que figura no intervalo ]-d,d[, em que

$$d = \sum_{m=1}^{v} n_m$$

sendo $n_m$ qualquer número escolhido arbitrariamente entre os números maiores ou iguais ao número de raízes reais da função $p_m$.

Desta forma, como o termo veritativo é $[p(x_1, x_2, \dots, x_{n+1})]$, sobre $x_u$, $v = 1$, e $\lambda$ é um número que se encontra no intervalo ]-d,d[, podendo d assumir o valor do número de raízes reais da função do primeiro membro de $p(x_1, x_2, \dots, x_{n+1})$, cuja variável independente é $x_u$ (não se esqueça de que estamos mantendo constantes os valores de $x_i$ para todo i diferente de u). A mencionada função é

$$\sum_{j_1=u_1}^{v_1} \sum_{j_2=u_2}^{v_2} \cdots \sum_{j_q=u_q}^{v_q} C_{j_1,j_2,\dots,j_q} \prod_{k=1}^{z_{j_1,j_2,\dots,j_q}} \left[R_{j_1,j_2,\dots,j_q,k} \geq 0\right]$$

em que cada termo $C_{j_1,j_2,\dots,j_q}$ é um polinômio sobre $x_u$ de grau menor ou igual a z e cada termo $R_{j_1,j_2,\dots,j_q,k}$ é também um polinômio sobre $x_u$, não nos interessando o seu grau no momento. Esta expressão, que chamamos de $p(x_1, x_2, \dots, x_{n+1})$, é equivalente a $\sim qs(R_C)$, de acordo com a nossa definição da expressão resultante da aplicação do operador veritativo a ela, que já expusemos:

$$[qs(R_C)] = [\forall y_1 \forall y_2 \dots \forall y_{a+1} s(R_C)(y_1, y_2, \dots, y_{a+1})] = 1 - [p(x_1, x_2, \dots, x_{n+1})]$$

No capítulo VIII, mostramos que uma proposição substitutiva de uma proposição característica normalizada de um algoritmo algébrico legítimo associada a certa configuração satisfaz a uma variante de cada uma das duas primeiras propriedades fundamentais dos algoritmos algébricos, e tais variantes podem ser expressas da seguinte forma:

$$h \longrightarrow 0^+ \Longrightarrow \exists x_w \exists x_1 \exists x_2 \dots \exists x_{w-1} \exists x_{w+1} \dots \exists x_n \exists t \forall y_1 \forall y_2 \dots \forall y_a s(R_C)$$

$$h \longrightarrow 0^+ \Longrightarrow \forall x_1 \dots \forall x_n \forall t (\forall y_1 \forall y_2 \dots \forall y_a\, s(R_C) \Rightarrow v \leq x_w < v + E)$$

em que v é o valor inserido no w-ésimo compartimento de um algoritmo algébrico especial cuja proposição substitutiva à proposição característica associada à configuração C normalizada com referência ao w-ésimo compartimento e com margem de erro E é $n(R_C)$ no momento da implementação da condição de verificação, e os universos de todas as variáveis quantificadas são $\mathbb{R}_+$. Podemos ter certeza de que A e B respeitam às seguintes igualdades:

$$A = \int_0^\infty \int_0^\infty \dots \int_0^\infty x_{n+1} \prod_{k=1}^{n+1} e^{-\alpha x_k} [\sim p(x_1, x_2, \dots, x_{n+1})]\, dx_1 dx_2 \dots dx_{n+1}$$

$$= \int_0^\infty \int_0^\infty \dots \int_0^\infty x_{n+1} \prod_{k=1}^{n+1} e^{-\alpha x_k} [qs(R_C)]\, dx_1 dx_2 \dots dx_{n+1}$$

$$= \int_0^\infty \int_0^\infty \dots \int_0^\infty x_{n+1} \prod_{k=1}^{n+1} e^{-\alpha x_k} [v \leq x_{n+1} < v + E \wedge x_u \geq 1]\, dx_1 dx_2 \dots dx_{n+1}$$

$$B = \int_0^\infty \int_0^\infty \dots \int_0^\infty \prod_{k=1}^{n+1} e^{-\alpha x_k} [\sim p(x_1, x_2, \dots, x_{n+1})]\, dx_1 dx_2 \dots dx_{n+1}$$

$$= \int_0^\infty \int_0^\infty \dots \int_0^\infty \prod_{k=1}^{n+1} e^{-\alpha x_k} [qs(R_C)]\, dx_1 dx_2 \dots dx_{n+1}$$

$$= \int_0^\infty \int_0^\infty \dots \int_0^\infty \prod_{k=1}^{n+1} e^{-\alpha x_k} [v \leq x_{n+1} < v + E \wedge x_u \geq 1]\, dx_1 dx_2 \dots dx_{n+1}$$

sendo u o número de ordem do compartimento temporal (se considerar necessário, revise o capítulo mencionado).

Seguindo a mesma sistemática da demonstração que já fizemos, temos que

$\lambda$ é um número desconhecido que figura no intervalo ]-d,d[, em que d pode ser fixado no valor 2, ou seja, consideraremos que $d = 2$, pois há *no máximo* dois pontos de descontinuidade das funções $[v \leq x_{n+1} < v + E]$, $[x_u \geq 1]$ e $[x_j \geq 0]$.

Desta forma, podemos estar certos de que, repetindo a demonstração que fizemos ao novo caso, podemos garantir que

$$-2 < \lambda < 2$$

O resto é consequência. Repetindo-se o procedimento que adotamos para calcular os valores aproximados de

$$\int_0^\infty \int_0^\infty \cdots \int_0^\infty \prod_{k=1}^{n} e^{-\alpha x_k} \prod_{m=1}^{v} [p_m(x_1, x_2, \dots, x_n) \geq 0]\, dx_1 dx_2 \dots dx_n$$

e

$$\int_0^\infty \int_0^\infty \cdots \int_0^\infty x_n \prod_{k=1}^{n} e^{-\alpha x_k} \prod_{m=1}^{v} [p_m(x_1, x_2, \dots, x_n) \geq 0]\, dx_1 dx_2 \dots dx_n$$

podemos calcular, igualmente, os valores aproximados de

$$\int_0^\infty \int_0^\infty \cdots \int_0^\infty \prod_{k=1}^{n+1} e^{-\alpha x_k} [\sim p(x_1, x_2, \dots, x_{n+1})]\, dx_1 dx_2 \dots dx_{n+1}$$

e

$$\int_0^\infty \int_0^\infty \cdots \int_0^\infty x_{n+1} \prod_{k=1}^{n+1} e^{-\alpha x_k} [\sim p(x_1, x_2, \dots, x_{n+1})]\, dx_1 dx_2 \dots dx_{n+1}$$

com a única diferença de que, neste último caso, para todo u natural não nulo menor ou igual a $n+1$,

$$-2 < \lambda_u < 2$$

Estudamos sinteticamente as substituições aqui mencionadas no capítulo VII, e, então, concluímos a apresentação do algoritmo $\gamma$. Naquele capítulo, fizemos um resumo dos seis capítulos seguintes, incluindo este, mostrando os principais resultados que seriam apresentados, e completamos a exposição do mencionado algoritmo, acrescentando referidos detalhes relevantes que não tenham sido expostos nos seis mencionados capítulos.

# XII- Sistema de Inequações Fundamentais

Não podemos nos esquecer de que o algoritmo $\gamma$ é aproximativo, o que quer dizer que o valor por meio dele calculado não é exato. Pretendemos calcular um valor aproximado do número contido no compartimento referencial de um algoritmo algébrico legítimo no momento da implementação da condição de verificação dentro de determinada margem de erro. Assim, podemos estar certos de que o valor do compartimento referencial na etapa da computação em questão deve estar dentro de um intervalo aberto conhecido, dependente da margem de erro do contexto, e podemos considerar que isso envolve um erro. Este erro é, por sua vez, fruto de outros erros, sobre os quais discorreremos a seguir. Neste capítulo, analisaremos mais a fundo os diversos erros que surgem ao longo da execução do algoritmo $\gamma$.

Sugerimos ao leitor que não prossiga na leitura deste capítulo antes de ler o capítulo VII do início até o ponto em que este capítulo é mencionado, pois levamos em conta que o leitor tem alguma noção sobre os algoritmos $\gamma_1$, $\gamma_2$, e $\gamma_3$.

No capítulo VII, definimos A e B da seguinte forma:

$$A = e^{n+1}M\sum_{j_1=0}^{M-1}\sum_{j_2=0}^{M-1}\dots\sum_{j_{n+1}=0}^{M-1}\left[p'\left(\left(\frac{M}{j_1+1}-1\right),\left(\frac{M}{j_2+1}-1\right),\dots,\left(\frac{M}{j_{n+1}+1}-1\right)\right)\right]\prod_{p=1}^{n}\left(e^{-\frac{M}{j_p+1}}\right.$$
$$\left.-\lim_{s\to j_p^+} e^{-\frac{M}{s}}\right)\left(\frac{e^{-\frac{M}{j_{n+1}+1}}}{j_{n+1}+1}-\lim_{s\to j_{n+1}^+}\left(\frac{e^{-\frac{M}{s}}}{s}\right)\right)+\psi$$

em que

$$\psi = e^2\left(e^{-\frac{2M}{M+2}}-e^{-\frac{2M}{M-2}}\right)\gamma\left(\sum_{p=0}^{n-1}\left(\left(e^{-\frac{2M}{M+2}}-e^{-\frac{2M}{M-2}}\right)eM\right)^p\right.$$
$$\left.+e^{n-1}\left(1-e^{-\frac{1}{M-1}}\left(\frac{1}{M-1}+1\right)\right)\left(\left(e^{-\frac{2M}{M+2}}-e^{-\frac{2M}{M-2}}\right)N\right)^n\right)$$

e

$$-2 < \gamma < 2$$

$$B = \sum_{j_1=0}^{N-1} \sum_{j_2=0}^{N-1} \dots \sum_{j_{n+1}=0}^{N-1} \left[ p' \left( \left( \frac{N}{j_1+1} - 1 \right), \left( \frac{N}{j_2+1} - 1 \right), \dots, \left( \frac{N}{j_{n+1}+1} - 1 \right) \right) \right] e^{n+1} \prod_{p=1}^{n+1} \left( e^{-\frac{N}{j_p+1}} - \lim_{s \to j_p^+} e^{-\frac{N}{s}} \right) + \phi$$

em que

$$\phi = e^2 \left( e^{-\frac{2N}{N+2}} - e^{-\frac{2N}{N-2}} \right) \lambda \sum_{p=0}^{n} \left( \left( e^{-\frac{2N}{N+2}} - e^{-\frac{2N}{N-2}} \right) eN \right)^p$$

e

$$-2 < \lambda < 2$$

A proposição $p'(x_1, x_2, \dots, x_{n+1})$ é definida no capítulo VII.

Chamaremos de A´ e B´ os valores numéricos das seguintes expressões:

$$A' = e^n M \sum_{j_1=0}^{M-1} \sum_{j_2=0}^{M-1} \dots \sum_{j_{n+1}=0}^{M-1} \left[ p' \left( \left( \frac{M}{j_1+1} - 1 \right), \left( \frac{M}{j_2+1} - 1 \right), \dots, \left( \frac{M}{j_{n+1}+1} - 1 \right) \right) \right] \prod_{p=1}^{n} \left( e^{-\frac{M}{j_p+1}} - \lim_{s \to j_p^+} e^{-\frac{M}{s}} \right) \left( \frac{e^{-\frac{M}{j_{n+1}+1}}}{j_{n+1}+1} - \lim_{s \to j_{n+1}^+} \left( \frac{e^{-\frac{M}{s}}}{s} \right) \right)$$

$$B' = \sum_{j_1=0}^{N-1} \sum_{j_2=0}^{N-1} \dots \sum_{j_{n+1}=0}^{N-1} \left[ p' \left( \left( \frac{N}{j_1+1} - 1 \right), \left( \frac{N}{j_2+1} - 1 \right), \dots, \left( \frac{N}{j_{n+1}+1} - 1 \right) \right) \right] e^{n+1} \prod_{p=1}^{n+1} \left( e^{-\frac{N}{j_p+1}} - \lim_{s \to j_p^+} e^{-\frac{N}{s}} \right)$$

Como se vê, A´ e B´ são valores aproximados de A e B, respectivamente, com erros $\psi$ e $\phi$.

$$A = A' + \psi$$

$$B = B' + \phi$$

Para calcularmos v, precisamos calcular A e B. Como $\psi$ e $\phi$ são valores desconhecidos, calcularemos A´ e B´. Entretanto, as expressões que definem estes números incluem funções exponenciais com base *e*, o que nos obriga a fazer cálculos aproximativos. Calcularemos o valor de cada expressão da forma $e^{-z}$ por meio de polinômios de Taylor de q-ésimo grau, quando se tratar de A´, e de k-ésimo grau, quando se tratar de B´, para algum q e algum k naturais cuidadosamente escolhidos. Naturalmente daí decorrem outros erros. Os valores aproximados de A´ e B´ assim calculados serão chamados, respectivamente, de A" e B". Os termos dos polinômios de Taylor que empregaremos nos cálculos mencionados serão arredondados, com erro de módulo menor do que $a_1$ para o cálculo aproximado de A´ e com erro de módulo menor do que $a_2$ para o cálculo aproximado de B´. Estes limitantes do erro de arredondamento serão cuidadosamente fixados neste capítulo.

Nosso objetivo neste capítulo é definir um conjunto de condições suficientes para que o valor efetivamente calculado de v respeite a margem de erro E. Chegaremos a um conjunto de doze inequações que definem os valores de M, N, q, k, $a_1$ e $a_2$ que garantam que o valor calculado de v, mediante o cálculo aproximado de A e B, que correspondem ao cálculo exato de A" e B" e posterior divisão, respeite a margem de erro E. Cada uma destas inequações será denominada de inequação fundamental de determinada classe de algoritmos algébricos legítimos, que inclui o algoritmo algébrico de que estejamos tratando, e o conjunto de todas estas inequações será denominado sistema de inequações fundamentais da referida classe de algoritmos algébricos legítimos. Estas inequações dependem de n, E e de um limitante superior do valor de v, que deverá ser conhecido, o qual é qualquer valor igual ou superior ao valor de v, que queremos calcular. O fato de v ser desconhecido não significa que não possamos conhecer um limitante superior deste valor. Existem casos em que não conhecemos o valor de um número, mas conhecemos o de outro que sabemos que é maior ou igual ao valor do número que, no momento, desconhecemos.

Podemos verificar que as expressões que definem A´ e B´ podem ser reescritas da seguinte maneira:

$$A' = Me^{n+1} \sum_{j=1}^{M^{n+1}} [p_j] \prod_{l=1}^{n+1} A_{j,l}$$

$$B' = e^{n+1} \sum_{j=1}^{N^{n+1}} [p_j] \prod_{l=1}^{n+1} B_{j,l}$$

em que, para cada j, $p_j$ é uma proposição em função de j e para cada j e cada l, $B_{j,l}$tem a forma

$$e^{-\frac{N}{k+1}} - \lim_{s \to k^+} e^{-\frac{N}{s}}$$

sendo k algum número natural menor do que N, e $A_{j,l}$ pode ter as formas

$$e^{-\frac{M}{m+1}} - \lim_{s \to m^+} e^{-\frac{M}{s}}$$

ou

$$\frac{e^{-\frac{M}{m+1}}}{m+1} - \lim_{s \to m^+} \left( \frac{e^{-\frac{M}{s}}}{s} \right)$$

sendo m algum número natural menor do que M

Podemos considerar que, para cada j, $p_j$ é uma proposição em função de j e para cada j e cada l, $B_{j,l}$tem a forma

$$e^{-z_1} - e^{-z_2}$$

ou simplesmente $e^{-z_1}$, para algum $z_1$ e algum $z_2$, e $A_{j,l}$ pode ter esta mesma forma ou a seguinte:

$$\frac{e^{-z_1}}{w_1} - \frac{e^{-z_2}}{w_2}$$

ou, ainda, $\frac{e^{-z_1}}{w_1}$, para algum $z_1$, algum $z_2$, algum $w_1$ e algum $w_2$.

Calcularemos os valores de cada termo de A e B por um método aproximativo. As expressões acima serão calculadas mediante expansão em séries de Taylor das funções exponenciais.

Observe que apenas estamos reordenando as somas que definem A´ e B´ e mudando alguns nomes. Mas, de qualquer forma, estas últimas equações que definem A´ e B´ são mais convenientes para a análise que faremos dos erros do cálculo aproximado de v. Definimos, para cada j e cada l, um erro do cálculo de $A_{j,l}$, que chamaremos de $\xi(q,j,l)$. Também definiremos um erro do cálculo de $B_{j,l}$, que chamaremos de $\zeta(k,j,l)$.

$$A_{j,l} = A'_{j,l} + \xi(q,j,l)$$

$$B_{j,l} = B'_{j,l} + \zeta(k,j,l)$$

Além disso, definiremos os erros totais dos cálculos aproximados de A e B, respectivamente como $e_1$ e $e_2$. Assim,

$$A" = A + e_1$$

$$B" = B + e_2$$

Cada termo $A_{j,l}$, como vimos, pode ser expresso como a soma de duas parcelas, que serão calculadas pela aproximação decorrente de uma série parcial de Taylor. Cada termo desta série, por sua vez, será arredondado, com erro de módulo menor que $a_1$. Chamemos de $W_{k,j,l,1}$ e $W_{k,j,l,2}$ as duas parcelas que compõem $A_{j,l}$.

$$A_{j,l} = W_{k,j,l,1} + W_{k,j,l,2}$$

Como cada uma destas será desmembrada em uma série e cada termo da série será arredondado, convém nomear os erros de arredondamento de cada termo da série. Chamaremos de $a_{k,j,l,m,1,1}$ o erro de aproximação do m-ésimo termo da série de Taylor associada a $W_{k,j,l,1}$ e de $a_{k,j,l,m,2,1}$ o erro de aproximação do m-ésimo termo da série de Taylor associada a $W_{k,j,l,2}$.

Algo similar ocorre com cada termo $B_{j,l}$.

$$B_{j,l} = Y_{k,j,l,1} + Y_{k,j,l,2}$$

Chamaremos de $a_{k,j,l,m,1,2}$ o erro de aproximação do m-ésimo termo da série de Taylor associada a $Y_{k,j,l,1}$ e de $a_{k,j,l,m,2,2}$ o erro de aproximação do m-ésimo termo da série de Taylor associada a $Y_{k,j,l,2}$.

Neste capítulo, aparecerão frequentes relações envolvendo limitantes superiores e inferiores de certas variáveis, que são números que limitam superior ou inferiormente seus valores. Por exemplo: chamaremos de $\sup e_2$ um limitante superior de $e_2$. Podemos definir qualquer valor igual ou superior a $e_2$ como $\sup e_2$. Um limitante inferior de $e_2$ será chamado de $\inf e_2$. Podemos fixar estes dois números em quaisquer valores tais que $\inf e_2 \leq e_2 \leq \sup e_2$. Quanto aos limitantes superiores, definiremos da mesma maneira $\sup e_1$, $\sup A$, $\sup A'$, $\sup \xi(q,j,l)$, $\sup A'_{j,l}$, entre outros, fixando de maneira similar os limitantes inferiores. Em especial, $\sup \xi(q,j,l)$ e $\sup A'_{j,l}$ correspondem, respectivamente, a valores maiores ou iguais aos máximos que $\xi(q,j,l)$ e $A'_{j,l}$ assumem para todas as combinações possíveis de j e l (mantido q constante). Da mesma forma, definido o valor de k, um limitante superior da função $\zeta(k,j,l)$ será chamado de $\sup \zeta(k,j,l)$, enquanto um limitante inferior será denominado $\inf \zeta(k,j,l)$. Para o valor fixado de k, não haverá um l e um j tais que $\inf \zeta(k,j,l) > \zeta(k,j,l)$. Não enumeramos uma lista exaustiva com todas as limitantes superiores e inferiores das variáveis e funções que definimos neste capítulo, mas especificamos as regras de nomenclatura que adotamos aqui. Consideraremos verdadeiras as seguintes relações, às quais retornaremos oportunamente:

$$\sup|a_{k,j,l,m,1,1}| = \sup|a_{k,j,l,m,2,1}| = a_1$$

$$\sup|a_{k,j,l,m,1,2}| = \sup|a_{k,j,l,m,2,2}| = a_2$$

pois $a_1$ e $a_2$ são de fato limitantes superiores dos conjuntos acima referidos.

Faremos primeiramente uma análise dos erros $e_1$ e $e_2$ e, depois, analisaremos os erros que os geram, que são $\xi(q,j,l)$, $\zeta(k,j,l)$, $\psi$, $\phi$ e os erros de arredondamento dos termos dos polinômios de Taylor empregados nos cálculos aproximados de A e B.

Definimos $\beta$ da seguinte forma

$$\beta = 1 - \frac{2}{2+E}$$

Posteriormente, demonstraremos que $\beta < E$, para qualquer E positivo.

Queremos impor que

$$\frac{A}{B} - \beta < \frac{A"}{B"} < \frac{A}{B} + \beta$$

o que é o suficiente para que o valor calculado de v respeite a margem de erro E. Para tanto, deduziremos condições que $e_1$ e $e_2$ devem satisfazer para assegurarmo-nos de que tal proposição seja verdadeira. No que segue e em todo o restante do capítulo, buscaremos, a cada etapa da nossa demonstração, condições suficientes para assegurar que as proposições que pretendemos impor sejam verdadeiras, chegando, ao final, ao sistema de inequações fundamentais. Dizer que q é uma condição suficiente para assegurar que p, em linguagem simbólica, faz-se assim: $p \Leftarrow q$, o que é equivalente a $q \Longrightarrow p$, embora a primeira seja mais "enfática".

Temos que nos assegurar de que

$$\frac{A+e_1}{B+e_2} < \frac{A}{B} + \beta$$

Vejamos.

$$\frac{A+e_1}{B+e_2} < \frac{A}{B} + \beta \Leftarrow \left(\frac{A+|e_1|}{B-|e_2|} < \frac{A}{B} + \beta \wedge B - |e_2| > 0\right)$$

$$\Leftarrow (AB + B|e_1| < AB - A|e_2| + \beta B^2 - \beta B|e_2| \wedge B - |e_2| > 0)$$

$$\Leftarrow (B|e_1| + (A + \beta B)|e_2| < \beta B^2 \wedge B - |e_2| > 0)$$

$$\Leftarrow \left(B|e_1| < \frac{\beta B^2}{2} \wedge (A + \beta B)|e_2| < \frac{\beta B^2}{2} \wedge B - |e_2| > 0\right)$$

$$\Leftarrow \left(|e_1| < \frac{\beta B}{2} \wedge |e_2| < \frac{\beta B^2}{2(A+\beta B)} \wedge |e_2| < B\right)$$

Precisamos, também, garantir que

$$\frac{A}{B} - \beta < \frac{A+e_1}{B+e_2}$$

Busquemos uma condição suficiente para tal.

$$\frac{A}{B} - \beta < \frac{A+e_1}{B+e_2} \Leftarrow \frac{A}{B} - \beta < \frac{A-|e_1|}{B+|e_2|} \Leftarrow AB + A|e_2| - \beta B^2 - \beta B|e_2| < AB - B|e_1|$$

$$\Leftarrow A|e_2| - \beta B^2 - \beta B|e_2| < -B|e_1| \Leftarrow (A - \beta B)|e_2| + B|e_1| < \beta B^2$$

$$\Leftarrow \left((A - \beta B)|e_2| < \frac{\beta B^2}{2} \wedge B|e_1| < \frac{\beta B^2}{2}\right)$$

$$\Leftarrow \left(|e_2| < \frac{\beta B^2}{2(A-\beta B)} \wedge |e_1| < \frac{\beta B}{2} \wedge A - \beta B > 0\right)$$

Em resumo, podemos dizer que

$$\left(|e_2| < \frac{\beta B^2}{2(A-\beta B)} \wedge |e_1| < \frac{\beta B}{2} \wedge A - \beta B > 0\right) \Rightarrow \frac{A}{B} - \beta < \frac{A+e_1}{B+e_2}$$

Entretanto, pode-se verificar que

$$|e_2| < \frac{\beta B^2}{2(A+\beta B)} \Rightarrow |e_2| < \frac{\beta B^2}{2(A-\beta B)}$$

pois, para A, B e $\beta$ positivos, como é o caso, $A + \beta B > A - \beta B$. Isso implica que

$$\left(|e_2| < \frac{\beta B^2}{2(A+\beta B)} \wedge |e_1| < \frac{\beta B}{2} \wedge A - \beta B > 0\right) \Rightarrow \frac{A}{B} - \beta < \frac{A+e_1}{B+e_2}$$

Como $A - \beta B > 0$, o que demonstraremos em breve, podemos concluir que

$$\left(|e_2| < \frac{\beta B^2}{2(A + \beta B)} \wedge |e_1| < \frac{\beta B}{2}\right) \Rightarrow \frac{A}{B} - \beta < \frac{A + e_1}{B + e_2}$$

Demonstramos também que

$$\left(|e_1| < \frac{\beta B}{2} \wedge |e_2| < \frac{\beta B^2}{2(A + \beta B)} \wedge |e_2| < B\right) \Rightarrow \frac{A + e_1}{B + e_2} < \frac{A}{B} + \beta$$

Logo,

$$\left(|e_1| < \frac{\beta B}{2} \wedge |e_2| < \frac{\beta B^2}{2(A + \beta B)} \wedge |e_2| < B\right) \Rightarrow \left(\frac{A + e_1}{B + e_2} < \frac{A}{B} + \beta \wedge \frac{A}{B} - \beta < \frac{A + e_1}{B + e_2}\right)$$

o que é o mesmo que dizer que

$$\left(|e_1| < \frac{\beta B}{2} \wedge |e_2| < \frac{\beta B^2}{2(A + \beta B)} \wedge |e_2| < B\right) \Rightarrow \frac{A}{B} - \beta < \frac{A"}{B"} < \frac{A}{B} + \beta$$

Por outro lado, é fácil mostrar que

$$\frac{\beta B^2}{2(A + \beta B)} < B$$

pois esta inequação é equivalente a

$$0 < 2A + \beta B$$

o que de fato é verdade, já que A, B e $\beta$ são positivos, de maneira que

$$\left(|e_1| < \frac{\beta B}{2} \wedge |e_2| < \frac{\beta B^2}{2(A + \beta B)}\right) \Rightarrow \frac{A}{B} - \beta < \frac{A"}{B"} < \frac{A}{B} + \beta$$

Falta mostrar que $A - \beta B > 0$ e que $\beta < E$.

$$v = \lim_{h \to 0^+} \frac{\int_0^\infty \int_0^\infty \dots \int_0^\infty [qs(R_C)] x_{n+1} \prod_{j=1}^{n+1} e^{-\alpha_j x_j}\, dx_1 dx_2 \dots dx_{n+1}}{\int_0^\infty \int_0^\infty \dots \int_0^\infty [qs(R_C)] \prod_{j=1}^{n+1} e^{-\alpha_j x_j}\, dx_1 dx_2 \dots dx_{n+1}} - \chi$$

$$h \to 0^+ \Rightarrow \exists x_w \exists x_1 \exists x_2 \dots \exists x_{n+1} \forall y_1 \forall y_2 \dots \forall y_a s(R_C)$$

$$h \to 0^+ \Rightarrow \forall x_1 \dots \forall x_{n+1} (\forall y_1 \forall y_2 \dots \forall y_a\, s(R_C) \Rightarrow v \le x_{n+1} < v + E)$$

em que v é o valor inserido no w-ésimo compartimento de um algoritmo algébrico especial cuja proposição substitutiva à proposição característica associada à configuração C normalizada quantificada com referência ao w-ésimo compartimento e com margem de erro E é $qs(R_C)$, e os universos de todas as variáveis quantificadas são $\mathbb{R}_+$. Como já dissemos no capítulo VII, na execução do algoritmo $\gamma$, fizemos uma substituição de nomes das variáveis de $qs(R_C)$, passando a chamar de $x_{n+1}$ a variável principal que representa o w-ésimo compartimento e, em seguida, de $x_w$ a variável temporal. O que nos interessa, no momento, é a segunda relação acima, a qual, com algum esforço dedutivo, pode nos levar à seguinte:

$$h \longrightarrow 0^+ \Longrightarrow \forall x_1 \ldots \forall x_{n+1}\big(\forall y_1 \forall y_2 \ldots \forall y_a\, s(R_C) \Leftrightarrow (v \leq x_{n+1} < v + E \wedge x_u \geq 1 \wedge x_w \geq 1)\big)$$

já com as devidas substituições de nomes. Esta equivalência decorre da relação anterior e do fato de que, no momento da verificação, as variáveis $x_u$ e $x_w$ podem assumir qualquer valor real maior ou igual a 1, a variável que representa o compartimento referencial, que agora chamamos de $x_{n+1}$, assume qualquer valor no intervalo [v,v+E[ e as demais variáveis principais podem assumir qualquer valor real não negativo, o que decorre de uma análise cuidadosa da maneira como $s(R_C)$ foi concebida (consulte a definição desta proposição no capítulo VIII).

Pode-se verificar, mediante a aplicação dos métodos elementares de Cálculo Integral e Diferencial, que

$$\int_1^\infty e^{-x}dx = e^{-1}$$

$$\int_0^\infty e^{-x}dx = 1$$

$$\int_v^{v+E} e^{-x}dx = -e^{-(v+E)} + e^{-v} = e^{-v}(1 - e^{-E})$$

$$\int_v^{v+E} xe^{-x}dx = -(v + E + 1)e^{-(v+E)} + (v + 1)e^{-v} = e^{-v}(v + 1 - (v + E + 1)e^{-E})$$

Assim, considerando que $\alpha_k = 1$, conforme fixamos no capítulo VII, podemos ter certeza de que A e B respeitam às seguintes igualdades:

$$A = \int_0^\infty \int_0^\infty \dots \int_0^\infty x_{n+1} \prod_{k=1}^{n+1} e^{-x_k} [qs(R_C)]\, dx_1 dx_2 \dots dx_{n+1}$$

$$= \int_0^\infty \int_0^\infty \dots \int_0^\infty x_{n+1} \prod_{k=1}^{n+1} e^{-x_k} [v \le x_{n+1} < v + E \wedge x_u \ge 1 \wedge x_w \ge 1]\, dx_1 dx_2 \dots dx_{n+1}$$

$$= \left( \prod_{j=1}^{n-2} \int_0^\infty e^{-x}\, dx \right) \left( \int_1^\infty e^{-x} dx \right)^2 \int_v^{v+E} x e^{-x} dx = e^{-v-2}(v + 1 - (v + E + 1)e^{-E})$$

$$B = \int_0^\infty \int_0^\infty \dots \int_0^\infty \prod_{k=1}^{n+1} e^{-x_k} [qs(R_C)]\, dx_1 dx_2 \dots dx_{n+1}$$

$$= \int_0^\infty \int_0^\infty \dots \int_0^\infty \prod_{k=1}^{n+1} e^{-x_k} [v \le x_{n+1} < v + E \wedge x_u \ge 1 \wedge x_w \ge 1]\, dx_1 dx_2 \dots dx_{n+1}$$

$$= \left( \prod_{j=1}^{n-2} \int_0^\infty e^{-x}\, dx \right) \left( \int_1^\infty e^{-x} dx \right)^2 \int_v^{v+E} e^{-x} dx = e^{-v-2}(1 - e^{-E})$$

Desta maneira,

$$v = \frac{A}{B} = \frac{v + 1 - (v + E + 1)e^{-E}}{1 - e^{-E}} - \chi = v + \frac{1 - (E + 1)e^{-E}}{1 - e^{-E}} - \chi$$

$$v = v + \frac{1 - (E + 1)e^{-E}}{1 - e^{-E}} - \chi$$

$$0 = \frac{1 - (E + 1)e^{-E}}{1 - e^{-E}} - \chi$$

$$\chi = 1 - \frac{E e^{-E}}{1 - e^{-E}} = 1 - \frac{E}{e^E - 1}$$

Este é o valor exato de $\chi$. Pode-se verificar que este valor está no intervalo [0,E[, tal como determinado pela quinta propriedade fundamental dos algoritmos algébricos legítimos, demonstrada no capítulo VIII, e isso se verificaria ainda que não tivéssemos fixado os valores de $\alpha_k$, para k natural não nulo menor ou igual a n+1, exatamente como é de se esperar.

Voltemos ao que nos interessa, que é mostrar que $A - \beta B > 0$ e que $\beta < E$. A primeira inequação é equivalente a

$$\frac{A}{B} > \beta$$

Sabemos que

$$\frac{A}{B} > \beta \Leftrightarrow v + \chi > \beta$$

$$\chi > \beta \Rightarrow v + \chi > \beta$$

$$\chi > \beta \Leftrightarrow 1 - \frac{E}{e^E - 1} > \beta$$

Pela fórmula de Taylor, o Teorema 11 do capítulo X,

$$e^E > 1 + E + \frac{E^2}{2}$$

Com isso,

$$\frac{E}{e^E - 1} < \frac{E}{\left(1 + E + \frac{E^2}{2}\right) - 1}$$

$$\frac{E}{e^E - 1} < \frac{2}{2 + E}$$

$$1 - \frac{E}{e^E - 1} > 1 - \frac{2}{2 + E}$$

O primeiro membro desta inequação é $\chi$ e o segundo, por definição, é $\beta$. Como $\chi < E$, temos que $\beta < E$.

Mas

$$\left(\beta = 1 - \frac{2}{2 + E} \wedge 1 - \frac{2}{2 + E} < 1 - \frac{E}{e^E - 1}\right) \Rightarrow \beta < 1 - \frac{E}{e^E - 1}$$

o que implica que

$$1 - \frac{E}{e^E - 1} > \beta$$

Esta última inequação, como vimos, implica que $A - \beta B > 0$, como queríamos demonstrar.

Agora vamos definir $\sup e_1$ e $\sup e_2$. Como acabamos de ver,

$$A = e^{-v-2}(v + 1 - (v + E + 1)e^{-E})$$

$$B = e^{-v-2}(1 - e^{-E})$$

Por outro lado, vimos que, para que

$$\frac{A}{B} - \beta < \frac{A"}{B"} < \frac{A}{B} + \beta$$

é suficiente que

$$|e_1| < \frac{\beta B}{2} \wedge |e_2| < \frac{\beta B^2}{2(A + \beta B)}$$

Nesta última proposição, podemos substituir os valores de A e B pelas expressões acima, chegando a

$$|e_1| < \frac{\beta e^{-v-2}(1 - e^{-E})}{2}$$

$$|e_2| < \frac{\beta\left(e^{-v-2}(1 - e^{-E})\right)^2}{2\left(e^{-v-2}(v + 1 - (v + E + 1)e^{-E}) + \beta e^{-v-2}(1 - e^{-E})\right)}$$

$$|e_2| < \frac{\beta e^{-v-2}(1 - e^{-E})^2}{2\left((v + 1 - (v + E + 1)e^{-E}) + \beta(1 - e^{-E})\right)}$$

Como podemos ver, o valor mínimo do numerador da fração do segundo membro da primeira inequação acima ocorre quando v atinge o seu valor máximo, que chamaremos de $\sup v$. Trata-se de um limitante superior de v, ou seja, um valor real igual ou superior a todos os valores possíveis de v. Sendo assim, uma maneira de garantir a veracidade da mencionada inequação é impor que

$$|e_1| < \frac{\beta e^{-\sup v-2}(1 - e^{-E})}{2}$$

Da mesma maneira, podemos garantir que

$$|e_2| < \frac{\beta e^{-v-2}(1 - e^{-E})^2}{2\left((v + 1 - (v + E + 1)e^{-E}) + \beta(1 - e^{-E})\right)}$$

substituindo o numerador da fração do segundo membro por um número positivo menor do que ele, e o denominador por um número maior, chagando a uma condição suficiente para que a inequação acima seja verdadeira. Portanto, substituiremos v por $\sup v$ no numerador e por 0 no denominador, de maneira que a condição suficiente procurada é

$$|e_2| < \frac{\beta e^{-\sup v-2}(1 - e^{-E})^2}{2(\beta(1 - e^{-E}) + 1 - (E + 1)e^{-E})}$$

Tendo em vista que, como já sabemos,

$$\beta = 1 - \frac{2}{2+E} = \frac{E}{2+E}$$

E, uma vez feitas as observações anteriores, definiremos $\sup e_1$ e $\sup e_2$ da seguinte forma:

$$\sup e_1 = \frac{\beta e^{-\sup v-2}(1-e^{-E})}{2} = \frac{e^{-\sup v-2}E(1-e^{-E})}{2(2+E)}$$

$$\sup e_2 = \frac{\beta e^{-\sup v-2}(1-e^{-E})^2}{2(\beta(1-e^{-E})+1-(E+1)e^{-E})} = \frac{E e^{-\sup v-2}(1-e^{-E})^2}{2\big(E(1-e^{-E})+(2+E)(1-(E+1)e^{-E})\big)}$$

Além disso, $\inf e_1 = -\sup e_1$ e $\inf e_2 = -\sup e_2$.

Voltando a A e B, chamaremos de A´ e B´, respectivamente, os valores numéricos das seguintes expressões

$$A' = Me^{n+1}\sum_{j=1}^{M^{n+1}}[p_j]\prod_{l=1}^{n+1}A_{j,l}$$

$$B' = e^{n+1}\sum_{j=1}^{N^{n+1}}[p_j]\prod_{l=1}^{n+1}B_{j,l}$$

em que, para cada j e cada l, $p_j$, $A_{j,l}$ e $B_{j,l}$ têm as formas definidas no início deste capítulo.

$$A_{j,l} = A'_{j,l} + \xi(q,j,l)$$

$$B_{j,l} = B'_{j,l} + \zeta(k,j,l)$$

Façamos, primeiramente, uma análise de B´, para depois fazer a cabível análise de A´.

$$\prod_{l=1}^{n+1}B_{j,l} = \prod_{l=1}^{n+1}\big(B'_{j,l} + \zeta(k,j,l)\big) = \prod_{l=1}^{n+1}B'_{j,l} + \sum_{m=1}^{2^{n+1}-1}\prod_{l=1}^{n+1}u_{m,l}$$

sendo que, para cada m e cada l,

$$\exists j_1 \exists l_1 \big(u_{m,l} = B'_{j_1,l_1} \vee u_{m,l} = \zeta(k,j_1,l_1)\big)$$

$$\forall j \forall l \big(0 < B_{j,l} < sup\ B_{j,l} < 1\big)$$

Se impusermos, mediante uma adequada escolha de k e de N, que $-1 < B'_{j,l} < 1$ e $-1 < \zeta(k,j,l) < 1$ para todo j e todo l, poderemos estar certos de que, para todo j e todo l, $-1 < u_{m,l} < 1$, de maneira que cada parcela da somatória

$$\sum_{m=1}^{2^{n+1}-1} \prod_{l=1}^{n+1} u_{m,l}$$

é maior do que -1 e menor ou igual a 1. Neste caso,

$$-\sup \zeta(k,j,l) - (2^{n+1}-2) \sup B'_{j,l} \sup \zeta(k,j,l) < \sum_{m=1}^{2^{n+1}-1} \prod_{l=1}^{n+1} u_{m,l}$$
$$< \sup \zeta(k,j,l) + (2^{n+1}-2) \sup B'_{j,l} \sup \zeta(k,j,l)$$

pois uma das parcelas é o produtório de termos do tipo $\zeta(k,j,l)$ para algum j e algum l, um produto maior do que $-\sup \zeta(k,j,l)$ e menor do que $\sup \zeta(k,j,l)$, e as outras parcelas são produtórios de termos do tipo $\zeta(k,j,l)$ ou $B'_{j,l}$ para algum j e algum l. Para chegar a essas conclusões, observe que o módulo de cada fator de cada produtório da soma tem módulo menor do que 1.

Para isso, é suficiente que

$$-\sup|\zeta(k,j,l)| - (2^{n+1}-2) \sup B'_{j,l} \sup|\zeta(k,j,l)| < \sum_{m=1}^{2^{n+1}-1} \prod_{l=1}^{n+1} u_{m,l}$$
$$< \sup|\zeta(k,j,l)| + (2^{n+1}-2) \sup B'_{j,l} \sup|\zeta(k,j,l)|$$

pois $|\sup B'_{j,l}| < 1$ e $|\inf B'_{j,l}| < 1$.

$$\prod_{l=1}^{n+1} B'_{j,l} - \left(\sup|\zeta(k,j,l)| + (2^{n+1}-2) \sup B'_{j,l} \sup|\zeta(k,j,l)|\right)$$
$$< \prod_{l=1}^{n+1} B_{j,l} < \prod_{l=1}^{n+1} B'_{j,l} + \sup|\zeta(k,j,l)| + (2^{n+1}-2) \sup B'_{j,l} \sup|\zeta(k,j,l)|$$

$$\prod_{l=1}^{n+1} B'_{j,l} - L < \prod_{l=1}^{n+1} B_{j,l} < \prod_{l=1}^{n+1} B'_{j,l} + L$$

em que $\mathrm{L} = \sup|\zeta(k,j,l)| + (2^{n+1}-2) \sup B'_{j,l} \sup|\zeta(k,j,l)|$

$$\prod_{l=1}^{n+1} B_{j,l} = \prod_{l=1}^{n+1} B'_{j,l} + \mu_j L$$

em que $-1 < \mu_j < 1$.

$$[p_j]\prod_{l=1}^{n+1} B_{j,l} = [p_j]\prod_{l=1}^{n+1} B'_{j,l} + \mu'_j L$$

sendo que

$$[p_j] = 1 \Rightarrow \mu'_j = \mu_j$$

$$[p_j] = 0 \Rightarrow \mu'_j = 0$$

$$B' = e^{n+1}\sum_{j=1}^{N^{n+1}}[p_j]\prod_{l=1}^{n+1} B_{j,l} = e^{n+1}\sum_{j=1}^{N^{n+1}}\left([p_j]\prod_{l=1}^{n+1} B'_{j,l} + \mu'_j L\right) = e^{n+1}\sum_{j=1}^{N^{n+1}}[p_j]\prod_{l=1}^{n+1} B'_{j,l} + e^{n+1}\sum_{j=1}^{N^{n+1}}\mu'_j L$$
$$= e^{n+1}\sum_{j=1}^{N^{n+1}}[p_j]\prod_{l=1}^{n+1} B'_{j,l} + e^{n+1}\mu\sum_{j=1}^{N^{n+1}} L$$

em que $-1 < \mu < 1$.

$$B' = e^{n+1}\sum_{j=1}^{N^{n+1}}[p_j]\prod_{l=1}^{n+1} B'_{j,l} + e^{n+1}\mu\sum_{j=1}^{N^{n+1}} L = e^{n+1}\sum_{j=1}^{N^{n+1}}[p_j]\prod_{l=1}^{n+1} B'_{j,l} + e^{n+1}\mu N^{n+1} L$$

De acordo com o significado que atribuímos a $e_2$, a relação acima nos leva a concluir que

$$e_2 = e^{n+1}\mu N^{n+1} L + \phi$$

em que $-1 < \mu < 1$. Nesta equação, $e_2$ e $\mu$ são desconhecidos. O que sabemos sobre estes números é que $-1 < \mu < 1$ e $-\sup e_2 < e_2 < \sup e_2$, em que $\sup e_2 = \frac{\beta e^{-\sup v - 2}\left(1-e^{-E}\right)^2}{2(\beta(1-e^{-E})+1-(E+1)e^{-E})}$ e $\beta = 1 - \frac{2}{2+E}$, tal como já definimos anteriormente neste capítulo. Desta maneira, a equação em questão é equivalente a

$$-\sup e_2 < e^{n+1}\mu N^{n+1} L + \phi < \sup e_2$$

em que $\mu$ é um número desconhecido que respeita a $-1 < \mu < 1$. Podemos sustentar esta proposição da seguinte forma: se tivermos um número $\mu$ no intervalo aberto entre -1 e 1 tal que $-\sup e_2 < e^{n+1}\mu N^{n+1} L + \phi < \sup e_2$, poderemos definir $e_2$ como $e^{n+1}\mu N^{n+1} L + \phi$, e este valor estará, por pressuposto, inserido no intervalo aberto entre $-\sup e_2$ e $\sup e_2$. Não vem ao caso o fato de que $\mu$ é um número desconhecido no contexto de que estamos tratando, pois, qualquer que seja este, desde que respeite o requisito de figurar no intervalo ]-1,1[, teremos um valor de $e_2$, definido da maneira acima, no intervalo $]-\sup e_2, \sup e_2[$. Assim, se estabelecermos k, N e um limitante superior do erro de arredondamento de cada termo de B´ de modo que

$$\forall \mu \in ]-1,1[(-\sup e_2 < e^{n+1}\mu N^{n+1}L + \phi < \sup e_2)$$

poderemos estar certos de que o erro total do cálculo de B, aproximado por meio de B", definido como $e_2$, estará no intervalo $]-\sup e_2, \sup e_2[$, sendo que, se o erro total do cálculo de A, aproximado por meio de A", definido como $e_1$, figurar no intervalo $]-\sup e_1, \sup e_1[$, podemos estar certos de que

$$\frac{A}{B} - \beta < \frac{A"}{B"} < \frac{A}{B} + \beta$$

e de que, consequentemente, o valor de v aproximado por $\frac{A"}{B"}$ respeitará a margem de erro E. Continuaremos o estudo dos requisitos suficientes para que $-\sup e_2 < e_2 < \sup e_2$, para depois fazer um estudo sobre o numerador da expressão aproximativa de v, A", de modo que $-\sup e_1 < e_1 < \sup e_1$. Após isso, mostraremos que tais condições são suficientes para assegurar que o valor calculado de v, o qual é aproximado, respeita a margem de erro eleita, E, o que é o objetivo deste capítulo.

$\forall \mu \in ]-1,1[$, podemos verificar o seguinte

$$-\sup e_2 < e^{n+1}\mu N^{n+1}L + \phi < \sup e_2 \Leftarrow \left(|\phi| < \frac{\sup e_2}{2} \wedge -\frac{\sup e_2}{2} < e^{n+1}\mu N^{n+1}L < \frac{\sup e_2}{2}\right)$$

$$\Leftarrow \left(|\phi| < \frac{\sup e_2}{2} \wedge L < \frac{\sup e_2}{2e^{n+1}N^{n+1}}\right)$$

Como $L = \sup|\zeta(k,j,l)| + (2^{n+1} - 2)\sup B'_{j,l} \sup|\zeta(k,j,l)|$,

$$L < \frac{\sup e_2}{2e^{n+1}N^{n+1}} \Leftrightarrow \sup|\zeta(k,j,l)| < \frac{\sup e_2}{2e^{n+1}N^{n+1}\left((2^{n+1} - 2)\sup B'_{j,l} + 1\right)}$$

Além disso, uma condição suficiente para que $|\phi| < \frac{\sup e_2}{2}$ é:

$$\sup \phi < \frac{\sup e_2}{2}$$

Sendo assim, imporemos estas duas condições:

$$\sup \phi < \frac{\sup e_2}{2}$$

$$\sup|\zeta(k,j,l)| < \frac{\sup e_2}{2e^{n+1}N^{n+1}\left((2^{n+1}-2)\sup B'_{j,l}+1\right)}$$

Mas estas condições isoladamente não são suficientes para assegurar que o valor de B" esteja no intervalo delimitado pela margem de erro necessária para que o valor calculado de v esteja na margem de erro eleita. Não se esqueça de que, para assegurarmos que $-1 \leq u_{m,l} < 1$, precisamos estar certos de que $-1 < B'_{j,l} < 1$ e $-1 < \zeta(k,j,l) < 1$. Vejamos algumas condições suficientes para tanto.

Como sabemos,

$$\sup B_{j,l} = e^{-\frac{2N}{N+2}} - e^{-\frac{2N}{N-2}}$$

e este número, para $N > 2$, é menor do que 1, necessariamente. Mais adiante mostraremos como chegar a este valor, que atribuímos a $\sup B_{j,l}$.

Continuando nossa busca por condições suficientes para que $-1 < B'_{j,l} < 1$,

$$B'_{j,l} < 1 \Leftarrow \sup B_{j,l} + \zeta(k,j,l) < 1 \Leftarrow \forall j \forall l\left(\zeta(k,j,l) < 1 - \sup B_{j,l}\right) \Leftarrow \sup \zeta(k,j,l) < 1 - \sup B_{j,l}$$

$$B'_{j,l} > -1 \Leftarrow B_{j,l} + \zeta(k,j,l) > -1 \Leftarrow \zeta(k,j,l) > -1 + \sup B_{j,l} \Leftarrow \inf \zeta(k,j,l) > -1 + \sup B_{j,l}$$

As duas condições que podem ser impostas para que o valor calculado de v esteja na margem de erro eleita são $\sup \zeta(k,j,l) < 1 - \sup B_{j,l}$ e $\inf \zeta(k,j,l) > -1 + \sup B_{j,l}$, as quais, por serem decorrências de $\sup|\zeta(k,j,l)| < 1 - \sup B_{j,l}$, podem ser substituídas por esta última, a qual é suficiente para assegurar a veracidade das primeiras.

Assim, imporemos as seguintes condições:

$$\sup|\zeta(k,j,l)| < 1 - \sup B_{j,l}$$

$$\sup|\zeta(k,j,l)| < \frac{\sup e_2}{2e^{n+1}N^{n+1}\left((2^{n+1}-2)\sup B'_{j,l}+1\right)}$$

$$\sup \phi < \frac{\sup e_2}{2}$$

A primeira proposição das três acima, como vimos, é suficiente para que $B'_{j,l} < 1$ para todo j e todo l, de modo que podemos definir $\sup B'_{j,l}$ como 1 Assim, a segunda proposição acima pode ser escrita da seguinte forma:

$$\sup|\zeta(k,j,l)| < \frac{\sup e_2}{2e^{n+1}N^{n+1}\left((2^{n+1}-2)+1\right)}$$

Voltemos aos limitantes inferior e superior de $B_{j,l}$. Sabemos que cada termo $B_{j,l}$ é da forma

$$e^{-\frac{N}{j_u+1}} - \lim_{s \to j_u^+} e^{-\frac{N}{s}}$$

em que $j_u$ é um número natural menor do que N.

No capítulo XI, definimos duas funções, f e g, para analisar a expressão acima, sendo que $f: ]0, N+h] \longrightarrow \mathbb{R}_+$ sendo h um número infinitesimal tomado arbitrariamente, tal que

$$f(j) = \frac{ce^{\alpha}}{\alpha} e^{-\frac{\alpha N}{j}}$$

para c e $\alpha$ positivos, e $g: [0, N-1] \longrightarrow \mathbb{R}_+$ é definida da seguinte forma:

$$g(j) = \lim_{s \to j^+} (f(s+1) - f(s))$$

Com estas definições,

$$g(j_u) = e^{-\frac{N}{j_u+1}} - \lim_{s \to j_u^+} e^{-\frac{N}{s}}$$

É natural que $\inf B_{j,l}$ e $\sup B_{j,l}$ sejam, respectivamente, os limitantes inferior e superior de

$$e^{-\frac{N}{j_u+1}} - \lim_{s \to j_u^+} e^{-\frac{N}{s}}$$

Consequentemente, poderemos definir $\inf B_{j,l}$ e $\sup B_{j,l}$, respectivamente, como os valores mínimo e máximo que a função g assume no seu domínio.

Fizemos a análise destas funções no capítulo XI, em que concluímos que, sendo $\alpha = 1$, como já definimos, em todo o domínio de f,

$$f'(j) > 0$$

$$j < \frac{N}{2} \Leftrightarrow f''(j) > 0$$

$$j > \frac{N}{2} \Leftrightarrow f''(j) < 0$$

Em decorrência disto, uma limitante superior de g em todo o seu domínio é

$$f\left(\frac{N}{2}+1\right) - f\left(\frac{N}{2}-1\right) = e^{-\frac{N}{\frac{N}{2}+1}} - e^{-\frac{N}{\frac{N}{2}-1}} = e^{-\frac{2N}{N+2}} - e^{-\frac{2N}{N-2}}$$

para N>2.

Desta forma, podemos definir $\sup B_{j,l}$ da seguinte maneira:

$$\sup B_{j,l} = e^{-\frac{2N}{N+2}} - e^{-\frac{2N}{N-2}}$$

Em virtude do crescimento de f e das suas concavidades, podemos estar certos de que o menor valor possível de g é o menor valor entre os valores de g nos pontos extremos do seu domínio, ou seja,

$$\inf B_{j,l} = \min\big(g(0), g(N-1)\big) = min\left(e^{-N}, e^{-1} - e^{-\frac{N}{N-1}}\right) > 0$$

Para definir os valores possíveis de k e N e um limitante superior do erro de aproximação de cada termo da expansão em Série de Taylor de cada componente da forma $\pm e^{-\frac{N}{ju \pm 1}}$, ou seja, $a_2$, lembremo-nos de que é suficiente que

$$\sup|\zeta(k,j,l)| < 1 - \sup B_{j,l}$$

$$\sup|\zeta(k,j,l)| < \frac{\sup e_2}{2e^{n+1}N^{n+1}\big((2^{n+1}-2)+1\big)}$$

$$\sup \phi < \frac{\sup e_2}{2}$$

As duas primeiras condições podem ser substituídas por

$$\sup|\zeta(k,j,l)| < U$$

em que

$$U = min\left(1 - \sup B_{j,l}, \frac{\sup e_2}{2e^{n+1}N^{n+1}\big((2^{n+1}-2)+1\big)}\right)$$

O valor de $\sup \phi$ pode ser determinado por meio de uma função de N.

$$\phi = \frac{\lambda e^{\alpha} r}{\alpha^{n+1}} \sum_{p=0}^{n} \left( \left( e^{-\frac{2\alpha N}{\alpha N+2}} - e^{-\frac{2\alpha N}{\alpha N-2}} \right) e^{\alpha} N \right)^{p}$$

em que $2 < \lambda < 2$ e $\alpha = 1$. Assim, $\phi$ atinge seu valor máximo, quando $\lambda = 2$.

No capítulo VII, podemos encontrar uma definição de r:

$$r = \left[\frac{\alpha N}{2} \leq 1\right] \frac{e^{\alpha}}{\alpha} e^{-\frac{\alpha N}{2}} + \left[\frac{\alpha N}{2} > 1\right] \left( \frac{e^{\alpha}}{\alpha} e^{-\frac{2\alpha N}{\alpha N+2}} - \frac{e^{\alpha}}{\alpha} e^{-\frac{2\alpha N}{\alpha N-2}} \right)$$

Estabelecemos que $\alpha = 1$ e $N > 2$, de maneira que

$$r = \frac{e^{\alpha}}{\alpha} e^{-\frac{2\alpha N}{\alpha N+2}} - \frac{e^{\alpha}}{\alpha} e^{-\frac{2\alpha N}{\alpha N-2}}$$

Com isso,

$$\sup \phi = 2e^{2} \left( e^{-\frac{2N}{N+2}} - e^{-\frac{2N}{N-2}} \right) \sum_{p=0}^{n} \left( \left( e^{-\frac{2N}{N+2}} - e^{-\frac{2N}{N-2}} \right) eN \right)^{p}$$

A partir desta definição e da de $\sup e_2$, a equação

$$\sup \phi < \frac{\sup e_2}{2}$$

será substituída por

$$2e^{2} \left( e^{-\frac{2N}{N+2}} - e^{-\frac{2N}{N-2}} \right) \sum_{p=0}^{n} \left( \left( e^{-\frac{2N}{N+2}} - e^{-\frac{2N}{N-2}} \right) eN \right)^{p} < \frac{E e^{-\sup v - 2} (1 - e^{-E})^{2}}{2\left(E(1 - e^{-E}) + (2 + E)(1 - (E+1)e^{-E})\right)}$$

e esta é a primeira inequação fundamental. Tal inequação define os valores possíveis de N, em função de E e $\sup v$.

A outra imposição que precisamos fazer é

$$\sup |\zeta(k,j,l)| < U$$

Para cada j e cada l, $\zeta(k,j,l)$ é a soma dos erros de arredondamento de cada termo da expansão em série de Taylor dos componentes da forma $\pm e^{-\frac{N}{ju \pm 1}}$ mais o erro de aproximação das parciais das séries de Taylor destes termos que venham a ser adotadas no cálculo aproximado de $B_{j,l}$. Isso se deve ao fato de que

$$B_{j,l} = B'_{j,l} + \zeta(k,j,l)$$

sendo $B'_{j,l}$ o valor aproximado de $B_{j,l}$ e $\zeta(k,j,l)$ o erro total sobre o cálculo de $B_{j,l}$. Com isso, $\zeta(k,j,l)$ assume o valor máximo, quando os termos $a_{k,j,l,m,1,2}$ e $a_{k,j,l,m,2,2}$ para cada m natural menor ou igual a k atingem o valor máximo e o erro de aproximação da expansão em série de Taylor de k-ésima ordem para cada termo de $B_{j,l}$ atingir o seu valor máximo. Uma afirmação similar pode ser feita quanto à condição necessária e suficiente para que $\zeta(k,j,l)$ atinja o valor mínimo. Em linguagem simbólica, isso pode ser traduzido como segue.

$$\zeta(k,j,l) = T_{1,k,j,l} + T_{2,k,j,l} + \sum_{m=0}^{k} \left(a_{k,j,l,m,1,2} + a_{k,j,l,m,2,2}\right)$$

em que $T_{1,k,j,l}$ e $T_{2,k.j.l}$ são, respectivamente, os valores dos erros do polinômio de Taylor de k-ésimo grau do primeiro e do segundo termo de $B_{j,l}$ para determinado valor de k.

Nada mais natural, então, do que definir $\sup|\zeta(k,j,l)|$ como a soma dos módulos dos valores máximos de termos $a_{k,j,l,m,1,2}$ e $a_{k,j,l,m,2,2}$ para cada m natural menor ou igual a k mais a soma dos módulos dos valores máximos dos erros do polinômio de Taylor de k-ésimo grau para os termos de $B_{j,l}$, ou seja,

$$\sup|\zeta(k,j,l)| = \sup\left|T_{1,k,j,l}\right| + \sup\left|T_{2,k,j,l}\right| + \sum_{m=0}^{k} \left(\sup\left|a_{k,j,l,m,1,2}\right| + \sup\left|a_{k,j,l,m,2,2}\right|\right)$$

Chamaremos de $a_2$ uma limitante superior de $\left|a_{k,j,l,m,1,2}\right|$ e $\left|a_{k,j,l,m,2,2}\right|$ para qualquer j e qualquer l. Com isso,

$$\sup|\zeta(k,j,l)| = \sup\left|T_{1,k,j,l}\right| + \sup\left|T_{2,k,j,l}\right| + \sum_{m=0}^{k} (2a_2) = \sup\left|T_{1,k,j,l}\right| + \sup\left|T_{2,k,j,l}\right| + 2a_2(k+1)$$

Para simplificar a escrita, chamaremos simplesmente de $\sup|T_1|$ e $\sup|T_2|$ os limitantes superiores dos termos $T_{1,k,j,l}$ e $T_{2,k,j,l}$, respectivamente. Para que a equação acima seja verdadeira, é suficiente que

$$\sup|\zeta(k,j,l)| = \sup|T_1| + \sup|T_2| + 2a_2(k+1)$$

Como já dissemos, precisamos nos assegurar de que

$$\sup|\zeta(k,j,l)| < U$$

Esta inequação é equivalente a

$$\sup|T_1| + \sup|T_2| + 2a_2(k+1) < U$$

Para isso, é suficiente que as três inequações a seguir sejam verdadeiras.

$$\sup|T_1| < \frac{U}{4}$$

$$\sup|T_2| < \frac{U}{4}$$

$$a_2(k+1) < \frac{U}{4}$$

$B_{j,l}$ é a soma de dois termos da forma $\pm e^{-z}$, para certo z real maior ou igual a $\frac{3}{5}$ e menor ou igual a 3 (verifique!), que depende de N. A primeira inequação fundamental, já enunciada, define os valores possíveis de N para assegurar a margem de erro E. As próximas quatro inequações fundamentais que enunciaremos definem os valores possíveis de $a_2$ e k para o mesmo fim. Veja o Teorema 11 do capítulo X para determinar o polinômio de Taylor de k-ésima ordem para um termo da forma $e^{-z}$, em função de z e os limitantes $\sup|T_1|$ e $\sup|T_2|$. O polinômio de Taylor mencionado é

$$P_k(z) = \sum_{l=0}^{k} \frac{e^{-z}(-1)^l}{l!} z^l$$

e o módulo do erro de aproximação de $P_k(z)$ por meio deste polinômio é

$$\frac{e^{-\inf z}}{(k+1)!}(\sup z)^{k+1} = \frac{e^{-\frac{3}{5}}3^{k+1}}{(k+1)!}$$

Por isso, definiremos $\sup|T_1|$ e $\sup|T_2|$ desta forma:

$$\sup|T_1| = \sup|T_2| = \frac{e^{-\frac{3}{5}}3^{k+1}}{(k+1)!}$$

Precisamos garantir as duas proposições seguintes:

$$\sup|T_1| < \frac{U}{4}$$

$$\sup|T_2| < \frac{U}{4}$$

Em virtude da definição que atribuímos a $\sup|T_1|$ e $\sup|T_2|$, imporemos ao sistema condições suficientes para que

$$\frac{e^{-\frac{3}{5}}3^{k+1}}{(k+1)!} < \frac{U}{4}$$

que é uma expressão equivalente a

$$\frac{e^{-\frac{3}{5}}3^{k+1}}{(k+1)!} < \frac{min\left(1 - \sup B_{j,l}, \frac{\sup e_2}{2e^{n+1}N^{n+1}\left((2^{n+1}-2)+1\right)}\right)}{4}$$

Esta inequação é equivalente à conjunção das duas seguintes:

$$\frac{e^{-\frac{3}{5}}3^{k+1}}{(k+1)!} < \frac{1 - \sup B_{j,l}}{4}$$

$$\frac{e^{-\frac{3}{5}}3^{k+1}}{(k+1)!} < \frac{\sup e_2}{8e^{n+1}N^{n+1}\left((2^{n+1}-2)+1\right)}$$

Substituindo os limitantes superiores de $B_{j,l}$ e $e_2$ pelas expressões correspondentes, temos que as inequações fundamentais que devemos incorporar ao sistema de inequações fundamentais são as seguintes:

$$\frac{e^{-\frac{3}{5}}3^{k+1}}{(k+1)!} < \frac{1 - e^{-\frac{2N}{N+2}} + e^{-\frac{2N}{N-2}}}{4}$$

$$\frac{e^{-\frac{3}{5}}3^{k+1}}{(k+1)!} < \frac{Ee^{-\sup v - 2}(1-e^{-E})^2}{16e^{n+1}N^{n+1}\left(E(1-e^{-E}) + (2+E)(1-(E+1)e^{-E})\right)(2^{n+1}-1)}$$

E imporemos também as condições suficientes para nos assegurarmos que

$$a_2(k+1) < \frac{U}{4}$$

o que equivale a

$$a_2(k+1) < \frac{min\left(1 - \sup B_{j,l}, \frac{\sup e_2}{2e^{n+1}N^{n+1}\left((2^{n+1}-2)+1\right)}\right)}{4}$$

que é uma inequação equivalente à conjunção das duas seguintes:

$$a_2(k+1) < \frac{1 - e^{-\frac{2N}{N+2}} + e^{-\frac{2N}{N-2}}}{4}$$

$$a_2(k+1) < \frac{Ee^{-\sup v - 2}(1-e^{-E})^2}{16e^{n+1}N^{n+1}\big(E(1-e^{-E}) + (2+E)(1-(E+1)e^{-E})\big)(2^{n+1}-1)}$$

Estamos fazendo uma análise dos erros do denominador da expressão que fornece v para um cálculo aproximado. As três constantes que devemos determinar para tornar determinado o valor aproximado de B são N, k e $a_2$, sendo as duas primeiras naturais e $N > 2$. Estes valores devem satisfazer às cinco primeiras inequações fundamentais, as quais são suficientes para assegurar que o valor aproximado de v, dado pela razão de A por B e calculado em função destas três constantes, respeite a margem de erro eleita, E. É também necessário escolher valores para M, q e uma margem de erro de arredondamento do cálculo dos componentes do numerador que respeitem as outras sete inequações, para que a margem de erro E seja respeitada, o que estudaremos oportunamente, neste mesmo capítulo. As doze inequações fundamentais são, em conjunto, uma condição suficiente para assegurar que nosso cálculo de v respeite a margem de erro eleita. Chamaremos a conjunção destas proposições de sistema de inequações fundamentais. As cinco primeiras, que deduzimos até agora, são as seguintes:

$$2e^2\left(e^{-\frac{2N}{N+2}} - e^{-\frac{2N}{N-2}}\right)\sum_{p=0}^{n}\left(\left(e^{-\frac{2N}{N+2}} - e^{-\frac{2N}{N-2}}\right)eN\right)^p < \frac{Ee^{-\sup v - 2}(1-e^{-E})^2}{2\big(E(1-e^{-E}) + (2+E)(1-(E+1)e^{-E})\big)}$$

$$\frac{e^{-\frac{3}{5}}3^{k+1}}{(k+1)!} < \frac{1 - e^{-\frac{2N}{N+2}} + e^{-\frac{2N}{N-2}}}{4}$$

$$\frac{e^{-\frac{3}{5}}3^{k+1}}{(k+1)!} < \frac{Ee^{-\sup v - 2}(1-e^{-E})^2}{16e^{n+1}N^{n+1}\big(E(1-e^{-E}) + (2+E)(1-(E+1)e^{-E})\big)\big((2^{n+1}-2)+1\big)}$$

$$a_2(k+1) < \frac{1 - e^{-\frac{2N}{N+2}} + e^{-\frac{2N}{N-2}}}{4}$$

$$a_2(k+1) < \frac{Ee^{-\sup v - 2}(1-e^{-E})^2}{16e^{n+1}N^{n+1}\big(E(1-e^{-E}) + (2+E)(1-(E+1)e^{-E})\big)(2^{n+1}-1)}$$

A primeira inequação do sistema fornece o conjunto dos valores de N possíveis. Qualquer valor natural de N maior do que 2 que satisfaça a esta inequação pode ser adotado, mas é claro que é conveniente escolher o menor. Uma vez definido N, definimos os conjuntos soluções da segunda e da terceira inequações fundamentais para definir k. Qualquer valor natural de k que satisfaça a ambas pode ser escolhido para ser atribuído a k, mas, mais uma vez, convém escolher o menor. Por fim, a quarta e a quinta inequações fundamentais fornecem os possíveis valores de $a_2$, uma vez definidos N e k. Todos os valores positivos de $a_2$ que as satisfaçam podem ser eleitos, mas convém escolher o maior possível. O conjunto solução deste sistema de cinco equações fornece valores de N, k e $a_2$ que nos garantem certeza de que o valor calculado de B garanta que, se os valores de M, q e $a_1$ satisfizerem as outras sete inequações fundamentais, o valor calculado de v se encontrará dentro da margem de erro eleita.

Vamos, agora, analisar o numerador da razão $\frac{A"}{B"}$, a qual constituirá o cálculo aproximado de v. Como vimos no início deste capítulo,

$$A_{j,l} = A'_{j,l} + \xi(q,j,l)$$

$$\prod_{l=1}^{n+1} A_{j,l} = \prod_{l=1}^{n+1} \left(A'_{j,l} + \xi(q,j,l)\right) = \prod_{l=1}^{n+1} A'_{j,l} + \sum_{m=1}^{2^{n+1}-1} \prod_{l=1}^{n+1} v_{m,l}$$

sendo, para cada m e cada l,

$$\exists j_1 \exists l_1 \left(v_{m,l} = A'_{j_1,l_1} \vee v_{m,l} = \xi(q,j_1,l_1)\right)$$

$$\forall j \forall l \left(0 < A_{j,l} < sup\, A_{j,l} < 1\right)$$

Se impusermos, mediante uma adequada escolha de q e de M, que $-1 < A'_{j,l} < 1$ e $-1 < \xi(q,j,l) < 1$ para todo j e todo l, poderemos estar certos de que, para todo m e todo l, $-1 < v_{m,l} < 1$, de maneira que cada parcela da somatória

$$\sum_{m=1}^{2^{n+1}-1} \prod_{l=1}^{n+1} v_{m,l}$$

é maior do que -1 e menor do que 1. Neste caso,

$$-\sup \xi(q,j,l) - (2^{n+1} - 2) \sup A'_{j,l} \sup \xi(q,j,l) < \sum_{m=1}^{2^{n+1}-1} \prod_{l=1}^{n+1} v_{m,l}$$
$$< \sup \xi(q,j,l) + (2^{n+1} - 2) \sup A'_{j,l} \sup \xi(q,j,l)$$

pois uma das parcelas é o produtório de termos do tipo $\xi(q,j,l)$ para algum j e algum l, um produto maior do que $-\sup \xi(q,j,l)$ e menor do que $\sup \xi(q,j,l)$, e as outras parcelas são produtórios de termos $\xi(q,j,l)$ ou $A'_{j,l}$ para algum j e algum l. Para chegar a essas conclusões, observe que o módulo de cada fator de cada produtório da soma é menor do que 1.

Para isso, é suficiente que

$$-\sup|\xi(q,j,l)| - (2^{n+1}-2)\sup A'_{j,l}\sup|\xi(q,j,l)| < \sum_{m=1}^{2^{n+1}-1}\prod_{l=1}^{n+1} v_{j,l}$$

$$< \sup|\xi(q,j,l)| + (2^{n+1}-2)\sup A'_{j,l}\sup|\xi(q,j,l)|$$

pois $|\sup A'_{j,l}| < 1$ e $|\inf A'_{j,l}| < 1$, conforme veremos oportunamente.

$$\prod_{l=1}^{n+1} A'_{j,l} - \left(\sup|\xi(q,j,l)| + (2^{n+1}-2)\sup A'_{j,l}\sup|\xi(q,j,l)|\right)$$

$$< \prod_{l=1}^{n+1} A_{j,l} < \prod_{l=1}^{n+1} A'_{j,l} + \sup|\xi(q,j,l)| + (2^{n+1}-2)\sup A'_{j,l}\sup|\xi(q,j,l)|$$

$$\prod_{l=1}^{n+1} A'_{j,l} - J < \prod_{l=1}^{n+1} A_{j,l} < \prod_{l=1}^{n+1} A'_{j,l} + J$$

em que $\mathrm{J} = \sup|\xi(q,j,l)| + (2^{n+1}-2)\sup A'_{j,l}\sup|\xi(q,j,l)|$

$$\prod_{l=1}^{n+1} A_{j,l} = \prod_{l=1}^{n+1} A'_{j,l} + \eta_j J$$

em que $-1 < \eta_j < 1$.

$$[p_j]\prod_{l=1}^{n+1} A_{j,l} = [p_j]\prod_{l=1}^{n+1} A'_{j,l} + \eta'_j J$$

sendo que

$$[p_j] = 1 \Rightarrow \eta'_j = \eta_j$$

$$[p_j] = 0 \Rightarrow \eta'_j = 0$$

$$A' = Me^{n+1} \sum_{j=1}^{M^{n+1}} [p_j] \prod_{l=1}^{n+1} A_{j,l} = e^{n+1}M \sum_{j=1}^{M^{n+1}} \left( [p_j] \prod_{l=1}^{n+1} A'_{j,l} + \eta'_j J \right)$$

$$= e^{n+1}M \sum_{j=1}^{M^{n+1}} [p_j] \prod_{l=1}^{n+1} A'_{j,l} + e^{n+1}M \sum_{j=1}^{M^{n+1}} \eta'_j J$$

$$= e^{n+1}M \sum_{j=1}^{M^{n+1}} [p_j] \prod_{l=1}^{n+1} A'_{j,l} + e^{n+1}M\eta \sum_{j=1}^{M^{n+1}} J$$

em que $0 \leq \eta < 1$.

$$A' = e^{n+1}M \sum_{j=1}^{M^{n+1}} [p_j] \prod_{l=1}^{n+1} A'_{j,l} + e^{n+1}M\eta \sum_{j=1}^{M^{n+1}} J = e^{n+1}M \sum_{j=1}^{M^{n+1}} [p_j] \prod_{l=1}^{n+1} A'_{j,l} + e^{n+1}\eta M^{n+2} J$$

De acordo com o significado que atribuímos a $e_1$, a relação acima nos leva a concluir que

$$e_1 = e^{n+1}\eta M^{n+2} J + \psi$$

em que $-1 < \eta < 1$. Nesta equação, $e_1$ e $\eta$ são desconhecidos. O que sabemos sobre estes números é que $-1 < \eta < 1$ e $-\sup e_1 < e_1 < \sup e_1$, em que $\sup e_1 = \frac{\beta e^{-\sup v - 2}(1-e^{-E})}{2}$ e $\beta = 1 - \frac{2}{2+E} = \frac{E}{2+E}$, tal como já definimos anteriormente neste capítulo. Desta maneira, a equação em questão é equivalente a

$$-\sup e_1 < e^{n+1}\eta M^{n+2} J + \psi < \sup e_1$$

em que $\eta$ é um número desconhecido que respeita $-1 < \eta < 1$. Podemos sustentar esta equivalência da seguinte forma: se tivermos um número $\eta$ no intervalo aberto entre -1 e 1 tal que $-\sup e_1 < e^{n+1}\eta M^{n+2} J + \psi < \sup e_1$, poderemos definir $e_1$ como $e^{n+1}\eta N^{n+1} L + \phi$, e este valor estará, por pressuposto, inserido no intervalo aberto entre $-\sup e_1$ e $\sup e_1$. Não vem ao caso o fato de que $\eta$ é um número desconhecido no contexto de que estamos tratando, pois, qualquer que seja este, desde que respeite o requisito de figurar no intervalo ]-1,1[, teremos um valor de $e_1$, definido da maneira acima, no intervalo $]-\sup e_1, \sup e_1[$. Assim, se estabelecermos q, M e $a_1$ de modo que

$$\forall \eta \in ]-1,1[(-\sup e_1 < e^{n+1}\eta M^{n+2} J + \psi < \sup e_1)$$

poderemos estar certos de que o erro total do cálculo de A, aproximado por meio de A", definido como $e_1$, estará no intervalo $]-\sup e_1, \sup e_1[$, sendo que, se o erro total do cálculo de B, aproximado por meio de B”, definido como $e_2$, figurar no intervalo $]-\sup e_2, \sup e_2[$, podemos estar certos de que

$$\frac{A}{B} - \beta < \frac{A"}{B"} < \frac{A}{B} + \beta$$

e de que, consequentemente, o valor de v aproximado por $\frac{A"}{B"}$ respeitará a margem de erro eleita.

$\forall \eta \in ]-1,1[$, podemos verificar o seguinte

$$-\sup e_1 < e^{n+1}\eta M^{n+2}J + \psi < \sup e_1 \Leftarrow \left(|\psi| < \frac{\sup e_1}{2} \wedge -\frac{\sup e_1}{2} < e^{n+1}\eta M^{n+2}J < \frac{\sup e_1}{2}\right)$$
$$\Leftarrow \left(|\psi| < \frac{\sup e_1}{2} \wedge J < \frac{\sup e_1}{2e^{n+1}M^{n+2}}\right)$$

Como $J = \sup|\xi(q,j,l)| + (2^{n+1}-2)\sup A'_{j,l} \sup|\xi(q,j,l)|$,

$$J < \frac{\sup e_1}{2e^{n+1}M^{n+2}} \Leftrightarrow \sup|\xi(q,j,l)| < \frac{\sup e_1}{2e^{n+1}M^{n+2}\left((2^{n+1}-2)\sup A'_{j,l} + 1\right)}$$

Além disso, uma condição suficiente para que $|\psi| < \frac{\sup e_1}{2}$ é:

$$\sup \psi < \frac{\sup e_1}{2}$$

Sendo assim, imporemos estas duas condições:

$$\sup \psi < \frac{\sup e_1}{2}$$

$$\sup|\xi(q,j,l)| < \frac{\sup e_1}{2e^{n+1}M^{n+2}\left((2^{n+1}-2)\sup A'_{j,l} + 1\right)}$$

Mas estas condições isoladamente não são suficientes para assegurar que o valor de A” esteja no intervalo delimitado pela margem de erro necessária para que o valor calculado de v esteja na margem de erro eleita. Não se esqueça de que, para assegurarmos que $-1 \leq v_{m,l} < 1$, precisamos estar certos de que $-1 < A'_{j,l} < 1$ e $-1 < \xi(q,j,l) < 1$. Antes de vermos certas condições suficientes para tanto, definiremos $\sup A_{j,l}$.

Como sabemos, os termos $A_{j,l}$ respeitam a uma dentre as seguintes formas:

$$e^{-\frac{M}{j_u+1}} - \lim_{s \to j_u^+} e^{-\frac{M}{s}}$$

$$\frac{e^{-\frac{M}{j_u+1}}}{j_u+1} - \lim_{s\to j_u^+}\left(\frac{e^{-\frac{M}{s}}}{s}\right)$$

em que $j_u$ é um número natural menor do que M.

Claro que $\sup A_{j,l}$ deve ser igual ou superior ao máximo destes valores, e esta condição, além de necessária, é também suficiente para que possamos definir $\sup A_{j,l}$. Assim, podemos definir esta expressão por meio de qualquer solução da seguinte inequação:

$$\sup A_{j,l} \geq \max\left(\max_{j_u\in\mathbb{N}\wedge j_u<M}\left(e^{-\frac{M}{j_u+1}} - \lim_{s\to j_u^+} e^{-\frac{M}{s}}\right), \max_{j_u\in\mathbb{N}\wedge j_u<M}\left(\frac{e^{-\frac{M}{j_u+1}}}{j_u+1} - \lim_{s\to j_u^+}\left(\frac{e^{-\frac{M}{s}}}{s}\right)\right)\right)$$

Já encontramos um valor igual ou superior a $\max_{j_u\in\mathbb{N}\wedge j_u<N}\left(e^{-\frac{N}{j_u+1}} - \lim_{s\to j_u^+} e^{-\frac{N}{s}}\right)$, quando definimos $\sup B_{j,l}$. Aliás, este foi o valor que atribuímos a $\sup B_{j,l}$. Trata-se do seguinte valor:

$$\sup B_{j,l} = e^{-\frac{2N}{N+2}} - e^{-\frac{2N}{N-2}}$$

Com isso, podemos definir $\sup A_{j,l}$ como qualquer solução da inequação seguinte, tomada arbitrariamente:

$$\sup A_{j,l} \geq \max\left(e^{-\frac{2M}{M+2}} - e^{-\frac{2M}{M-2}}, \max_{j_u\in\mathbb{N}\wedge j_u<M}\left(\frac{e^{-\frac{M}{j_u+1}}}{j_u+1} - \lim_{s\to j_u^+}\left(\frac{e^{-\frac{M}{s}}}{s}\right)\right)\right)$$

Precisamos determinar o valor de $\max_{j_u\in\mathbb{N}\wedge j_u<M}\left(\frac{e^{-\frac{M}{j_u+1}}}{j_u+1} - \lim_{s\to j_u^+}\left(\frac{e^{-\frac{M}{s}}}{s}\right)\right)$.

No capítulo XI, definimos e analisamos as seguintes funções: $f: ]0, N+h] \longrightarrow \mathbb{R}$, e $g: [0, N-1] \longrightarrow \mathbb{R}_+$ sendo h um número infinitesimal qualquer, tal que

$$f(j) = \frac{ce^{-\alpha\left(\frac{N}{j}-1\right)}}{\alpha^2}\left(\frac{N\alpha}{j} - \alpha + 1\right)$$

$$g(j) = \lim_{s\to j^+}(f(s+1) - f(s))$$

$$c > 0, \alpha > 0$$

Aqui, chamaremos de M o que, naquela ocasião, chamamos de N, pois neste contexto é relevante fazer tal distinção, já que, neste capítulo, empregamos o nome N para outro valor.

Os valores do conjunto $\frac{e^{-\frac{M}{j_u+1}}}{j_u+1} - \lim_{s \to j_u^+}\left(\frac{e^{-\frac{M}{s}}}{s}\right)$, com $j_u \in \mathbb{N} \wedge j_u < M$, coincidem com um subconjunto do conjunto das imagens que a função g assume com $\alpha = 1$ e $c = \frac{1}{M}$. Se encontrarmos um valor w igual ou superior ao máximo de g no seu domínio, poderemos definir $\sup A_{j,l}$ da seguinte forma:

$$\sup A_{j,l} = \max\left(e^{-\frac{2M}{M+2}} - e^{-\frac{2M}{M-2}}, w\right)$$

O que nos cabe, no momento, é encontrar um valor de w.

Analisando a função f, no capítulo XI, verificamos que, quando $1 \leq \alpha \leq 9$ (que é o nosso caso, pois $\alpha = 1$) esta função é crescente com concavidade para cima, de maneira que o máximo de g é atingido no ponto N-1. Com isso,

$$\max_{j_u \in \mathbb{N} \wedge j_u < N}\left(\frac{e^{-\frac{M}{j_u+1}}}{j_u + 1} - \lim_{s \to j_u^+}\left(\frac{e^{-\frac{M}{s}}}{s}\right)\right) = g(N-1) = \frac{e^{-1}}{M} - \frac{e^{-\frac{M}{M-1}}}{M-1}$$

Consequentemente, poderemos definir $\sup A_{j,l}$ assim:

$$\sup A_{j,l} = \max\left(e^{-\frac{2M}{M+2}} - e^{-\frac{2M}{M-2}}, \frac{e^{-1}}{M} - \frac{e^{-\frac{M}{M-1}}}{M-1}\right)$$

Continuando nossa busca por condições suficientes para que $-1 < A'_{j,l} < 1$,

$$A'_{j,l} < 1 \Leftarrow \sup A_{j,l} + \xi(q,j,l) < 1 \Leftarrow \forall j \forall l\big(\xi(q,j,l) < 1 - \sup A_{j,l}\big) \Leftarrow \sup \xi(q,j,l) < 1 - \sup A_{j,l}$$

$$A'_{j,l} > -1 \Leftarrow A_{j,l} + \xi(q,j,l) > -1 \Leftarrow \xi(q,j,l) > -1 + \sup A_{j,l} \Leftarrow \inf \xi(q,j,l) > -1 + \sup A_{j,l}$$

As duas condições que acima mostramos que podem ser impostas para que o valor calculado de v esteja na margem de erro eleita são $\sup \xi(q,j,l) < 1 - \sup A_{j,l}$ e $\inf \xi(q,j,l) > -1 + \sup A_{j,l}$, as quais, por serem decorrências de $\sup|\xi(q,j,l)| < 1 - \sup A_{j,l}$, podem ser substituídas por esta última, a qual é suficiente para assegurar a veracidade das primeiras.

Assim, imporemos as seguintes condições:

$$\sup|\xi(q,j,l)| < 1 - \sup A_{j,l}$$

$$\sup|\xi(q,j,l)| < \frac{\sup e_1}{2e^{n+1}M^{n+2}\left((2^{n+1}-2)\sup A'_{j,l}+1\right)}$$

$$\sup\psi < \frac{\sup e_1}{2}$$

A primeira proposição das três acima, como vimos, é suficiente para que $A'_{j,l} < 1$ para todo j e todo l, de modo que podemos definir $\sup A'_{j,l}$ como 1. Assim, a segunda proposição acima pode ser escrita da seguinte forma:

$$\sup|\xi(q,j,l)| < \frac{\sup e_1}{2e^{n+1}M^{n+2}\left((2^{n+1}-2)+1\right)}$$

o que é o mesmo que dizer que

$$\sup|\xi(q,j,l)| < \frac{\sup e_1}{2e^{n+1}M^{n+2}(2^{n+1}-1)}$$

Já fixamos o valor de $\sup A_{j,l}$, de maneira que podemos substituí-lo na primeira das três inequações mencionadas, chegando a

$$\sup|\xi(q,j,l)| < 1 - \sup A_{j,l}$$

$$\sup|\xi(q,j,l)| < 1 - \max\left(e^{-\frac{2M}{M+2}} - e^{-\frac{2M}{M-2}}, \frac{e^{-1}}{M} - \frac{e^{-\frac{M}{M-1}}}{M-1}\right)$$

$$\sup|\xi(q,j,l)| < \min\left(1 - \left(e^{-\frac{2M}{M+2}} - e^{-\frac{2M}{M-2}}\right), 1 - \left(\frac{e^{-1}}{M} - \frac{e^{-\frac{M}{M-1}}}{M-1}\right)\right)$$

$$\sup|\xi(q,j,l)| < \min\left(1 - e^{-\frac{2M}{M+2}} + e^{-\frac{2M}{M-2}}, 1 - \frac{e^{-1}}{M} + \frac{e^{-\frac{M}{M-1}}}{M-1}\right)$$

A conjunção desta última inequação, a qual equivale às anteriores, com a inequação

$$\sup|\xi(q,j,l)| < \frac{\sup e_1}{2e^{n+1}M^{n+2}(2^{n+1}-1)}$$

a qual também deve ser imposta, é equivalente a

$$\sup|\xi(q,j,l)| < V$$

em que

$$V = \min\left(\frac{\sup e_1}{2e^{n+1}M^{n+2}(2^{n+1}-1)}, 1 - e^{-\frac{2M}{M+2}} + e^{-\frac{2M}{M-2}}, 1 - \frac{e^{-1}}{M} + \frac{e^{-\frac{M}{M-1}}}{M-1}\right)$$

Desta forma, para nossos propósitos, é suficiente impormos apenas as duas inequações a seguir:

$$\sup|\xi(q,j,l)| < V$$

$$\sup\psi < \frac{\sup e_1}{2}$$

com V definido da maneira que já determinamos.

Como já decidimos,

$$\sup e_1 = \frac{e^{-\sup v - 2}E(1 - e^{-E})}{2(2+E)}$$

de maneira que a segunda inequação das que imporemos se converte em

$$\sup\psi < \frac{e^{-\sup v - 2}E(1 - e^{-E})}{4(2+E)}$$

e V passa a ser definido assim:

$$V = \min\left(\frac{e^{-\sup v - 2}E(1 - e^{-E})}{8e^{n+1}M^{n+2}(2+E)(2^{n+1}-1)}, 1 - e^{-\frac{2M}{M+2}} + e^{-\frac{2M}{M-2}}, 1 - \frac{e^{-1}}{M} + \frac{e^{-\frac{M}{M-1}}}{M-1}\right)$$

O valor de $\sup\psi$ pode ser determinado por meio de uma função de M.

$$\psi = e^2\left(e^{-\frac{2M}{M+2}} - e^{-\frac{2M}{M-2}}\right)\gamma\left(\sum_{p=0}^{n-1}\left(\left(e^{-\frac{2M}{M+2}} - e^{-\frac{2M}{M-2}}\right)eM\right)^p + e^{n-1}\left(1 - e^{-\frac{1}{M-1}}\left(\frac{1}{M-1}+1\right)\right)\left(\left(e^{-\frac{2M}{M+2}} - e^{-\frac{2M}{M-2}}\right)M\right)^n\right)$$

em que $-2 < \gamma < 2$. Assim, $\psi$ atinge seu valor máximo, quando $\gamma = 2$. Com isso, podemos fixar o limitante superior de $\psi$ da seguinte forma:

$$\sup \psi = 2e^2\left(e^{-\frac{2M}{M+2}} - e^{-\frac{2M}{M-2}}\right)\left(\sum_{p=0}^{n-1}\left(\left(e^{-\frac{2M}{M+2}} - e^{-\frac{2M}{M-2}}\right)eM\right)^p\right.$$
$$\left. + e^{n-1}\left(1 - e^{-\frac{1}{M-1}}\left(\frac{1}{M-1}+1\right)\right)\left(\left(e^{-\frac{2M}{M+2}} - e^{-\frac{2M}{M-2}}\right)N\right)^n\right)$$

de maneira que a inequação

$$\sup \psi < \frac{e^{-\sup v - 2}E(1-e^{-E})}{4(2+E)}$$

passa a ficar assim:

$$2e^2\left(e^{-\frac{2M}{M+2}} - e^{-\frac{2M}{M-2}}\right)\left(\sum_{p=0}^{n-1}\left(\left(e^{-\frac{2M}{M+2}} - e^{-\frac{2M}{M-2}}\right)eM\right)^p\right.$$
$$\left. + e^{n-1}\left(1 - e^{-\frac{1}{M-1}}\left(\frac{1}{M-1}+1\right)\right)\left(\left(e^{-\frac{2M}{M+2}} - e^{-\frac{2M}{M-2}}\right)M\right)^n\right) < \frac{e^{-\sup v - 2}E(1-e^{-E})}{4(2+E)}$$

e esta é a sexta inequação fundamental (não se esqueça de que já determinamos as primeiras cinco inequações fundamentais). Tal inequação define os valores possíveis de M, em função de E e $\sup v$. Observando que M é um número natural maior do que 2, apesar do fato de que qualquer valor natural de M maior do que 2 que satisfaça a esta inequação poderá ser adotado, escolheremos o menor, com o fim de reduzir o número de operações aritméticas empregadas no cálculo aproximado de v.

A outra imposição que precisamos fazer é

$$\sup|\xi(q,j,l)| < V$$

Para cada j e cada l, $\xi(q,j,l)$ é a soma dos erros de arredondamento de cada termo da expansão em série de Taylor dos componentes da forma $\pm\frac{e^{-w_1}}{w_2}$ mais o erro de aproximação das parciais das séries de Taylor destes termos que venham a ser adotadas no cálculo aproximado de $A_{j,l}$. Isso se deve ao fato de que

$$A_{j,l} = A'_{j,l} + \xi(q,j,l)$$

sendo $A'_{j,l}$ o valor aproximado de $A_{j,l}$ e $\xi(q,j,l)$ o erro total sobre o cálculo de $A_{j,l}$. Com isso, $\xi(q,j,l)$ assume o valor máximo, quando os termos $a_{k,j,l,m,1,1}$ e $a_{k,j,l,m,2,1}$ para cada m natural menor ou igual a q atinge o valor máximo e o erro de aproximação da expansão em série de Taylor de q-ésima ordem para cada termo de $A_{j,l}$ atingir o seu valor máximo. Uma afirmação similar pode ser feita quanto à condição necessária e suficiente para que $\xi(q,j,l)$atinja o valor mínimo. Em linguagem simbólica, isso pode ser traduzido como segue.

$$\xi(q,j,l) = T_{1,k,j,l} + T_{2,k,j,l} + \sum_{m=0}^{q} \left(a_{k,j,l,m,1,1} + a_{k,j,l,m,2,1}\right)$$

em que $T_{1,k,j,l}$ e $T_{2,k,j,l}$ são, respectivamente, os valores dos erros do polinômio de Taylor de q-ésimo grau do primeiro e do segundo termos de $A_{j,l}$.

Nada mais natural, então, do que definir $\sup|\xi(q,j,l)|$ como a soma dos módulos dos valores máximos de termos $a_{k,j,l,m,1,1}$ e $a_{k,j,l,m,2,1}$ para cada m natural menor ou igual a q mais a soma dos módulos dos valores máximos dos erros dos polinômios de Taylor de q-ésimo grau para os termos de $A_{j,l}$, ou seja,

$$\sup|\xi(k,j,l)| = \sup|T_1| + \sup|T_2| + \sum_{m=0}^{q} \left(\sup\left|a_{k,j,l,m,1,1}\right| + \sup\left|a_{k,j,l,m,2,1}\right|\right)$$

Aqui, estamos chamando de $\sup|T_1|$ e $\sup|T_2|$, respectivamente, valores que servem como limitantes superiores de $T_{1,k,j,l}$ e $T_{2,k,j,l}$.

Chamaremos de $a_1$ uma limitante superior de $\left|a_{k,j,l,m,1,1}\right|$ e $\left|a_{k,j,l,m,2,1}\right|$ para qualquer j e qualquer l. Com isso,

$$\sup|\xi(q,j,l)| = \sup|T_1| + \sup|T_2| + \sum_{m=0}^{q} (2a_1) = \sup|T_1| + \sup|T_2| + 2a_2(q+1)$$

Como já dissemos, precisamos nos assegurar de que

$$\sup|\xi(q,j,l)| < V$$

Esta inequação é equivalente a

$$\sup|T_1| + \sup|T_2| + 2a_2(k+1) < V$$

Para isso, é suficiente que as três inequações a seguir sejam verdadeiras.

$$\sup|T_1| < \frac{V}{4}$$

$$\sup|T_2| < \frac{V}{4}$$

$$a_1(q+1) < \frac{V}{4}$$

$A_{j,l}$ é a soma de dois termos da forma $\pm\frac{e^{-w_1}}{w_2}$, para certo $w_1$ real maior ou igual a 1 e menor ou igual a M, que depende de M, e certo $w_2$ natural não nulo menor ou igual a M. As primeiras cinco inequações fundamentais, já enunciadas, definem os valores possíveis de N, $a_2$ e k para assegurar que nosso cálculo de v respeite a margem de erro eleita. A sexta inequação fundamental, também já enunciada, define os valores possíveis de M para assegurar a margem de erro eleita. As próximas seis inequações fundamentais que enunciaremos definem os valores possíveis de $a_1$ e q para o mesmo fim. Veja o Teorema 11 do capítulo X para determinar o polinômio de Taylor de q-ésima ordem para um termo da forma $e^{-z}$, em função de z, e os limitantes $\sup|T_1|$ e $\sup|T_2|$. O polinômio de Taylor mencionado é

$$P_q(z) = \sum_{l=0}^{q} \frac{e^{-z}(-1)^l}{l!} z^l$$

e o módulo do erro de aproximação de $P_q(z)$ por meio deste polinômio é

$$\frac{e^{-\inf z}}{(q+1)!}(\sup z)^{q+1} = \frac{e^{-1}M^{q+1}}{(q+1)!}$$

Por isso, definiremos $\sup|T_1|$ e $\sup|T_2|$ desta forma:

$$\sup|T_1| = \sup|T_2| = \frac{e^{-1}M^{q+1}}{(q+1)!}$$

Precisamos garantir as duas proposições seguintes:

$$\sup|T_1| < \frac{V}{4}$$

$$\sup|T_2| < \frac{V}{4}$$

as quais equivalem a

$$\frac{4e^{-1}M^{q+1}}{(q+1)!} < \min\left(\frac{e^{-\sup v - 2}E(1-e^{-E})}{8e^{n+1}M^{n+2}(2+E)(2^{n+1}-1)}, 1 - e^{-\frac{2M}{M+2}} + e^{-\frac{2M}{M-2}}, 1 - \frac{e^{-1}}{M} + \frac{e^{-\frac{M}{M-1}}}{M-1}\right)$$

Esta, por sua vez, equivale à conjunção das três seguintes:

$$\frac{32e^{-1}M^{q+1}}{(q+1)!} < \frac{e^{-\sup v-2}E(1-e^{-E})}{e^{n+1}M^{n+2}(2+E)(2^{n+1}-1)}$$

$$\frac{4e^{-1}M^{q+1}}{(q+1)!} < 1 - e^{-\frac{2M}{M+2}} + e^{-\frac{2M}{M-2}}$$

$$\frac{4e^{-1}M^{q+1}}{(q+1)!} < 1 - \frac{e^{-1}}{M} + \frac{e^{-\frac{M}{M-1}}}{M-1}$$

As três inequações fundamentais acima fornecem os possíveis valores de q, em função de M, E e $\sup v$ para que seja respeitada a margem eleita para o cálculo aproximado de v. Convém escolher o menor número natural maior do que 2 que as torne verdadeiras e atribuir este valor a q, o que, logicamente, implica menos cálculos.

Já a inequação

$$a_1(q+1) < \frac{V}{4}$$

é equivalente, por sua vez, à conjunção das três seguintes:

$$32a_1(q+1) < \frac{e^{-\sup v-2}E(1-e^{-E})}{e^{n+1}M^{n+2}(2+E)(2^{n+1}-1)}$$

$$4a_1(q+1) < 1 - e^{-\frac{2M}{M+2}} + e^{-\frac{2M}{M-2}}$$

$$4a_1(q+1) < 1 - \frac{e^{-1}}{M} + \frac{e^{-\frac{M}{M-1}}}{M-1}$$

as quais completam o sistema de inequações fundamentais, fornecendo os possíveis valores de $a_1$, em função de M, E, q e $\sup v$ para que seja respeitada a margem eleita para o cálculo aproximado de v. Desta vez, convém escolher o maior valor real positivo possível da variável em questão.

Já definimos, anteriormente, as cinco primeiras inequações fundamentais, e agora acabamos de definir as outras sete. Assim, o sistema de inequações fundamentais é composto pelas doze seguintes inequações:

$$2e^2\left(e^{-\frac{2N}{N+2}} - e^{-\frac{2N}{N-2}}\right)\sum_{p=0}^{n}\left(\left(e^{-\frac{2N}{N+2}} - e^{-\frac{2N}{N-2}}\right)eN\right)^p < \frac{Ee^{-\sup v-2}(1-e^{-E})^2}{2\left(E(1-e^{-E}) + (2+E)(1-(E+1)e^{-E})\right)}$$

$$\frac{e^{-\frac{3}{5}}3^{k+1}}{(k+1)!} < \frac{1 - e^{-\frac{2N}{N+2}} + e^{-\frac{2N}{N-2}}}{4}$$

$$\frac{e^{-\frac{3}{5}}3^{k+1}}{(k+1)!} < \frac{Ee^{-\sup v - 2}(1-e^{-E})^2}{16e^{n+1}N^{n+1}\left(E(1-e^{-E}) + (2+E)(1-(E+1)e^{-E})\right)\left((2^{n+1}-2)+1\right)}$$

$$a_2(k+1) < \frac{1 - e^{-\frac{2N}{N+2}} + e^{-\frac{2N}{N-2}}}{4}$$

$$a_2(k+1) < \frac{Ee^{-\sup v - 2}(1-e^{-E})^2}{16e^{n+1}N^{n+1}\left(E(1-e^{-E}) + (2+E)(1-(E+1)e^{-E})\right)(2^{n+1}-1)}$$

$$2e^2\left(e^{-\frac{2M}{M+2}} - e^{-\frac{2M}{M-2}}\right)\left(\sum_{p=0}^{n-1}\left(\left(e^{-\frac{2M}{M+2}} - e^{-\frac{2M}{M-2}}\right)eM\right)^p + e^{n-1}\left(1 - e^{-\frac{1}{M-1}}\left(\frac{1}{M-1}+1\right)\right)\left(\left(e^{-\frac{2M}{M+2}} - e^{-\frac{2M}{M-2}}\right)M\right)^n\right) < \frac{e^{-\sup v - 2}E(1-e^{-E})}{4(2+E)}$$

$$\frac{32e^{-1}M^{q+1}}{(q+1)!} < \frac{e^{-\sup v - 2}E(1-e^{-E})}{e^{n+1}M^{n+2}(2+E)(2^{n+1}-1)}$$

$$\frac{4e^{-1}M^{q+1}}{(q+1)!} < 1 - e^{-\frac{2M}{M+2}} + e^{-\frac{2M}{M-2}}$$

$$\frac{4e^{-1}M^{q+1}}{(q+1)!} < 1 - \frac{e^{-1}}{M} + \frac{e^{-\frac{M}{M-1}}}{M-1}$$

$$32a_1(q+1) < \frac{e^{-\sup v - 2}E(1-e^{-E})}{e^{n+1}M^{n+2}(2+E)(2^{n+1}-1)}$$

$$4a_1(q+1) < 1 - e^{-\frac{2M}{M+2}} + e^{-\frac{2M}{M-2}}$$

$$4a_1(q+1) < 1 - \frac{e^{-1}}{M} + \frac{e^{-\frac{M}{M-1}}}{M-1}$$

Qualquer upla $(M, N, a_1, a_2, q, k)$ com M e N naturais maiores do que 2, $a_1$ e $a_2$ reais positivos e q e k naturais não nulos que satisfaça a este sistema garante que o valor aproximado de v calculado no algoritmo $\gamma$ respeite a margem de erro eleita. Atingimos o objetivo deste capítulo, que era determinar condições suficientes para determinar uma upla $(M, N, a_1, a_2, q, k)$ de tal forma que a precisão do cálculo da saída de um algoritmo algébrico legítimo por meio do algoritmo $\gamma$ seja a desejada.

Este sistema não se altera quando substituímos um algoritmo algébrico legítimo por outro com o mesmo número de compartimentos (n), mantendo a mesma margem de erro e tendo o mesmo limitante superior do valor do compartimento referencial no momento de implementação da condição de verificação $(\sup v)$, valendo, então, a mesma solução deste sistema para toda uma classe de problemas envolvendo algoritmos algébricos legítimos.

# XIII- A Finalização do Algoritmo $\gamma$

Observemos, antes de prosseguir, que aqui adotamos a nomenclatura dos seis capítulos anteriores. Para calcular o valor aproximado desejado de v (o valor do compartimento referencial do algoritmo algébrico legítimo em questão no momento da implementação da condição de verificação), precisamos calcular os valores exatos de A" e B". Conforme definimos no capítulo anterior,

$$A' = e^{n+1}M\sum_{j_1=0}^{M-1}\sum_{j_2=0}^{M-1}\cdots\sum_{j_{n+1}=0}^{M-1}\left[p'\left(\left(\frac{M}{j_1+1}-1\right),\left(\frac{M}{j_2+1}-1\right),\dots,\left(\frac{M}{j_{n+1}+1}-1\right)\right)\right]\prod_{p=1}^{n}\left(e^{-\frac{M}{j_p+1}}\right.$$

$$\left.-\lim_{s\to j_p^+}e^{-\frac{M}{s}}\right)\left(\frac{e^{-\frac{M}{j_{n+1}+1}}}{j_{n+1}+1}-\lim_{s\to j_{n+1}^+}\left(\frac{e^{-\frac{M}{s}}}{s}\right)\right)$$

$$B' = e^{n+1}\sum_{j_1=0}^{N-1}\sum_{j_2=0}^{N-1}\cdots\sum_{j_{n+1}=0}^{N-1}\left[p'\left(\left(\frac{N}{j_1+1}-1\right),\left(\frac{N}{j_2+1}-1\right),\dots,\left(\frac{N}{j_{n+1}+1}-1\right)\right)\right]\prod_{p=1}^{n+1}\left(e^{-\frac{N}{j_p+1}}\right.$$

$$\left.-\lim_{s\to j_p^+}e^{-\frac{N}{s}}\right)$$

Se, no cálculo de B´, aproximarmos o valor de cada função exponencial por um polinômio de Taylor de k-ésimo grau, arredondando cada termo com erro menor do que $a_2$, chegaremos a um valor aproximado de B´ que chamamos de B". Trata-se do valor *exato* de B". Da mesma forma, caso aproximemos durante o cálculo de A´ o valor de cada função exponencial por um polinômio de Taylor de q-ésimo grau, arredondando cada termo com erro menor do que $a_1$, chegaremos a um valor aproximado de A´ que chamamos de A". Este é valor *exato* de A". Assim, nos cálculos de A" e B" por meio das expressões que definem A´ e B´, os valores de $e^{-\frac{M}{j_p+1}}$, $\lim_{s\to j_p^+}e^{-\frac{M}{s}}$, $\frac{e^{-\frac{M}{j_{n+1}+1}}}{j_{n+1}+1}$, $\lim_{s\to j_{n+1}^+}\left(\frac{e^{-\frac{M}{s}}}{s}\right)$, $e^{-\frac{N}{j_p+1}}$ e $\lim_{s\to j_p^+}e^{-\frac{N}{s}}$ serão substituídos pelas suas seguintes aproximações, arredondando cada termo da somatória respectiva com margem de erro $a_1$ para termos de A" e $a_2$ para termos de B":

$$e^{-\frac{M}{j_p+1}} \cong \sum_{t=0}^{q}\frac{(-1)^t}{t!}\left(\frac{M}{j_p+1}\right)^t$$

$$\lim_{s\to j_p^+} e^{-\frac{M}{s}} \cong \sum_{t=0}^{q} \frac{(-1)^t}{t!}\left(\frac{M}{j_p}\right)^t$$

$$\frac{e^{-\frac{M}{j_{n+1}+1}}}{j_{n+1}+1} \cong \sum_{t=0}^{q} \frac{(-1)^t}{t!\,(j_{n+1}+1)}\left(\frac{M}{j_{n+1}+1}\right)^t$$

$$\lim_{s\to j_{n+1}^+}\left(\frac{e^{-\frac{M}{s}}}{s}\right) \cong \sum_{t=0}^{q} \frac{(-1)^t}{t!\,j_{n+1}}\left(\frac{M}{j_{n+1}}\right)^t$$

$$e^{-\frac{N}{j_p+1}} \cong \sum_{t=0}^{k} \frac{(-1)^t}{t!}\left(\frac{N}{j_p+1}\right)^t$$

$$\lim_{s\to j_p^+} e^{-\frac{N}{s}} \cong \sum_{t=0}^{k} \frac{(-1)^t}{t!}\left(\frac{N}{j_p}\right)^t$$

exceto $\lim_{s\to j_p^+} e^{-\frac{M}{s}}$ e $\lim_{s\to j_p^+} e^{-\frac{N}{s}}$, quando $j_p = 0$, e $\lim_{s\to j_{n+1}^+}\left(\frac{e^{-\frac{M}{s}}}{s}\right)$, quando $j_{n+1} = 0$; nestes casos, adotaremos os valores exatos destas expressões, que é 0, o que o leitor poderá verificar sem grande dificuldade. Estamos apenas aplicando os polinômios de Taylor de k-ésimo e q-ésimo graus associados a estas funções.

Para o cálculo aproximado de A´, precisamos calcular o valor de cada expressão

$$\left[p'\left(\left(\frac{M}{j_1+1}-1\right),\left(\frac{M}{j_2+1}-1\right),\ldots,\left(\frac{M}{j_{n+1}+1}-1\right)\right)\right]\prod_{p=1}^{n}\left(e^{-\frac{M}{j_p+1}}-\lim_{s\to j_p^+} e^{-\frac{M}{s}}\right)\left(\frac{e^{-\frac{M}{j_{n+1}+1}}}{j_{n+1}+1}-\lim_{s\to j_{n+1}^+}\left(\frac{e^{-\frac{M}{s}}}{s}\right)\right)$$

para cada atribuição possível de $j_1, j_2, \ldots$ e $j_{n+1}$. Para tanto, calculamos o valor de

$$\left[p'\left(\left(\frac{M}{j_1+1}-1\right),\left(\frac{M}{j_2+1}-1\right),\ldots,\left(\frac{M}{j_{n+1}+1}-1\right)\right)\right]$$

o qual é, necessariamente, 0 ou 1. Se for 0, o valor da expressão

$$\left[p'\left(\left(\frac{M}{j_1+1}-1\right),\left(\frac{M}{j_2+1}-1\right),\ldots,\left(\frac{M}{j_{n+1}+1}-1\right)\right)\right]\prod_{p=1}^{n}\left(e^{-\frac{M}{j_p+1}}-\lim_{s\to j_p^+}e^{-\frac{M}{s}}\right)\left(\frac{e^{-\frac{M}{j_{n+1}+1}}}{j_{n+1}+1}-\lim_{s\to j_{n+1}^+}\left(\frac{e^{-\frac{M}{s}}}{s}\right)\right)$$

será 0. Se for 1, tal valor será

$$\prod_{p=1}^{n}\left(e^{-\frac{M}{j_p+1}}-\lim_{s\to j_p^+}e^{-\frac{M}{s}}\right)\left(\frac{e^{-\frac{M}{j_{n+1}+1}}}{j_{n+1}+1}-\lim_{s\to j_{n+1}^+}\left(\frac{e^{-\frac{M}{s}}}{s}\right)\right)$$

Apenas neste último caso, precisaremos calcular o valor desta expressão.

Da mesma forma, para o cálculo aproximado de B´, precisamos calcular o valor de cada expressão

$$\left[p'\left(\left(\frac{N}{j_1+1}-1\right),\left(\frac{N}{j_2+1}-1\right),\ldots,\left(\frac{N}{j_{n+1}+1}-1\right)\right)\right]\prod_{p=1}^{n+1}\left(e^{-\frac{N}{j_p+1}}-\lim_{s\to j_p^+}e^{-\frac{N}{s}}\right)$$

para cada atribuição possível de $j_1, j_2, \ldots$ e $j_{n+1}$. Para tanto, calculamos o valor de

$$\left[p'\left(\left(\frac{N}{j_1+1}-1\right),\left(\frac{N}{j_2+1}-1\right),\ldots,\left(\frac{N}{j_{n+1}+1}-1\right)\right)\right]$$

o qual é, necessariamente, 0 ou 1. Se for 0, o valor da expressão

$$\left[p'\left(\left(\frac{N}{j_1+1}-1\right),\left(\frac{N}{j_2+1}-1\right),\ldots,\left(\frac{N}{j_{n+1}+1}-1\right)\right)\right]\prod_{p=1}^{n+1}\left(e^{-\frac{N}{j_p+1}}-\lim_{s\to j_p^+}e^{-\frac{N}{s}}\right)$$

será 0. Se for 1, tal valor será

$$\prod_{p=1}^{n+1}\left(e^{-\frac{N}{j_p+1}}-\lim_{s\to j_p^+}e^{-\frac{N}{s}}\right)$$

e, mais uma vez, é apenas neste último caso que precisaremos calcular o valor desta expressão.

Foquemos nossa atenção, no momento, no cálculo das seguintes expressões:

$$\left[p'\left(\left(\frac{N}{j_1+1}-1\right),\left(\frac{N}{j_2+1}-1\right),\ldots,\left(\frac{N}{j_{n+1}+1}-1\right)\right)\right]$$

$$\left[p'\left(\left(\frac{M}{j_1+1}-1\right),\left(\frac{M}{j_2+1}-1\right),\ldots,\left(\frac{M}{j_{n+1}+1}-1\right)\right)\right]$$

O cálculo da primeira expressão veritativa coincide com a tarefa de determinar o valor de verdade de $p'(x_1, x_2, \ldots, x_{n+1})$ sendo $x_m = \frac{N}{j_m+1} - 1$ para cada atribuição legítima de valores a $j_m$, $m \in \{1,2,\ldots,N\}$. O mesmo se pode dizer do cálculo da segunda expressão veritativa, substituindo-se N por M.

A saída do algoritmo $\gamma_2$ é chamada de $\omega_2$, conforme já definimos. Tal expressão tem a seguinte forma:

$$\sum_{j_1=u_1}^{v_1}\sum_{j_2=u_2}^{v_2}\cdots\sum_{j_q=u_q}^{v_q} C_{j_1,j_2,\ldots,j_q}\prod_{k=1}^{z_{j_1,j_2,\ldots,j_q}}\left[R_{j_1,j_2,\ldots,j_q,k} \geq 0\right]$$

em que cada termo $z_{j_1,j_2,\ldots,j_q}$ é constante em relação a h, $x_1$, $x_2$, ... e $x_{n+1}$, cada expressão $R_{j_1,j_2,\ldots,j_q,k}$é uma função linear sobre $\frac{x_1}{h}$, $\frac{x_2}{h}$, ..., $\frac{x_{n+1}}{h}$ e $\frac{1}{h}$, e cada expressão $C_{j_1,j_2,\ldots,j_q}$ é o produto de potências com expoentes naturais de funções lineares sobre $\frac{x_1}{h^{u+1}}$, $\frac{x_2}{h^{u+1}}$, ..., $\frac{x_{n+1}}{h^{u+1}}$, $\frac{1}{h^u}$ e $\frac{1}{h^{u+1}}$ para algum u natural multiplicado por uma potência de h, sendo que o valor de cada expressão da forma $v_k - u_k$, para k natural não nulo menor ou igual a q, é um número natural finito, da mesma forma que $z_{j_1,j_2,\ldots,j_q} - 1$, de maneira que tal expressão é finita.

Após conceituar a expressão $\omega_2$, definimos a proposição $p'(x_1, x_2, \ldots, x_{n+1})$, o que fizemos da seguinte forma: $p'(x_1, x_2, \ldots, x_{n+1}) = (\omega_2 - 1 < 0)$. Como vemos, $p'(x_1, x_2, \ldots, x_{n+1})$ é uma inequação algébrica sobre $x_1, x_2, \ldots, x_{n+1}$.

De acordo com a forma que $\omega_2$ tem, podemos estar certos de que, mantidos constantes $x_1$, $x_2$, ... e $x_{n+1}$, o produto de $\omega_2$ por determinada potência de h é uma função polinomial sobre h. Assim, definiremos $\omega_3$ da seguinte forma:

$$\omega_3 = \omega_2 h^d$$

para algum d natural.

Não é muito difícil determinar o menor valor possível de d. Uma simples análise de $\omega_2$ nos habilita para tanto. Definiremos, também, $p"(x_1, x_2, \ldots, x_{n+1})$:

$$p"(x_1, x_2, \ldots, x_{n+1}) = \left(\omega_3 - h^d < 0\right)$$

É imediato que $p'(x_1, x_2, \ldots, x_{n+1})$ e $p''(x_1, x_2, \ldots, x_{n+1})$ são equivalentes, ou seja, uma destas proposições é verdadeira, se, e somente se, a outra também o for. Definamos a função $f(x_1, x_2, \ldots, x_{n+1}, h)$ da seguinte maneira:

$$f(x_1, x_2, \ldots, x_{n+1}, h) = \omega_3(x_1, x_2, \ldots, x_{n+1}, h) - h^d$$

Naturalmente, para calcularmos o valor de $\omega_3(x_1, x_2, \ldots, x_{n+1}, h)$ para dada atribuição de valores às variáveis independentes desta função, precisamos consultar, em alguns momentos, a lista suplementar, construída ao longo da execução do algoritmo $\gamma_2$, porque, na definição desta função, há termos definidos na mencionada lista.

Precisamos determinar o valor numérico de $[p'(x_1, x_2, \ldots, x_{n+1})]$ quando h tende a 0 pela direita, o que é um problema correspondente a determinar o valor de verdade de $p'(x_1, x_2, \ldots, x_{n+1})$ na mesma situação, ou seja, se tal inequação é verdadeira ou falsa, quando h tende a 0 pela direita. Este segundo problema, por sua vez, equivale ao de determinar o valor de verdade de $p''(x_1, x_2, \ldots, x_{n+1})$ na situação mencionada. E este último pode ser decidido por uma análise da função $f(x_1, x_2, \ldots, x_{n+1}, h)$.

Tomemos uma atribuição de valores para $x_1$, $x_2$, ... e $x_{n+1}$. Em relação a esta atribuição de valores, verificamos se o termo independente de $f(x_1, x_2, \ldots, x_{n+1}, h)$ é maior, menor ou igual a 0. Este termo corresponde ao valor de $f(x_1, x_2, \ldots, x_{n+1}, 0)$. Se tal termo for menor que 0, $p'(x_1, x_2, \ldots, x_{n+1})$ é verdadeira para a referida atribuição de valores a $x_1$, $x_2$, ... e $x_{n+1}$ e no limite em questão; se for maior, tal proposição é falsa, e, se tal valor for nulo, prosseguiremos nossa análise conforme mostraremos. No que segue, omitiremos menções ao fato de que os valores de verdade que queremos determinar dizem respeito à situação em que h tende a 0 pela direita para evitarmos ser extremamente repetitivos, mas o leitor deverá ter isso em mente.

Precisamos, agora, verificar se $f(x_1, x_2, \ldots, x_{n+1}, h)$ é crescente ou decrescente em relação a h no ponto $(x_1, x_2, \ldots, x_{n+1}, 0)$. Isso corresponde a determinar se

$$\frac{\partial f(x_1, x_2, \ldots, x_{n+1}, 0)}{\partial h} > 0$$

ou se

$$\frac{\partial f(x_1, x_2, \ldots, x_{n+1}, 0)}{\partial h} < 0$$

ou ainda se

$$\frac{\partial f(x_1, x_2, \ldots, x_{n+1}, 0)}{\partial h} = 0$$

Se tal derivada parcial for positiva, $f(x_1, x_2, \ldots, x_{n+1}, h)$ é crescente em relação a h no ponto em questão, e $f(x_1, x_2, \ldots, x_{n+1}, h) > 0$, quando h tende a 0 pela direita e os valores das demais variáveis independentes é o fixado; se tal variável for negativa, $f(x_1, x_2, \ldots, x_{n+1}, h) < 0$ nas mesmas condições. No primeiro caso, $p'(x_1, x_2, \ldots, x_{n+1})$ é falsa para a referida atribuição de valores a $x_1$, $x_2$, ... e $x_{n+1}$, e, no segundo, tal proposição é verdadeira. Porém, se a referida derivada parcial for nula no ponto em questão, mais uma vez, prosseguiremos na nossa análise.

Frustradas as nossas primeiras tentativas de determinar o valor de verdade de $p'(x_1, x_2, \ldots, x_{n+1})$, verificaremos se

$$\frac{\partial^2 f(x_1, x_2, \ldots, x_{n+1}, 0)}{\partial h^2} > 0$$

ou se

$$\frac{\partial^2 f(x_1, x_2, \ldots, x_{n+1}, 0)}{\partial h^2} < 0$$

ou ainda se

$$\frac{\partial^2 f(x_1, x_2, \ldots, x_{n+1}, 0)}{\partial h^2} = 0$$

A análise a ser feita neste momento é a mesma, substituindo, desta vez, a derivada parcia de primeira ordem de f em relação a h pela de segunda ordem: se tal derivada parcial for positiva $\frac{\partial f(x_1, x_2, \ldots, x_{n+1}, h)}{\partial h}$ é crescente em relação a h no ponto em questão, e $f(x_1, x_2, \ldots, x_{n+1}, h) > 0$ quando h tende a 0 pela direita e os valores das demais variáveis independentes são os fixados se tal derivada parcial for negativa, $f(x_1, x_2, \ldots, x_{n+1}, h) < 0$ nas mesmas condições. No primeiro caso, $p'(x_1, x_2, \ldots, x_{n+1})$ é falsa para a referida atribuição de valores a $x_1$, $x_2$, ... e $x_{n+1}$, e, no segundo, tal proposição é verdadeira. Porém, se a referida derivada parcial for nula no ponto em questão, novamente, prosseguiremos.

Após nova frustração, analisaremos

$$\frac{\partial^3 f(x_1, x_2, \ldots, x_{n+1}, 0)}{\partial h^3}$$

da mesma forma que analisamos as derivadas parciais anteriores. Sendo positiva ou negativa tal expressão, teremos, de plano, uma resposta, como antes. Sendo nula, analisaremos

$$\frac{\partial^4 f(x_1, x_2, \ldots, x_{n+1}, 0)}{\partial h^4}$$

Continuaremos a analisar tais análises parciais até a de u-ésima ordem:

$$\frac{\partial^u f(x_1, x_2, \ldots, x_{n+1}, 0)}{\partial h^u}$$

sendo u o grau da função polinomial decorrente da substituição das funções veritativas por constantes em $f(x_1, x_2, \ldots, x_{n+1}, h)$ sobre h para a atribuição de valores pré-fixada de $x_1$, $x_2$, ... e $x_{n+1}$.

Se chegarmos neste ponto, teremos, como antes, que, caso tal derivada seja negativa, $p'(x_1, x_2, \ldots, x_{n+1})$ é verdadeira para a referida atribuição de valores a $x_1$, $x_2$, ... e $x_{n+1}$, e que, caso a derivada em questão seja positiva, tal proposição é falsa para a mesma atribuição de valores. A diferença, agora, é que, sendo nula esta derivada parcial, ao invés de prosseguir na nossa análise, já teremos uma resposta. Neste caso, $f(x_1, x_2, \ldots, x_{n+1}, h) = 0$, quando h tende a 0 pela direita e os valores das demais variáveis independentes é o fixado, de maneira que, neste caso, $p'(x_1, x_2, \ldots, x_{n+1})$ é falsa.

Podemos armazenar a expressão algébrica que fornece a imagem de cada derivada parcial

$$\frac{\partial^m f(x_1, x_2, \ldots, x_{n+1}, 0)}{\partial h^m}$$

com m natural não nulo menor ou igual a u, e, no momento de atribuir valores a $x_1$, $x_2$, ... e $x_{n+1}$, substituir tais valores à derivada parcial que tivermos que calcular no ponto em questão.

Como há termos veritativos em $\omega_2$, pode haver pontos de descontinuidade. São certos pontos nos quais a função f não será diferenciável, não havendo, aí, derivadas parciais. Isso pouco nos afeta, pois podemos definir, ainda nestes casos, derivadas parciais em um ponto em que as variáveis a $x_1$, $x_2$, ... e $x_{n+1}$ assumem os valores que fixamos para elas e h é um número infinitesimal positivo, caso em que analisaremos a expressão

$$\frac{\partial^m f(x_1, x_2, \ldots, x_{n+1}, 0^+)}{\partial h^m}$$

Em $\omega_2$ haverá termos veritativos, que serão calculados da mesma forma como a descrita para $p'(x_1, x_2, \ldots, x_{n+1})$, também por derivadas parciais, o que deve ser feito *antes*.

Quanto aos valores numéricos das expressões

$$\prod_{p=1}^{n}\left(e^{-\frac{M}{j_p+1}} - \lim_{s\to j_p^+} e^{-\frac{M}{s}}\right)\left(\frac{e^{-\frac{M}{j_{n+1}+1}}}{j_{n+1}+1} - \lim_{s\to j_{n+1}^+}\left(\frac{e^{-\frac{M}{s}}}{s}\right)\right)$$

e

$$\prod_{p=1}^{n+1}\left(e^{-\frac{N}{j_p+1}} - \lim_{s\to j_p^+} e^{-\frac{N}{s}}\right)$$

já falamos o bastante. As funções exponenciais serão calculadas em valores aproximados mediante a cabível parcial de série de Taylor, exceto certos limites que, como já afirmamos no início do capítulo, são nulos. Apenas devemos acrescentar algumas observações sobre paralelização.

Haverá, para cada polinômio de Taylor adotado, diversos termos para serem calculados. Estes termos podem ser calculados simultaneamente e seus valores, de dois em dois, somados simultaneamente. Após cada soma simultânea de pares de termos, procedemos outra, e mais outra, e assim sucessivamente, até que sobre somente um termo, e este será o valor aproximado buscado. Imagine o leitor um diagrama da árvore para visualizar este procedimento.

Se realizarmos o algoritmo $\gamma_3$ sequencialmente, após o cálculo de todas as expressões

$$\left[p'\left(\left(\frac{M}{j_1+1}-1\right),\left(\frac{M}{j_2+1}-1\right),\ldots,\left(\frac{M}{j_{n+1}+1}-1\right)\right)\right]\prod_{p=1}^{n}\left(e^{-\frac{M}{j_p+1}} - \lim_{s\to j_p^+} e^{-\frac{M}{s}}\right)\left(\frac{e^{-\frac{M}{j_{n+1}+1}}}{j_{n+1}+1} - \lim_{s\to j_{n+1}^+}\left(\frac{e^{-\frac{M}{s}}}{s}\right)\right)$$

somaremos todos os resultados, chegando a A". Entretanto, tal fase do algoritmo também admite paralelização. São muitos termos a serem calculados e somados. Podemos calcular todos eles simultaneamente e, depois, em sequência, dividir cada resultado em pares e somar todos os pares simultaneamente. Em seguida, podemos continuar o procedimento de dividir os resultados em pares e somar todos os pares simultaneamente e continuar o processo até chegar a um único número, o valor de A". O mesmo procedimento de paralelização pode ser feito no cálculo de B", sendo que, em ambos os casos, reduzimos exponencialmente o tempo de computação.

O algoritmo $\gamma$, apesar de extenso e "lento", é altamente paralelizável, de maneira que, havendo tecnologia que possibilite a execução em paralelo em um computador de um número incrível de operações elementares, poderemos viabilizar a implementação computacional do algoritmo $\gamma$ para resolver problemas extremamente complexos. Deste ponto em diante, sempre que analisarmos a complexidade de tempo de um algoritmo meta-algébrico, ficará subentendido que se trata de uma execução *sequencial* do algoritmo $\gamma$, mas quando nos referirmos a aplicações práticas da matéria deste trabalho, levaremos em conta o potencial de paralelização do algoritmo $\gamma$, cuja exposição, que se deu em sete capítulos, damos por encerrada.

# XIV- O *Smart Brain*

Como vimos no capítulo V, há uma série de problemas, dos mais variados ramos da Matemática, cujas soluções, caso existam, podem ser representadas por uma expressão dada pela fórmula $\alpha$. E vimos também, nos capítulos VII e seguintes, que, apesar da complexidade desta expressão, seu valor pode ser calculado, pelo menos em termos aproximativos, pelo algoritmo $\gamma$. O erro da aproximação do cálculo efetuado na execução deste algoritmo pode ser arbitrariamente pequeno, já que a margem de erro é estabelecida livremente pelo usuário do algoritmo $\gamma$.

A importância da fórmula $\alpha$ é tal, que optamos por mostrar algumas de suas inúmeras aplicações antes mesmo de apresentar o algoritmo $\gamma$. Fizemos isso porque consideramos útil a mera representação de um número por uma expressão determinada, ainda que o cálculo de seu valor numérico seja extremamente complexo e dispendioso. Referimo-nos ao capítulo V, em que definimos proposições características e configurações iniciais de determinados algoritmos algébricos legítimos que, de alguma forma, correspondem a dados problemas de Matemática, às quais podemos aplicar a fórmula $\alpha$, e não tivemos preocupação, na ocasião, com a maneira de calcular o valor do segundo membro desta fórmula.

Em seguida, apresentamos o algoritmo $\gamma$ como alternativa para realizar este cálculo. O fato de o valor dado pela execução deste algoritmo ser aproximado, reiteramos, não é uma grande desvantagem, pois o erro máximo pode ser fixado pelo próprio usuário em um nível tão pequeno que torne o resultado satisfatório para qualquer fim prático. Uma importante classe de problemas que revela este fato corresponde aos problemas cujas soluções são, sabidamente, múltiplos de l, para algum l real. Neste caso, podemos estabelecer o erro máximo como $\frac{l}{2}$, de modo que podemos ter certeza de que o valor calculado pelo algoritmo $\gamma$ é *menor* (e não menor ou igual) que $\frac{l}{2}$. Esta certeza nos legitima a arredondar o valor calculado para o múltiplo mais próximo de l, podendo garantir que este é, sem dúvida, o valor exato procurado. Podemos ter certeza disso, pois já sabíamos que o valor em questão é múltiplo de l, e apenas há um múltiplo de l dentro da margem de erro assegurada pelo algoritmo $\gamma$ no caso, a saber, o resultante do arredondamento a que fizemos referência.

O procedimento de projeto de um algoritmo algébrico legítimo correspondente a determinado problema, seguido da aplicação da fórmula $\alpha$ e posterior execução do algoritmo $\gamma$ é vital no nosso estudo de algoritmos algébricos. Corresponde ao seu mais alto nível em termos de aplicabilidade, de maneira que a ele atribuiremos um nome: são os *algoritmos meta-algébricos*. Todo algoritmo algébrico legítimo corresponde a um conjunto de algoritmos meta-algébricos.

Podemos generalizar uma extensa classe de problemas e chegar a um algoritmo bastante genérico para a resolução de problemas. Chamaremos de *Smart Brain* um destes algoritmos. O *Smart Brain* é um algoritmo de propósito geral usado para se chegar a respostas de perguntas. Este algoritmo deve armazenar um grande banco de dados sobre os mais variados ramos do conhecimento, e o mais interessante (e também o que o torna efetivamente útil) é que as respostas por ele fornecidas não são necessariamente informações brutas do seu banco de dados, mas conclusões a que se pode chegar a partir de tais informações. Se houver um meio legítimo para se concluir, a partir do seu banco de dados, uma única proposição que se enquadre como resposta à pergunta inserida pelo usuário, então ela será dada como saída. Se se puder concluir mais de uma proposição que se enquadre como resposta, então uma delas será dada como saída. Esta resposta será chamada de resposta preferencial à pergunta em questão no sistema, e sua determinação ficará mais clara quando o leitor conhecer bem a matéria dos dois capítulos seguintes. Claro que há perguntas que não admitem resposta. Nós as chamaremos de *perguntas ilegítimas*, em oposição ao que chamaremos de *perguntas legítimas*, assim entendidas como aquelas que admitem pelo menos uma resposta dedutível a partir das proposições que podemos admitir como pressupostos. O *Smart Brain* responde apenas às perguntas legítimas, mas possibilita uma execução preliminar de avaliação da pergunta com o fim de verificar se ela é legítima.

Naturalmente, tanto a pergunta quanto a resposta fornecida por este algoritmo são expressas em certa linguagem, e a dedutibilidade da resposta se dá em determinado sistema formal. Chamamos o sistema formal adotado como referência pelo *Smart Brain* de sistema $\delta$, e sua linguagem, de linguagem $\delta$. O “banco de dados” do *Smart Brain* é uma parte dos axiomas do sistema $\delta$. Este sistema abrange toda a Álgebra e pode ser expandido para abranger tanto os demais ramos da Matemática, quanto a Física, a Química, a Biologia, disciplinas relacionadas a estas, como a Astronomia, as Engenharias, a Medicina, a Nutrição, etc. Qualquer ramo do conhecimento, entendido como algum estudo que não admite contradições, pode compor o banco de dados do *Smart Brain*.

Neste trabalho, fazemos um projeto do *Smart Brain* a ser implementado em um computador a partir de qualquer banco de dados a ser incorporado ao sistema $\delta$. Este projeto consiste de uma exposição dos algoritmos algébricos, especialmente os legítimos, a fórmula $\alpha$, o algoritmo $\gamma$, uma exposição do cerne do sistema $\delta$ e o algoritmo $\beta$, sobre o qual começaremos a discorrer neste momento. O algoritmo $\beta$, que será apresentado em detalhes no capítulo XVI, é um algoritmo algébrico legítimo que, a partir da pergunta inserida pelo usuário, que se pretende que seja respondida, dá como saída no compartimento referencial a resposta preferencial à pergunta em pauta no sistema $\delta$, caso se trate de uma pergunta legítima. Este algoritmo insere, em determinado compartimento e em estágios diferentes da sua computação, todas as proposições determinadas verdadeiras do sistema $\delta$, ou seja, as proposições dedutíveis deste sistema, e, após cada uma destas inserções, verifica se a proposição recém-inserida satisfaz à pergunta inserida pelo usuário, quer dizer, se é uma resposta. Quando apresentarmos o sistema $\delta$, exporemos o *sistema de representação R*, que consiste de uma maneira de representar numericamente não apenas as proposições determinadas verdadeiras do sistema, mas também qualquer proposição que possa ser expressa na linguagem $\delta$, e o que o algoritmo $\beta$ faz é, a partir de cada representação no sistema de representação R, determinar qual é a proposição representada e, em seguida, verificar se se trata de uma resposta à pergunta inserida pelo usuário. Não é muito difícil chegar à conclusão de que o tempo de execução do algoritmo $\beta$ é inaceitável. Em outras palavras, a execução do algoritmo $\beta$ demora tanto para chegar à configuração de verificação, que não é viável para qualquer fim prático. Contornamos este problema aplicando a fórmula $\alpha$ e o algoritmo $\gamma$ para determinar qual é a saída do algoritmo $\beta$, ao invés de o executarmos diretamente, o que nos habilita a dizer que o *Smart Brain* é um algoritmo meta-algébrico associado ao algoritmo $\beta$.

No sistema de representação R, cada proposição é representada por um número natural, e um número natural pode corresponder ou não a uma proposição expressa na linguagem $\delta$. A saída do algoritmo $\beta$ é o número que, no sistema de representação R, corresponde à resposta preferencial. Como este número é natural, a aplicação do algoritmo $\gamma$ deve ser feita com margem de erro $\frac{1}{2}$, o que garante que o número natural mais próximo ao resultado fornecido por este algoritmo seja, necessariamente, a representação, no sistema de representação R, da resposta preferencial da pergunta inserida pelo usuário do *Smart Brain*.

Não criamos, neste trabalho, o banco de dados do *Smart Brain*, o que esperamos que seja feito no futuro por especialistas das mais diversas áreas do conhecimento. Em vez disso, nos ocupamos com a estrutura básica do *Smart Brain*, a qual nos permite que tal algoritmo seja aplicável a *qualquer* banco de dados aceitável, de certa forma. Os principais fundamentos da Matemática e da Lógica são integrados por nós ao banco de dados do *Smart Brain*, especialmente no que diz respeito à Álgebra ordinária, e o mesmo pode ser feito no que diz respeito à Geometria, ao Cálculo Integral e Diferencial, à Teoria da Computação e aos demais ramos da Matemática.

Qualquer ramo do conhecimento a ser integrado ao banco de dados do *Smart Brain* requer certa economia. Não precisamos, nem devemos, introduzir uma enciclopédia a ele, pois isso tornará a execução do programa de computador muito lenta. É claro que, quanto maior for o banco de dados, mais lenta será a execução do programa. Veremos mais detalhes sobre isso quando analisarmos a complexidade de tempo do *Smart Brain*. Desde já, adiantamos que este é um algoritmo de tempo polinomial em função dos comprimentos da entrada e da saída, as quais consistem na pergunta inserida pelo usuário e na resposta fornecida pelo algoritmo. Outra característica desejável do *Smart Brain* no que diz respeito à sua classe de complexidade de tempo é que o seu tempo de execução é uma função polinomial em relação ao comprimento do banco de dados, o que implica que o crescimento do seu tempo de execução é relativamente lento em relação ao crescimento do banco de dados, digamos assim.

Voltando à economia do banco de dados, a que nos referimos no parágrafo anterior, sugerimos que os especialistas que venham a incorporar os ramos de conhecimento das suas respectivas áreas ao banco de dados do *Smart Brain* procurem não ser redundantes. Nesse sentido, pode-se dizer que o que se espera é que as informações do banco de dados sejam os *fundamentos* das áreas de conhecimento sobre as quais o *Smart Brain* trate. Não vem ao caso incorporar uma proposição que seja consequência lógica, de acordo com as regras do sistema $\delta$, de outras proposições já introduzidas ao banco de dados. Claro que, em muitos casos, é muito difícil detectar a existência de redundância, mas é conveniente que tais especialistas tenham em mente o que podemos chamar de *princípio da economia*. Por outro lado, se por um lapso uma informação desnecessária (por ser redundante) passar por estes especialistas, isso pode ser "corrigido" no ato da programação do *Smart Brain*. Em relação a isso, sugerimos que a equipe de programadores que implementar no computador o *Smart Brain* introduza cada informação ao banco de dados isoladamente e faça uma verificação a cada nova introdução de informação. Explicamos: antes de se introduzir uma nova informação ao banco de dados (correspondente à proposição p), executa-se o *Smart Brain* (com o banco de dados da forma anterior) sobre a seguinte pergunta: p? (Ou seja, "p é uma proposição determinada verdadeira?" (Dissemos determinada verdadeira, e não simplesmente verdadeira, pelo fato de que a resposta à pergunta inserida pelo usuário do programa é, necessariamente, uma proposição *determinada verdadeira*, ou seja, dedutível, no sistema $\delta$. Obviamente, precisaremos antes realizar uma execução preliminar para verificar se esta é uma pergunta legítima. Se for, partimos para a pergunta; se não for, podemos inserir p no banco de dados, já que, por não ser uma proposição determinada, sua incorporação não gera redundâncias (note que uma proposição indeterminada não pode ser decorrência lógica de proposições verdadeiras determinadas).

Outra preocupação a ser levada em conta na construção do banco de dados do *Smart Brain* é que nele não pode haver contradições. Em outras palavras: o sistema $\delta$ deve ser consistente. Referimo-nos a este sistema porque, por ser a base do *Smart Brain*, o banco de dados é um conjunto de proposições a serem incorporadas a ele. Como já dissemos, o que apresentamos no capítulo que reservamos a este sistema consiste no seu coração, mas não no sistema $\delta$ na íntegra. Pode-se demonstrar que, em um sistema formal inconsistente que abranja todo o Cálculo Proposicional, todas as proposições são verdadeiras e falsas, contrariando violentamente qualquer senso razoável de coerência. Tal afirmação decorre do fato de que a proposição $\sim p \Longrightarrow (p \Longrightarrow q)$ é uma tautologia, o que pode ser verificado por uma simples tabela de verdade. Este enunciado tautológico significa que uma proposição falsa implica qualquer proposição. Uma contradição é uma proposição falsa, de acordo com a definição de contradição. Se ela implica qualquer proposição, implica também a negação de qualquer proposição, o que sustenta a nossa tese. Assim, se o sistema $\delta$ for inconsistente, ele terá esta característica e isso comprometerá irremediavelmente o uso do *Smart Brain*, o qual, naturalmente, não será confiável. Para contornar este problema, deve-se fazer algo muito semelhante ao que recomendamos para evitar redundâncias: antes de incorporar ao banco de dados do *Smart Brain* a proposição p, executamos a versão atual do *Smart Brain* sobre a pergunta: ~p? (Ou seja, a negação de p é uma proposição determinada verdadeira?) Com estas duas perguntas ("p?" e "~p?") temos como objetivo saber se p é uma proposição determinada verdadeira ou determinada falsa. Se for determinada verdadeira, descartamos a integração de p ao banco de dados para não criar redundâncias, como já dissemos; se p for determinada falsa, a descartamos para não comprometer a consistência do sistema $\delta$; e, se for indeterminada, o que será verificado em uma execução preliminar do *Smart Brain* com o banco de dados ainda incompleto, integramos p ao banco de dados para enriquecê-lo, sem comprometer a aplicabilidade do *Smart Brain*, quando, então, passamos à análise da próxima proposição. Observe que fazer estas duas perguntas não é equivalente a perguntar "p ou ~p?", pois esta última pergunta consiste em saber se p tem o atributo de ser ou verdadeira ou falsa (e a resposta é sim; toda proposição tem este atributo, de acordo com o princípio do terceiro excluído). Mas o que queremos é saber se p tem o atributo de ser ou *determinada verdadeira* ou *determinada falsa*, e, consequentemente, de ser *dedutível* ou *refutável* no sistema $\delta$.

Passemos a examinar a pergunta inserida pelo usuário e sua relação com a resposta ou as respostas. O sistema $\delta$ tem uma linguagem, como qualquer sistema formal: a linguagem $\delta$. Porém, esta linguagem nos permite representar não apenas orações assertivas, proposições, mas também orações interrogativas, perguntas. Sem entrar em excessivos formalismos, o que deixaremos para o capítulo seguinte, podemos dizer que toda pergunta legítima guarda uma relação estrita com cada uma das suas respostas, conforme trataremos nas linhas que seguem.

Seja $\pi$ a resposta procurada. Como podemos enunciar a pergunta? Ora, a pergunta é alguma função de $\pi$, que chamaremos de $p(\pi)$. Para que a resposta seja verdadeira, $p(\pi)$ deve ser uma proposição determinada verdadeira (não apenas verdadeira, mas dedutível segundo as regras do sistema). Mas não apenas isso; a própria resposta deve ser verdadeira e determinada, ou seja, a proposição $\pi$. Consequentemente, uma pergunta que admite a resposta $\pi$ é a função proposicional $p(\pi)$, em que $\pi$ é mantido como variável independente, tal que a proposição $\pi \wedge p(\pi)$ seja uma proposição determinada verdadeira. O *Smart Brain*, a partir da pergunta expressa como esta conjunção, procura entre as proposições determinadas verdadeiras do sistema $\delta$ proposições desta forma $(\pi \wedge p(\pi))$ em que $\pi$ pode ser substituída por certa proposição. Assim, tendo em vista a forma da resposta procurada, o trabalho do usuário, ao elaborar a pergunta, consiste basicamente em estabelecer a forma da função proposicional p para que $\pi \wedge p(\pi)$ seja, então, a representação da sua dúvida, ou seja, a pergunta. Por uma questão de sintaxe, a variável $\pi$ é um símbolo da linguagem $\delta$ *expandida*, empregado única e exclusivamente para formular perguntas. É como se o sistema a $\delta$ fosse composto de infinitas proposições e uma única pergunta, sendo que o símbolo especial $\pi$ somente aparece nesta última. Nesta interpretação, ao usuário do *Smart Brain* cabe introduzir a pergunta no sistema e dar ao *Smart Brain* o comando para que ele ache uma proposição que possa ser substituída por $\pi$ na pergunta do sistema, tornando a conjunção $\pi \wedge p(\pi)$ uma proposição determinada verdadeira do sistema. De acordo com o que já afirmamos, para dada pergunta, pode não haver nenhuma resposta, sendo aquela uma pergunta ilegítima, ou pode haver uma ou mais respostas diversas igualmente válidas. Sendo assim, para dada pergunta $p(\pi)$, pode haver um ou mais substituendos legítimos de $\pi$, ou mesmo não haver nenhum. Caso haja um, este será a saída do *Smart Brain*, como já dissemos, na forma da sua representação numérica; caso haja mais de um, o primeiro substituendo válido que seria encontrado pelo algoritmo $\beta$ será a saída, a resposta preferencial (lembre-se de que o algoritmo $\beta$ procura a resposta até encontrar alguma, mesmo que haja muitas, e então para); caso não haja nenhuma, isso será verificado na execução preliminar do *Smart Brain*, que objetiva detectar ilegitimidades na pergunta e sobre a qual trataremos no final do capítulo XVI. Claro que esta execução preliminar pode ser dispensada, caso se possa deduzir naturalmente que a pergunta é legítima. Mas ressaltamos que, em caso de dúvida, não convém arriscar, caso em que a execução preliminar é fundamental.

Como o leitor pode perceber, a equipe de programadores que venham a implementar o *Smart Brain* no computador pode fazer uma única pergunta durante a constituição do seu banco de dados para verificar se dada proposição $q$, em função das proposições já introduzidas anteriormente, traz consigo redundâncias ou contradições. Trata-se da pergunta $\pi = q \vee \pi = \sim q$. Esta é a proposição $p(\pi)$, a que nos referimos anteriormente, neste caso. Isso porque a resposta é a afirmação ou negação da proposição $q$ (não se esqueça de que o símbolo especial $\pi$ da linguagem $\delta$ expandida representa a resposta, ou as respostas). E mais: não é necessário, durante a tarefa de constituição do banco de dados do *Smart Brain*, fazer esta pergunta! Queremos com isso dizer que não importa se $q$ é dedutível ou refutável no sistema, pois, em ambos os casos, $q$ será descartada, quer por redundância, quer por inconsistência. É suficiente fazer a execução preliminar de teste da legitimidade da pergunta. Se a pergunta for legítima, descartamos $q$ (por um dos motivos mencionados). Se, por outro lado, for ilegítima, $q$ enriquecerá o banco de dados do sistema, concedendo dedutibilidade ou refutabilidade a uma infinidade de proposições que, até então, são indeterminadas. Neste caso, sugerimos que $q$ seja introduzida ao banco de dados.

O conhecimento é uma rede repleta de conexões. Uma assertiva de uma área é, muitas vezes, decorrente dos fundamentos de outra área conjugados com certas definições do âmbito da primeira. Nesse aspecto, é impressionantemente importante para o desenvolvimento do *Smart Brain* a inclusão no seu banco de dados dos fundamentos da Física. Uma teoria física completa, o que não sabemos se conhecemos, certamente tem como consequência todas as leis da Química. Se a teoria física for incompleta, por não ter o alcance de definir o Universo na sua íntegra, de alguma forma, ainda assim é natural esperar que uma parte das leis da Química seja decorrente da primeira. As leis da Física e da Química, conjugadas com certas definições da Biologia, implicam necessariamente uma boa parte da Biologia, senão toda ela, o que depende do nível de riqueza e detalhamento daquelas. Assim, podemos seguramente afirmar que é fundamental para os propósitos do desenvolvimento do *Smart Brain* a inclusão de uma teoria física que seja a mais ampla possível, a mais próxima possível da completude. Há, atualmente, três grandes teorias físicas de propósito geral, a saber, a Física Clássica, que inclui a Mecânica de Newton e o

Eletromagnetismo Clássico, a Teoria da Relatividade (nas suas versões especial e geral) e a Mecânica Quântica. As três são incompatíveis entre si, mas satisfazem a propósitos práticos, cada qual, na predição de fenômenos físicos com certas características. A Teoria da Relatividade é mais precisa que a Mecânica de Newton, quanto maiores forem as diferenças das velocidades envolvidas, e se torna idêntica a esta em situações em que as diferenças entre as velocidades envolvidas tendem a 0. A Mecânica Quântica é mais precisa do que as demais teorias no universo das pequenas partículas, corpos com massas desprezíveis. Um grande problema da Física contemporânea consiste na unificação destas três teorias. O *Smart Brain* pode se tornar um instrumento poderoso de pesquisa no projeto de criação de uma teoria física unificada. Mas, enquanto isso, teremos que achar alguma forma de não deixar uma lacuna tão grande no banco de dados do *Smart Brain*, abrindo mão do conhecimento que já existe, apesar das incompatibilidades entre as três teorias que mencionamos. Por outro lado, como já sabemos, não podemos comprometer a consistência do sistema $\delta$, que é o que aconteceria se simplesmente jogássemos irresponsavelmente os fundamentos destas três teorias físicas no banco de dados do *Smart Brain*. Temos que fazer uma distinção entre elas, fazendo constar que, *segundo a Teoria da Relatividade*, p é verdadeira, por exemplo, e, *segundo a Mecânica Quântica*, q é verdadeira. Claro que, neste caso, a conjunção de p e q é uma contradição, exceto se se tratar do caso limite, mas tal contradição não ocorre se fizermos a mencionada resguarda. Desta forma, caberá ao usuário do sistema, sempre que lidar com problemas físicos, definir à luz de qual teoria busca uma resposta.

Outras observações relevantes dizem respeito às ciências biológicas. Se pudermos contar com um banco de dados rico em matérias como Física e Química, então o mero estabelecimento de definições no âmbito da Biologia gerará um grande volume de informações sobre Biologia. Mas apenas isso não é o suficiente para definirmos o funcionamento do nosso organismo, por exemplo. Um grande salto será dado em matéria de Biologia, quando o sequenciamento genético da espécie humana for codificado no *Smart Brain*. Tal sequenciamento foi concluído com sucesso pelo conhecido *Projeto Genoma Humano*, e estas informações, juntamente com as leis da Física e da Química e certas definições de conceitos biológicos, determinam os fenômenos biológicos que ocorrem no interior das células humanas, bem como diversas implicações destes em termos anatômicos e fisiológicos. É tranquilo afirmar que, com isso, explicamos uma grande parte dos fenômenos biológicos da saúde humana, e podemos explicar ainda mais se tivermos também informações detalhadas sobre o meio. Uma parte considerável deste conhecimento refere-se aos seres das espécies com as quais nos relacionamos, especialmente aqueles seres que nos servem de alimento, de maneira que é extremamente útil expandir o banco de dados para incluir também informações precisas sobre os genomas de diversas outras espécies. Com informações precisas e detalhadas no âmbito das ciências biológicas, pode-se evitar uma grande quantidade de estudos empíricos com cobaias humanas e de outras espécies, evitando danos desnecessários a elas. Tais estudos poderão ser substituídos, em grande parte, por demonstrações fundadas em procedimentos puramente dedutivos, mediante a aplicação do *Smart Brain*.

No capítulo seguinte estudaremos o sistema $\delta$; em seguida, o algoritmo $\beta$, e, oportunamente, analisaremos a complexidade de tempo do *Smart Brain*, para provar as afirmações que fizemos sobre as características computacionais desejáveis deste algoritmo. Isso nos habilitará a enfrentar um importante problema da Matemática ainda não resolvido conhecido como "P *versus* NP", o que faremos no capítulo XIX. Na mesma oportunidade em que analisarmos a complexidade computacional do *Smart Brain*, veremos alguns entraves à sua implementação em um computador real. Para contornar estes problemas, buscamos alternativas, consubstanciadas no que apresentamos posteriormente nos capítulos XVII e XX.

# XV- O Sistema $\delta$

Pensamento assertivo é aquele que traz à tona uma afirmação ou negação, diferentemente de lembranças, representações mentais de sons ou imagens ou outras formas de pensamento. Costuma-se chamar o *significado* de um pensamento assertivo de *proposição.* Um pensamento assertivo decorrente de outros pensamentos igualmente assertivos chama-se *raciocínio.* Ao procedimento de se derivar raciocínios a partir de pensamentos anteriores dá-se o nome de *inferência.* As inferências e os raciocínios resultantes podem ser esquematizados em *argumentos,* em que duas ou mais proposições, ou mesmo uma, chamadas *premissas*, sustentam a proposição inferida, chamada de *conclusão.* Um argumento pode ter uma ou mais premissas, mas terá apenas uma conclusão, correspondente ao raciocínio gerado. Existem duas formas de inferência: *dedução* e *indução.* Quanto aos raciocínios correspondentes, são eles, respectivamente, os raciocínios *dedutivos* e *indutivos*, o mesmo se podendo dizer dos argumentos. Segundo COPI (1968, p. 35), somente um argumento dedutivo envolve a pretensão de que suas premissas forneçam uma prova *conclusiva* da proposição inferida. O mesmo autor diz, por outro lado, que um argumento *indutivo* tem a mera pretensão de fornecer algumas provas da conclusão. Pode-se entender que a indução fornece conclusões *prováveis*, sob algum conjunto razoável de critérios, enquanto a dedução fornece conclusões *certas*, quando procedida corretamente.

O *Smart Brain* simula raciocínios dedutivos, de maneira que, no estudo deste algoritmo, o tipo de argumento que nos interessa é o dos argumentos dedutivos. Um estudo sério de dedução normalmente se realiza à luz de *sistemas formais.* Um *sistema formal* se define por um conjunto de *axiomas* identificáveis algoritmicamente, uma linguagem e um conjunto finito de *regras de inferência.* Na prática, os sistemas formais estudados se inserem dentro do que se costuma chamar de *lógica de dois valores*, que têm como objeto proposições *verdadeiras* e *falsas*, sem que haja qualquer proposição que não se enquadre em alguma destas duas classes. Em um sistema formal, podemos derivar proposições verdadeiras a partir de outras proposições verdadeiras mediante a aplicação das regras de inferência, sendo que os axiomas são considerados verdadeiros. As regras de inferência não são outra coisa senão procedimentos de transformação de um conjunto de proposições com determinadas formas em uma proposição nova, simulando um raciocínio ou um argumento. Neste capítulo, estudaremos o sistema $\delta$, o sistema formal em relação ao qual se devem interpretar os resultados fornecidos pelo *Smart Brain*, de tal forma que todas as proposições que consideramos verdadeiras no estudo do *Smart Brain* são proposições verdadeiras no sistema $\delta$, e as que consideramos falsas neste mesmo estudo são falsas no mencionado sistema.

Alguns autores colocam como requisito de sistemas formais que o número de axiomas seja finito. Nós, porém, não impomos isso, bastando simplesmente que haja algum algoritmo do tipo decisor que resolva se uma proposição qualquer é ou não um de seus axiomas. Para isso, é necessário que a descrição de tal algoritmo seja uma sentença finita e que o número de operações para verificar se determinada proposição é ou não um axioma do sistema seja também finito, desde que tal proposição possa ser expressa por uma sequência finita de símbolos dentro da linguagem do sistema. Isso não é inovação nossa. HEGENBERG (2012, p. 299-302) apresenta sistemas formais no âmbito de cálculo de predicados com um número finito de *esquemas* de axiomas, e não de axiomas propriamente ditos, sendo que há infinitos axiomas de cada esquema, mas de tal forma que a verificação do fato de uma proposição qualquer ser ou não ser axioma de tais sistemas é possível algoritmicamente, na mesma linha do que seguimos. O sistema $\delta$ tem infinitos axiomas, que classificamos como axiomas *regulares* e axiomas *especiais*, conforme definiremos a seguir.

Precisamos mencionar uma distinção importante que existe na literatura no âmbito da Lógica. Proposições e sentenças não são a mesma coisa. Proposição, como já dissemos, pode ser entendida como o significado de um pensamento assertivo, ou pode ser considerada uma classe de pensamentos assertivos, todos com o mesmo conteúdo. Sentença é uma representação simbólica de uma proposição. Em um sistema formal, um conceito é representado na sua linguagem por meio de uma expressão, que corresponde a uma sequência de símbolos. O conceito é um elemento do sistema, enquanto a expressão é um elemento da linguagem. Sentença é uma expressão, de maneira que, enquanto proposições são objetos conceituais, sentenças são elementos linguísticos. Entretanto, como se pode ver, ao longo de todo este trabalho, não fazemos qualquer distinção entre sentenças e proposições. Em um estudo mais profundo de Filosofia, tal distinção é importante, mas, na prática, ela não faz tanta diferença, pelo menos para nossos propósitos. Uma noção não tão precisa sobre a relação entre sentenças e proposições no estudo de sistemas formais, apesar de não ser o ideal, tende a não gerar maiores repercussões, assim, não diferenciaremos sentenças de proposições.

Esperamos que o leitor tenha conhecimento em Lógica. Caso contrário, não teria como interpretar as duas primeiras propriedades fundamentais dos algoritmos algébricos legítimos, o que acarretaria que os principais resultados deste livro seriam incompreensíveis, em especial o conteúdo deste capítulo. De qualquer forma, recomendamos que o leitor faça, caso considere necessário, uma revisão em Cálculo Sentencial e Cálculo de Predicados antes de prosseguir.

O sistema $\delta$ tem dois tipos de axiomas: os axiomas regulares e os axiomas especiais. Um axioma regular pertence a uma classe infinita de proposições com certa forma. Definir uma classe de axiomas regulares consiste em definir a forma comum a todos os seus elementos. Um axioma especial consiste de uma proposição específica tomada como axioma. O sistema $\delta$ tem um número finito de axiomas especiais e um número finito de classes de axiomas regulares. Para cada classe de axiomas regulares que definiremos, há um algoritmo que decide se determinada expressão pertence ou não a tal classe. Como dissemos no capítulo XIV, neste trabalho definimos o "núcleo" do sistema $\delta$, ou seja, não definimos completamente tal sistema. Isso porque desejamos que o *Smart Brain* opere a partir de um rico banco de dados, com informações sobre os mais diversos ramos do conhecimento, e, desta forma, não podemos atribuir tal banco de dados a um único autor. Tais informações integram o conjunto de axiomas do sistema $\delta$, e, como esperamos que elas sejam organizadas por uma comissão de especialistas nas mais diversas áreas, não podemos expor de completamente a lista de axiomas especiais do sistema $\delta$. Apresentaremos, entretanto, um conjunto de axiomas regulares que, a nosso ver, permite uma grande variedade de inferências que respeitem adequadamente ao senso comum e os principais axiomas especiais que sintetizem a Matemática e a Lógica.

A linguagem do sistema $\delta$, que será chamada de linguagem $\delta$, é composta, a nível elementar, pelos seguintes símbolos (entre outros, que serão oportunamente apresentados):

$$\wedge\vee\Longrightarrow\Leftrightarrow\sim\mapsto\vdash,\cap\cup\subset\forall\exists-1i)(+*\wedge-/\surd L=\neq><\geq\leq\in$$
$$\notin UPX\mathbb{C}\mathbb{R}\mathbb{Q}\mathbb{Z}\mathbb{N}X^*\mathbb{C}^*\mathbb{R}^*\mathbb{Q}^*\mathbb{Z}^*\mathbb{N}^*\mathbb{R}_+^*\emptyset 0123456789$$

A maioria destes símbolos é conhecida pelo leitor e nos capítulos anteriores empregamos muitos deles correntemente. Entretanto, cabe fazer algumas observações a respeito dos seguintes:

$$*\wedge/\surd LXU\mapsto\vdash$$

Usamos uma outra linguagem, que chamamos de linguagem $\lambda$, para explicar a linguagem $\delta$ e para expor vários dos axiomas do sistema $\delta$. Fazemos isso porque a linguagem $\lambda$ é mais amigável que a linguagem do nosso sistema. Por outro lado, a linguagem $\delta$ tem uma vantagem em relação à sua rival: ela é composta por cadeias sobre um número finito de símbolos. Qualquer expressão da linguagem $\delta$ é uma sequência cujos termos são símbolos elementares, os quais abrangem os já enunciados e os que compõem as expressões que representam as variáveis da linguagem $\lambda$, sobre o que trataremos mais adiante, além dos operadores, predicados e símbolos que compõem o que chamaremos de termos aglutinativos, que também não serão negligenciados.

Voltemos aos oito símbolos que selecionamos para observações. A expressão $1 * 0$ significa, na linguagem $\delta$, o produto de 1 por 0, o que se expressa na linguagem $\lambda$ da seguinte maneira:

$$1 \cdot 0$$

Da mesma forma, a expressão $i * 22$ é o produto de $i$, que é a raiz quadrada de -1, por 22. Percebe-se que este sinal representa a operação de multiplicação.

A expressão que no nosso idioma se escreve como "32 elevado a 7" é escrita nas linguagens $\lambda$ e $\delta$ das maneiras que mostramos a seguir, respectivamente:

$$32^7$$

$$32\hat{}7$$

A barra ("/") representa divisão. A expressão 12/5, na linguagem $\delta$, é equivalente a $\frac{12}{5}$ na linguagem $\lambda$. O símbolo $\surd$ denota radiciação. A expressão $\sqrt[3]{7}$, pertencente à linguagem $\lambda$, corresponde a $7\surd 3$ na linguagem $\delta$. Os logaritmos são representados com o operador L. O que, na linguagem $\lambda$, escrevemos como $\log_2 3$, na linguagem $\delta$ fica assim: 3L2.

O que nos interessa é que, como o leitor pode perceber, todas as expressões da linguagem $\delta$ são sequências de símbolos do seu alfabeto dispostos da esquerda para a direita, sem maiores artifícios. A linguagem $\lambda$, por outro lado, traz sérias dificuldades à tarefa de descrever as expressões, mas é muito mais intuitiva. Na criação desta linguagem, buscamos, na medida do possível, imitar as linguagens convencionais adotadas na literatura no âmbito da Matemática.

O símbolo X, que se apresenta assim nas duas linguagens, corresponde ao mais amplo conjunto numérico, o conjunto de todos os números. Incluímos este termo por prudência, pois não é uma atitude responsável postular que este conjunto é $\mathbb{C}$. Em outras palavras: não sabemos se, no sistema $\delta$, o conjunto de todos os números é exatamente o conjunto dos números complexos ou se existe algum número que não é complexo. Possivelmente, em algum momento do futuro, será demonstrado neste sistema que $X = \mathbb{C}$, o que em nenhum momento negamos, como também não afirmamos. Deixamos a questão em aberto.

O símbolo P representa, nas duas linguagens que estamos estudando, o conjunto das proposições. Mais especificamente, P é o conjunto do que chamamos de proposições completas para fazer oposição às proposições incompletas. Fórmulas e proposições completas e incompletas são conceitos que definiremos no momento certo, numa etapa mais avançada do nosso trabalho, em que entraremos em detalhes mais específicos destas linguagens, classificando os seus termos.

O termo U, que assume a mesma forma em ambas as linguagens de que estamos tratando, é o conjunto universo. Este conjunto inclui todos os termos da linguagem $\delta$ que têm significado. Ao longo desta exposição, o leitor verá que "1/0" é uma expressão da linguagem $\delta$, mas não lhe atribuiremos significado. Evitaremos ao máximo chegar a expressões que incluam frações com denominador nulo, mas nos casos em que chegarmos, não haverá qualquer informação nova (na maior parte das vezes). Uma proposição verdadeira no sistema $\delta$ é a seguinte

$$\frac{1}{0} \notin U$$

que significa que a razão de 1 por 0 não é um elemento do conjunto universo. É mais do que um jogo de palavras, porque, neste sistema, apenas os elementos do conjunto universo admitem substituição por variáveis quantificadas, o que reduz a quase nada o volume de proposições verdadeiras do sistema que envolvem os termos não pertencentes ao conjunto universo, procurando, assim, preservar a consistência do sistema. Se começarmos a fazer deduções com estes termos seguindo as mesmas regras aplicáveis aos demais, não demorará muito para chegarmos a contradições, e é exatamente isso o que não queremos. Não só a fração acima, mas qualquer expressão, ainda que mais complexa, que envolva uma fração com denominador nulo é um termo que não pertence ao conjunto universo, com algumas exceções de que trataremos oportunamente, como a proposição acima, que, por ser uma proposição, é pertencente ao conjunto universo. Os membros do conjunto universo são os elementos. Chamaremos de termos legítimos os elementos e os conjuntos e de termos ilegítimos todos os demais, os quais não têm grande interesse para nós. Neste sistema, um termo legítimo ou é um elemento ou é um conjunto, de maneira que conjuntos não podem ser elementos de outros conjuntos, assim, introduziremos no 62º axioma especial uma proposição que implica, juntamente com alguns outros axiomas, uma classe de proposições que abrange todas as expressões do tipo

$$\gamma \notin \beta$$

em que $\gamma$ e $\beta$ são conjuntos.

O símbolo $\vdash$, colocado antes de uma expressão da linguagem $\lambda$ ou da linguagem $\delta$, significa que tal expressão denota um conjunto. Assim, se $\beta$ é uma expressão (de alguma dessas linguagens), a proposição

$$\vdash \beta$$

afirma que $\beta$ é um conjunto, e a proposição

$$\sim \vdash \beta$$

afirma que $\beta$ não é um conjunto.

Falta definir a seta à direita com barra vertical ("$\mapsto$"). Este símbolo, que também é comum às duas linguagens, representa um tipo de implicação que chamaremos de "implicação fraca". A implicação material é a implicação que mais nos interessa no estudo de lógica. Representada pelo sinal "$\Longrightarrow$", a implicação material significa a negação da conjunção do antecedente com a negação do consequente, e a usamos em praticamente todos os capítulos deste trabalho, de maneira que o leitor deve estar bem familiarizado com ela. Entretanto, para que um termo que a envolva seja legítimo, o antecedente e o consequente devem ser proposições, necessariamente. Ocorre, por outro lado, que muitas vezes não sabemos se dois termos são proposições, mas sabemos que, se um deles, determinado pelo contexto, for uma proposição verdadeira, o outro também será. Como expressar isso? Suponhamos que sabemos que, se p é uma proposição verdadeira, então q também é, mas não sabemos se p é uma proposição verdadeira e, porventura, não sabemos sequer se p é uma proposição. Neste caso, não podemos afirmar que

$$p \Longrightarrow q$$

pois tal expressão só é admissível (no sentido de ter significado) se tanto p quanto q forem sabidamente proposições. O mesmo dilema ocorre se não soubermos se q é de fato uma proposição. Neste caso, adotaremos a implicação fraca, afirmando que

$$p \mapsto q$$

Isso significa que, caso p seja uma proposição e esta seja verdadeira, então q também será uma proposição e esta será, também, verdadeira. O sentido deste conectivo é mais "fraco" que o da implicação material, ou seja, um condicional com a substituição da implicação material pela implicação fraca é uma proposição que carrega menos informação que a proposição original, como se pode perceber. Não se trata de um conectivo funcional de verdade. No axioma especial em que definimos logaritmo e no que define as condições de legitimidade de uma expressão envolvendo o conectivo "log", empregaremos a implicação fraca, e também haverá uma regra de inferência que a toma como referência, bem como diversas classes de axiomas regulares.

A vírgula será analisada, quando definirmos os predicados e operadores.

O número -1 será representado desta forma: "-1". Interpretaremos esta expressão como um único símbolo. A expressão "$\mathbb{C}^*$", que designa o conjunto dos números complexos não nulos, também será encarada como um único símbolo, podendo-se dizer o mesmo das expressões a seguir, em que o asterisco e o sinal de "+" serão considerados como parte integrante do respectivo símbolo:

$$X^*\mathbb{R}^*\mathbb{Q}^*\mathbb{Z}^*\mathbb{N}^*\mathbb{R}_+^*$$

Há mais uma semelhança entre as linguagens $\lambda$ e $\delta$: a representação dos números naturais. Em ambas as linguagens, há os algarismos 0, 1, 2, 3, 4, 5, 6, 7, 8 e 9. Qualquer sequência destes símbolos que não comece com 0 é um número natural não nulo, representado na base decimal. O significado das expressões numéricas resultantes é dado pelos elementos de determinada classe de axiomas regulares, definida oportunamente, que abrange todas as proposições verdadeiras da forma $a + 1 = b$ em que a e b são números naturais, representados como uma sequência dos dez algarismos mencionados. A definição desta classe de axiomas regulares é viável pelo fato de que a veracidade das proposições desta forma pode ser determinada algoritmicamente. Pode-se construir uma máquina de Turing para este fim.

Há, na linguagem $\lambda$, oito classes de variáveis:

1- as variáveis $x_1$, $x_2$, $x_3$ e, por extensão, $x_\alpha$, em que $\alpha$ é um número natural não nulo, que representam os números (tais variáveis representam os elementos ou membros do conjunto X);

2- as variáveis $c_1$, $c_2$, $c_3$ e, por extensão, $c_\alpha$, em que $\alpha$ é um número natural não nulo, que representam os números complexos (tais variáveis representam os elementos do conjunto $\mathbb{C}$);

3- as variáveis $r_1$, $r_2$, $r_3$ e, por extensão, $r_\alpha$, em que $\alpha$ é um número natural não nulo, que representam os números reais (tais variáveis representam os elementos do conjunto $\mathbb{R}$);

4- as variáveis $q_1$, $q_2$, $q_3$ e, por extensão, $q_\alpha$, em que $\alpha$ é um número natural não nulo, que representam os números racionais (tais variáveis representam os elementos do conjunto $\mathbb{Q}$);

5- as variáveis $z_1$, $z_2$, $z_3$ e, por extensão, $z_\alpha$, em que $\alpha$ é um número natural não nulo, que representam os números inteiros (tais variáveis representam os elementos do conjunto $\mathbb{Z}$);

6- as variáveis $n_1$, $n_2$, $n_3$ e, por extensão, $n_\alpha$, em que $\alpha$ é um número natural não nulo, que representam os números naturais não nulos (tais variáveis representam os elementos do conjunto $\mathbb{N}^*$; atenção: o número 0 está excluído do universo destas variáveis);

7- as variáveis $p_1$, $p_2$, $p_3$ e, por extensão, $p_\alpha$, em que $\alpha$ é um número natural não nulo, que representam as proposições (tais variáveis representam os elementos do conjunto P);

8- as variáveis $e_1$, $e_2$, $e_3$ e, por extensão, $e_\alpha$, em que $\alpha$ é um número natural não nulo, que representam os elementos (tais variáveis representam os membros do conjunto universo, ou seja, U).

As variáveis destas oito classes serão denominadas, respectivamente, de variáveis das classes X, C, R, Q, Z, N, P e U. Por exemplo: $n_1$ é uma variável da classe N, enquanto $p_{200}$ é uma variável da classe P.

Em uma proposição legítima, cada variável está ligada a um quantificador. Há duas espécies de quantificadores, denotados pelos seguintes símbolos: $\forall$ e $\exists$. E não pode haver variáveis que não estejam ligadas a um quantificador ou variáveis ligadas a mais de um quantificador. Não entraremos em detalhes de como definir se uma variável, em determinado contexto, está ou não está ligada a um quantificador. Na linguagem $\lambda$ adotamos os mesmíssimos critérios de quantificação que os empregados em qualquer linguagem razoável de cálculo de predicados. O que queremos dizer com isso é que, se compararmos o nosso trabalho com os manuais de Lógica, não estamos inovando em nada no uso de quantificadores, exceto, talvez, na distinção de classes distintas de variáveis, cada uma estando associada a um universo específico. O estudo das variáveis é algo relativamente complexo, e o leitor que tem um elevado nível de conhecimento em Lógica conhece bem esta matéria. Isso é pré-requisito para a leitura deste trabalho, como deixamos claro na Introdução, de maneira que não dispenderemos muito tempo com este assunto.

O número que aparece subscrito em uma variável da linguagem $\lambda$ chama-se *índice*. Cada variável tem um índice. Duas variáveis representam exatamente a mesma entidade quando ambas são da mesma classe e têm o mesmo índice, além de estarem ligadas ao mesmo quantificador. O índice de $p_2$ é 2; o de $n_{34}$ é 34; o de $e_{104}$ é 104. O índice de uma variável pode, também, ser uma variável da classe dos números naturais não nulos ($n_\alpha$, sendo $\alpha$ um número natural não nulo). Assim, pode-se falar em índice de índice, índice de índice de índice, índice de índice de índice de índice, etc... Com isso, podemos ter na linguagem $\lambda$ termos como $p_{n_1}$, $z_{n_{21}}$, $e_{n_{n_{10}}}$, etc...

Enquanto na linguagem $\lambda$ definimos as variáveis de uma maneira bastante ortodoxa, na linguagem $\delta$, as variáveis são expressas como uma sequência de símbolos. O primeiro indica a classe da variável, cada uma associada a uma das oito classes de variáveis da linguagem $\lambda$. Os demais representam o índice da "variável" em questão. Utilizamos a palavra "variável", neste contexto, entre aspas, pelo fato de que nos referimos a uma sequência de símbolos, e não necessariamente a um único símbolo. Com isso, conseguimos construir uma linguagem em que mesmo expressões envolvendo variáveis podem ser escritas como uma sequência de símbolos sobre um alfabeto finito. Vejamos.

O símbolo que indica na linguagem $\delta$ a classe da variável é um dos seguintes:

1- $v_x$, associado ao conjunto X, correspondente às variáveis enunciadas no primeiro item da lista anterior;

2- $v_c$, associado ao conjunto $\mathbb{C}$, correspondente às variáveis enunciadas no segundo item da lista anterior;

3- $v_r$, associado ao conjunto $\mathbb{R}$, correspondente às variáveis enunciadas no terceiro item da lista anterior;

4- $v_q$, associado ao conjunto $\mathbb{Q}$, correspondente às variáveis enunciadas no quarto item da lista anterior;

5- $v_z$, associado ao conjunto $\mathbb{Z}$, correspondente às variáveis enunciadas no quinto item da lista anterior;

6- $v_n$, associado ao conjunto $\mathbb{N}^*$, correspondente às variáveis enunciadas no sexto item da lista anterior;

7- $v_p$, associado ao conjunto P, correspondente às variáveis enunciadas no sétimo item da lista anterior;

8- $v_e$, associado ao conjunto U, correspondente às variáveis enunciadas no oitavo item da lista anterior;

Com isso, a variável $p_1$ na linguagem $\lambda$ é expressa como $v_p1$ na linguagem $\delta$; a variável $c_{43}$ na linguagem $\lambda$ é expressa como $v_c43$ na linguagem $\delta$; a variável $n_{n_3}$ na linguagem $\lambda$ é expressa como $v_nv_n3$ na linguagem $\delta$; a variável $n_{n_{n_{555}}}$ na linguagem $\lambda$ é expressa como $v_nv_nv_nv_n555$ na linguagem $\delta$; a variável $e_{19}$ na linguagem $\lambda$ é expressa como $v_e19$ na linguagem

$\delta$. Observe que estamos considerando $v_e$ como um único símbolo, assim como $v_x$, $v_p$ e as expressões enumeradas logo acima.

Mais adiante definiremos uma extensa classe de proposições. Devido à complexidade do sistema, não ofereceremos um método para decidir se determinada expressão da linguagem $\delta$ é uma proposição, mas definiremos um método para identificar uma extensa classe delas, por meio de axiomas regulares. Chamaremos de classe K o conjunto de todas as proposições que podem ser identificadas como tais por este método, mas reiteramos que, possivelmente, há proposições que não integram este conjunto. A dificuldade consiste em se identificar a legitimidade da expressão em questão. Sabemos que um número mais um número é um número e que a expressão que afirma a igualdade de dois números é uma proposição, mas não podemos dizer que um número dividido por um número é, necessariamente, um número, pois, se o divisor for 0, então a expressão resultante será um termo ilegítimo. Da mesma forma, se há dúvida se um termo é legítimo, também haverá dúvida se a afirmação da igualdade entre este termo e algum outro é uma proposição, apenas para citar um exemplo. Essa dúvida surgirá, muitas vezes, quando houver variáveis. No nosso método, primeiro identificaremos se a expressão em questão satisfaz a determinadas características que a habilitam a serem chamadas por nós de *fórmulas* e depois verificaremos se a expressão é um termo legítimo. Em caso positivo, teremos uma proposição da classe K, mais especificamente uma *proposição completa* da mencionada classe. Uma proposição completa é uma proposição em que todas as variáveis estão ligadas a um, e apenas um, quantificador, enquanto uma proposição incompleta contém uma ou mais variáveis que não estão ligadas, mas igualmente não tem variáveis ligadas a dois ou mais quantificadores. Uma fórmula, na linguagem $\delta$, não é outra coisa senão uma candidata a proposição da classe K. Toda proposição da classe K é completa. A primeira parte do critério que exporemos para determinar se uma expressão da linguagem $\delta$ é uma proposição da classe K definirá o que é uma fórmula. Uma fórmula legítima é uma proposição da classe K, e vice-versa. Neste capítulo, quando empregarmos o termo *proposição,* estaremos nos referindo a uma proposição completa.

Como vimos, alguns símbolos da linguagem $\lambda$ denotam conjuntos. Mas há outros, além dos mencionados. Nesta linguagem, também são conjuntos os termos representados por $C_1$, $C_2$, $C_3$, etc..., e, por extensão, todas as expressões da forma $C_\alpha$, em que $\alpha$ é um número natural não nulo. Claro que, como no caso das variáveis, $\alpha$ pode ser uma variável da classe N, caso em que a expressão terá um índice de índice. Também pode este tipo de expressão ter índice de índice de índice, índice de índice de índice de índice, e assim sucessivamente. Estas expressões não são variáveis, de maneira que não são quantificadas. O termo $C_1$ denota determinado conjunto, que não definiremos, mas que pode ser definido no futuro mediante a adequada introdução de um ou mais axiomas especiais envolvendo este termo. O mesmo se pode dizer de $C_2$, $C_3$, $C_4$, etc... Se quisermos generalizar uma regra para todos os conjuntos, ou expressar alguma regra envolvendo um conjunto desconhecido, proferiremos uma proposição da forma

$$\forall n_1 \beta(C_{n_1})$$

ou

$$\exists n_1 \beta(C_{n_1})$$

em que $\beta(C_{n_1})$ é alguma proposição incompleta envolvendo o termo $C_{n_1}$.

Se quisermos escrever $C_\alpha$ na linguagem $\delta$, em que $\alpha$ é um número natural não nulo escrito na linguagem $\lambda$, escreveremos $C\alpha$. Por exemplo: $C_{12}$ é uma expressão da linguagem $\lambda$ que passa a ficar da forma $C12$ na linguagem $\delta$. Da mesma maneira, $C_{n_{309}}$ é uma expressão da linguagem $\lambda$ que passa a ficar da forma C$v_n$309 na outra linguagem.

Também há um número infinito de constantes nestas linguagens que não foram definidas ainda. Comecemos por apresentar a sua representação na linguagem $\lambda$, para depois traduzi-la para a linguagem $\delta$. Na primeira linguagem, estes termos são $k_1$, $k_2$, $k_3$, etc..., e, por extensão, $k_\alpha$, onde $\alpha$ é um número natural não nulo na linguagem $\lambda$. Na linguagem $\delta$, estes termos ficam assim: k1, k2, k3, etc..., e, por extensão, $k\alpha$, em que $\alpha$ é um número natural não nulo na linguagem $\delta$. Como no caso dos conjuntos definidos nos dois parágrafos anteriores, o índice pode ser expresso como uma variável da classe N, e o índice desta variável também pode ser uma variável da classe N, e assim por diante, surgindo, então, termos como $k_{n_3}$ e $k_{n_{n_1}}$ na linguagem $\lambda$, que equivalem a $kv_n3$ e $kv_nv_n1$ na linguagem $\delta$. Estes termos não serão definidos por nós nos axiomas que enunciaremos, mas é claro que a comissão de especialistas que incrementar o banco de dados do *Smart Brain* pode definir alguns deles conforme as suas necessidades, mediante adequada introdução de novos axiomas especiais. Havendo algum elemento que necessite ser nomeado, pode-se lhe atribuir, arbitrariamente, o nome $k_1$, ou então $k_2$, ou, ainda, $k_3$, etc..., introduzindo-se aos axiomas especiais proposições que enunciem seus atributos.

Analisemos a seguinte proposição:

$$\forall x_1 \forall x_2 \big((x_1 \in \mathbb{N} \wedge x_2 > 0 \wedge x_2 < 1) \Longrightarrow (x_1 + x_2) \notin \mathbb{N}\big)$$

A expressão $\forall x_1 \forall x_2$ será chamada de *escopo*. Um escopo é um fragmento de uma proposição onde são introduzidos os quantificadores. Definimos completamente escopo da seguinte forma:

1- Se $\alpha$ é uma variável, então $\forall\alpha$ e $\exists\alpha$ são escopos;

2- Se $\alpha$ é uma variável e $\gamma$ é um conjunto, então $\forall\alpha \in \gamma$ e $\exists\alpha \in \gamma$ são escopos;

3- Se Se $\alpha$ e $\beta$ são escopos, então $\alpha\beta$ é um escopo.

Nos escopos previstos no item 2, o conjunto $\gamma$ restringe os universos das variáveis em questão. Nestes casos, o universo da variável quantificada é a intersecção do conjunto que define a sua classe com o conjunto $\gamma$, e o conjunto $\gamma$ será chamado de *restrição* da variável $\alpha$ no escopo em questão. Os escopos previstos nos itens 1 e 2 são as peças que compõem todos os escopos e serão chamados de fragmentos do escopo que integram. Desta forma, dada a expressão

$$\forall r_3 \in \mathbb{Q} \exists e_2 \exists n_{30} \left( r_3 \neq e_2 \wedge n_{30} + 2 > 3 \Longrightarrow \exists z_1 \in \left(C_1 \cap (C_{40} \cup \mathbb{R}^*)\right)(n_{30} - r_3 \neq z_1) \right)$$

trata-se de uma proposição que tem os escopos $\forall r_3 \in \mathbb{Q} \exists e_2 \exists n_{30}$ e $\exists z_1 \in \left(C_1 \cap (C_{40} \cup \mathbb{R}^*)\right)$, sendo que o primeiro tem os fragmentos $\forall r_3 \in \mathbb{Q}$, $\exists e_2$ e $\exists n_{30}$ e o segundo é composto de um único fragmento. Nesta proposição, os universos de $r_3$, $e_2$, $n_{30}$ e $z_1$ são, respectivamente, $\mathbb{Q}$, U, $\mathbb{N}^*$ e $\left(\mathbb{Z} \cap \left(C_1 \cap (C_{40} \cup \mathbb{R}^*)\right)\right)$. No primeiro escopo, a restrição de $r_3$ é $\mathbb{Q}$, e, no segundo, a restrição de $z_1$ é $\left(C_1 \cap (C_{40} \cup \mathbb{R}^*)\right)$.

Na linguagem $\lambda$, há também predicados e operadores. Os predicados são denotados por expressões da forma $P_q^n(a_1, a_2, \dots, a_w)$ em que q, n e w são números naturais não nulos e cada termo $a_j$, com j natural não nulo menor ou igual a w, é um elemento. Para que uma expressão como esta tenha significado, é necessário que w seja igual a n. Neste caso, tem-se uma proposição. Caso n e w sejam distintos, o termo é ilegítimo. O índice superior (n) denota o número de elementos que são relacionados pelo predicado, e o índice inferior individualiza o predicado. $P_1^2$ pode denotar uma relação, enquanto $P_2^2$ pode denotar outra relação, mas ambos indicam relação de dois elementos, não mais, nem menos. Já os operadores são denotados por $O_q^n(a_1, a_2, \dots, a_w)$ em que q, n e w são números naturais não nulos e cada termo $a_j$ é um elemento. A condição de legitimidade de expressões como estas é a mesma aplicável aos predicados, ou seja, que o índice superior seja exatamente o número de elementos $a_j$ dentro dos parênteses, e que estes termos $(a_j)$ sejam necessariamente *elementos*. Claro que, por serem números naturais não nulos, tanto o índice superior quanto o inferior podem ser variáveis da classe N, tal como as constantes e conjuntos indefinidos cuja representação nas linguagens de que estamos tratando já foi descrita. As expressões legítimas da forma $O_q^n(a_1, a_2, \dots, a_w)$ são elementos do sistema $\delta$, mas não são necessariamente proposições. Como se pode ver, há infinitos predicados e infinitos operadores. Definiremos alguns deles, enquanto outros poderão ser definidos oportunamente pelos especialistas que incrementarem o banco de dados do *Smart Brain*, introduzindo novos axiomas especiais.

A expressão $P_q^n(a_1, a_2, \dots, a_w)$, em que q, n e w são números naturais não nulos e cada termo $a_j$, com j natural não nulo menor ou igual a w, é a representação de um elemento na linguagem $\lambda$, pode ser facilmente traduzida para a linguagem $\delta$, passando à forma $P[u_1, u_2, (\beta_1, \beta_2, \dots, \beta_w)]$, em que $u_1$ é a representação de q na linguagem $\delta$, $u_2$ é a representação de n, também na linguagem $\delta$, e cada termo $\beta_j$ é a representação na linguagem $\delta$ do correspondente termo $a_j$. Da mesma forma, a expressão $O_q^n(a_1, a_2, \dots, a_w)$, em que q, n e w são números naturais não nulos e cada termo $a_j$, com j natural não nulo menor ou igual a w, é a representação de um elemento na linguagem $\lambda$, fica, após traduzida para a linguagem $\delta$, da forma $O[u_1, u_2, (\beta_1, \beta_2, \dots, \beta_w)$, com as mesmas especificações que atribuímos aos predicados, ou seja, $u_1$ é a representação de q na linguagem $\delta$, $u_2$ é a representação de n, também na linguagem $\delta$, e cada termo $\beta_j$ é a representação na linguagem $\delta$ do correspondente termo $a_j$. Perceba que a letra "P", na linguagem $\delta$, também denota o conjunto de todas as proposições. Entretanto, não há ambiguidade com os predicados, pois a letra "P" denotará, nesta linguagem, um predicado, se, e somente se, for sucedida do símbolo "[".

Para finalizar a exposição destas duas linguagens, definiremos os *termos aglutinativos*, que são formados por símbolos que possibilitam a representação de expressões extremamente complexas, como somatórias e produtórios.

Há, na linguagem $\lambda$, expressões da forma

$$\bigcup_{\alpha} \beta$$

em que $\alpha$ e $\beta$ são termos da linguagem $\lambda$. Para que uma expressão como esta seja legítima, $\alpha$ deve ser uma proposição, $\beta$ deve ser um conjunto e, ainda, $\beta$ deve ter uma variável livre da classe N que também ocorre em $\alpha$ sem estar ligada, sendo que todas as demais variáveis de $\alpha$ e $\beta$ devem estar ligadas. Neste caso, a expressão acima denota um conjunto, mais precisamente, a união de todos os conjuntos denotados por $\beta$ com substituição uniforme da sua variável livre por todos os termos que, ao ocuparem as posições ocupadas por esta mesma variável em $\alpha$, tornam-na verdadeira. Por exemplo:

$$\bigcup_{n_1 \neq 2 \wedge n_1 < 8} C_{n_1} = C_1 \cup C_3 \cup C_4 \cup C_5 \cup C_6 \cup C_7$$

De maneira similar, podemos empregar termos da forma

$$\bigcap_{\alpha} \beta$$

Neste caso, se a expressão for um termo legítimo, ela denota a interseção de todos os conjuntos denotados por $\beta$ com substituição uniforme da sua variável livre por todos os termos que, ao ocuparem as posições ocupadas por esta mesma variável em $\alpha$, tornam-na verdadeira.

Entre os termos aglutinativos da linguagem $\lambda$, há também os dois seguintes:

$$\bigwedge_{\alpha} \beta$$

$$\bigvee_{\alpha} \beta$$

em que $\alpha$ e $\beta$ são termos da linguagem $\lambda$. Para que uma expressão como esta seja legítima, $\alpha$ deve ser uma proposição, assim como $\beta$, e, ainda, $\beta$ deve ter uma variável livre da classe N que também ocorre em $\alpha$ sem estar ligada, sendo que todas as demais variáveis de $\alpha$ e $\beta$ devem estar ligadas. Neste caso, a primeira expressão acima denota uma proposição, mais precisamente, a conjunção de todas as proposições denotadas por $\beta$ com substituição uniforme da sua variável livre por todos os termos que, ao estarem nas posições ocupadas por esta mesma variável em $\alpha$, tornam-na verdadeira, o mesmo se podendo dizer da segunda expressão acima, porém, neste caso, a expressão denota uma disjunção inclusiva, e não uma conjunção. Por exemplo:

$$\exists p_{12} \bigwedge_{n_3 \leq 2 \vee n_3 = 44} \left(n_3 < 9 \vee (p_{12} \Longrightarrow n_3 \neq k_4)\right)$$

Esta expressão é equivalente a

$$\exists p_{12} \Big( \left(1 < 9 \vee (p_{12} \Longrightarrow 1 \neq k_4)\right) \wedge \left(2 < 9 \vee (p_{12} \Longrightarrow 2 \neq k_4)\right) \wedge \left(44 < 9 \vee (p_{12} \Longrightarrow 44 \neq k_4)\right) \Big)$$

Por fim, encontram-se entre os termos aglutinativos as somatórias e os produtórios, que são as expressões com as seguintes formas:

$$\sum_{\alpha} \beta$$

$$\prod_{\alpha} \beta$$

em que $\alpha$ e $\beta$ são termos da linguagem $\lambda$. Para que uma expressão como esta seja legítima, $\alpha$ deve ser uma proposição, $\beta$ deve ser uma expressão numérica, e, ainda, $\beta$ deve ter uma variável livre da classe N que também ocorre em $\alpha$ sem estar ligada, sendo que todas as demais variáveis de $\alpha$ e $\beta$ devem estar ligadas. Neste caso, a primeira expressão acima denota um número, mais precisamente, a soma de todas as expressões numéricas denotadas por $\beta$ com substituição uniforme da sua variável livre por todos os termos que, ao ocuparem as posições ocupadas por esta mesma variável em $\alpha$, tornam-na verdadeira, o mesmo se podendo dizer da segunda expressão acima, porém neste caso, a expressão denota um produto, e não uma soma. Dispensaremos exemplos.

É simples a tradução de termos aglutinativos da linguagem $\lambda$ para a linguagem $\delta$. Os termos

$$\bigcup_{\alpha} \beta$$

$$\bigcap_{\alpha} \beta$$

$$\bigwedge_{\alpha} \beta$$

$$\bigvee_{\alpha} \beta$$

$$\sum_{\alpha} \beta$$

$$\prod_{\alpha} \beta$$

em que $\alpha$ e $\beta$ são termos da linguagem $\lambda$, após a tradução para a linguagem $\delta$, passam a assumir as seguintes formas, respectivamente:

$$G_1(\gamma, \varepsilon)$$

$$G_2(\gamma, \varepsilon)$$

$$G_3(\gamma, \varepsilon)$$

$$G_4(\gamma, \varepsilon)$$

$$G_5(\gamma, \varepsilon)$$

$$G_6(\gamma, \varepsilon)$$

em que $\gamma$ e $\varepsilon$ são termos da linguagem $\delta$ decorrentes da tradução de $\alpha$ e $\beta$, respectivamente. Como as duas linguagens se prestam à representação dos mesmos termos, as observações anteriores e as seguintes sobre a legitimidade dos termos aglutinativos aplicam-se também aos da linguagem $\delta$.

Percebe-se que os critérios de legitimidade são os mesmos para as seis classes de termos aglutinativos. Há dois critérios para avaliar a legitimidade destes termos, que devem ser adotados conjuntamente, ou seja, ambos devem ser satisfeitos. O primeiro já foi definido e é o seguinte: na expressão

$$\bigvee_{\alpha} \beta$$

$\alpha$ e $\beta$ são proposições. No caso do termo aglutinativo com este sinal, que aglutina disjunções, esta é a regra, e o mesmo vale para quando o sinal é o que aglutina conjunções. Para os sinais que aglutinam uniões ou intersecções de conjuntos, $\beta$ deve ser um conjunto, enquanto para os sinais de somatórias ou produtórios, $\beta$ deve ser uma expressão numérica. Em qualquer caso, $\alpha$ deve ser uma proposição.

O segundo critério de legitimidade foi definido anteriormente para os casos mais simples que consistem em quando não há termos aglutinativos na composição das expressões $\alpha$ e $\beta$: $\beta$ deve ter uma variável livre da classe N que também ocorre em $\alpha$ sem estar ligada, sendo que todas as demais variáveis de $\alpha$ e $\beta$ devem estar ligadas. Esta regra toma uma forma mais complexa em um contexto mais abrangente, conforme definiremos a partir de agora. Nos termos

$$\bigvee_{\alpha} \beta$$

$$\bigwedge_{\alpha} \beta$$

$$\sum_{\alpha} \beta$$

$$\prod_{\alpha} \beta$$

$$\bigcup_{\alpha} \beta$$

$$\bigcap_{\alpha} \beta$$

caso satisfaçam ao primeiro critério de legitimidade, $\alpha$ será chamado de proposição de referência do termo aglutinativo em questão, e $\beta$ será chamado de componente principal do termo aglutinativo. Em uma expressão em que há termos aglutinativos na proposição de referência ou no componente principal de um termo aglutinativo, começamos verificando qual é a variável livre da classe N na proposição de referência do termo aglutinativo de fora. Este termo deve ser único. Uma vez identificada esta variável, a consideramos "quantificada", tanto na proposição de referência, quanto no componente principal, e, então, passamos a fazer a mesma análise na proposição de referência e no componente principal seguintes, começando com o termo aglutinativo de "fora", entre os não analisados, e assim sucessivamente. Tomemos como exemplo a seguinte proposição:

$$\exists x_1 \left( P_3^2(2, x_1) \vee \forall e_1 \bigwedge_{n_3<9} \forall p_3 \left( (p_3 \Leftrightarrow n_3 + 1 \in \mathbb{Z}^*) \right.\right.$$

$$\left.\left. \Rightarrow \bigvee_{40-n_1n_3>1 \vee n_3=2} \left( 1 - \sum_{n_3+n_2-n_3n_1=0 \Rightarrow n_2=1} 2n_1n_2n_3 \right) > 3 \right) \right)$$

Verificamos que a variável livre da classe N do termo aglutinativo

$$\bigwedge_{n_3<9} \forall p_3 \left( (p_3 \Leftrightarrow n_3 + 1 \in \mathbb{Z}^*) \Rightarrow \bigvee_{40-n_1n_3>1 \vee n_3=2} \left( 1 - \sum_{n_3+n_2-n_3n_1=0 \Rightarrow n_2=1} 2n_1n_2n_3 \right) > 3 \right)$$

é única, $n_3$. A partir de agora, não consideraremos mais que esta variável está livre, mais sim que ela está quantificada. Passamos agora a considerar o termo aglutinativo

$$\bigvee_{40-n_1n_3>1 \vee n_3=2} \left( 1 - \sum_{n_3+n_2-n_3n_1=0 \Rightarrow n_2=1} 2n_1n_2n_3 \right) > 3$$

e percebemos que a variável livre da classe N da sua proposição de referência $(40 - n_1n_3 > 1 \vee n_3 = 2)$ é única: $n_1$, pois consideramos *quantificada* a outra variável desta classe, $n_3$. Por fim, analisamos o termo aglutinativo

$$\sum_{n_3+n_2-n_3n_1=0 \Rightarrow n_2=1} 2n_1n_2n_3$$

e vemos que, também neste termo aglutinativo, há apenas uma variável livre na proposição de referência: $n_2$. A partir de agora, vamos considerá-la quantificada. Adotaríamos o mesmo procedimento caso encontrássemos algum termo aglutinativo em alguma das proposições de referência. Lembre-se de que, em um termo legítimo da linguagem, não pode haver mais de um quantificador ligado simultaneamente à mesma variável, de maneira que também observamos isso na verificação desta regra: como um sinal de um termo aglutinativo vale como quantificador da variável empregada como seu índice, esta variável não pode aparecer ligada a qualquer outro quantificador no interior da proposição de referência ou do componente principal, e esta característica é respeitada no exemplo citado. Concluímos que tal exemplo é um termo legítimo da linguagem $\lambda$.

Chamaremos a primeira regra de verificação da legitimidade de termos aglutinativos de *regra da adequação da classificação*, pois trata-se, de certa forma, de uma adequação das classes dos termos que ocupam as posições da proposição de referência, que deve ser uma *proposição*, e do componente principal, que deve ser uma *proposição*, *conjunto* ou *número*, dependendo do tipo do termo aglutinativo, o que é definido pelo sinal do mesmo. Já a segunda regra será chamada de *regra da quantificação.*

Vamos formalizar a nossa exposição sobre a linguagem $\lambda$.

São termos da linguagem $\lambda$:

1- as variáveis;

2- as constantes;

3- as expressões da forma $(\alpha R \beta)$, em que $\alpha$ e $\beta$ são termos da linguagem e R é conectivo em notação infixa (sempre com parênteses, os quais integram a representação de tais termos nesta linguagem);

4- as expressões da forma $P_q^n(a_1, a_2, \ldots, a_w)$ ou $O_q^n(a_1, a_2, \ldots, a_w)$ em que q, n e w são números naturais não nulos e cada termo $a_j$ é um elemento.

5- os termos aglutinativos;

Também chamaremos de *expressões* os termos da linguagem $\lambda$. Como já dissemos, nem todos estes termos têm significado, ou seja, nem todos eles são legítimos. Tomemos como exemplo os termos do item 4 da lista acima. Estes termos somente serão legítimos se o número de termos da sequência sobre a qual se aplica o predicado ou operador for o mesmo indicado no índice superior do predicado ou operador, ou seja, se $w = n$. Caso contrário, o termo existirá na linguagem $\lambda$, mas não corresponderá a um elemento do conjunto universo. São termos legítimos da linguagem $\lambda$:

1- as variáveis;

2- as constantes;

3- os números (inclusive os compostos por variáveis numéricas, os quais também serão considerados números);

4- os conjuntos;

5- as proposições completas e incompletas (inclusive as compostas por variáveis);

6- as expressões da forma $P_q^n(a_1, a_2, \ldots, a_n)$ ou $O_q^n(a_1, a_2, \ldots, a_n)$, em que q e n são números naturais não nulos e cada termo $a_j$ é um elemento.

7- os termos aglutinativos legítimos, nos termos já definidos, no que diz respeito às classes dos seus componentes e à quantificação das variáveis que neles figuram;

8- termos de outras classes, conforme os axiomas especiais a serem incorporados ao sistema $\delta$.

Quanto ao item 8, convém lembrar que a nossa apresentação do sistema $\delta$ não é completa. Enfatizamos no capítulo anterior que o banco de dados do *Smart Brain* deve ser formulado por uma comissão de especialistas das mais diversas áreas. Ora, este banco de dados nada mais é do que o conjunto dos axiomas do sistema $\delta$, juntamente com suas regras de inferência. Como já dissemos, classificamos neste trabalho tais axiomas em axiomas regulares e axiomas especiais. Aqui, fixamos as definições das classes dos axiomas regulares, as regras de inferência e os primeiros axiomas especiais, de maneira a incorporar ao sistema as informações principais do banco de dados do *Smart Brain*, de certa forma. Tais elementos consistem nas informações mais abrangentes possíveis, aplicáveis a todo o conhecimento. Entretanto, informações específicas devem ser incorporadas ao sistema por meio de novos axiomas especiais, o que poderá ser feito pela comissão a que nos referimos.

Um termo que tem um componente ilegítimo é um termo ilegítimo, exceto nos seguintes casos:

1- os termos da forma $(\alpha \in \beta)$ ou $(\alpha \notin \beta)$ em que $\beta$ é um conjunto;

2- os termos da forma $(\alpha \longmapsto \beta)$ em que $\alpha$ e $\beta$ são termos da linguagem;

3- os termos da forma $(\alpha R \beta)$, em que $\alpha$ e $\beta$ são termos legítimos e R é um conectivo em notação infixa, desde que a expressão $\big((\alpha R \beta) \in U\big)$ seja verdadeira no sistema $\delta$ ;

Os termos enumerados nos itens 1 e 2 são proposições.

Se $\alpha$ é uma variável que pode assumir um valor que torne a expressão $\beta$ um termo ilegítimo, então as expressões $\forall\alpha(\beta)$ e $\exists\alpha(\beta)$ são termos ilegítimos. Esta regra pode ser estendida para abranger também os casos com escopo da forma $\forall\alpha \in \gamma$ ou $\exists\alpha \in \gamma$, em que $\gamma$ é um conjunto. Isso se dá por meio das seguintes regras:

$$\big(\exists\alpha \in \gamma(\beta \notin P)\big) \Longrightarrow \Big(\big(\forall\alpha \in \gamma(\beta)\big) \notin U\Big)$$

$$\big(\exists\alpha \in \gamma(\beta \notin P)\big) \Longrightarrow \Big(\big(\exists\alpha \in \gamma(\beta)\big) \notin U\Big)$$

Além disso,

$$\big(\forall\alpha \in \gamma(\beta \in P)\big) \Longrightarrow \Big(\big(\exists\alpha \in \gamma(\beta)\big) \in U\Big)$$

$$\big(\forall\alpha \in \gamma(\beta \in P)\big) \Longrightarrow \Big(\big(\forall\alpha \in \gamma(\beta)\big) \in U\Big)$$

Podemos expressar estas quatro regras mediante os dois axiomas seguintes, cuja conjunção é logicamente equivalente à conjunção das quatro regras anteriores:

$$\big(\forall\alpha \in \gamma(\beta \in P)\big) \Leftrightarrow \Big(\big(\exists\alpha \in \gamma(\beta)\big) \in U\Big)$$

$$\big(\forall\alpha \in \gamma(\beta \in P)\big) \Leftrightarrow \Big(\big(\forall\alpha \in \gamma(\beta)\big) \in U\Big)$$

em que $\alpha$ é uma variável, $\gamma$ é um conjunto e $\beta$ é um termo da linguagem $\lambda$. No caso de legitimidade do termo $\exists\alpha \in \gamma(\beta)$, das expressões acima, o termo é uma proposição, fato que é enunciado na seguinte proposição:

$$\Big(\big(\forall\alpha \in \gamma(\beta)\big) \in U\Big) \Leftrightarrow \Big(\big(\forall\alpha \in \gamma(\beta)\big) \in P\Big)$$

em que $\alpha$ é uma variável, $\gamma$ é um conjunto e $\beta$ é um termo da linguagem $\delta$, como antes. Esta última regra também será incorporada aos axiomas do sistema $\delta$. Perceba que estamos expressando estas classes de axiomas em uma metalinguagem da linguagem $\lambda$.

Uma vez definido um termo na linguagem $\lambda$, este pode ser traduzido para a linguagem $\delta$, e vice-versa, sendo que se, for legítimo em uma destas linguagens, será também legítimo na outra; ou então não o será em nenhuma das duas.

Na linguagem $\lambda$, omitiremos os parênteses, sempre que disso não decorrer ambiguidade, o mesmo se podendo dizer do sinal de multiplicação. Também poderemos acrescentar parênteses por motivo de ênfase, nesta linguagem. Já na linguagem $\delta$, nenhum destes procedimentos será recomendado.

Esboçando uma breve síntese da nossa exposição da linguagem $\delta$, enfatizamos que é composta de cadeias sobre os seguintes símbolos:

$$\wedge\vee\Rightarrow\Leftrightarrow \sim \mapsto\vdash, \cap\cup \subset \forall\exists - 1i)(][+ * \wedge -/\sqrt{}L =\neq><\geq\leq\in$$
$$\notin UPX\mathbb{C}\mathbb{R}\mathbb{Q}\mathbb{Z}\mathbb{N}X^*\mathbb{C}^*\mathbb{R}^*\mathbb{Q}^*\mathbb{Z}^*\mathbb{N}^*\mathbb{R}_+^*\emptyset 0123456789G_1G_2G_3G_4G_5G_6OCkv_ev_pv_xv_cv_rv_qv_zv_n$$

Cada símbolo desta linguagem já foi estudado neste capítulo, exceto aqueles em que preservamos o significado convencional.

Para definir fórmula na linguagem $\delta$, precisamos definir aqui um modelo computacional já conhecido chamado *gramática livre-do-contexto*, que possivelmente o leitor já conhece. Um alfabeto é um conjunto finito de símbolos. Uma cadeia é uma sequência de símbolos. Uma linguagem, em Teoria da Computação, é um conjunto de cadeias sobre um alfabeto. Em Teoria da

Computação, são estudadas linguagens. Define-se uma linguagem, normalmente, de duas formas: definindo-se uma máquina que a reconhece ou definindo-se uma gramática que a gera. Uma máquina é um ente que processa cadeias e dá uma saída, de maneira que, para se definir uma linguagem em função de uma máquina do tipo aceitador (uma máquina que tem duas saídas possíveis: *aceita* e *rejeita*), projeta-se esta máquina de maneira que a linguagem em questão é o conjunto de todas as cadeias sobre determinado alfabeto que, se tomadas como entradas, fazem a máquina dar como saída *aceita*. A linguagem assim definida é denominada a linguagem da máquina que projetamos para tal fim. Uma gramática é um conjunto de regras de substituição de fragmentos de cadeias, de forma que definir uma linguagem por meio de uma gramática consiste em se determinar uma gramática que, em função de um símbolo inicial, dá origem a todos os elementos da linguagem de que estamos tratando. Neste caso, diz-se que a gramática em questão *gera* tal linguagem.

Uma *gramática livre-do-contexto* é uma 4-upla $(V, \Sigma, \mathrm{R}, \mathrm{S})$, em que:

1- V é um conjunto finito de símbolos cujos elementos são as *variáveis* da gramática;

2- $\Sigma$ é um conjunto finito de símbolos disjunto de V, cujos elementos são os *terminais* da gramática;

3- R é um conjunto finito de *regras*, com cada regra sendo um par ordenado composto por uma variável e uma sequência de variáveis e terminais;

4- $\mathrm{S} \in \mathrm{V}$ é a *variável inicial* da gramática.

Cada regra possibilita que uma variável seja substituída por uma sequência de símbolos de $V \cup \Sigma$. Começamos a fazer as substituições a partir de S, seguindo as regras da gramática livre-do-contexto até chegar a uma sequência que não tenha variáveis. Qualquer sequência de terminais formada por meio da aplicação de uma sequência de substituições que respeite as regras, em qualquer ordem, partindo de S, é um elemento da linguagem gerada pela gramática livre-do-contexto. Escrevemos uma regra que permite a substituição da variável *A* pela cadeia *w* da seguinte forma:

$$A \longrightarrow w$$

Se temos n regras que permitem a substituição da variável *A* pelas cadeias $w_1$, $w_2$, ... $w_n$, podemos expressar cada uma dessas regras da maneira descrita acima, ou podemos resumir o conjunto de todas elas da seguinte forma:

$$A \longrightarrow w_1|w_1|w_3|\ldots|w_n$$

Estamos aptos, agora, para definir as *fórmulas* da linguagem $\delta$. Chamaremos de $G_p$ uma gramática livre-do-contexto que gera uma linguagem que abrange todas as fórmulas da linguagem $\delta$, e esta gramática é definida da seguinte forma:

$$G_p = \left(\{x, x^*, x^\$, x^\#, n, Z, p, e, v, c, l, T\}, \Sigma, R, p\right)$$

em que Σ é o seguinte conjunto:

$$\{C, k, +, -, *, \wedge, /, \sqrt{}, L, -1, 0, 1, 2, 3, 4, 5, 6, 7, 8, 9, i, ,, ), (, G_1, G_2, G_3, G_4, G_5, G_6, =, \neq, <, >, \geq, \leq, \forall, \exists, \in, \notin,$$
$$\subset, \cap, \cup, \sim, \vdash, \wedge, \vee, \Longrightarrow, \Longleftrightarrow,$$
$$\longmapsto, \emptyset, U, P, X, \mathbb{C}, \mathbb{R}, \mathbb{Q}, \mathbb{Z}, \mathbb{N}, X^*, \mathbb{C}^*, \mathbb{R}^*, \mathbb{R}_+^*, \mathbb{Q}^*, \mathbb{Z}^*, \mathbb{N}^*, X^*, X^\#, X^\$, v_e, v_p, v_x, v_c, v_r, v_q, v_z, v_n\}$$

Observe que a vírgula é um literal, o que pode gerar alguma confusão na interpretação da expressão acima, pois, em certo ponto, há três vírgulas seguidas. Entenda que, neste trecho, a vírgula do meio é um elemento do conjunto dos literais e a anterior e a posterior a separam dos outros elementos. A vírgula como elemento do conjunto dos literais aparece, na expressão acima, entre os símbolos "i" e ")". Falta definir R, que é o conjunto das seguintes regras:

$$x \longrightarrow (x + x)|(x * x)|(x^\wedge x)|(x - x)|(x/x^*)|\left(x\sqrt{x^*}\right)|x^\$ L x^\#|0| - 1|i|x^*|G_5(p, x)|G_6(p, x)$$

$$x \longrightarrow v_x n|v_c n|v_r n|v_q n|v_z n|v_n n|v_x Vn|v_c Vn|v_r Vn|v_q Vn|v_z Vn|v_n Vn$$

$$x^* \longrightarrow (x^* * x^*)|(x^*/x^*)|(x^{*\wedge} x^*)|(x^* \sqrt{x^*})|n|x^\$|X^*$$

$$x^\$ \longrightarrow x^\#|n|X^\$$$

$$x^\# \longrightarrow 2|3|4|5|6|7|8|9|1Z|2Z|3Z|4Z|5Z|6Z|7Z|8Z|9Z|X^\#$$

$$Z \longrightarrow ZZ|0|1|2|3|4|5|6|7|8|9$$

$$n \longrightarrow 1|2|3|4|5|6|7|8|9|n0|nn$$

$$p \longrightarrow (e = e)|(e = c)|(c = e)|(c = c)|(e \neq e)|(e \neq c)|(c \neq e)|(c \neq c)|(x > x)|(x < x)|(x \geq x)|(x \leq x)|\forall vp|\exists vp|\forall v \in cp|\exists v \in cp|(\sim p)|(\vdash l)|(p \wedge p)|(p \vee p)|(p \Longrightarrow p)|(p \Longleftrightarrow p)|(l \longmapsto l)|(l \in c)|(l \notin c)|(c \subset c)|G_3(p, p)|G_4(p, p)|P[n, n, (T)]$$

$$v \longrightarrow v_e n|v_p n|v_x n|v_c n|v_r n|v_q n|v_z n|v_n n$$

$$v \longrightarrow v_e Vn|v_p Vn|v_x Vn|v_c Vn|v_r Vn|v_q Vn|v_z Vn|v_n Vn$$

$$V \longrightarrow v_n|v_nV$$

$$c \longrightarrow (c \cap c)|(c \cup c)|(c - c)|\emptyset|U|P|X|\mathbb{C}|\mathbb{R}|\mathbb{Q}|\mathbb{Z}|\mathbb{N}|X^*|\mathbb{C}^*|\mathbb{R}^*|\mathbb{R}^*_+|\mathbb{Q}^*|\mathbb{Z}^*|\mathbb{N}^*|G_1(p,c)$$

$$|G_2(p,c)$$

$$e \longrightarrow x|p|v|O[n,n,(T)]$$

$$l \longrightarrow (lRl)|c|{\sim}l| \vdash l|v|\forall vl|\exists vl|\forall v \in ll|\exists v \in ll|e|O[l,l,(t)]|P[l,l,(t)]|G_1(l,l)|G_2(l,l)|G_3(l,l)|G_4(l,l)|G_5(l,l)|G_6(l,l)$$

$$R \longrightarrow +|-|*|/|\wedge|\surd|L| = | \neq | > | < | \geq | \leq | \in | \notin | \wedge | \vee | \cup | \cap | \subset | \Longrightarrow | \Leftrightarrow | \mapsto$$

$$T \longrightarrow e|T,T$$

$$t \longrightarrow l|t,t$$

É interessante fazermos algumas observações acerca das variáveis e literais de $G_p$ para que o leitor entenda melhor a formação dos termos legítimos da linguagem $\delta$. Os literais são os símbolos da linguagem $\delta$ e mais alguns, de que trataremos posteriormente, e as variáveis desta gramática são instrumentos de formação e classificação dos termos da linguagem. A maioria das variáveis desta gramática representa classes de termos da linguagem $\delta$. A variável x representa os números, e os literais "+", "-" e "*" representam, respectivamente, os operadores adição, subtração e multiplicação. Sabemos que um número mais um número é um número, o mesmo se podendo dizer da subtração e multiplicação, o que justifica as regras

$$x \longrightarrow (x + x)|(x - x)|(x * x)$$

O literal "=" representa a relação de igualdade, e as variáveis "p" e "e" representam, respectivamente, as fórmulas e os elementos do sistema $\delta$. É natural que uma expressão da forma $(\alpha = \beta)$, em que $\alpha$ e $\beta$ são elementos do sistema $\delta$, seja uma proposição neste mesmo sistema, o que justifica a regra

$$p \longrightarrow (e = e)$$

As proposições são elementos, de maneira que é válida a regra

$$e \longrightarrow p$$

Cada variável de $G_p$ representa uma classe de termos da linguagem $\delta$ ou variáveis relevantes para a definição de certos termos desta linguagem. As variáveis "x", "p" e "e" representam os números, fórmulas e elementos, respectivamente, como já dissemos. As variáveis "n" e "c" representam, respectivamente, os números naturais não nulos e os conjuntos.

A variável "$x^*$" representa os números não nulos. Já a variável "$x^\$$" representa os números positivos, enquanto a variável "$x^\#$" representa os números positivos diferentes de 1. As três podem ser substituídas por outros termos que representam números com as respectivas restrições, definidos por sequências de variáveis e literais. Podemos ver que aparecem entre as possibilidades de substituição destas três variáveis os literais "$X^*$", "$X^\$$" e "$X^\#$", os quais representam o mesmo que as variáveis correspondentes (as que aparecem com x minúsculo com a mesma marcação), entretanto, estes últimos símbolos, por serem literais, podem aparecer na cadeia final (lembre-se de que as variáveis não podem aparecer na cadeia final de uma sequência de substituições sobre a variável inicial, seguindo as regras da gramática livre-do-contexto). Quando chegamos a uma cadeia de terminais, se todos eles forem símbolos da linguagem $\delta$, teremos, então, uma fórmula. Uma fórmula nem sempre é uma proposição, e precisaremos verificar alguns atributos da fórmula para decidir se se trata mesmo de uma proposição. Lembre-se que, conforme definimos, uma fórmula, neste sistema, é uma "candidata" a proposição da classe K. Mas se o símbolo $X^*$ aparecer na cadeia de terminais, isso significa que, se o substituirmos por um número não nulo, teremos, da mesma forma, uma candidata a proposição. Observações similares se aplicam aos terminais $X^\$$" e "$X^\#$", observadas as suas respectivas restrições. A importância dos seis símbolos estudados neste parágrafo reside no fato de que, em certas expressões, especialmente as que envolvem frações, radiciações ou logaritmos, as restrições aqui tratadas são condições de legitimidade.

As variáveis "I", "Z", "T" nem sempre dão origem a termos legítimos da linguagem $\delta$, mediante as regras de substituição prescritas. A primeira representa os termos da linguagem $\delta$, e, como já sabemos, nem todos os termos são legítimos. A variável "Z" representa as cadeias formadas por algarismos, inclusive começando por "zeros", e sua relevância se apresenta na definição de certas regras de substituição da variável "$x^\#$". Já a variável "T" pode ser substituída por uma sequência de elementos separados por vírgula. É importante deixar claro que estes termos devem ser "elementos", tal como conceituamos até o momento, e não qualquer expressão da linguagem $\delta$. As cadeias formadas pelas substituições da variável "T" são importantes para formar expressões que envolvem predicados e operadores.

Para falar sobre as variáveis do sistema, observe, primeiramente, que aqui estamos empregando a palavra "variável" com dois significados distintos: um relativo ao uso do termo na literatura de Lógica, no âmbito do estudo de sistemas formais, e outro como termo técnico de

Teoria da Computação, no estudo de gramáticas livres-de-contexto. No primeiro sentido, trata-se de termos abstratos, que representam uma ou mais constantes, ao passo que, no segundo, diz respeito a uma classe de símbolos que podem ser substituídos por cadeias, seguindo-se as regras de uma gramática livre-do-contexto, da forma como definimos anteriormente.

A variável "v" de $G_p$ representa as variáveis da linguagem $\delta$ e, após uma sucessão de substituições válidas nesta gramática, formamos uma cadeia que se inicia com um termo do conjunto $\{v_e, v_p, v_x, v_c, v_r, v_q, v_z, v_n\}$ seguido de zero, um ou mais símbolos "$v_n$" consecutivos, seguidos de um número natural não nulo. Em outras palavras, a variável v gera as variáveis da linguagem $\delta$, sendo que, no caso de variáveis que têm índice de índice, tornam-se imprescindíveis as regras que envolvem o símbolo "V", que, em $G_p$, é variável.

Por fim, a variável "t" é um artifício para definir certos componentes de termos desta linguagem, funcionando de uma maneira similar à variável "T", a qual tem um papel importante na formação de predicados e operadores. A variável "R" também é um artifício para a definição de termos da linguagem $\lambda$. Ela representa, mais especificamente, os conectivos da linguagem em notação infixa. Estamos aptos, agora, para definir as primeiras classes de axiomas regulares do sistema $\delta$.

As primeiras quatro classes de axiomas regulares dizem respeito ao fato de determinado termo figurar em uma categoria, que pode ser a das proposições, dos números, dos elementos ou dos conjuntos. Exceto a classe de axiomas relativa aos conjuntos, estas classes não encerram todos os termos da respectiva categoria, ou seja, a classe de axiomas regulares, dentre estas quatro primeiras, de que cada membro afirma que determinado termo pertence ao conjunto das proposições não tem membros correspondentes a *todas* as proposições do sistema. Há proposições que não têm o atributo de ser membro do conjunto das proposições afirmado em um axioma. O mesmo se pode dizer dos números e dos elementos em geral.

A primeira classe de axiomas regulares corresponde às fórmulas que respeitem as regras de quantificação, que não tenham os símbolos $X^*$, $X^\$$ ou $X^\#$ e que não tenham predicados e operadores com índice superior incompatível com o número de termos. Fórmulas são as expressões geradas pela gramática $G_p$, e, uma vez verificado que uma expressão é uma fórmula no sistema $\delta$, basta verificar a conformidade da fórmula em questão com as regras de quantificação e de formação dos predicados e operadores e o fato de ela não ter os símbolos "proibidos". Lembre-se que, em uma proposição completa, cada variável deve aparecer ligada a um, e apenas um, quantificador, sendo que os símbolos formadores de termos aglutinativos são considerados quantificadores para este efeito, conforme já descrevemos. Um predicado que tenha o índice superior 1 deve ter apenas um termo; um que tenha o índice superior 2 deve ter, necessariamente, dois termos; e assim por diante. O mesmo se pode dizer dos operadores. Observe que, na expressão $P_1^4(a_1, a_2, a_3)$, em que $a_1$, $a_2$ e $a_3$ são elementos, o predicado tem o índice superior (4) incompatível com o número de termos (3), o que não ocorre em $P_1^4(a_1, a_2, a_3, a_4)$, que satisfaz ao requisito. Uma expressão que respeite às quatro regras de que estamos tratando neste parágrafo é uma proposição da classe K. As proposições desta primeira classe de axiomas regulares são as expressões da forma $\alpha \in P$, em que $\alpha$ é uma proposição da classe K.

A segunda classe de axiomas regulares corresponde aos números. Para definir a estrutura de uma expressão numérica, definimos a gramática livre-do-contexto $G_x$, que tem os mesmos atributos da gramática $G_p$, exceto a variável inicial, que em $G_x$ é "x". Estas duas gramáticas têm o mesmo conjunto de variáveis, o mesmo conjunto de literais e as mesmas regras, diferindo uma da outra apenas quanto à variável inicial. Esta gramática gera as candidatas a expressões numéricas de determinada classe. Para que cada candidata gerada por $G_x$ seja de fato uma expressão numérica, ela também deve observar o requisito de que não tenha os símbolos $X^*$, $X^\$$ ou $X^\#$. Uma expressão que respeite estes dois requisitos é uma expressão numérica, embora nem toda expressão numérica possa ser determinada desta forma. As proposições desta segunda classe de axiomas regulares são as expressões da forma $\alpha \in X$, em que $\alpha$ respeita aos dois requisitos de que tratamos neste parágrafo.

Já a terceira classe de axiomas regulares corresponde aos elementos. Naturalmente, também haverá números e proposições entre os elementos correspondentes aos axiomas desta classe. Definimos a gramática livre-do-contexto $G_e$ como uma gramática com o mesmo conjunto de variáveis, o mesmo conjunto de literais e as mesmas regras de $G_p$, mas cuja variável inicial é o símbolo "e". Para que uma expressão gerada por $G_e$ seja um elemento, ela deve satisfazer a outros três requisitos: ela deve respeitar as regras de quantificação, não pode ter os símbolos $X^*$, $X^\$$ ou $X^\#$ e não pode ter predicados e operadores com índice superior incompatível com o número de termos. A incompatibilidade mencionada neste último requisito foi descrita, quando tratamos da primeira classe de axiomas regulares, um pouco acima. Todas as proposições que respeitam estes quatro requisitos é um elemento, mas nem todo elemento pode ser determinado desta forma. As proposições da classe de axiomas regulares em questão são as expressões da forma $\alpha \in U$, em que $\alpha$ é uma expressão que respeita os quatro requisitos mencionados aqui.

Assim como $G_p$, $G_x$ e $G_e$, definimos $G_c$como a gramática livre-do-contexto que tem o mesmo conjunto de variáveis, o mesmo conjunto de literais e o mesmo conjunto de regras de $G_p$, mas cuja variável inicial é "c", em vez de "p". Porém, ao contrário de $G_p$, $G_x$ e $G_e$ que não geram todas as candidatas a proposição, números ou elementos, $G_c$ gera todos os conjuntos. Dado um termo da linguagem $\delta$, este é um conjunto se, e somente se, for gerado por $G_c$. A quarta classe de axiomas regulares consiste nas expressões da forma ($\vdash \alpha$), em que $\alpha$ é uma expressão gerada pela gramática $G_c$. Como $G_c$ gera todos os conjuntos do sistema, podemos, por meio de máquinas adequadas associadas a esta gramática, verificar todas as expressões da linguagem que não sejam conjuntos, e convém incorporar esta informação ao sistema, o que pode ser feito por uma classe de axiomas regulares. Assim, definiremos a quinta classe de axiomas regulares como a classe de todas as expressões da forma $\sim(\vdash \alpha)$, em que $\alpha$ é qualquer expressão sobre a linguagem $\delta$ que não seja gerada pela gramática $G_c$. Dada qualquer sequência de símbolos da linguagem $\delta$, podemos verificar se é ou não é gerada pela gramática $G_c$, bem como se ela é ou não é um termo da linguagem, de maneira que a verificação de se uma sequência de símbolos é ou não é uma proposição desta quinta classe de argumentos é possível algoritmicamente. Para verificar se uma sequência de símbolos sobre o alfabeto da linguagem $\delta$ é ou não é um termo da linguagem $\delta$, podemos definir a gramática livre-do-contexto $G_l$, similar às anteriores, mas que parte da variável inicial "l". Igualmente ao que ocorre com os conjuntos, *todos* os termos da linguagem $\delta$ são gerados pela gramática $G_l$, e nenhum termo que não seja gerado por esta gramática é termo da linguagem $\delta$. Para qualquer classe de axiomas regulares, precisaremos verificar se determinada expressão é gerada por alguma destas cinco gramáticas livres-do-contexto, e reiteramos que esta verificação é viável algoritmicamente. Para este fim, SIPSER (Introdução à Teoria da Computação – Editora Thomsom, Tradução para a Língua Portuguesa da 2ª edição norteamericana, 2007. págs. 178 a 179) apresenta uma máquina de Turing que decide se determinada gramática livre-do-contexto gera determinada cadeia em função dos atributos da gramática em questão, o que ampara a nossa tese.

Para definir as próximas três classes de axiomas regulares, precisamos definir três conceitos. Tomemos o alfabeto das linguagens geradas pelas gramáticas livres-do-contexto $G_p$, $G_x$, $G_e$, $G_c$ e $G_l$, que chamamos de $\Sigma$. Chamaremos de *terminais especiais* os três seguintes elementos de $\Sigma$: "$X^*$", "$X^\$$" e "$X^\#$".

Um par ordenado $(\beta;\beta')$ será chamado de par ordenado gerador de proposições se, e somente se, $\beta$ é uma expressão gerada pela gramática $G_p$, $\beta'$ decorre de $\beta$ com a substituição de cada terminal especial por uma variável da classe X distinta e, ainda, a expressão

$\forall x_{j_1} \forall x_{j_2} \dots \forall x_{j_w} \beta'$ respeita as regras de quantificação e não tem predicados ou operadores com índice superior incompatível com o número de termos, conforme já definimos quando tratamos da primeira classe de axiomas regulares, sendo w o número de terminais especiais de $\beta$ e $x_{j_1}$, $x_{j_2}$, ... e $x_{j_w}$ as variáveis que substituem os terminais especiais na transição de $\beta$ para $\beta'$.

Um par ordenado $(\beta; \beta')$ será chamado de par ordenado gerador de números se, e somente se, $\beta$ é uma expressão gerada pela gramática $G_x$ e $\beta'$ decorre de $\beta$ com a substituição de cada terminal especial por uma variável da classe X distinta.

Um par ordenado $(\beta; \beta')$ será chamado de par ordenado gerador de elementos se, e somente se, $\beta$ é uma expressão gerada pela gramática $G_e$, $\beta'$ decorre de $\beta$ com a substituição de cada terminal especial por uma variável da classe X distinta e, ainda, a expressão $\forall x_{j_1} \forall x_{j_2} \dots \forall x_{j_w} \beta'$ respeita as regras de quantificação e não tem predicados ou operadores com índice superior incompatível com o número de termos, conforme já definimos antes, sendo w o número de terminais especiais de $\beta$ e $x_{j_1}$, $x_{j_2}$, ... e $x_{j_w}$ as variáveis que substituem os terminais especiais na transição de $\beta$ para $\beta'$.

Se $x_k$ é a variável que substitui algum terminal especial na transição de $\beta$ para $\beta'$, sendo $(\beta; \beta')$ um par ordenado gerador de proposições, de números ou de elementos, ele estará associado a um símbolo que chamaremos de símbolo de transição de $x_k$ no par $(\beta; \beta')$. Na situação descrita, o *símbolo de transição de* $x_k$ *no par* $(\beta; \beta')$ é o símbolo "*", se $x_k$ substitui o terminal "$X^*$" na transição de $\beta$ para $\beta'$, ou então é o símbolo "$", se $x_k$ substitui o terminal "$X^\$$" na transição de $\beta$ para $\beta'$, ou, ainda, é o símbolo "#", se $x_k$ substitui o terminal "$X^\#$" na transição de $\beta$ para $\beta'$.

Os axiomas das três próximas classes de axiomas regulares nos trazem mais informações sobre os elementos dos conjuntos das proposições e dos números, bem como sobre os do conjunto universo.

A sexta classe de axiomas regulares consiste no conjunto de todas as expressões da forma

$$\forall x_{j_1} \forall x_{j_2} \dots \forall x_{j_w} \left( \left( \alpha_1(x_{j_1}) \wedge \alpha_2(x_{j_2}) \wedge \dots \wedge \alpha_w(x_{j_w}) \right) \Rightarrow (\beta' \in P) \right)$$

em que w é um número natural não nulo e cada termo $j_k$, para k natural não nulo menor ou igual a w, é um número natural não nulo, $(\beta; \beta')$ é um par ordenado gerador de proposições, w é o número de terminais especiais de $\beta$, $x_{j_1}$, $x_{j_2}$, ... e $x_{j_w}$ são as variáveis que substituem os terminais especiais na transição de $\beta$ para $\beta'$ e cada expressão $\alpha_k(x_{j_k})$ é uma expressão da forma $x_{j_k} > 0$, se o símbolo de transição da variável $x_{j_k}$ no par ordenado $(\beta;\beta')$ for o símbolo "$", ou então é uma expressão da forma $x_{j_k} \neq 0$, se o símbolo de transição da variável $x_{j_k}$ no par ordenado $(\beta;\beta')$ for o símbolo "*", ou, ainda, é uma expressão da forma $x_{j_k} > 0 \wedge (x_{j_k} \neq 1)$, se o símbolo de transição da variável $x_{j_k}$ no par ordenado $(\beta;\beta')$ for o símbolo "#". Observe que, dadas as expressões $\beta$ e $\beta'$, o fato de o par ordenado $(\beta;\beta')$ ser um par ordenado gerador de proposições é verificável algoritmicamente. Existe um decisor que reconhece a linguagem dos pares ordenados geradores de proposições.

A sétima classe de axiomas regulares consiste no conjunto das expressões da forma

$$\forall x_{j_1} \forall x_{j_2} \dots \forall x_{j_w} \left( \left( \alpha_1(x_{j_1}) \wedge \alpha_2(x_{j_2}) \wedge \dots \wedge \alpha_w(x_{j_w}) \right) \Rightarrow (\beta' \in X) \right)$$

em que w é um número natural não nulo e cada termo $j_k$, para k natural não nulo menor ou igual a w, é um número natural não nulo, $(\beta;\beta')$ é um par ordenado gerador de números, w é o número de terminais especiais de $\beta$, $x_{j_1}$, $x_{j_2}$, ... e $x_{j_w}$ são as variáveis que substituem os terminais especiais na transição de $\beta$ para $\beta'$ e cada expressão $\alpha_k(x_{j_k})$ é uma expressão da forma $x_{j_k} > 0$, se o símbolo de transição da variável $x_{j_k}$ no par ordenado $(\beta;\beta')$ for o símbolo "$", é uma expressão da forma $x_{j_k} \neq 0$, se o símbolo de transição da variável $x_{j_k}$ no par ordenado $(\beta;\beta')$ for o símbolo "*", e é uma expressão da forma $x_{j_k} > 0 \wedge (x_{j_k} \neq 1)$, se o símbolo de transição da variável $x_{j_k}$ no par ordenado $(\beta;\beta')$ for o símbolo "#". Observe que, dadas as expressões $\beta$ e $\beta'$, o fato de o par ordenado $(\beta;\beta')$ ser um par ordenado gerador de números também é verificável algoritmicamente. Existe um decisor que reconhece a linguagem dos pares ordenados geradores de números.

Já a oitava classe de axiomas regulares é composta por todas as expressões da forma

$$\forall x_{j_1} \forall x_{j_2} \dots \forall x_{j_w} \left( \left( \alpha_1(x_{j_1}) \wedge \alpha_2(x_{j_2}) \wedge \dots \wedge \alpha_w(x_{j_w}) \right) \Rightarrow (\beta' \in U) \right)$$

em que w é um número natural não nulo e cada termo $j_k$, para k natural não nulo menor ou igual a w, é um número natural não nulo, $(\beta;\beta')$ é um par ordenado gerador de elementos, w é o número de terminais especiais de $\beta$, $x_{j_1}$, $x_{j_2}$, ... e $x_{j_w}$ são as variáveis que substituem os terminais especiais na transição de $\beta$ para $\beta'$ e cada expressão $\alpha_k(x_{j_k})$ é uma expressão da forma $x_{j_k} > 0$, se o símbolo de transição da variável $x_{j_k}$ no par ordenado $(\beta;\beta')$ for o símbolo "$", é uma expressão da forma $x_{j_k} \neq 0$, se o símbolo de transição da variável $x_{j_k}$ no par ordenado $(\beta;\beta')$ for o símbolo "*", e é uma expressão da forma $x_{j_k} > 0 \wedge (x_{j_k} \neq 1)$, se o símbolo de transição da variável $x_{j_k}$ no par ordenado $(\beta; \beta')$ for o símbolo "#". Observe que, dadas as expressões $\beta$ e $\beta'$, o fato de o par ordenado $(\beta; \beta')$ ser um par ordenado gerador de elementos também é verificável algoritmicamente. Existe um decisor que reconhece a linguagem dos pares ordenados geradores de elementos.

A nona classe de axiomas regulares é a das tautologias antecedidas de um escopo. Uma fórmula booleana é formada por variáveis da classe P ligadas por conectivos de conjunção, disjunção, implicação material, equivalência lógica e negação. Qualquer proposição não quantificada formada apenas por variáveis da classe P e tais conectivos é uma fórmula booleana. Existe uma classe de fórmulas booleanas tal que todos os seus membros dão origem a proposições verdadeiras, quando as variáveis são substituídas por proposições completas. São as tautologias. Pode-se verificar se uma fórmula booleana é uma tautologia por meio de um método conhecido como *tabela de verdade*, que o leitor poderá encontrar em manuais de Lógica. A nona classe de axiomas regulares é a das proposições completas da forma $E\alpha$, em que E é um escopo e $\alpha$ é uma tautologia cujas varáveis encontram-se ligadas pelo escopo E. Podemos fixar este conjunto como uma classe de axiomas regulares, pois, dada uma expressão qualquer na linguagem do sistema, a verificação do fato de tal expressão pertencer ou não a esta classe é possível algoritmicamente, o que pode ser feito por tabelas de verdade.

A décima classe de axiomas regulares abrange as proposições da forma

$$k = q + 1$$

em que q é um número natural e k é o seu sucessor. Trata-se dos axiomas que fixam a *contagem*.

As próximas 80 classes de axiomas regulares estão associadas a 40 expressões que serão chamadas de expressões de referência. Cada uma destas classes de axiomas regulares está associada a uma expressão de referência e cada expressão de referência está associada a duas classes de axiomas regulares. Assim, a primeira expressão de referência está associada à décima primeira e à décima segunda classes de axiomas regulares; a segunda expressão de referência, à décima terceira e à décima quarta classes de axiomas regulares; e assim por diante. Dada a expressão de referência $\omega$, relacionada a duas classes de axiomas regulares, sendo que tal expressão traz consigo o conjunto de restrições formais C, a primeira classe de axiomas regulares associada à expressão de referência $\omega$ é composta pelas expressões da forma $\omega$ que respeitem as restrições do conjunto C e que sejam proposições da classe K, enquanto a segunda classe associada a tal expressão de referência é composta pelos termos da linguagem $\lambda$ da forma

$(\omega \in P) \mapsto \omega$ que respeitem as restrições do conjunto C. Note que todas as expressões definidas desta forma são *proposições*, necessariamente. Por exemplo: a expressão de referência da décima primeira e da décima segunda classes de axiomas regulares é composta dada por

$$\left(E\big(\alpha \wedge (\beta \Leftrightarrow \gamma)\big)\right) \Rightarrow E\delta$$

em que E é um escopo qualquer, $\alpha$ é uma expressão em que figura a expressão $\beta$, mas a expressão $\beta$ não ocorre em um predicado ou operador integrante da expressão $\alpha$, e $\delta$ decorre de $\alpha$ com substituição uniforme de $\beta$ pela expressão $\gamma$. Substituição uniforme de uma expressão *a* por uma expressão *b* em uma expressão *c* corresponde à substituição de *todas* as ocorrências de *a* em *c* por *b*. Trata-se de uma transformação da expressão *c*, em que *a* não ocorre, pois foi substituído por *b*. A expressão de referência em questão é $\left(E\big(\alpha \wedge (\beta \Leftrightarrow \gamma)\big)\right) \Rightarrow E\delta$, e esta está associada às restrições seguintes: "E é um escopo qualquer, $\alpha$ é uma expressão em que figura a expressão $\beta$, mas a expressão $\beta$ não ocorre em um predicado ou operador integrante da expressão $\alpha$, e $\delta$ decorre de $\alpha$ com substituição uniforme de $\beta$ pela expressão $\gamma$". Assim, a primeira classe de axiomas regulares definida por esta expressão de referência, que é a décima primeira classe, é a das expressões que são proposições da classe K e têm a forma

$$\left(E\big(\alpha \wedge (\beta \Leftrightarrow \gamma)\big)\right) \Rightarrow E\delta$$

em que E é um escopo qualquer, $\alpha$ é uma expressão em que figura a expressão $\beta$, mas a expressão $\beta$ não ocorre em um predicado ou operador integrante da expressão $\alpha$, e $\delta$ decorre de $\alpha$ com substituição uniforme de $\beta$ pela expressão $\gamma$, enquanto a segunda classe de axiomas regulares associada a tal expressão de referência, que corresponde, na ordem da nossa exposição, à décima segunda classe, é a dos termos da linguagem $\lambda$ da forma

$$\left(\left(\left(E\big(\alpha \wedge (\beta \Leftrightarrow \gamma)\big)\right) \Rightarrow E\delta\right) \in P\right) \mapsto \left(\left(E\big(\alpha \wedge (\beta \Leftrightarrow \gamma)\big)\right) \Rightarrow E\delta\right)$$

em que E é um escopo qualquer, $\alpha$ é uma expressão em que figura a expressão $\beta$, mas a expressão $\beta$ não ocorre em um predicado ou operador integrante da expressão $\alpha$, e $\delta$ decorre de $\alpha$ com substituição uniforme de $\beta$ pela expressão $\gamma$.

As quatro próximas classes de axiomas regulares são associadas às duas seguintes expressões de referência

$$\big((\forall e_1 \in L\alpha) \wedge \beta\big) \Leftrightarrow \forall e_1 \in L(\alpha \wedge \beta)$$

$$E\left(\left((\forall e_1 \in L\alpha) \wedge \beta\right) \Leftrightarrow \forall e_1 \in L(\alpha \wedge \beta)\right)$$

em que $e_1$ não ocorre na expressão $\beta$, L é um conjunto e E é um escopo qualquer em que $e_1$não ocorre.

Similarmente às quatro classes anteriores, as próximas quatro classes de axiomas regulares estão associadas às duas expressões de referência a seguir:

$$\left((\forall e_1 \in L\alpha) \vee \beta\right) \Leftrightarrow \forall e_1 \in L(\alpha \vee \beta)$$

$$E\left(\left((\forall e_1 \in L\alpha) \vee \beta\right) \Leftrightarrow \forall e_1 \in L(\alpha \vee \beta)\right)$$

em que $e_1$ não ocorre na expressão $\beta$, L é um conjunto e E é um escopo qualquer em que $e_1$não ocorre.

Listamos a seguir as oito expressões de referência associadas às próximas dezesseis classes de axiomas regulares:

$$(\forall x_k \alpha) \Leftrightarrow \forall e_q \in X\beta$$

$$(\forall r_k \alpha) \Leftrightarrow \forall e_q \in \mathbb{R}\beta$$

$$(\forall q_k \alpha) \Leftrightarrow \forall e_q \in \mathbb{Q}\beta$$

$$(\forall z_k \alpha) \Leftrightarrow \forall e_q \in \mathbb{Z}\beta$$

$$(\forall n_k \alpha) \Leftrightarrow \forall e_q \in \mathbb{N}\beta$$

$$(\forall c_k \alpha) \Leftrightarrow \forall e_q \in \mathbb{C}\beta$$

$$(\forall p_k \alpha) \Leftrightarrow \forall e_q \in P\beta$$

$$(\forall e_k \alpha) \Leftrightarrow \forall e_q \in U\beta$$

em que k e q são números naturais não nulos, $e_q$ não ocorre em $\alpha$ e $\beta$ é decorrente da substituição uniforme da primeira variável quantificada do axioma por $e_q$ em $\alpha$.

As dezesseis classes anteriores são similares às catorze classes seguintes de axiomas regulares, associadas às seguintes sete expressões de referência:

$$(\forall x_k \in L\alpha) \Leftrightarrow \forall e_q \in (X \cap L)\beta$$

$$(\forall r_k \in L\alpha) \Leftrightarrow \forall e_q \in (\mathbb{R} \cap L)\beta$$

$$(\forall q_k \in L\alpha) \Leftrightarrow \forall e_q \in (\mathbb{Q} \cap L)\beta$$

$$(\forall z_k \in L\alpha) \Leftrightarrow \forall e_q \in (\mathbb{Z} \cap L)\beta$$

$$(\forall n_k \in L\alpha) \Leftrightarrow \forall e_q \in (\mathbb{N} \cap L)\beta$$

$$(\forall c_k \in L\alpha) \Leftrightarrow \forall e_q \in (\mathbb{C} \cap L)\beta$$

$$(\forall p_k \in L\alpha) \Leftrightarrow \forall e_q \in (P \cap L)\beta$$

em que k e q são números naturais não nulos, L é um conjunto, $\alpha$ é uma expressão em que não ocorre o termo $e_q$ e $\beta$ decorre de $\alpha$ com substituição uniforme da primeira variável quantificada do axioma por $e_q$.

A 51ª e 52ª classes de axiomas regulares estão associadas à seguinte expressão de referência:

$$(\forall e_q \in L\alpha) \Leftrightarrow \forall e_q(e_q \in L \longmapsto \alpha)$$

em que q é um número natural não nulo, L é um conjunto e $\alpha$ é uma expressão.

As próximas duas classes de axiomas regulares descrevem a chamada indução finita. São as classes de axiomas associadas à seguinte expressão de referência:

$$\left(\alpha(0) \wedge \forall n_q \left(\alpha(n_q) \Rightarrow \alpha(n_q + 1)\right)\right) \Rightarrow \forall n_q \alpha(n_q)$$

em que q é um número natural não nulo, $\alpha(n_q)$ é uma expressão em que figura a variável $n_q$ e em que as outras variáveis, se houver, são quantificadas, $\alpha(n_q + 1)$ é igual a $\alpha(n_q)$, substituindo-se todas as ocorrências da variável $n_q$ pela expressão $(n_q + 1)$ e $\alpha(0)$ é igual a $\alpha(n_q)$, substituindo-se todas as ocorrências da variável $n_q$ pelo elemento 0.

São expressões de referência da 53ª, 54ª, 55ª e 56ª classes de axiomas as seguintes:

$$(\gamma \in U) \longmapsto ((\forall e_k \alpha) \Rightarrow \beta)$$

$$(\gamma \in U) \longmapsto (\beta \Rightarrow \exists e_k \alpha)$$

em que k é um número natural não nulo e a expressão $\beta$ resulta da expressão $\alpha$ com a substituição uniforme de $e_k$ por uma expressão $\gamma$.

São expressões de referência da 57ª, 58ª, 59ª e 60ª classes de axiomas as seguintes:

$$(\gamma \in P \wedge a_1 \in U \wedge a_2 \in U \wedge \ldots \wedge a_m \in U) \longmapsto \big((\forall n_k \alpha) \Longrightarrow \beta\big)$$

$$(\gamma \in P \wedge a_1 \in U \wedge a_2 \in U \wedge \ldots \wedge a_m \in U) \longmapsto (\beta \Longrightarrow \exists n_k \alpha)$$

em que k é um número natural não nulo e a expressão $\beta$ resulta da expressão $\alpha$ com a substituição uniforme de uma expressão da forma $P_{n_k}^{m}(a_1, a_2, \ldots a_m)$, em que cada termo $a_q$ é um termo da linguagem $\lambda$, pela expressão $\gamma$.

São expressões de referência da 61ª, 62ª, 63ª e 64ª classes de axiomas as seguintes:

$$(\gamma \in U \wedge a_1 \in U \wedge a_2 \in U \wedge \ldots \wedge a_m \in U) \longmapsto \big((\forall n_k \alpha) \Longrightarrow \beta\big)$$

$$(\gamma \in U \wedge a_1 \in U \wedge a_2 \in U \wedge \ldots \wedge a_m \in U) \longmapsto (\beta \Longrightarrow \exists n_k \alpha)$$

em que k é um número natural não nulo e a fórmula $\beta$ resulta da expressão $\alpha$ com a substituição uniforme de uma expressão da forma $O_{n_k}^{m}(a_1, a_2, \ldots a_m)$, em que cada termo $a_q$ é um termo da linguagem $\lambda$, pela expressão $\gamma$.

São expressões de referência da 65ª, 66ª, 67ª e 68ª classes de axiomas as seguintes:

$$(\forall n_k \alpha) \Longrightarrow \beta$$

$$\beta \Longrightarrow \exists n_k \alpha$$

em que k é um número natural não nulo, $\alpha$ é uma expressão, o termo $n_k$ apenas aparece no termo $C_{n_k}$, e a fórmula $\beta$ resulta da fórmula $\alpha$ com a substituição uniforme do termo $C_{n_k}$ por um conjunto.

É expressão de referência da 69ª e da 70ª classes de axiomas a seguinte:

$$\Big((\forall e_k \in L\alpha) \wedge \big(\forall e_{q_1} \in L_1 \forall e_{q_2} \in L_2 \ldots \forall e_{q_m} \in L_m(\gamma \in L)\big)\Big) \Longrightarrow \forall e_{q_1} \in L_1 \forall e_{q_2} \in L_2 \ldots \forall e_{q_m} \in L_m \beta$$

em que $\alpha$ é uma expressão, k, $q_1$, $q_2$, ... e $q_m$ são números naturais não nulos, $L$, $L_1$, $L_2$, ... e $L_m$ são conjuntos, $\gamma$ é uma expressão e $\beta$ decorre de $\alpha$ com a substituição uniforme de $e_k$ por $\gamma$. Além disso, as variáveis $e_{q_1}$, $e_{q_2}$, ... e $e_{q_m}$ não podem ocorrer em $\alpha$, para que a proposição em questão pertença a estas classes.

É expressão de referência da 71ª e da 72ª classes de axiomas a seguinte:

$$\forall n_1 \forall n_2 \Big(\big(\alpha(C_{n_1}) \wedge C_{n_1} = C_{n_2}\big) \Longrightarrow \alpha(C_{n_2})\Big)$$

em que $\alpha(C_{n_1})$ é uma proposição e $\alpha(C_{n_2})$ é decorrente de $\alpha(C_{n_1})$ com substituição uniforme de $C_{n_1}$ por $C_{n_2}$.

É expressão de referência da 73ª e da 74ª classes de axiomas a seguinte:

$$(\forall e_q \in L\alpha(e_q) \wedge c \in L) \Longrightarrow \alpha(c)$$

em que q é um número natural não nulo, L é um conjunto, c é uma expressão, assim como $\alpha(e_q)$, e $\alpha(c)$ decorre de $\alpha(e_q)$ com substituição uniforme de $e_q$ por c.

É expressão de referência da 75ª e da 76ª classes de axiomas a seguinte:

$$(\alpha(c) \wedge c \in L) \Longrightarrow \exists e_q \in L\alpha(e_q)$$

em que q é um número natural não nulo, L é um conjunto, c é uma expressão, assim como $\alpha(e_q)$, e $\alpha(c)$ decorre de $\alpha(e_q)$ com substituição uniforme de $e_q$ por c.

É expressão de referência da 77ª e da 78ª classes de axiomas a seguinte:

$$E_1\alpha \Longrightarrow E_2\alpha$$

em que $E_1$ e $E_2$ são escopos, $\alpha$ é uma expressão sem quantificadores e os escopos do antecedente e do consequente obedecem à seguinte relação: nomeando-se de conjunto de referência de uma variável em um escopo o conjunto de todas as variáveis que aparecem quantificadas anteriormente no mesmo escopo, o conjunto de referência de cada variável quantificada pelo quantificador existencial em $E_1$ está contido no conjunto de referência da mesma variável em $E_2$, tais variáveis também são quantificadas pelo quantificador existencial em $E_2$, e as demais variáveis podem ser quantificadas tanto pelo quantificador existencial quanto pelo quantificador universal. As mesmas variáveis devem aparecer nos dois escopos, e as variáveis que tiverem uma restrição em $E_1$ deverão ter a mesma restrição em $E_2$, e as que não tiverem restrição em $E_1$ também não poderão ter em $E_2$.

Três exemplos desta classe de axiomas podem ser representados pelas seguintes proposições:

$$\left(\exists e_2 \forall e_1 \left(p_q^2(e_1, e_2)\right)\right) \Longrightarrow \forall e_1 \exists e_2 \left(p_q^2(e_1, e_2)\right)$$

$$\left(\forall e_1 \forall e_2 p_q^2(e_1, e_2)\right) \Longrightarrow \forall e_2 \forall e_1 p_q^2(e_1, e_2)$$

$$\left(\forall e_1 p_q^1(e_1)\right) \Longrightarrow \exists e_1 p_q^1(e_1)$$

em que q é um número natural não nulo tomado aleatoriamente.

São expressões de referência da 79ª, 80ª, 81ª e 82ª classes de axiomas as seguintes:

$$(\forall\alpha \in \gamma(\beta \in P)) \Leftrightarrow \big((\exists\alpha \in \gamma(\beta)) \in U\big)$$

$$\big((\forall\alpha \in \gamma(\beta)) \in U\big) \Leftrightarrow \big((\forall\alpha \in \gamma(\beta)) \in P\big)$$

em que $\alpha$ é uma variável, $\beta$ é uma expressão da linguagem e $\gamma$ é um conjunto.

É expressão de referência da 83ª e da 84ª classes de axiomas a seguinte:

$$\Big(\forall v\big(\alpha(v) \Rightarrow \beta(v)\big) \wedge E\big(\alpha(\gamma)\big)\Big) \Rightarrow E\beta(\gamma)$$

em que v é uma variável, E é um escopo, $\alpha(v)$ é uma expressão, assim como $\beta(v)$ e $\gamma$, $\alpha(\gamma)$ decorre de $\alpha(v)$ com substituição uniforme de v por $\gamma$, e $\beta(\gamma)$ decorre de $\beta(v)$ com substituição uniforme de v por $\gamma$.

É expressão de referência da 85ª e da 86ª classes de axiomas a seguinte:

$$\big(\alpha(\beta) \wedge (\beta = \gamma)\big) \Rightarrow \alpha(\gamma)$$

em que $\alpha(\beta)$ é uma expressão, $\beta$ e $\gamma$ são conjuntos, e $\alpha(\gamma)$ decorre da substituição uniforme de $\beta$ por $\gamma$ em $\alpha(\beta)$.

É expressão de referência da 87ª e da 88ª classes de axiomas a seguinte:

$$(E_1\alpha \wedge E_2\beta) \Rightarrow E_1(\alpha \wedge \beta)$$

em que $E_1$ é um escopo qualquer, $E_2$ é um escopo com as mesmas variáveis e restrições de $E_1$ e $\alpha$ e $\beta$ são termos da linguagem $\lambda$.

É expressão de referência da 89ª e da 90ª classes de axiomas a seguinte:

$$E\big(\alpha \wedge (\alpha \Rightarrow \beta)\big) \Rightarrow E(\beta)$$

em que E é um escopo qualquer e $\alpha$ e $\beta$ são termos da linguagem $\lambda$.

Exporemos, no que segue, os 127 primeiros axiomas especiais do sistema $\delta$. Enfatizamos que podem ser acrescentados outros axiomas especiais ao sistema, incrementando o banco de dados do *Smart Brain*, desde que, com a incorporação dos novos axiomas, não comprometamos a consistência do sistema. São axiomas especiais do sistema $\delta$ os seguintes:

## Fundamentos da Álgebra Ordinária

$$1. \forall x_1 \forall x_2 (x_1 + x_2 = x_2 + x_1)$$

$$2. \forall x_1 \forall x_2 \forall x_3 \big((x_1 + x_2) + x_3 = x_1 + (x_2 + x_3)\big)$$

$$3. \forall x_1 (x_1 + 0 = x_1)$$

$$4. \forall x_1 \forall x_2 (x_1 x_2 = x_2 x_1)$$

$$5. \forall x_1 \forall x_2 \forall x_3 \big((x_1 x_2) x_3 = x_1 (x_2 x_3)\big)$$

$$6. \forall x_1 (x_1 1 = x_1)$$

$$7. \forall x_1 (x_1 0 = 0)$$

$$8. ((-1)(-1) = 1)$$

$$9. \forall x_1 \forall x_2 \forall x_3 \big((x_1 + x_2) x_3 = x_1 x_3 + x_2 x_3\big)$$

$$10. \forall x_1 \forall x_2 \forall x_3 ((x_1 x_2)^{x_3} = {x_1}^{x_3} {x_2}^{x_3})$$

$$11. \forall x_1 \forall x_2 \forall x_3 ({x_1}^{x_2 + x_3} = {x_1}^{x_2} {x_1}^{x_3})$$

$$12. \forall x_1 \forall x_2 \forall x_3 (\sim P_2^2(x_1, x_2) \Longrightarrow ({x_1}^{x_2})^{x_3} = {x_1}^{x_2 x_3})$$

$$13. P_2^2(x_1, x_2) \Longleftrightarrow \exists z_1 \in \mathbb{Z}^* \exists z_2 \in \mathbb{Z}^* \exists z_3 \in \mathbb{Z}^* \exists z_4 \in \mathbb{Z}^* \left( x_2 = \frac{z_1}{z_2} \wedge x_3 = \frac{z_3}{z_4} \wedge P_1^2(z_1, z_2) \wedge P_1^2(z_3, z_4) \wedge \sim \left( P_1^2(z_1, z_4) \wedge P_1^2(z_2, z_3) \right) \right)$$

$$14. \forall x_1 \in \mathbb{R}_+^* \forall x_2 \in \mathbb{R} ({x_1}^{x_2} > 0)$$

$$15.. \forall x_1 ({x_1}^1 = x_1)$$

$$16.. \forall x_1 ({x_1}^0 = 1)$$

$$17.. \forall x_1 (1^{x_1} = 1)$$

$$18. \forall x_1 (x_1 \neq 0 \Longrightarrow 0^{x_1} = 0)$$

$$19. \forall x_1 \forall x_2 \forall x_3 (x_1 + x_2 = x_3 \Longleftrightarrow x_1 = x_3 - x_2)$$

$$20. \forall x_1 \forall x_2 \in X^* \forall x_3 \left( x_1 x_2 = x_3 \Longleftrightarrow x_1 = \frac{x_3}{x_2} \right)$$

$$21. \forall x_1 \forall x_2 \in X^* \forall x_3 ({x_1}^{x_2} = x_3 \Longleftrightarrow x_1 = \sqrt[x_2]{x_3})$$

$$22. \forall r_1 \in \mathbb{R}_+^* \forall r_2 \forall r_3 \in \mathbb{R}_+^* \left(r_1 \neq 1 \mapsto \left({r_1}^{r_2} = r_3 \Leftrightarrow r_2 = \log_{r_1} r_3\right)\right)$$

$$23. \left((-1) + 1 = 0\right)$$

**Fundamentos da Teoria das Equações**

$$24. \forall x_1 \forall x_2 \forall x_3 (x_1 = x_2 \Longrightarrow x_1 + x_3 = x_2 + x_3)$$

$$25. \forall x_1 \forall x_2 \forall x_3 (x_1 = x_2 \Longrightarrow x_1 x_3 = x_2 x_3)$$

$$26. \forall x_1 \forall x_2 \forall x_3 (x_1 = x_2 \Longrightarrow {x_1}^{x_3} = {x_2}^{x_3})$$

$$27. \forall x_1 \forall x_2 (x_1 = x_2 \Longrightarrow x_2 = x_1)$$

**Fundamentos do Estudo das Inequações**

$$28. \forall x_1 \forall x_2 (x_1 < x_2 \Leftrightarrow x_2 > x_1)$$

$$29. \forall x_1 \forall x_2 \left(x_1 \geq x_2 \Leftrightarrow (x_1 > x_2 \vee x_1 = x_2)\right)$$

$$30. \forall x_1 \forall x_2 \left(x_1 \leq x_2 \Leftrightarrow (x_1 < x_2 \vee x_1 = x_2)\right)$$

$$31. \forall r_1 \forall r_2 \forall r_3 (r_1 > r_2 \Longrightarrow r_1 + r_3 > r_2 + r_3)$$

$$32. \forall x_1 \forall x_2 \forall x_3 \left((x_1 > x_2 \wedge x_3 > x_4) \Longrightarrow x_1 + x_3 > x_2 + x_4\right)$$

$$33. \forall x_1 \forall x_2 \forall x_3 \left((x_1 > x_2 \wedge x_3 > 1) \Longrightarrow x_1 x_3 > x_2 x_3\right)$$

$$34. \forall x_1 \forall x_2 \forall x_3 \forall x_4 \left((x_1 > x_2 \wedge x_3 > x_4 \wedge x_2 > 0 \wedge x_4 > 0) \Longrightarrow x_1 x_3 > x_2 x_4\right)$$

$$35. \forall x_1 \forall x_2 \forall x_3 \left((x_1 > x_2 \wedge x_2 > 0 \wedge x_3 > 0) \Longrightarrow {x_1}^{x_3} > {x_2}^{x_3}\right)$$

$$36. \forall x_1 \forall x_2 \forall x_3 \left((x_1 > x_2 \wedge x_3 > 0) \Longrightarrow {x_3}^{x_1} > {x_3}^{x_2}\right)$$

$$37. \forall x_1 \forall x_2 (x_1 > x_2 \Leftrightarrow (-1)x_1 < (-1)x_2)$$

$$38. \forall x_1 \sim (x_1 > x_1 \vee x_1 < x_1)$$

$$39. \forall x_1 \forall x_2 \forall x_3 (x_1 \neq x_2 \Longrightarrow x_1 + x_3 \neq x_2 + x_3)$$

$$40. \forall x_1 \forall x_2 \forall x_3 (x_1 \neq x_2 \Longrightarrow x_1 x_3 \neq x_2 x_3)$$

$$41. \forall x_1 \in \mathbb{R}_+^* \forall x_2 \in \mathbb{R}_+^* \forall x_3 \in \mathbb{R}_+^* (x_1 \neq x_2 \Longrightarrow {x_1}^{x_3} \neq {x_2}^{x_3})$$

$$42. \forall x_1 \forall x_2 (x_1 \neq x_2 \Longrightarrow x_2 \neq x_1)$$

$$43. (0 < 1)$$

$$44. (-1 < 0)$$

$$45. \forall x_1 \left( (x_1 > 0 \wedge x_1 < 1) \Leftrightarrow \frac{1}{x_1} > 1 \right)$$

**Fundamentos do Estudo da Quantificação**

$$46. \forall n_1 \forall n_2 \left( \left( \forall e_1 \in C_{n_2} \left( P^1_{n_1}(e_1) \right) \right) \Leftrightarrow \bigwedge_{e_1 \in C_{n_2}} P^1_{n_1}(e_1) \right)$$

$$47. \forall n_1 \forall n_2 \forall n_3 \left( \left( \forall e_1 \in (C_{n_2} \cup C_{n_3}) \left( P^1_{n_1}(e_1) \right) \right) \Leftrightarrow \left( \forall e_1 \in C_{n_2} \left( P^1_{n_1}(e_1) \right) \wedge \forall e_1 \in C_{n_3} \left( P^1_{n_1}(e_1) \right) \right) \right)$$

$$48. \forall n_1 \forall n_2 \left( \left( \exists e_1 \in C_{n_2} \left( P^1_{n_1}(e_1) \right) \right) \Leftrightarrow \bigvee_{e_1 \in C_{n_2}} P^1_{n_1}(e_1) \right)$$

$$49. \forall n_1 \forall n_2 \forall n_3 \left( \left( \forall e_1 \in (C_{n_2} \cap C_{n_3}) \left( P^1_{n_1}(e_1) \right) \right) \Leftrightarrow \left( \forall e_1 \left( (e_1 \in C_{n_2} \wedge e_1 \in C_{n_3}) \Rightarrow \left( P^1_{n_1}(e_1) \right) \right) \right) \right)$$

$$50. \forall n_1 \left( \left( \forall e_1 \in C_1 \left( P^1_{n_1}(e_1) \right) \right) \Leftrightarrow \left( \sim \exists e_1 \in C_1 \left( \sim P^1_{n_1}(e_1) \right) \right) \right)$$

$$51. \forall n_1 \forall n_2 \forall n_3 \left( \left( \forall e_1 \in C_{n_3} \left( P^1_{n_1}(e_1) \wedge P^1_{n_2}(e_1) \right) \right) \Leftrightarrow \left( \forall e_1 \in C_{n_3} \left( p^1_{n_1}(e_1) \right) \wedge \forall e_1 \in C_{n_3} \left( p^1_{n_2}(e_1) \right) \right) \right)$$

$$52. \forall n_1 \forall n_2 \forall n_3 \left( \left( \forall e_1 \in C_{n_3} \left( P^1_{n_1}(e_1) \right) \vee \forall e_1 \in C_{n_3} \left( P^1_{n_2}(e_1) \right) \right) \Rightarrow \left( \forall e_1 \in C_{n_3} \left( p^1_{n_1}(e_1) \vee p^1_{n_2}(e_1) \right) \right) \right)$$

$$53. \forall n_1 \forall n_2 \forall n_3 \left( \left( \forall e_1 \in (C_{n_2} \cap C_{n_3}) \left( P^1_{n_1}(e_1) \right) \right) \Leftrightarrow \forall e_1 \in C_{n_2} \left( e_1 \in C_{n_3} \Rightarrow P^2_{n_1}(e_1, e_2) \right) \right)$$

$$54. \forall n_1 \forall e_2 \left( \left( \bigwedge_{e_1 = e_2} P^1_{n_1}(e_1) \right) \Leftrightarrow P^1_{n_1}(e_2) \right)$$

$$55. \forall n_1 \forall e_2 \left( \left( \bigvee_{e_1 = e_2} P^1_{n_1}(e_1) \right) \Leftrightarrow P^1_{n_1}(e_2) \right)$$

## Teoria dos Conjuntos

$$56.\ \forall e_1 \forall n_1 \forall n_2 \left( \left( e_1 \in \left( C_{n_1} \cap C_{n_2} \right) \right) \Leftrightarrow \left( \left( e_1 \in C_{n_1} \right) \wedge \left( e_1 \in C_{n_2} \right) \right) \right)$$

$$57.\ \forall e_1 \forall n_1 \forall n_2 \left( \left( e_1 \in \left( C_{n_1} \cup C_{n_2} \right) \right) \Leftrightarrow \left( \left( e_1 \in C_{n_1} \right) \vee \left( e_1 \in C_{n_2} \right) \right) \right)$$

$$58.\ \forall e_1 \sim (e_1 \in \emptyset)$$

$$59.\ \forall e_1 \forall n_1 \forall n_2 \left( C_{n_1} \subset C_{n_2} \Leftrightarrow \left( e_1 \in C_{n_1} \Rightarrow e_1 \in C_{n_2} \right) \right)$$

$$60.\ \forall e_1 \forall n_1 \left( \left( e_1 \notin C_{n_1} \right) \Leftrightarrow \sim \left( e_1 \in C_{n_1} \right) \right)$$

$$61.\ \forall e_1 \forall n_1 \forall n_2 \left( \left( e_1 \in \left( C_{n_1} - C_{n_2} \right) \right) \Leftrightarrow \left( e_1 \in C_{n_1} \wedge e_1 \notin C_{n_2} \right) \right)$$

$$62.\ \forall n_1 \forall n_2 \left( C_{n_1} \notin C_{n_2} \right)$$

$$63.\ \forall n_1 \left( C_{n_1} \subset U \right)$$

$$64.\ \forall e_1 \forall n_1 \left( e_1 \neq C_{n_1} \right)$$

$$65.\ \forall n_1 \left( k_{n_1} \in U \right)$$

$$66.\ \forall x_1 \left( (x_1 \in \mathbb{R}) \Leftrightarrow (x_1 \geq 0 \vee x_1 < 0) \right)$$

$$67.\ \forall x_1 \left( (x_1 \in \mathbb{R}^*) \Leftrightarrow (x_1 > 0 \vee x_1 < 0) \right)$$

$$68.\ \forall e_1 \forall x_1 \forall x_2 \left( (x_1 \in \mathbb{R} \wedge x_2 \in \mathbb{R}^*) \Rightarrow (x_1 + x_2 i) \notin \mathbb{R} \right)$$

$$69.\ \left( i = \sqrt{-1} \right)$$

$$70.\ \forall e_1 \left( (e_1 \in \mathbb{R}_+^*) \Leftrightarrow e_1 > 0 \right)$$

$$71.\ \forall x_1 (x_1 \in \mathbb{N} \Rightarrow (x_1 + 1) \in \mathbb{N})$$

$$72.\ \forall x_1 \forall x_2 \left( (x_1 \in \mathbb{N} \wedge x_2 > 0 \wedge x_2 < 1) \Rightarrow (x_1 + x_2) \notin \mathbb{N} \right)$$

$$73.\ (0 \in \mathbb{N})$$

$$74.\ \forall e_1 \left( (e_1 \in \mathbb{N}^*) \Leftrightarrow (e_1 \in \mathbb{N} \wedge e_1 \neq 0) \right)$$

$$75.\ \forall x_1 \left( (x_1 \in \mathbb{Z}) \Leftrightarrow (x_1 \in \mathbb{N} \vee (-1)x_1 \in \mathbb{N}) \right)$$

$$76. \forall e_1((e_1 \in \mathbb{Z}^*) \Leftrightarrow (e_1 \in \mathbb{Z} \wedge e_1 \neq 0))$$

$$77. \forall n_1 \forall n_2 \left( x_1 \in \mathbb{Q} \Leftrightarrow \exists z_1 \exists z_2 \in \mathbb{Z}^* \left( x_1 = \frac{z_1}{z_2} \right) \right)$$

$$78. \forall e_1((e_1 \in \mathbb{Q}^*) \Leftrightarrow (e_1 \in \mathbb{Q} \wedge e_1 \neq 0))$$

$$79. \forall x_1(x_1 \in \mathbb{C} \Leftrightarrow \exists r_1 \exists r_2(x_1 = r_1 + r_2 i))$$

$$80. \forall e_1((e_1 \in \mathbb{C}^*) \Leftrightarrow (e_1 \in \mathbb{C} \wedge e_1 \neq 0))$$

$$81. \forall e_1 e_1 \in U$$

$$82. \forall x_1 x_1 \in X$$

$$83. \forall c_1 c_1 \in \mathbb{C}$$

$$84. \forall r_1 r_1 \in \mathbb{R}$$

$$85. \forall q_1 q_1 \in \mathbb{Q}$$

$$86. \forall z_1 z_1 \in \mathbb{Z}$$

$$87. \forall n_1 n_1 \in \mathbb{N}^*$$

$$88. \forall p_1 p_1 \in P$$

$$89. \mathbb{N} \subset \mathbb{Z}$$

$$90. \mathbb{Z} \subset \mathbb{Q}$$

$$91. \mathbb{Q} \subset \mathbb{R}$$

$$92. \mathbb{R} \subset \mathbb{C}$$

$$93. \mathbb{C} \subset X$$

$$94. X \cap P = \emptyset$$

**Teoria da Existência**

$$95. \forall e_1(e_1 \in U)$$

$$96. \forall e_1 \forall e_2((e_1 + e_2) \in U \Leftrightarrow (e_1 \in X \wedge e_2 \in X))$$

$$97. \forall e_1 \forall e_2((e_1 e_2) \in U \Leftrightarrow (e_1 \in X \wedge e_2 \in X))$$

$$98. \forall e_1 \forall e_2 \big(e_1{}^{e_2} \in U \Leftrightarrow (e_1 \in X \wedge e_2 \in X)\big)$$

$$99. \forall e_1 \forall e_2 \big((e_1 - e_2) \in U \Leftrightarrow (e_1 \in X \wedge e_2 \in X)\big)$$

$$100. \forall e_1 \forall e_2 \left(\frac{e_1}{e_2} \in U \Leftrightarrow (e_1 \in X \wedge e_2 \in X^*)\right)$$

$$101. \forall e_1 \forall e_2 \left(\sqrt[e_2]{e_1} \in U \Leftrightarrow (e_1 \in X \wedge e_2 \in X^*)\right)$$

$$102. \forall e_1 \forall e_2 \Big(\big((e_1 > 0 \wedge e_2 > 0 \wedge e_1 \neq 1) \longmapsto \log_{e_1} e_2 \in U\big) \wedge \big(\log_{e_1} e_2 \in U \longmapsto (e_1 > 0 \wedge e_2 > 0 \wedge e_1 \neq 1)\big)\Big)$$

$$103. \forall e_1 \forall e_2 \big((e_1 > e_2) \in U \Leftrightarrow (e_1 \in X \wedge e_2 \in X)\big)$$

$$104. \forall e_1 \forall e_2 \big((e_1 < e_2) \in U \Leftrightarrow (e_1 \in X \wedge e_2 \in X)\big)$$

$$105. \forall e_1 \forall e_2 \big((e_1 \geq e_2) \in U \Leftrightarrow (e_1 \in X \wedge e_2 \in X)\big)$$

$$106. \forall e_1 \forall e_2 \big((e_1 \leq e_2) \in U \Leftrightarrow (e_1 \in X \wedge e_2 \in X)\big)$$

$$107. \forall e_1 \forall e_2 \big((e_1 \wedge e_2) \in U \Leftrightarrow (e_1 \in P \wedge e_2 \in P)\big)$$

$$108. \forall e_1 \forall e_2 \big((e_1 \vee e_2) \in U \Leftrightarrow (e_1 \in P \wedge e_2 \in P)\big)$$

$$109. \forall e_1 \forall e_2 \big((e_1 \Longrightarrow e_2) \in U \Leftrightarrow (e_1 \in P \wedge e_2 \in P)\big)$$

$$110. \forall e_1 \forall e_2 \big((e_1 \Leftrightarrow e_2) \in U \Leftrightarrow (e_1 \in P \wedge e_2 \in P)\big)$$

$$111. \forall e_1 \big((\sim e_1) \in U \Leftrightarrow e_1 \in P\big)$$

$$112. \forall e_1 \forall e_2 \big((e_1 \longmapsto e_2) \in U\big)$$

$$113. \forall e_1 \forall e_2 \big((e_1 = e_2) \in U\big)$$

$$114. \forall e_1 \forall e_2 \big((e_1 \neq e_2) \in U\big)$$

### Definições das Relações de Igualdade e Diferença

$$115. \forall e_1 (e_1 = e_1)$$

$$116. \forall e_1 \forall e_2 \forall n_1 \left(\left(P^1_{n_1}(e_1) \wedge e_1 = e_2\right) \Longrightarrow P^1_{n_1}(e_2)\right)$$

$$117. \forall e_1 \forall e_2 (\sim e_1 = e_2 \Leftrightarrow e_1 \neq e_2)$$

$$118. \forall n_1 (C_{n_1} = C_{n_1})$$

$$119. \forall n_1 \forall n_2 \left( (\sim C_{n_1} = C_{n_2}) \Leftrightarrow C_{n_1} \neq C_{n_2} \right)$$

**Teoria dos Números**

$$120. \forall z_1 \forall z_2 \left( P_3^2(z_1, z_2) \Leftrightarrow \exists z_3 (z_1 = z_2 z_3) \right)$$

$$121. \forall z_1 \forall z_2 \left( P_1^2(z_1, z_2) \Leftrightarrow \forall z_3 \forall z_4 \left( (P_3^2(z_1, z_3) \wedge P_3^2(z_2, z_4) \wedge z_3 \neq 1 \wedge z_3 \neq -1) \Longrightarrow z_3 \neq z_4 \right) \right)$$

$$122. \forall n_1 \left( P_1^1(n_1) \Leftrightarrow \forall n_2 \left( P_3^2(n_1, n_2) \Leftrightarrow (n_1 = n_2 \vee n_1 = 1) \right) \right)$$

$$123. \forall z_1 \forall z_2 \forall z_3 \left( P_1^3(z_1, z_2, z_3) \Leftrightarrow \exists z_4 (z_1 - z_2 = z_3 z_4) \right)$$

$$124. \forall n_1 \forall n_2 \forall n_3 \Big( n_3 = O_1^2(n_1, n_2) \Leftrightarrow \left( P_3^2(n_1, n_3) \wedge P_3^2(n_2, n_3) \wedge \sim\exists n_4 (P_3^2(n_1, n_4) \wedge P_3^2(n_2, n_4) \wedge n_4 > n_3) \right) \Big)$$

$$125. \forall n_1 \forall n_2 \forall n_3 \Big( n_3 = O_2^2(n_1, n_2) \Leftrightarrow \left( P_3^2(n_3, n_1) \wedge P_3^2(n_3, n_2) \wedge \sim\exists n_4 (P_3^2(n_4, n_1) \wedge P_3^2(n_4, n_2) \wedge n_4 < n_3) \right) \Big)$$

**Definições de Somatórias e Produtórios**

$$126. \forall n_1 \forall n_2 \forall n_3 \forall x_1 \left( \left( (C_{n_1} \cap C_{n_2}) = \emptyset \right) \Longrightarrow \left( \sum_{n_3 \in C_{n_1}} x_1 + \sum_{n_3 \in C_{n_2}} x_1 = \sum_{n_3 \in (C_{n_1} \cup C_{n_2})} x_1 \right) \right)$$

$$127. \forall n_1 \forall n_2 \forall n_3 \forall x_1 \left( \left( (C_{n_1} \cap C_{n_2}) = \emptyset \right) \Longrightarrow \left( \left( \prod_{n_3 \in C_{n_1}} x_1 \right) \prod_{n_3 \in C_{n_2}} x_1 = \prod_{n_3 \in (C_{n_1} \cup C_{n_2})} x_1 \right) \right)$$

Por motivos didáticos, dividimos estes axiomas especiais por assunto. Denominamos de "Teoria da Existência" um conjunto de axiomas que definem certos atributos dos elementos e dos termos ilegítimos. Estas proposições nos habilitam verificar se certas expressões são elementos, bem como se certas expressões são termos ilegítimos, mas não cobrem todos os casos possíveis.

Os axiomas especiais devem ser entendidos em conjunto com os axiomas regulares. Para verificar o alcance da teoria formal aqui exposta, precisamos ter em mente todos os axiomas especiais e todas as classes de axiomas regulares, bem como as regras de inferência, que serão oportunamente apresentadas. Seria interessante se pudéssemos demonstrar uma série de teoremas abrangentes neste sistema, mas não temos espaço para isso neste singelo trabalho. Para isso, que envolve uma exposição mais detalhada e profunda do sistema $\delta$, seria necessário um livro específico.

Em Teoria dos Números, definimos alguns predicados e operadores. Trata-se dos seguintes:

$P_1^1(n_1)$, que significa "$n_1$ é primo";

$P_1^2(z_1, z_2)$, que significa "$z_1$ e $z_2$ são primos entre si";

$P_3^2(z_1, z_2)$, que significa "$z_2$ é divisor de $z_1$";

$P_1^3(z_1, z_2, z_3)$, que significa "$z_1$ é congruente a $z_2$ módulo $z_3$";

$O_1^2(n_1, n_2)$, que significa "mdc de $n_1$ e $n_2$";

$O_2^2(n_1, n_2)$, que significa "mmc de $n_1$e $n_2$".

Esta é uma pequena legenda. Quando forem incorporados novos axiomas especiais ao sistema $\delta$ para que ele cubra um grande banco de dados, certamente serão definidos muitos outros predicados e operadores, como também constantes e conjuntos que não foram definidos por nós, podendo incluir milhares de termos. Neste momento, será conveniente apresentá-los em uma legenda bem organizada, com índices de vários tipos e remissões. Na definição de novos termos, será conveniente incluir axiomas que afirmem ou neguem que os termos em questão são pertencentes ao conjunto dos números, das proposições, dos elementos ou que são conjuntos, caso tenhamos conhecimento disto. Isso aumentará o potencial do *Smart Brain* tremendamente.

Precisamos fazer algumas observações sobre alguns axiomas. Não podemos postular que, para quaisquer $x_1$, $x_2$ e $x_3$,

$$({x_1}^{x_2})^{x_3} = {x_1}^{x_2 x_3}$$

pois isso nos conduziria a certas contradições. Vejamos um exemplo.

$$((-2)^2)^{\frac{1}{2}} = (-2)^{(2)\left(\frac{1}{2}\right)} = (-2)^1 = -2$$

Mas ocorre que, no sistema $\delta$, cada termo legítimo tem um único significado, para evitar certos inconvenientes. Por isso, neste sistema, cada número tem uma única raiz n-ésima, para qualquer n natural não nulo, e definimos que um número real positivo elevado a um número real é um número real positivo, conforme o axioma especial nº 14. Daí vem que

$$((-2)^2)^{\frac{1}{2}} = 4^{\left(\frac{1}{2}\right)} = 2$$

$$((-2)^2)^{\frac{1}{2}} = 2$$

Mas como

$$((-2)^2)^{\frac{1}{2}} = -2$$

vem que

$$2 = -2$$

o que é absurdo. Para não incorrer em contradições como esta, devemos restringir o alcance da regra de que

$$({x_1}^{x_2})^{x_3} = {x_1}^{x_2 x_3}$$

para casos em que $x_2$ e $x_3$ se relacionem pelo predicado $P_2^2$. Por isso postulamos o axioma especial nº 12, que é o seguinte:

$$12. \forall x_1 \forall x_2 \forall x_3 (\sim P_2^2(x_1, x_2) \Longrightarrow ({x_1}^{x_2})^{x_3} = {x_1}^{x_2 x_3})$$

O predicado $P_2^2$ é definido no axioma seguinte, que depende do predicado $P_1^2$, definido na nossa versão da Teoria dos Números:

$$13. P_2^2(x_1, x_2) \Leftrightarrow \exists z_1 \in \mathbb{Z}^* \exists z_2 \in \mathbb{Z}^* \exists z_3 \in \mathbb{Z}^* \exists z_4 \in \mathbb{Z}^* \left( x_2 = \frac{z_1}{z_2} \wedge x_3 = \frac{z_3}{z_4} \wedge P_1^2(z_1, z_2) \wedge P_1^2(z_3, z_4) \wedge \sim \left( P_1^2(z_1, z_4) \wedge P_1^2(z_2, z_3) \right) \right)$$

Por motivos similares, não definimos logaritmos de números que não sejam reais positivos em bases que não sejam reais positivas e diferentes de 1. Nossa definição de logaritmo é a seguinte:

$$22. \forall r_1 \in \mathbb{R}_+^* \forall r_2 \forall r_3 \in \mathbb{R}_+^* \left( r_1 \neq 1 \longmapsto \left( {r_1}^{r_2} = r_3 \Leftrightarrow r_2 = \log_{r_1} r_3 \right) \right)$$

A justificativa destes três axiomas requer um espaço que não temos aqui, em que apenas pincelamos o sistema $\delta$. Uma análise detalhada deste sistema exigiria um livro inteiro.

### Regras de Inferência do Sistema $\delta$

Já tratamos da linguagem e dos axiomas do sistema $\delta$. Tratemos, agora, das suas regras de inferência. Há, no sistema $\delta$, três regras de inferência. A primeira corresponde a uma classe de argumentos conhecida como *modus ponens*. Este é o termo usado para fazer referência aos argumentos da forma

$$a \wedge (a \Longrightarrow b)$$

$$\therefore b$$

em que *a* e *b* são proposições quaisquer. Trata-se de uma conjunção em que um dos conjuntivos é um condicional, de modo que os argumentos desta classe têm, cada qual, uma única premissa. A partir de uma proposição verdadeira da forma

$$a \wedge (a \Longrightarrow b)$$

em que *a* e *b* são proposições quaisquer, chegamos, por esta regra, a uma nova proposição verdadeira.

A segunda regra de inferência é parecida com esta, porém, ao invés de empregarmos nela a implicação material, empregaremos a implicação fraca, que já definimos. Esta regra corresponde a argumentos que formam uma classe que, devido à mencionada similaridade, denominaremos de *modus ponens* atípico, e têm a seguinte forma:

$$a \wedge (a \longmapsto b)$$

$$\therefore b$$

em que *a* é uma proposição qualquer e *b* é um termo da linguagem. Estes argumentos só fazem sentido se *b* for uma proposição, mas, em qualquer caso, a relação correspondente é válida como regra de inferência do nosso sistema, tendo em vista que, partindo dos axiomas que definimos, esta regra, juntamente com as outras duas, apenas derivará *proposições*, de maneira que o aparente defeito desta regra não nos criará qualquer problema. Também são argumentos de uma única premissa (se *b* for uma proposição), a partir da qual extraímos uma nova proposição verdadeira, caso a premissa também o seja.

A terceira e última regra de inferência será chamada de *regra da composição*, com a qual partimos de duas proposições verdadeiras para derivar uma nova proposição verdadeira. A regra consiste simplesmente em se conjugar as duas proposições das quais partimos. Esta regra corresponde a argumentos da forma

$$a$$

$$b$$

$$\therefore a \wedge b$$

em que *a* e *b* são proposições quaisquer.

Todas as proposições demonstráveis no sistema $\delta$ podem ser derivadas a partir das regras de inferência aplicadas sobre os axiomas sucessivamente.

**Sistema de Representação R**

No início deste capítulo, em que definimos argumentos, fizemos distinção entre os argumentos dedutivos e os indutivos e reiteramos que no estudo do *Smart Brain* os argumentos que nos interessam são os dedutivos. Um argumento dedutivo pode ser válido ou inválido, sendo que um argumento válido é aquele que tem uma forma tal que garante a veracidade da conclusão, se forem verdadeiras todas as premissas, e é inválido caso seja possível a falsidade da conclusão, ainda que seja verdadeira cada premissa. Claro que um argumento pode ser válido mas ter uma ou mais premissas falsas. O critério de validade é formal. O que nos importa é que, se o argumento for válido e todas as suas premissas forem verdadeiras, então podemos estar certos de que a sua conclusão também será verdadeira. Se tivermos uma cadeia de argumentos válidos em que a premissa de cada argumento é conclusão de algum argumento anterior ou é axioma de determinado sistema formal, podemos ter certeza de que, no sistema em questão, a conclusão do último argumento é uma proposição verdadeira. Ao estudar um sistema formal, podemos estabelecer como forma de argumento válido a forma de um esquema de proposições que respeite uma regra de inferência do sistema. Fixamos três regras de inferência do sistema $\delta$: *modus ponens*, *modus ponens* atípico e regra da composição. Nas duas primeiras, uma única proposição verdadeira determina a estrutura de uma nova proposição verdadeira, de maneira que podemos considerar que cada uma destas regras de inferência corresponde a uma forma de argumento válido do sistema com uma única premissa. Na regra da composição, duas proposições verdadeiras do sistema (nem mais, nem menos) determinam a estrutura de uma nova proposição verdadeira; sendo assim, consideraremos que a regra da composição corresponde a uma forma de argumento válido com duas premissas, no contexto do sistema $\delta$.

Há 77 símbolos na linguagem $\delta$. Com mais dois símbolos, poderemos representar facilmente todas as cadeias de argumentos válidos do sistema $\delta$. Assim, acrescentaremos ao alfabeto desta linguagem os símbolos "{" e "}".

Se $\alpha$ é uma proposição, representaremos como

$$\{1, \alpha\}$$

a conclusão de um argumento da forma *modus ponens* em que a premissa é $\alpha$.

Da mesma forma, se $\alpha$ é uma proposição, representaremos como

$$\{2, \alpha\}$$

a conclusão de um argumento da forma *modus ponens* atípico em que a premissa é $\alpha$.

Por fim, se $\alpha$ e $\beta$ são proposições, representaremos como

$$\{3, \alpha, \beta\}$$

a conclusão de um argumento da forma correspondente à regra da composição em que as premissas são $\alpha$ e $\beta$.

Entretanto, nem toda proposição se presta à aplicação da regra *modus ponens*. Lembre-se de que a proposição verdadeira que dá origem a uma outra proposição verdadeira pela aplicação desta regra deve ter uma forma específica, que é a seguinte:

$$a \wedge (a \Longrightarrow b)$$

em que *a* e *b* são proposições quaisquer. Claro que, apenas se $a$ e $(a \Longrightarrow b)$ forem verdadeiras, poderemos estar certos de que a conclusão, *b*, será verdadeira, mas o *argumento* desta forma admite a substituição de *a* e *b* por *qualquer* proposição, quando, então, será considerado um argumento dedutivo válido, ainda que com uma ou duas premissas falsas. Para nossos propósitos, pretendemos criar um sistema de representação em que $\{1, \alpha\}$ seja uma proposição para *qualquer* proposição $\alpha$. A solução que encontramos é simples: quando $\alpha$ tiver a forma $a \wedge (a \Longrightarrow b)$, a expressão $\{1, \alpha\}$ representará *b*, que é a conclusão cabível para esta forma de argumento. Quando, por outro lado, $\alpha$ não tiver a mencionada forma, a conclusão será $\forall e_1(e_1 = e_1)$, que é um axioma do sistema e, consequentemente, uma proposição verdadeira. Com isso, a expressão $\{1, \alpha\}$ necessariamente denotará uma proposição verdadeira, desde que $\alpha$ seja uma proposição verdadeira.

As premissas da segunda forma de argumento dedutivo válido, *modus ponens* atípico, também requer uma forma específica:

$$a \wedge (a \longmapsto b)$$

em que *a* é uma proposição qualquer e *b* é um termo da linguagem $\lambda$. Sendo assim, se $\alpha$ for uma proposição desta forma, então a conclusão do argumento correspondente será *b*, que somente será uma proposição se aquela premissa for verdadeira, e neste caso será ela verdadeira. Não se preocupe, por enquanto, com a possibilidade de a conclusão de um argumento desta forma poder não ser uma proposição, pois os axiomas deste sistema foram concebidos de tal forma que a aplicação sucessiva das regras de inferência sobre estes jamais derivará um termo que não seja uma proposição. Se $\alpha$ não for uma proposição da forma $a \wedge (a \longmapsto b)$, consideraremos que a conclusão será $\forall e_1(e_1 = e_1)$, como no caso da regra de inferência anterior. Com isso, a expressão $\{2, \alpha\}$ denotará, necessariamente, uma proposição verdadeira, se $\alpha$ representar uma proposição verdadeira.

Já a terceira forma de argumento dedutivo válido, com duas premissas, não requer qualquer restrição formal. Quaisquer que sejam as proposições $\alpha$ e $\beta$, termos que

$$\{3, \alpha, \beta\}$$

denotará uma proposição, sendo que esta última será verdadeira caso $\alpha$ e $\beta$ forem verdadeiras.

Feitas essas observações, podemos entender expressões como a seguinte:

$$\{1, \{3, \alpha, \beta\}\}$$

em que $\alpha$ e $\beta$ são proposições verdadeiras. Sendo $\gamma$ a conclusão da regra de inferência do tipo 3 (regra de composição), tendo como premissas $\alpha$ e $\beta$, esta expressão representa uma cadeia de dois argumentos, e equivale a

$$\{1, \gamma\}$$

Apenas fizemos uma substituição de uma expressão que representa um argumento por sua conclusão. Assim, $\{1, \{3, \alpha, \beta\}\}$ em que $\alpha$ e $\beta$ são proposições verdadeiras, representa uma proposição, que é a conclusão do argumento $\{1, \gamma\}$.

Podemos ir mais longe e interpretar expressões como

$$\{2, \{1, \{3, \{3, a_1, a_2\}, a_3\}\}\}$$

em que $a_1$, $a_2$ e $a_3$ são proposições verdadeiras. Esta expressão representa uma cadeia de argumentos dedutivos válidos do sistema $\delta$ com premissas verdadeiras. Podemos considerar que expressões como esta representam uma proposição verdadeira, que é a conclusão do último argumento da cadeia de argumentos dedutivos válidos correspondente. Para definir que proposição é esta, basta substituir sucessivamente cada argumento pela sua conclusão, começando pelos argumentos de "dentro", que são os primeiros. No caso, substituímos $\{3, a_1, a_2\}$ pela conclusão do argumento correspondente à regra da composição que tem como premissas $a_1$e $a_2$, que chamaremos de $a_4$. Em seguida, substituímos $\{3, a_4, a_3\}$ pela conclusão correspondente, que chamaremos de $a_5$. Após, substituiremos $\{1, a_5\}$ pela proposição cabível, $a_6$, e, por último, substituiremos $\{2, a_6\}$ pela devida conclusão, que é, naturalmente, uma proposição verdadeira no sistema $\delta$. Expandiremos nossa concepção de argumento dedutivo válido para abranger, também, expressões como a acima em que $a_1$, $a_2$ e $a_3$ são termos da linguagem $\delta$, ainda que não sejam necessariamente proposições, pois isso nos livra de alguns inconvenientes. Em síntese, como vimos, há casos em que argumentos associados à regra *modus ponens* atípico origina uma expressão que não é proposição, mesmo que partindo de proposições. Com isso, representaremos como $\{1, \alpha\}$, $\{2, \alpha\}$ e $\{3, \alpha, \beta\}$ "argumentos" do sistema $\delta$, se $\alpha$ e $\beta$ são termos da linguagem $\delta$, da maneira explicada acima, o que corresponderá à conclusão deste argumento, que também será uma expressão da linguagem $\delta$. No nosso conceito expandido de "argumento", tal conclusão nem sempre será uma proposição, mas mostraremos que isso será, para nós, uma vantagem. Expusemos alguns casos em que impusemos que a conclusão será o axioma $\forall e_1(e_1 = e_1)$, por ser este uma proposição verdadeira, o que, como veremos, satisfaz aos nossos propósitos. Além dos casos mencionados, este axioma também será a conclusão, por imposição nossa, quando a expressão $\alpha$ ou a expressão $\beta$ não forem proposições, mas, ainda neste caso, ambas devem ser termos da linguagem $\delta$.

O que conseguimos com a nossa expansão do conceito de "argumento dedutivo válido"? Conseguimos, simplesmente, assegurar que expressões que representem cadeias de "argumentos" pelas regras que enunciamos aqui sempre possam ser substituídas por um termo da linguagem $\delta$, sendo que este termo será necessariamente uma proposição verdadeira, se todas as "premissas" forem axiomas do sistema $\delta$. Não é difícil verificar que toda proposição dedutível no sistema $\delta$ é correspondente a uma expressão do tipo que acabamos de definir em que todas as "premissas" são axiomas (especiais ou regulares) do sistema $\delta$, podendo haver multiplicidade de cadeias de argumentos correspondentes a determinada proposição dedutível, por haver, para uma mesma proposição verdadeira, uma multiplicidade de caminhos distintos de demonstração. Assim, expressões como

$$\{3, \{1, \{3, \{3, a_1, a_2\}, \{2, a_3\}\}\}, \{3, a_4, a_5\}\}$$

em que $a_1$, $a_2$, $a_3$, $a_4$ e $a_5$ são termos da linguagem $\delta$ representam uma cadeia de argumentos dedutivos válidos do sistema $\delta$, no nosso conceito expandido, e a mesma expressão corresponde, também, a um termo da linguagem $\delta$ (a "conclusão" do último "argumento" da cadeia), sendo que, se $a_1$, $a_2$, $a_3$, $a_4$ e $a_5$ forem axiomas do sistema $\delta$, sejam regulares ou especiais, então o termo da linguagem $\delta$ correspondente a uma expressão como a mostrada acima será, necessariamente, uma proposição; não qualquer proposição, mas uma *verdadeira* do sistema $\delta$. Mais que isso: toda proposição determinada verdadeira do sistema $\delta$, assim considerada uma proposição dedutível neste sistema, corresponde a uma ou mais expressões deste tipo. (As proposições refutáveis no sistema serão chamadas de proposições determinadas falsas, e as que não são dedutíveis, nem refutáveis por meio das regras do sistema, serão chamadas de proposições indeterminadas.) Chamaremos de *sistema de representação R* o método de representação de argumentos dedutivos válidos do sistema $\delta$ na sua acepção expandida, nos termos descritos, com as regras que apresentamos. Por meio deste sistema de representação, podemos determinar *todas* as proposições determinadas verdadeiras do sistema $\delta$.

O sistema de representação R pode representar argumentos dedutivos válidos no sistema $\delta$ ou mesmo fragmentos destes argumentos, em termos a serem definidos, ou, ainda, proposições.

Formalizemos a noção de sistema de representação R. Se $\alpha$ e $\beta$ são termos da linguagem $\delta$, então $\{1, \alpha\}$, $\{2, \alpha\}$ e $\{3, \alpha, \beta\}$ são expressões do sistema de representação R. E, se $\alpha$ e $\beta$ são expressões do sistema de representação R, então $\{1, \alpha\}$, $\{2, \alpha\}$ e $\{3, \alpha, \beta\}$ também são, sendo que, se $\alpha$ ou $\beta$ não tiver o símbolo "{", trata-se de uma *premissa* da cadeia de argumentos representada. Toda expressão do sistema de representação R que representa *cadeias de argumentos dedutivos válidos*, na sua acepção estendida, são formadas a partir destas duas regras recursivamente. Mas precisaremos, no capítulo seguinte, tratar de seis máquinas de Turing que fazem certos processamentos sobre as expressões sobre o alfabeto do sistema de representação R, em particular as máquinas que chamaremos de MT2 e MT4, caso em que precisaremos, também, representar "fragmentos" de cadeias de argumentos dedutivos válidos, que consistem simplesmente na eliminação de uma ou mais premissas da expressão original do sistema de representação R. É apenas isso: tomamos uma expressão do sistema de representação R e, em seguida, *apagamos* da cadeia uma ou mais premissas, dando origem ao que consideraremos uma representação de um *fragmento* de uma cadeia de argumentos dedutivos válidos no sistema de representação R. O porquê disso será estudado mais detalhadamente no capítulo seguinte.

As seis máquinas de Turing que serão definidas no capítulo seguinte, MT1, MT2, MT3, MT4, MT5 e MT6, têm, respectivamente, os alfabetos de entrada $\Sigma_1$, $\Sigma_2$, $\Sigma_3$, $\Sigma_4$, $\Sigma_5$ e $\Sigma_6$, com cardinalidades $j_1$, $j_2$, $j_3$, $j_4$, $j_5$ e $j_6$, e os alfabetos de fita $\Gamma_1$, $\Gamma_2$, $\Gamma_3$, $\Gamma_4$, $\Gamma_5$ e $\Gamma_6$, com cardinalidades $k_1$, $k_2$, $k_3$, $k_4$, $k_5$ e $k_6$.

Definidas as máquinas MT1 a MT6, definimos $k_7$ da seguinte forma:

$$k_7 = \max(k_1, k_2, k_3, k_4, k_5, k_6)$$

Para dado i natural maior ou igual a 1 e menor ou igual a 6, cada símbolo sobre $\Gamma_i$ corresponde a um número natural maior ou igual a 0 e menor ou igual a $k_i - 1$, sendo que o espaço em branco corresponde ao número 0, e os demais correspondem aos números naturais maiores ou iguais a 1 e menores ou iguais a $k_i - 1$ de acordo com uma função bijetora definida arbitrariamente, denominada função $z_i$ (tem-se que $z_i(\,) = 0$, ou seja, a aplicação de $z_i$ sobre o espaço em branco tem como imagem o número 0). Da mesma forma, cada cadeia sobre $\Gamma_i$ corresponde a um número natural, denominado seu número característico. Assim, se $z_i(a) = 13$, $z_i(b) = 2$ e $z_i(\#) = 29$, tem-se que o número característico da cadeia "ab#" é $13k_7^0 + 2k_7^1 + 29k_7^2$. Repare que podemos introduzir livremente espaços em branco após a cadeia sem alterar seu número característico, já que $z_i(\,) = 0$. E perceba também que, para cada número natural, há no máximo uma cadeia correspondente sobre $\Gamma_i$ sem espaços em branco à esquerda do último símbolo diferente do espaço em branco, e que cada cadeia sobre $\Gamma_i$ tem apenas um número característico, igualando-se às cadeias que se difiram entre si apenas por espaços em branco à direita.

Os símbolos correspondentes aos 79 menores números naturais não nulos (de 1 a 79) devem corresponder, à luz da função $z_i$, aos 79 símbolos do sistema de representação R, de maneira que cada cadeia de argumentos dedutivos válidos, na sua acepção estendida, ou mesmo um fragmento de uma cadeia de argumentos, corresponde a um número natural, que é o número característico da sua representação correspondente no sistema de representação R. Em suma: representamos uma cadeia de argumentos dedutivos válidos ou uma proposição por meio de uma sequência de símbolos no sistema de representação R e posteriormente representamos esta sequência (e, indiretamente, a cadeia de argumentos original ou fragmento) por meio de um número natural não nulo, mediante a aplicação da função $z_i$; o número assim definido é denominado de número característico da cadeia de argumentos ou fragmento da cadeia de argumentos, ou mesmo de uma expressão da linguagem $\delta$. Este número terá grande importância no projeto do algoritmo $\beta$, pois ele tem os dois atributos necessários para viabilizar o processamento de cadeias de argumentos por um algoritmo algébrico: 1- representa uma sequência de símbolos que pode representar expressões da linguagem de um sistema formal ou cadeias de argumentos dedutivos válidos; 2- é um número real, o que para o nosso fim é necessário, pois os algoritmos algébricos processam números reais.

## Representação de Perguntas no Sistema $\delta$

Não podemos nos esquecer dos nossos propósitos na discussão do sistema $\delta$. Este sistema é elemento constitutivo do *Smart Brain*, tal como definimos no capítulo anterior. E o objetivo do uso do *Smart Brain* é responder perguntas. Desta forma, deve haver, no sistema $\delta$, uma forma de expressar perguntas. O que é uma pergunta? É a especificação de certa proposição verdadeira, a sua resposta. Buscamos uma proposição que satisfaça a determinados requisitos, definidos na pergunta, e que seja verdadeira. Qualquer proposição que satisfaça aos requisitos especificados na pergunta e que seja verdadeira é uma resposta da pergunta formulada. Classificamos, no capítulo anterior, as perguntas em legítimas e ilegítimas e não repetiremos aqui estas definições. O que nos interessa agora é como expressar uma pergunta.

No sistema $\delta$, empregamos o símbolo $\pi$ para representar a resposta (ou *uma* resposta, caso haja mais de uma). Este símbolo, para efeito de verificação da legitimidade das expressões que o contêm, é termo da classe das proposições, de maneira que, na gramática livre-do-contexto que define as proposições, pode ser acrescentado este símbolo como literal, acrescentando-se, também, a regra

$$p \longrightarrow \pi$$

Uma pergunta é uma proposição que contenha o símbolo especial $\pi$. Sendo $\alpha(\pi)$ uma pergunta, e sendo $\alpha(\beta)$ uma proposição verdadeira no sistema $\delta$ decorrente da substituição uniforme de $\pi$ por $\beta$ em $\alpha(\pi)$, sendo que $\beta$ também é uma proposição verdadeira no sistema $\delta$, então $\beta$ é uma resposta à pergunta. Uma proposição se enquadra como resposta de uma pergunta no sistema $\delta$ apenas neste caso. O fato de $\alpha(\beta)$ ser uma proposição verdadeira significa que $\beta$ satisfaz à pergunta $\alpha(\pi)$. E, neste caso, o fato de $\beta$ ser verdadeira é o único requisito que falta para que esta proposição seja uma resposta à pergunta $\alpha(\pi)$.

Enfatizamos que o símbolo $\pi$ não integra a linguagem $\delta$. Ele serve apenas para expressar as perguntas para posterior processamento pelo *Smart Brain*. O algoritmo $\beta$ procura, entre as proposições verdadeiras, alguma que possa substituir $\pi$ na pergunta inserida pelo usuário do *Smart Brain*, tornando-a verdadeira. Uma vez encontrado um termo da linguagem $\delta$ com estes atributos, teremos encontrado uma resposta à pergunta inicial.

Chamaremos a linguagem formada pela incorporação do símbolo $\pi$ à linguagem $\delta$ de linguagem $\delta$ extendida. Não daremos exemplos aqui de como formular perguntas, limitando-nos a esta breve exposição. Formular uma pergunta é uma atividade extremamente complexa, já que imprecisões e ambiguidades são difíceis de se afastar, sendo que, no caso do uso do *Smart Brain*, estes inconvenientes comprometem totalmente o nosso objetivo. Não é fácil expressar uma pergunta.

O sistema $\delta$ é extremamente complexo, e seria necessário um livro inteiro para apresentá-lo de uma maneira convincente. Este trabalho é meramente introdutório, e não temos espaço aqui para longas divagações. Esperamos poder publicar, no futuro, um livro sobre este sistema, em que poderíamos, por exemplo, apresentar uma série de classes de perguntas, orientando o leitor nesta difícil tarefa de formular perguntas. Poderíamos, também, justificar muitos dos axiomas aqui apresentados, mostrando que seu significado e alcance não fogem muito ao senso comum.

# XVI- O Algoritmo $\beta$

Vamos expor agora o algoritmo $\beta$. Este é um algoritmo algébrico legítimo com nove compartimentos que passa por todas as proposições verdadeiras do sistema $\delta$ e, assim que encontra uma proposição que se enquadre como resposta à pergunta inserida pelo usuário do *Smart Brain*, a mantém permanentemente. Poderíamos simplificá-lo, deixando-o apenas com oito compartimentos, mas, para isso, precisaríamos apresentar longas demonstrações, e isso foge aos propósitos do nosso trabalho. Se simplesmente mostrarmos que o *Smart Brain* é possível e expusermos uma das possíveis formas de implementá-lo, ficaremos satisfeitos. O *Smart Brain* verifica, pela aplicação da fórmula $\alpha$, na sua versão aproximativa, qual é o valor do nono compartimento deste algoritmo algébrico quando esta situação é atingida. Este valor representa, como veremos, a primeira proposição encontrada que se enquadre como resposta à pergunta introduzida pelo usuário.

Inicie com o número 0 no primeiro compartimento, 1 no segundo compartimento, 0 no terceiro, 1 no quarto e 0 no quinto, sexto, sétimo, oitavo e nono compartimentos.

1- Verifique se o número contido no segundo compartimento corresponde a uma cadeia sobre o alfabeto de entrada da máquina MT1 (ignorando-se, obviamente, os zeros à esquerda, os quais correspondem ao espaço em branco, que apesar de integrar o alfabeto de fita, não integra o alfabeto de entrada). Se corresponder, mude para 3 o valor do primeiro compartimento e, em seguida, vá para o estágio 2. Se não corresponder, vá para o estágio 5.
2- Verifique, pela simulação da máquina de Turing MT1, se o número do segundo compartimento é o número característico de uma cadeia de argumentos válidos no sistema de representação R. Se for, mude o valor do primeiro compartimento para 1 e, em seguida, vá para o estágio 3. Se não for, vá para o estágio 5.
3- Se o valor do primeiro compartimento for 1, vá para o estágio 8. Se for 2, vá para o estágio 6. Se for 20, vá para o estágio 4.
4- Calcule, pela simulação da máquina de Turing MT5, e insira no terceiro compartimento o número característico da sentença em linguagem $\delta$ que represente a conclusão do último argumento da cadeia de argumentos representada (no sistema de representação R) pelo número contido no segundo compartimento. No mesmo ato da inserção deste número no

terceiro compartimento, mude para 2 o valor do primeiro compartimento. Em seguida, vá para o estágio 3.

5- Some 1 ao valor do segundo compartimento e mude para 0 o valor do primeiro compartimento. Em seguida, volte para o estágio 1.

6- Copie para o nono compartimento o conteúdo do terceiro compartimento e verifique, pela simulação da máquina de Turing MT6, se o conteúdo do terceiro compartimento representa uma sentença que satisfaz à pergunta inserida pelo usuário. Para tanto, basta verificar se tal sentença tem a forma "$\alpha \wedge p(\alpha)$", em que $p(\pi)$ é a pergunta, em que a variável $\pi$ corresponde a uma sentença verdadeira que a satisfaz caso torne $p(\pi)$ verdadeira (tratamos deste símbolo no capítulo anterior). Caso esta situação se verifique, mude para 22 o conteúdo do primeiro compartimento e para 2 o conteúdo do quarto compartimento e, em seguida, vá para o estágio 7. Caso contrário, vá para o estágio 5. Observe que, no início da computação deste estágio, já é possível ter certeza de que o conteúdo do terceiro compartimento representa uma proposição verdadeira do sistema $\delta$. Rigorosamente, caso a sentença em questão tenha a forma "$\alpha \wedge p(\alpha)$", a resposta procurada é "$\alpha$", mas, para identificá-la como tal, precisamos procurar uma proposição verdadeira da forma mencionada.

7- Mantenha inalterados os valores de todos os compartimentos, exceto o quinto, ao qual deve ser somada uma unidade. Em seguida, volte ao início deste estágio (estágio 7). Durante este estágio, o conteúdo do primeiro compartimento é 22.

8- Verifique se todas as premissas da cadeia de argumentos inseridas no segundo compartimento são axiomas do sistema $\delta$. Se forem, mude para 20 o valor do primeiro compartimento e, em seguida, vá para o estágio 3. Se pelo menos uma não for, vá para o estágio 5.

Na exposição acima, em todos os casos em que não houver a informação explícita de como determinar o valor de determinado compartimento, deve-se entender que o valor de tal compartimento se mantém o mesmo por pelo menos mais uma etapa, exceto no caso do quinto compartimento, cujas regras definiremos em seguida.

O leitor deve ter notado que mencionamos o "sistema de representação R". Trata-se de um meio de representação de cadeias de argumentos dedutivos válidos no sistema $\delta$ ou fragmentos seus, e o leitor poderá encontrar uma descrição detalhada deste meio de representação no capítulo anterior.

Precisamos definir um algoritmo algébrico legítimo que responda a perguntas, o qual chamaremos, como já foi dito, de algoritmo $\beta$. Um caminho possível é determinar uma única máquina de Turing, mais complexa que as que mencionamos na descrição acima, que escreva sucessivamente em sua fita todas as proposições determinadas verdadeiras do sistema $\delta$ até encontrar uma proposição que satisfaça à pergunta inserida pelo usuário do *Smart Brain* e, em seguida, convertê-la a um algoritmo algébrico legítimo, passível de submissão à fórmula $\alpha$. Isso tornaria possível o desenvolvimento do *Smart Brain*. Entretanto, propomos uma outra solução para o problema: um algoritmo algébrico legítimo que cumpra os estágios descritos anteriormente. A descrição deste algoritmo que propomos é, entretanto, muito mais complexa e difícil de entender do que a do que simula uma máquina de Turing que proceda da maneira alternativa que mencionamos. Porém, ele tem características computacionais muito mais desejáveis que o seu rival do ponto de vista da complexidade de tempo, pois a simulação de uma máquina de Turing que tenha o registro de um grande banco de dados deve ser feita por um algoritmo algébrico descrito por uma proposição característica extremamente extensa. Não nos ocuparemos muito disso, pois estas questões fogem ao alcance dos propósitos deste trabalho, o qual tem caráter introdutório, mas o que nos interessa neste momento é que, ainda que o leitor não compreenda totalmente os mecanismos do algoritmo algébrico legítimo exposto neste capítulo, *existe* um algoritmo algébrico legítimo que satisfaz a todos os propósitos deste texto, e isso é o mais importante. Desta forma, o leitor poderá, sem qualquer prejuízo, deixar de ler este capítulo, pois, como enfatizamos, existe um "algoritmo $\beta$" que satisfaz a todas as exigências que sobre ele impomos neste trabalho, quer no que diz respeito ao que já foi escrito até este momento, quer no que tange ao que será explicitado nos capítulos posteriores, inclusive no que se refere ao fato de que o *Smart Brain* é um algoritmo determinístico de tempo polinomial em função das cadeias de entrada e de saída, o que, além de ter grande repercussão sobre a sua aplicabilidade, tem implicações imediatas na resolução da questão P *versus* NP, a qual atacaremos no capítulo XIX.

Como podemos ver, o algoritmo $\beta$ é definido em função de algumas máquinas de Turing determinísticas de uma fita. São seis máquinas ao todo: MT1, MT2, MT3, MT4, MT5 e MT6. A maneira como tal algoritmo algébrico simula estas máquinas é bastante similar à forma apresentada no capítulo V de se simular, por meio de algoritmos algébricos legítimos, máquinas de Turing dos tipos aceitador e transdutor. Caso o leitor não se recorde destas técnicas, recomendamos que revise a parte pertinente daquele capítulo. Se houver qualquer dúvida sobre estas modalidades de máquina de Turing, propomos que o leitor faça uma rápida leitura no início do capítulo XIX, em que conceituamos as máquinas de Turing e definimos aceitadores, decisores e transdutores. Enfatizamos que o modelo de máquina de Turing adotado neste capítulo segue a conceituação delineada no capítulo XIX, já mencionado.

A máquina de Turing MT1 verifica se o número do segundo compartimento é o número característico de uma cadeia de argumentos válidos no sistema de representação R na sua concepção estendida, da maneira como conceituamos no capítulo anterior, em que qualquer termo da linguagem $\delta$ pode figurar no local reservado a cada premissa. Seu estado inicial é $I_1$, seu estado de aceitação é $A_1$, e seu estado de rejeição é $R_1$. Esta máquina aceita a cadeia de entrada, se, e somente se, a mesma for uma cadeia de argumentos válidos no sistema $\delta$, nos termos mencionados.

A Máquina MT2 é um transdutor que dá como saída a primeira premissa da cadeia de entrada, caso haja, sendo esta última uma representação no sistema de representação R de uma cadeia de argumentos no sistema $\delta$ ou de um fragmento de uma cadeia de argumentos em tal sistema, e a mesma máquina dá como saída a cadeia vazia, se não houver premissas na cadeia de argumentos válidos (ou fragmento de cadeia de argumentos válidos) representada no sistema R pelo número contido no terceiro compartimento. Seu estado inicial é $I_2$ e seu estado final é $F_2$.

A máquina MT3 é um decisor que verifica se a premissa cujo número característico está contido no terceiro compartimento é um axioma regular do sistema $\delta$ (lembre-se que, quando tratamos do sistema $\delta$, classificamos os seus axiomas em axiomas regulares e axiomas especiais). Seu estado inicial é $I_3$, seu estado de aceitação é $A_3$, e seu estado de rejeição é $R_3$. Esta máquina aceita a cadeia de entrada se, e somente se, for um axioma regular do sistema $\delta$.

A máquina de Turing MT4 é um transdutor que simplesmente toma como entrada uma representação no sistema de representação R de uma cadeia de argumentos no sistema $\delta$ ou de um fragmento de uma cadeia de argumentos em tal sistema e apaga a primeira premissa. Deve-se tomar cuidado com esta operação de “apagar” os símbolos da primeira premissa. Nesta operação, tais símbolos não são substituídos por espaços em branco. O que ocorre é um deslocamento do restante da cadeia em direção ao início da fita. A máquina MT4 dá, então, o restante da cadeia como saída. É após este fragmento que deve haver espaços em branco. Esta máquina inicia a computação no estado $I_4$ e para no estado $F_4$.

Já a máquina MT5 é um transdutor que, a partir do estado inicial ($I_5$), determina a sentença em linguagem $\delta$ que represente a conclusão do último argumento da cadeia de argumentos válidos no sistema $\delta$ introduzida como entrada na sua fita. Feito isso, a máquina atinge o seu estado final ($F_5$) e para.

A última máquina de Turing, a MT6, verifica se a cadeia de entrada representa, no sistema R, uma resposta à pergunta inserida pelo usuário do *Smart Brain*, partindo do pressuposto de que a cadeia de entrada representa uma proposição verdadeira. É um decisor que se inicia no estado $I_6$ e tem como estado de aceitação o estado $A_6$ e estado de rejeição $R_6$, sendo que a aceitação se dá se, e somente se, a cadeia de entrada é uma resposta à pergunta inserida pelo usuário.

As seis máquinas de Turing expostas acima, MT1, MT2, MT3, MT4, MT5 e MT6, têm, respectivamente, os alfabetos de entrada $\Sigma_1$, $\Sigma_2$, $\Sigma_3$, $\Sigma_4$, $\Sigma_5$ e $\Sigma_6$, com cardinalidades $j_1$, $j_2$, $j_3$, $j_4$, $j_5$ e $j_6$, e os alfabetos de fita $\Gamma_1$, $\Gamma_2$, $\Gamma_3$, $\Gamma_4$, $\Gamma_5$ e $\Gamma_6$, com cardinalidades $k_1$, $k_2$, $k_3$, $k_4$, $k_5$ e $k_6$.

Definidas as máquinas MT1 a MT6, definimos $k_7$ da seguinte forma:

$$k_7 = \max(k_1, k_2, k_3, k_4, k_5, k_6)$$

Para dado i natural maior ou igual a 1 e menor ou igual a 6, cada símbolo sobre $\Gamma_i$ corresponde a um número natural maior ou igual a 0 e menor ou igual a $k_i - 1$, sendo que o espaço em branco corresponde ao número 0, e os demais correspondem aos números naturais maiores ou iguais a 1 e menores ou iguais a $k_i - 1$ de acordo com uma função bijetora definida arbitrariamente, denominada função $z_i$ (tem-se que $z_i(\,) = 0$, ou seja, a aplicação de $z_i$ sobre o espaço em branco tem como imagem o número 0). Da mesma forma, cada cadeia sobre $\Gamma_i$ corresponde a um número natural, denominado seu número característico. Assim, se $z_i(a) = 13$, $z_i(b) = 2$ e $z_i(\#) = 29$, tem-se que o número característico da cadeia "ab#" é $13k_7^0 + 2k_7^1 + 29k_7^2$. Repare que podemos introduzir livremente espaços em branco após a cadeia sem alterar seu número característico, já que $z_i(\,) = 0$. E perceba também que, para cada número natural, há no máximo uma cadeia correspondente sobre $\Gamma_i$ sem espaços em branco à esquerda do último símbolo diferente do espaço em branco, e que cada cadeia sobre $\Gamma_i$ tem apenas um número característico, igualando-se as cadeias que se difiram entre si apenas por espaços em branco à direita.

Devemos fazer uma observação sobre o símbolo "#". Este símbolo é usado para formar a codificação do par ordenado formado pela cadeia cujo número característico esteja inserido no terceiro compartimento do algoritmo $\beta$ no início do sexto estágio e pela pergunta formulada pelo usuário do *Brain Smart*. A mencionada cadeia é candidata à resposta da pergunta, de maneira que, para que se verifique se de fato ela responde à pergunta, simulamos a máquina de Turing MT6 sobre esta codificação. Assim, se a candidata à resposta for $\alpha$ e a pergunta for $\beta$, a codificação sobre o respectivo par ordenado é "$\beta\#\,\alpha$". Desta maneira, a máquina MT6 deve ser projetada levando-se em conta que a cadeia de entrada tem esta forma, o que ficará mais claro quando abordarmos o sexto estágio da computação do algoritmo algébrico legítimo ao qual dedicamos este capítulo.

Os estados das máquinas de Turing MT1, MT2, MT3, MT4, MT5 e MT6 também correspondem a números naturais, os quais serão chamados, igualmente, de números característicos. A função que relaciona cada estado da máquina MTi ao seu número característico é a função bijetora $w_i$.

A definição dos alfabetos de entrada e de fita destas seis máquinas de Turing e as funções $w_i$ e $z_i$ são arbitrárias em tudo o que não contradiga certas relações, as quais devem ser necessariamente observadas para garantir a correção do *Smart Brain*. Em primeiro lugar,

$$\Sigma_1 = \Sigma_2 = \Sigma_4 = \Sigma_5 = \Sigma$$

$$\Sigma_6 = \Sigma_3 \cup \{\#\}$$

Além disso, há certas igualdades envolvendo funções, a saber:

$$(i, v \in \{1,2,4,5\} \wedge a \in \Sigma) \Longrightarrow z_i(a) = z_v(a)$$

$$z_3(a) \leq j_3 \Longrightarrow z_3(a) = z_6(a)$$

$$z_3(a) \leq j_3 \Longrightarrow z_3(a) = z_1(a)$$

$$z_6(\#) = j_3 + 1$$

$$(i \in \{1,2,3,4,5,6\} \wedge a \in \Sigma_i) \Longrightarrow (z_i(a) \in \mathbb{N}^* \wedge z_i(a) \leq j_i)$$

O algoritmo $\beta$ parte de uma configuração inicial que elegemos. Esta configuração é tal que permite que todos os 8 estágios descritos acima ocorram alternadamente, cada qual nos momentos apropriados, para que a condição de verificação seja atingida quando se chegar, no nono compartimento, à representação de uma resposta à pergunta formulada pelo usuário do

*Smart Brain*. A configuração inicial da qual o algoritmo parte é (0; 1; 0; 1; 0; 0; 0; 0; 0), e a condição de verificação, quando examinaremos o conteúdo do nono compartimento, que é o compartimento referencial, é a seguinte: "O conteúdo do primeiro compartimento é 22".

Discutiremos aqui os aspectos mais gerais do significado de cada compartimento do algoritmo $\beta$, começando pelo primeiro. Este compartimento indica qual é o estágio atual da computação. Se for 1, significa que o número contido no segundo compartimento representa uma cadeia de argumentos no sistema de representação R, e, consequentemente, deve-se verificar se todas as premissas desta cadeia são axiomas do sistema. Se for 20, foi verificado que isto ocorre, ou seja, que todas as premissas da cadeia de argumentos representada no sistema de representação R pelo número contido no segundo compartimento são axiomas do sistema $\delta$, e então a conclusão de tal cadeia deve ser determinada. Se o valor do primeiro compartimento for 2, esta conclusão já foi determinada e seu número característico foi inserido no terceiro compartimento, e, então, deve-se verificar se tal sentença é a resposta da pergunta inserida pelo usuário.

Se o valor do primeiro compartimento for 3, verifica-se se o número contido no segundo compartimento representa uma cadeia de argumentos válidos do sistema $\delta$ no sistema de representação R. Se o número do primeiro compartimento for 0, o algoritmo está no início da computação, ou está reiniciando e, desta forma, encontra-se no estágio 1. Se o número contido no primeiro compartimento for 21, o número contido no segundo compartimento não caracteriza uma cadeia sem espaços em branco do alfabeto de entrada da máquina MT1, ou então, apesar de caracterizar uma cadeia com tais características, não representa uma cadeia de argumentos no sistema de representação R em que todas as premissas são axiomas do sistema $\delta$, e, então, passa-se ao estágio 5 para passar, em seguida, ao estágio 1, retomando todas as verificações que o algoritmo executa, desta vez em relação ao sucessor do número que se encontrava no segundo compartimento.

Se o valor do primeiro compartimento for 4, 5, ou 6, a máquina está verificando se o valor do segundo compartimento é uma cadeia de argumentos no sistema de representação R mediante a simulação da máquina de Turing MT1. Se for 8, 9, 10 ou 11, a máquina já verificou que o valor do segundo compartimento é a representação de uma cadeia de argumentos válidos no sistema de representação R e está determinando se todas as premissas desta cadeia de argumentos são axiomas do sistema $\delta$. Se forem, seu valor passa a ser 16, sendo que permanecerá como 16, 17, 18 ou 19 enquanto o algoritmo $\beta$ verifica qual é o número característico da conclusão da mencionada cadeia de argumentos, mediante a simulação da máquina de Turing MT5.

Se o valor do primeiro compartimento for 12, 13 ou 14, a máquina já tem inserida no terceiro compartimento uma sentença verdadeira no sistema $\delta$ e está verificando se configura uma resposta à pergunta inserida pelo usuário, mediante a simulação da máquina de Turing MT6. Se o valor do primeiro compartimento for 22, o algoritmo está no estágio 7, e este valor não mais se alterará. Exporemos com maiores detalhes o que ocorre quando o valor do primeiro compartimento é outro. Faremos isso quando discutirmos de maneira pormenorizada o processamento do algoritmo nos estágios 1, 3, 5 e 8.

O segundo compartimento inclui, a cada momento, um número inteiro positivo que se deve verificar se corresponde a uma cadeia de argumentos no sistema de representação R. No estado inicial, este compartimento inclui o número 1, e, após todas as computações necessárias com o número 1, passa a incluir o número 2, e depois 3, 4, 5, etc..., até que se chegue à resposta. A partir de então, o valor deste compartimento se mantém inalterado eternamente.

Os compartimentos 3, 6, 7 e 8 (bem como o primeiro) são usados para simular máquinas de Turing, como se verá adiante.

O quarto compartimento contém 1 em todos os estágios, exceto se se verificar que o valor do terceiro compartimento represente uma resposta à pergunta formulada pelo usuário no sistema de representação R, quando passa para 2 e permanece para sempre com este valor.

O quinto compartimento indica a etapa da computação (não confundir com o primeiro compartimento, que indica qual é o estágio atual da computação). É o compartimento temporal, e conterá o valor n na etapa n.

O nono compartimento contém 0 em todos os estágios, exceto no estágio 8, no qual ele é utilizado para armazenar o número que represente um fragmento de uma cadeia de argumentos no sistema de representação R, e no estágio 6, quando ele é usado para armazenar o número característico da candidata a resposta que se esteja verificando se de fato responde à pergunta inserida pelo usuário.

Passemos à exposição dos conjuntivos da proposição característica do algoritmo $\beta$ associada à configuração inicial que elegemos. Trata-se das regras de transição, da condição de verificação e da proposição que define a configuração inicial. Exibiremos estes conjuntivos, com breves comentários, agrupados em 77 classes de proposições. Algumas destas classes tem vários conjuntivos, e outras têm apenas um.

**Estado inicial:**

1- $(t = 0) \Leftrightarrow (x_1 = 0 \land x_2 = 1 \land x_3 = 0 \land x_4 = 1 \land x_5 = 0 \land x_6 = 0 \land x_7 = 0 \land x_8 = 0 \land x_9 = 0)$

**Estágio 1:**

Copie o conteúdo do segundo para o terceiro e para o sexto compartimentos. Subtraia $k_7$ do valor do terceiro compartimento sucessivamente, até que o seu conteúdo seja menor do que $k_7$. Se este valor for menor do que 1 ou maior ou igual a $(j_1 + 1)$, mude para 21 o valor do primeiro compartimento. Se for maior ou igual a 1 e menor do que $(j_1 + 1)$, divida por $k_7$ o valor do sexto compartimento e insira o resultado no sexto e no terceiro compartimentos. Então, volte a subtrair $k_7$ do conteúdo do terceiro compartimento. Repita o procedimento até que o valor do terceiro compartimento seja menor do que 1 ou que o valor do sexto compartimento seja menor do que 1. Nesta última hipótese, vá para o estágio 2, mudando para 3 o valor do primeiro compartimento. O primeiro e o sétimo compartimentos indicam o subestágio em que o algoritmo $\beta$ se encontra.

2- $\big(t = y_1 \Leftrightarrow (x_1 = 0 \land x_2 = y_2 \land x_3 = y_3 \land x_4 = 1 \land x_5 = y_4 \land x_6 = y_5 \land x_7 = 0 \land x_8 = y_7 \land x_9 = y_8)\big) \Rightarrow \big(t = y_1 + 1 \Leftrightarrow (x_1 = 0 \land x_2 = y_2 \land x_3 = y_2 \land x_4 = 1 \land x_5 = y_4 + 1 \land x_6 = y_2 \land x_7 = 1 \land x_8 = y_7 \land x_9 = y_8)\big)$

3- $\big(t = y_1 \Leftrightarrow (x_1 = 0 \land x_2 = y_2 \land x_3 = y_3 \land x_3 \geq k_7 \land x_4 = 1 \land x_5 = y_4 \land x_6 = y_5 \land x_6 \geq 1 \land x_7 = 1 \land x_8 = y_7 \land x_9 = y_8)\big) \Rightarrow \big(t = y_1 + 1 \Leftrightarrow (x_1 = 0 \land x_2 = y_2 \land x_3 = y_3 - k_7 \land x_4 = 1 \land x_5 = y_4 + 1 \land x_6 = y_5 \land x_7 = 1 \land x_8 = y_7 \land x_9 = y_8)\big)$

4- $\big(t = y_1 \Leftrightarrow (x_1 = 0 \land x_2 = y_2 \land x_3 = y_3 \land x_3 \geq 1 \land x_3 < j_1 + 1 \land x_4 = 1 \land x_5 = y_4 \land x_6 = y_5 \land x_7 = 1 \land x_6 \geq 1 \land x_8 = y_7 \land x_9 = y_8)\big) \Rightarrow \left(t = y_1 + 1 \Leftrightarrow \left(x_1 = 0 \land x_2 = y_2 \land x_3 = \frac{y_5}{k_7} \land x_4 = 1 \land x_5 = y_4 + 1 \land x_6 = \frac{y_5}{k_7} \land x_7 = 1 \land x_8 = y_7 \land x_9 = y_8\right)\right)$

5- $\left(t = y_1 \Leftrightarrow \left(x_1 = 0 \wedge x_2 = y_2 \wedge x_3 = y_3 \wedge \left(x_3 < 1 \vee (x_3 \geq j_1 + 1 \wedge x_3 < k_7)\right) \wedge x_4 = 1 \wedge x_5 = y_4 \wedge x_6 = y_5 \wedge x_6 \geq 1 \wedge x_7 = 1 \wedge x_8 = y_7 \wedge x_9 = y_8\right)\right) \Longrightarrow \left(t = y_1 + 1 \Leftrightarrow (x_1 = 21 \wedge x_2 = y_2 \wedge x_3 = y_3 \wedge x_4 = 1 \wedge x_5 = y_4 + 1 \wedge x_6 = y_5 \wedge x_7 = 1 \wedge x_8 = y_7 \wedge x_9 = y_8)\right)$

6- $(t = y_1 \Leftrightarrow (x_1 = 0 \wedge x_2 = y_2 \wedge x_3 = y_3 \wedge x_4 = 1 \wedge x_5 = y_4 \wedge x_6 < 1 \wedge x_6 > 0 \wedge x_7 = 1 \wedge x_8 = y_7 \wedge x_9 = y_8)) \Longrightarrow (t = y_1 + 1 \Leftrightarrow (x_1 = 3 \wedge x_2 = y_2 \wedge x_3 = y_3 \wedge x_4 = 1 \wedge x_5 = y_4 + 1 \wedge x_6 = 0 \wedge x_7 = 0 \wedge x_8 = y_7 \wedge x_9 = y_8))$

**Estágio 2:**

Se o valor do primeiro compartimento for 3 (como de fato será no início deste estágio), mude-o para 4, copie para o terceiro e para o sexto compartimentos o valor do segundo compartimento, some 1 ao valor do quinto compartimento a cada etapa, mantenha como 1 o valor do quarto compartimento e simule a máquina MT1 nos compartimentos 1, 3, 6, 7 e 8, mantendo inalterado o valor do segundo compartimento. A simulação se dá assim: caso não se esteja no estado de aceitação ou rejeição, a máquina subtrai $k_7$ do terceiro compartimento sucessivamente até que o seu conteúdo seja inferior a $k_7$. Em seguida, divide-se por $k_7$ o valor do sexto compartimento e copia-se o resultado para o terceiro e sexto compartimentos, caso o movimento da máquina MT1 seja para a direita, ou se multiplica por $k_7$ e copia-se tal valor para o terceiro e sexto compartimentos, caso o movimento da cabeça da fita seja para a esquerda, e, no mesmo ato, executa-se uma substituição do valor que estava na cabeça da fita pelo seguinte seguindo a função de transição de MT1, fazendo-se também a devida substituição no sétimo compartimento, o qual registra o estado atual. O algarismo que representa o símbolo da cabeça da fita é o da classe das unidades do valor do sexto compartimento na base $k_7$. Após isso, continua-se o processo, até que se atinja o estado de aceitação ou o de rejeição. O oitavo compartimento inclui o número 0, caso a cabeça de fita esteja na primeira célula, 1, se estiver na segunda célula, e assim por diante. Faça isso da seguinte forma:

7- $(t = y_1 \Leftrightarrow (x_1 = 3 \wedge x_2 = y_2 \wedge x_3 = y_3 \wedge x_4 = 1 \wedge x_5 = y_4 \wedge x_6 = y_5 \wedge x_7 = y_6 \wedge x_8 = y_7 \wedge x_9 = y_8)) \Longrightarrow (t = y_1 + 1 \Leftrightarrow (x_1 = 4 \wedge x_2 = y_2 \wedge x_3 = y_2 \wedge x_4 = 1 \wedge x_5 = y_4 + 1 \wedge x_6 = y_2 \wedge x_7 = w_1(I_1) \wedge x_8 = 0 \wedge x_9 = y_8))$

8- $\left(t = y_1 \Leftrightarrow (x_1 = 4 \wedge x_2 = y_2 \wedge x_3 = y_3 \wedge x_4 = 1 \wedge x_5 = y_4 \wedge x_6 = y_5 \wedge x_7 = y_6 \wedge x_7 \neq w_1(A_1) \wedge x_7 \neq w_1(R_1) \wedge x_8 = y_7 \wedge x_9 = y_8)\right) \Rightarrow \left(t = y_1 + 1 \Leftrightarrow (x_1 = 5 \wedge x_2 = y_2 \wedge x_3 = y_3 \wedge x_4 = 1 \wedge x_5 = y_4 + 1 \wedge x_6 = y_5 \wedge x_7 = y_6 \wedge x_8 = y_7 \wedge x_9 = y_8)\right)$

9- $\left(t = y_1 \Leftrightarrow (x_1 = 5 \wedge x_2 = y_2 \wedge x_3 = y_3 \wedge x_3 \geq k_7 \wedge x_4 = 1 \wedge x_5 = y_4 \wedge x_6 = y_5 \wedge x_7 = y_6 \wedge x_8 = y_7 \wedge x_9 = y_8)\right) \Rightarrow \left(t = y_1 + 1 \Leftrightarrow (x_1 = 5 \wedge x_2 = y_2 \wedge x_3 = y_3 - k_7 \wedge x_4 = 1 \wedge x_5 = y_4 + 1 \wedge x_6 = y_5 \wedge x_7 = y_6 \wedge x_8 = y_7 \wedge x_9 = y_8)\right)$

10- $\left(t = y_1 \Leftrightarrow (x_1 = 5 \wedge x_2 = y_2 \wedge x_3 = y_3 \wedge x_3 < k_7 \wedge x_4 = 1 \wedge x_5 = y_4 \wedge x_6 = y_5 \wedge x_7 = y_6 \wedge x_8 = y_7 \wedge x_9 = y_8)\right) \Rightarrow \left(t = y_1 + 1 \Leftrightarrow (x_1 = 6 \wedge x_2 = y_2 \wedge x_3 = y_3 \wedge x_4 = 1 \wedge x_5 = y_4 + 1 \wedge x_6 = y_5 \wedge x_7 = y_6 \wedge x_8 = y_7 \wedge x_9 = y_8)\right)$

11- $\left(t = y_1 \Leftrightarrow (x_1 = 4 \wedge x_2 = y_2 \wedge x_3 = y_3 \wedge x_4 = 1 \wedge x_5 = y_4 \wedge x_6 = y_5 \wedge x_7 = w_1(A_1) \wedge x_8 = y_7 \wedge x_9 = y_8)\right) \Rightarrow \left(t = y_1 + 1 \Leftrightarrow (x_1 = 1 \wedge x_2 = y_2 \wedge x_3 = y_3 \wedge x_4 = 1 \wedge x_5 = y_4 + 1 \wedge x_6 = y_5 \wedge x_7 = w_1(A_1) \wedge x_8 = y_7 \wedge x_9 = y_8)\right)$

12- $\left(t = y_1 \Leftrightarrow (x_1 = 4 \wedge x_2 = y_2 \wedge x_3 = y_3 \wedge x_4 = 1 \wedge x_5 = y_4 \wedge x_6 = y_5 \wedge x_7 = w_1(R_1) \wedge x_8 = y_7 \wedge x_9 = y_8)\right) \Rightarrow \left(t = y_1 + 1 \Leftrightarrow (x_1 = 0 \wedge x_2 = y_2 + 1 \wedge x_3 = y_3 \wedge x_4 = 1 \wedge x_5 = y_4 + 1 \wedge x_6 = y_5 \wedge x_7 = 0 \wedge x_8 = y_7 \wedge x_9 = y_8)\right)$

13- Para cada regra de transição da forma $\delta$(a,Q1)=(b,Q2,D) da máquina MT1, inclua na descrição do algoritmo $\beta$, ou seja, sua proposição característica associada à configuração inicial eleita, a seguinte sentença:

$$\left(t = y_1 \Leftrightarrow (x_1 = 6 \wedge x_2 = y_2 \wedge x_3 \geq z_1(a) \wedge x_3 < z_1(a) + 1 \wedge x_4 = 1 \wedge x_5 = y_4 \wedge x_6 = y_5 \wedge x_7 = w_1(Q1) \wedge x_8 = y_7 \wedge x_9 = y_8)\right)$$

$$\Rightarrow \left(t = y_1 + 1 \Leftrightarrow \left(x_1 = 4 \wedge x_2 = y_2 \wedge x_3 = \frac{y_5 + z_1(b) - z_1(a)}{k_7} \wedge x_4 = 1 \wedge x_5 = y_4 + 1 \wedge x_6 = \frac{y_5 + z_1(b) - z_1(a)}{k_7} \wedge x_7 = w_1(Q2) \wedge x_8 = y_7 + 1 \wedge x_9 = y_8\right)\right)$$

14- Para cada regra de transição da forma $\delta$(a,Q1)=(b,Q2,E) da máquina MT1, inclua na descrição do algoritmo $\beta$ a seguinte sentença:

$$\big(t = y_1 \Leftrightarrow (x_1 = 6 \wedge x_2 = y_2 \wedge x_3 \geq z_1(a) \wedge x_3 < z_1(a) + 1 \wedge x_4 = 1 \wedge x_5 = y_4 \wedge x_6 = y_5 \wedge x_7 = w_1(Q1) \wedge x_8 = y_7 \wedge x_8 > 0 \wedge x_9 = y_8)\big) \Rightarrow \Big(t = y_1 + 1 \Leftrightarrow (x_1 = 4 \wedge x_2 = y_2 \wedge x_3 = \big(y_5 + z_1(b) - z_1(a)\big)k_7 \wedge x_4 = 1 \wedge x_5 = y_4 + 1 \wedge x_6 = \big(y_5 + z_1(b) - z_1(a)\big)k_7 \wedge x_7 = w_1(Q2) \wedge x_8 = y_7 - 1 \wedge x_9 = y_8)\Big)$$

15- Para cada regra de transição da forma $\delta$(a,Q1)=(b,Q2,E) da máquina MT1, inclua na descrição do algoritmo $\beta$ a seguinte sentença:

$$\big(t = y_1 \Leftrightarrow (x_1 = 6 \wedge x_2 = y_2 \wedge x_3 \geq z_1(a) \wedge x_3 < z_1(a) + 1 \wedge x_4 = 1 \wedge x_5 = y_4 \wedge x_6 = y_5 \wedge x_7 = w_1(Q1) \wedge x_8 = 0 \wedge x_9 = y_8)\big) \Rightarrow \big(t = y_1 + 1 \Leftrightarrow (x_1 = 4 \wedge x_2 = y_2 \wedge x_3 = y_5 + z_1(b) - z_1(a) \wedge x_4 = 1 \wedge x_5 = y_4 + 1 \wedge x_6 = y_5 + z_1(b) - z_1(a) \wedge x_7 = w_1(Q2) \wedge x_8 = 0 \wedge x_9 = y_8)\big)$$

**Estágio 3:**

16- $\big(t = y_1 \Leftrightarrow (x_1 = 1 \wedge x_2 = y_2 \wedge x_3 = y_3 \wedge x_4 = 1 \wedge x_5 = y_4 \wedge x_6 = y_5 \wedge x_7 = y_6 \wedge x_8 = y_7 \wedge x_9 = y_8)\big) \Rightarrow \Big(t = y_1 + 1 \Leftrightarrow \big((x_1 = 8 \wedge x_2 = y_2 \wedge x_3 = y_3 \wedge x_4 = 1 \wedge x_5 = y_4 \wedge x_6 = y_5 \wedge x_7 = y_6 \wedge x_8 = y_7 \wedge x_9 = y_8)\big)\Big)$

17- $(t = y_1 \Leftrightarrow (x_1 = 2 \wedge x_2 = y_2 \wedge x_3 = y_3 \wedge x_4 = 1 \wedge x_5 = y_4 \wedge x_6 = y_5 \wedge x_7 = y_6 \wedge x_8 = y_7 \wedge x_9 = y_8)) \Rightarrow \big(t = y_1 + 1 \Leftrightarrow ((x_1 = 37 \wedge x_2 = y_2 \wedge x_3 = y_3 \wedge x_4 = 1 \wedge x_5 = y_4 \wedge x_6 = y_5 \wedge x_7 = y_6 \wedge x_8 = y_7 \wedge x_9 = y_8))\big)$

18- $(t = y_1 \Leftrightarrow (x_1 = 20 \wedge x_2 = y_2 \wedge x_3 = y_3 \wedge x_4 = 1 \wedge x_5 = y_4 \wedge x_6 = y_5 \wedge x_7 = y_6 \wedge x_8 = y_7 \wedge x_9 = y_8)) \Rightarrow \big(t = y_1 + 1 \Leftrightarrow ((x_1 = 16 \wedge x_2 = y_2 \wedge x_3 = y_3 \wedge x_4 = 1 \wedge x_5 = y_4 \wedge x_6 = y_5 \wedge x_7 = y_6 \wedge x_8 = y_7 \wedge x_9 = y_8))\big)$

**Estágio 4**:

Proceda como no estágio 2, sendo que o primeiro compartimento terá o valor 17, quando, naquele estágio, era 4; será 18, quando, naquele estágio, era 5; e será 19, quando, naquele estágio, era 6. Deve haver uma adaptação pelo fato de que a máquina de Turing MT5, executada neste estágio, é um transdutor, e não um decisor. Com isso, esta máquina não tem os estágios de aceitação e de rejeição, mas sim um estado final ($F_5$). Após a simulação, o oitavo compartimento contém o número j, que corresponde à célula em que a cabeça de fita da máquina MT5 se encontra no momento da parada. Então, o algoritmo $\beta$ subtrai uma unidade do oitavo compartimento e multiplica o valor do sexto compartimento por $k_7$ sucessivas vezes, até que o valor do oitavo compartimento seja 0. Isso deve ocorrer j vezes. Em seguida, copia-se o valor do sexto compartimento para o terceiro. Tal valor representa a cadeia que se encontra na fita de MT5 no momento da parada. As proposições que indicam a computação deste quarto estágio estão expressas a seguir.

19- $(t = y_1 \Leftrightarrow (x_1 = 16 \wedge x_2 = y_2 \wedge x_3 = y_3 \wedge x_4 = 1 \wedge x_5 = y_4 \wedge x_6 = y_5 \wedge x_7 = y_6 \wedge x_8 = y_7 \wedge x_9 = y_8)) \Rightarrow (t = y_1 + 1 \Leftrightarrow (x_1 = 17 \wedge x_2 = y_2 \wedge x_3 = y_2 \wedge x_4 = 1 \wedge x_5 = y_4 + 1 \wedge x_6 = y_2 \wedge x_7 = w_5(I_5) \wedge x_8 = 0 \wedge x_9 = y_8))$

20- $(t = y_1 \Leftrightarrow (x_1 = 17 \wedge x_2 = y_2 \wedge x_3 = y_3 \wedge x_4 = 1 \wedge x_5 = y_4 \wedge x_6 = y_5 \wedge x_7 = y_6 \wedge x_7 \neq w_5(F_5) \wedge x_8 = y_7 \wedge x_9 = y_8)) \Rightarrow (t = y_1 + 1 \Leftrightarrow (x_1 = 18 \wedge x_2 = y_2 \wedge x_3 = y_3 \wedge x_4 = 1 \wedge x_5 = y_4 + 1 \wedge x_6 = y_5 \wedge x_7 = y_6 \wedge x_8 = y_7 \wedge x_9 = y_8))$

21- $(t = y_1 \Leftrightarrow (x_1 = 18 \land x_2 = y_2 \land x_3 = y_3 \land x_3 \geq k_7 \land x_4 = 1 \land x_5 = y_4 \land x_6 = y_5 \land x_7 = y_6 \land x_8 = y_7 \land x_9 = y_8)) \Rightarrow (t = y_1 + 1 \Leftrightarrow (x_1 = 18 \land x_2 = y_2 \land x_3 = y_3 - k_7 \land x_4 = 1 \land x_5 = y_4 + 1 \land x_6 = y_5 \land x_7 = y_6 \land x_8 = y_7 \land x_9 = y_8))$

22- $(t = y_1 \Leftrightarrow (x_1 = 18 \land x_2 = y_2 \land x_3 = y_3 \land x_3 < k_7 \land x_4 = 1 \land x_5 = y_4 \land x_6 = y_5 \land x_7 = y_6 \land x_8 = y_7 \land x_9 = y_8)) \Rightarrow (t = y_1 + 1 \Leftrightarrow (x_1 = 19 \land x_2 = y_2 \land x_3 = y_3 \land x_4 = 1 \land x_5 = y_4 + 1 \land x_6 = y_5 \land x_7 = y_6 \land x_8 = y_7 \land x_9 = y_8))$

23- $(t = y_1 \Leftrightarrow (x_1 = 17 \land x_2 = y_2 \land x_3 = y_3 \land x_4 = 1 \land x_5 = y_4 \land x_6 = y_5 \land x_7 = w_5(F_5) \land x_8 = y_7 \land x_9 = y_8)) \Rightarrow (t = y_1 + 1 \Leftrightarrow (x_1 = 23 \land x_2 = y_2 \land x_3 = y_3 \land x_4 = 1 \land x_5 = y_4 + 1 \land x_6 = y_5 \land x_7 = w_5(F_5) \land x_8 = y_7 \land x_9 = y_8))$

24- $(t = y_1 \Leftrightarrow (x_1 = 23 \land x_2 = y_2 \land x_3 = y_3 \land x_4 = 1 \land x_5 = y_4 \land x_6 = y_5 \land x_7 = y_6 \land x_8 = y_7 \land x_8 \geq 1 \land x_9 = y_8)) \Rightarrow (t = y_1 + 1 \Leftrightarrow (x_1 = 23 \land x_2 = y_2 \land x_3 = y_3 \land x_4 = 1 \land x_5 = y_4 + 1 \land x_6 = y_5 k_7 \land x_7 = y_6 \land x_8 = y_7 - 1 \land x_9 = y_8))$

25- $(t = y_1 \Leftrightarrow (x_1 = 23 \land x_2 = y_2 \land x_3 = y_3 \land x_4 = 1 \land x_5 = y_4 \land x_6 = y_5 \land x_7 = y_6 \land x_8 = 0 \land x_9 = y_8)) \Rightarrow (t = y_1 + 1 \Leftrightarrow (x_1 = 2 \land x_2 = y_2 \land x_3 = y_5 \land x_4 = 1 \land x_5 = y_4 + 1 \land x_6 = y_5 \land x_7 = y_6 \land x_8 = 0 \land x_9 = y_8))$

26- Para cada regra de transição da forma $\delta$(a,Q1)=(b,Q2,D) da máquina MT5, inclua na descrição do algoritmo $\beta$ a seguinte sentença:

$$\left(t = y_1 \Leftrightarrow (x_1 = 19 \land x_2 = y_2 \land x_3 \geq z_5(a) \land x_3 < z_5(a) + 1 \land x_4 = 1 \land x_5 = y_4 \land x_6 = y_5 \land x_7 = w_5(Q1) \land x_8 = y_7 \land x_9 = y_8)\right)$$

$$\Rightarrow \left(t = y_1 + 1 \Leftrightarrow \left(x_1 = 17 \land x_2 = y_2 \land x_3 = \frac{y_5 + z_5(b) - z_1(a)}{k_7} \land x_4 = 1 \land x_5 = y_4 + 1 \land x_6 = \frac{y_5 + z_5(b) - z_5(a)}{k_7} \land x_7 = w_5(Q2) \land x_8 = y_7 + 1 \land x_9 = y_8\right)\right)$$

27- Para cada regra de transição da forma $\delta$(a,Q1)=(b,Q2,E) da máquina MT5, inclua na descrição do algoritmo $\beta$ a seguinte sentença:

$$\begin{aligned}(t = y_1 \Leftrightarrow (x_1 = 19 \wedge x_2 = y_2 \wedge x_3 \geq z_5(a) \wedge x_3 < z_5(a) + 1 \wedge x_4 = 1 \wedge x_5 = y_4 \wedge x_6 = y_5 \wedge x_7 \\ = w_5(Q1) \wedge x_8 = y_7 \wedge x_8 > 0 \wedge x_9 = y_8)) \\ \Rightarrow \Big(t = y_1 + 1 \\ \Leftrightarrow (x_1 = 17 \wedge x_2 = y_2 \wedge x_3 = \big(y_5 + z_5(b) - z_5(a)\big)k_7 \wedge x_4 = 1 \wedge x_5 = y_4 + 1 \wedge x_6 \\ = \big(y_5 + z_5(b) - z_5(a)\big)k_7 \wedge x_7 = w_5(Q2) \wedge x_8 = y_7 - 1 \wedge x_9 = y_8)\Big)\end{aligned}$$

28- Para cada regra de transição da forma $\delta$(a,Q1)=(b,Q2,E) da máquina MT5, inclua na descrição do algoritmo $\beta$ a seguinte sentença:

$$\begin{aligned}(t = y_1 \Leftrightarrow (x_1 = 19 \wedge x_2 = y_2 \wedge x_3 \geq z_5(a) \wedge x_3 < z_5(a) + 1 \wedge x_4 = 1 \wedge x_5 = y_4 \wedge x_6 = y_5 \wedge x_7 \\ = w_5(Q1) \wedge x_8 = 0 \wedge x_9 = y_8)) \\ \Rightarrow (t = y_1 + 1 \\ \Leftrightarrow (x_1 = 17 \wedge x_2 = y_2 \wedge x_3 = y_5 + z_5(b) - z_5(a) \wedge x_4 = 1 \wedge x_5 = y_4 + 1 \wedge x_6 \\ = y_5 + z_5(b) - z_5(a) \wedge x_7 = w_5(Q2) \wedge x_8 = 0 \wedge x_9 = y_8))\end{aligned}$$

**Estágio 5:**

29- $\big(t = y_1 \Leftrightarrow (x_1 = 21 \wedge x_2 = y_2 \wedge x_3 = y_3 \wedge x_4 = 1 \wedge x_5 = y_4 \wedge x_6 = y_5 \wedge x_7 = y_6 \wedge x_8 = y_7 \wedge x_9 = y_8)\big) \Rightarrow (t = y_1 + 1 \Leftrightarrow (x_1 = 0 \wedge x_2 = y_2 + 1 \wedge x_3 = y_3 \wedge x_4 = 1 \wedge x_5 = y_4 + 1 \wedge x_6 = 0 \wedge x_7 = 0 \wedge x_8 = 0 \wedge x_9 = 0)\big)$

**Estágio 6:**

Dividiremos este estágio em 2 subestágios. No primeiro (6.1), além de copiar para o nono compartimento o valor contido no terceiro compartimento, o algoritmo $\beta$ inclui no terceiro compartimento o número característico da justaposição da cadeia representada pelo número que começa contido no terceiro compartimento até então com o caractere especial "#" e com pergunta inserida pelo usuário, cujo número característico é x. Por exemplo: suponhamos que as cadeias "asgF2" e "1gyl" sejam sentenças legítimas no sistema $\delta$; e suponhamos, também, que o número característico da primeira esteja inserido no terceiro compartimento no início do sexto estágio da computação do algoritmo $\beta$ e que a segunda seja a pergunta inserida pelo usuário; então, neste primeiro subestágio do estágio 6, o algoritmo $\beta$ calcula e insere no terceiro compartimento o número característico da cadeia "1gyl#asgF2" sobre o alfabeto da máquina MT6. Sobre este valor, o algoritmo executa a simulação da máquina de Turing MT6, para determinar se o conteúdo do segundo compartimento representa uma cadeia de argumentos válidos cuja conclusão seja uma resposta à pergunta inserida pelo usuário. Isto ocorre no segundo subestágio (6.2), e a simulação de MT6 é similar à simulação da máquina MT5 (vide estágio 2), com as devidas adaptações, em especial no primeiro compartimento. A maneira como, no subestágio 6.1, o algoritmo $\beta$ faz a inserção da mencionada justaposição de cadeias, é bastante simples. Primeiramente, introduz-se o número característico da pergunta inserida pelo usuário do *Smart Brain* (x) no sexto e sétimo compartimentos. Depois, multiplica-se por $k_7$ o conteúdo do terceiro compartimento, com simultânea divisão por k do conteúdo do sexto compartimento, diversas vezes. Repete-se o procedimento sucessivamente até que o conteúdo do sexto compartimento se torne menor do que 1, e, então, soma-se no terceiro compartimento o valor do terceiro compartimento multiplicado pelo quadrado de $k_7$, com o número característico do símbolo "#" multiplicado por $k_7$ e o número inserido no sétimo compartimento, que permaneceu inalterado durante todo o subestágio 6.1. No final do subestágio 6.1 e início do subestágio 6.2, o conteúdo do sétimo compartimento representa o estado inicial da máquina MT6.

**Subestágio 6.1:**

30- $\big(t = y_1 \Leftrightarrow (x_1 = 37 \wedge x_2 = y_2 \wedge x_3 = y_3 \wedge x_4 = 1 \wedge x_5 = y_4 \wedge x_6 = y_5 \wedge x_7 = y_6 \wedge x_8 = y_7 \wedge x_9 = y_8)\big) \Longrightarrow \big(t = y_1 + 1 \Leftrightarrow (x_1 = 38 \wedge x_2 = y_2 \wedge x_3 = y_3 \wedge x_4 = 1 \wedge x_5 = y_4 + 1 \wedge x_6 = x \wedge x_7 = x \wedge x_8 = y_7 \wedge x_9 = y_3)\big)$

em que x é o número característico da pergunta inserida pelo usuário.

31- $\big(t = y_1 \Leftrightarrow (x_1 = 38 \wedge x_2 = y_2 \wedge x_3 = y_3 \wedge x_4 = 1 \wedge x_5 = y_4 \wedge x_6 = y_5 \wedge x_6 \geq 1 \wedge x_7 = y_6 \wedge x_8 = y_7 \wedge x_9 = y_8)\big) \Longrightarrow \left(t = y_1 + 1 \Leftrightarrow \left(x_1 = 38 \wedge x_2 = y_2 \wedge x_3 = y_3 k_7 \wedge x_4 = 1 \wedge x_5 = y_4 + 1 \wedge x_6 = \frac{y_5}{k_7} \wedge x_7 = y_6 \wedge x_8 = y_7 \wedge x_9 = y_8\right)\right)$

32- $\big(t = y_1 \Leftrightarrow (x_1 = 38 \wedge x_2 = y_2 \wedge x_3 = y_3 \wedge x_4 = 1 \wedge x_5 = y_4 \wedge x_6 = y_5 \wedge x_6 < 1 \wedge x_7 = y_6 \wedge x_8 = y_7 \wedge x_9 = y_8)\big) \Longrightarrow \big(t = y_1 + 1 \Leftrightarrow (x_1 = 12 \wedge x_2 = y_2 \wedge x_3 = y_3 k_7^2 + z(\#) k_7 + y_6 \wedge x_4 = 1 \wedge x_5 = y_4 + 1 \wedge x_6 = x \wedge x_7 = w_6(I_6) \wedge x_8 = 0 \wedge x_9 = y_8)\big)$

**Subestágio 6.2:**

33- $\big(t = y_1 \Leftrightarrow (x_1 = 12 \wedge x_2 = y_2 \wedge x_3 = y_3 \wedge x_4 = 1 \wedge x_5 = y_4 \wedge x_6 = y_5 \wedge x_7 = y_6 \wedge x_7 \neq w_6(A_6) \wedge x_7 \neq w_6(R_6) \wedge x_8 = y_7 \wedge x_9 = y_8)\big) \Longrightarrow \big(t = y_1 + 1 \Leftrightarrow (x_1 = 13 \wedge x_2 = y_2 \wedge x_3 = y_3 \wedge x_4 = 1 \wedge x_5 = y_4 + 1 \wedge x_6 = y_3 \wedge x_7 = y_6 \wedge x_8 = y_7 \wedge x_9 = y_8)\big)$

34- $\big(t = y_1 \Leftrightarrow (x_1 = 13 \wedge x_2 = y_2 \wedge x_3 = y_3 \wedge x_3 \geq k_7 \wedge x_4 = 1 \wedge x_5 = y_4 \wedge x_6 = y_5 \wedge x_7 = y_6 \wedge x_8 = y_7 \wedge x_9 = y_8)\big) \Longrightarrow \big(t = y_1 + 1 \Leftrightarrow (x_1 = 13 \wedge x_2 = y_2 \wedge x_3 = y_3 - k_7 \wedge x_4 = 1 \wedge x_5 = y_4 + 1 \wedge x_6 = y_5 \wedge x_7 = y_6 \wedge x_8 = y_7 \wedge x_9 = y_8)\big)$

35- $\big(t = y_1 \Leftrightarrow (x_1 = 13 \wedge x_2 = y_2 \wedge x_3 = y_3 \wedge x_3 < k_7 \wedge x_4 = 1 \wedge x_5 = y_4 \wedge x_6 = y_5 \wedge x_7 = y_6 \wedge x_8 = y_7 \wedge x_9 = y_8)\big) \Longrightarrow \big(t = y_1 + 1 \Leftrightarrow (x_1 = 14 \wedge x_2 = y_2 \wedge x_3 = y_3 \wedge x_4 = 1 \wedge x_5 = y_4 + 1 \wedge x_6 = y_5 \wedge x_7 = y_6 \wedge x_8 = y_7 \wedge x_9 = y_8)\big)$

36- $\big(t = y_1 \Leftrightarrow (x_1 = 12 \wedge x_2 = y_2 \wedge x_3 = y_3 \wedge x_4 = 1 \wedge x_5 = y_4 \wedge x_6 = y_5 \wedge x_7 = w_6(A_6) \wedge x_8 = y_7 \wedge x_9 = y_8)\big) \Longrightarrow \big(t = y_1 + 1 \Leftrightarrow (x_1 = 22 \wedge x_2 = y_2 \wedge x_3 = y_3 \wedge x_4 = 2 \wedge x_5 = y_4 + 1 \wedge x_6 = y_5 \wedge x_7 = w_6(A_6) \wedge x_8 = y_7 \wedge x_9 = y_8)\big)$

37- $\big(t = y_1 \Leftrightarrow (x_1 = 12 \wedge x_2 = y_2 \wedge x_3 = y_3 \wedge x_4 = 1 \wedge x_5 = y_4 \wedge x_6 = y_5 \wedge x_7 = w_6(R_6) \wedge x_8 = y_7 \wedge x_9 = y_8)\big) \Longrightarrow \big(t = y_1 + 1 \Leftrightarrow (x_1 = 21 \wedge x_2 = y_2 + 1 \wedge x_3 = y_3 \wedge x_4 = 1 \wedge x_5 = y_4 + 1 \wedge x_6 = y_5 \wedge x_7 = 0 \wedge x_8 = y_7 \wedge x_9 = y_8)\big)$

38- Para cada regra de transição da forma $\delta$(a,Q1)=(b,Q2,D) da máquina MT6, inclua na descrição do algoritmo $\beta$ a seguinte sentença:

$$\big(t = y_1 \Leftrightarrow (x_1 = 14 \wedge x_2 = y_2 \wedge x_3 \geq z_6(a) \wedge x_3 < z_6(a) + 1 \wedge x_4 = 1 \wedge x_5 = y_4 \wedge x_6 = y_5 \wedge x_7 = w_6(Q1) \wedge x_8 = y_7 \wedge x_9 = y_8)\big) \Rightarrow \left(t = y_1 + 1 \Leftrightarrow \left(x_1 = 12 \wedge x_2 = y_2 \wedge x_3 = \frac{y_5 + z_6(b) - z_6(a)}{k_7} \wedge x_4 = 1 \wedge x_5 = y_4 + 1 \wedge x_6 = \frac{y_5 + z_6(b) - z_6(a)}{k_7} \wedge x_7 = w_6(Q2) \wedge x_8 = y_7 + 1 \wedge x_9 = y_8\right)\right)$$

39- Para cada regra de transição da forma $\delta$(a,Q1)=(b,Q2,E) da máquina MT6, inclua na descrição do algoritmo $\beta$ a seguinte sentença:

$$\big(t = y_1 \Leftrightarrow (x_1 = 14 \wedge x_2 = y_2 \wedge x_3 \geq z_6(a) \wedge x_3 < z_6(a) + 1 \wedge x_4 = 1 \wedge x_5 = y_4 \wedge x_6 = y_5 \wedge x_7 = w_6(Q1) \wedge x_8 = y_7 \wedge x_8 > 0 \wedge x_9 = y_8)\big) \Rightarrow \big(t = y_1 + 1 \Leftrightarrow (x_1 = 12 \wedge x_2 = y_2 \wedge x_3 = \big(y_5 + z_1(b) - z_1(a)\big)k_7 \wedge x_4 = 1 \wedge x_5 = y_4 + 1 \wedge x_6 = \big(y_5 + z_6(b) - z_6(a)\big)k_7 \wedge x_7 = w_6(Q2) \wedge x_8 = y_7 - 1 \wedge x_9 = y_8)\big)$$

40- Para cada regra de transição da forma $\delta$(a,Q1)=(b,Q2,E) da máquina MT6, inclua na descrição do algoritmo $\beta$ a seguinte sentença:

$$\big(t = y_1 \Leftrightarrow (x_1 = 14 \wedge x_2 = y_2 \wedge x_3 \geq z_6(a) \wedge x_3 < z_6(a) + 1 \wedge x_4 = 1 \wedge x_5 = y_4 \wedge x_6 = y_5 \wedge x_7 = w_6(Q1) \wedge x_8 = 0 \wedge x_9 = y_8)\big) \Rightarrow \big(t = y_1 + 1 \Leftrightarrow (x_1 = 12 \wedge x_2 = y_2 \wedge x_3 = y_5 + z_6(b) - z_6(a) \wedge x_4 = 1 \wedge x_5 = y_4 + 1 \wedge x_6 = y_5 + z_6(b) - z_6(a) \wedge x_7 = w_6(Q2) \wedge x_8 = 0 \wedge x_9 = y_8)\big)$$

**Estágio 7:**

41- $(t = y_1 \Leftrightarrow (x_1 = 22 \wedge x_2 = y_2 \wedge x_3 = y_3 \wedge x_4 = 2 \wedge x_5 = y_4 \wedge x_6 = y_5 \wedge x_7 = y_6 \wedge x_8 = y_7 \wedge x_9 = y_8)) \Longrightarrow (t = y_1 + 1 \Leftrightarrow (x_1 = 22 \wedge x_2 = y_2 \wedge x_3 = y_3 \wedge x_4 = 2 \wedge x_5 = y_4 + 1 \wedge x_6 = y_5 \wedge x_7 = y_6 \wedge x_8 = y_7 \wedge x_9 = y_8))$

**Estágio 8:**

Neste estágio, verifica-se se todas as premissas da cadeia de argumentos representada no segundo compartimento são axiomas do sistema $\delta$, quer sejam axiomas regulares (aqueles que se enquadram em determinada forma) ou axiomas especiais (os constantes do banco de dados a ser construído). Isso é feito da seguinte forma (dividiremos aqui o oitavo estágio em 7 subestágios):

8.1- Copie para o terceiro e para o nono compartimentos o número contido no segundo compartimento. Vá para o subestágio 8.2.

42- $(t = y_1 \Leftrightarrow (x_1 = 8 \wedge x_2 = y_2 \wedge x_3 = y_3 \wedge x_4 = 1 \wedge x_5 = y_4 \wedge x_6 = y_5 \wedge x_7 = y_6 \wedge x_8 = y_7 \wedge x_9 = y_8)) \Longrightarrow (t = y_1 + 1 \Leftrightarrow (x_1 = 9 \wedge x_2 = y_2 \wedge x_3 = y_2 \wedge x_4 = 1 \wedge x_5 = y_4 + 1 \wedge x_6 = y_5 \wedge x_7 = w_2(I_2) \wedge x_8 = y_7 \wedge x_9 = y_2))$

8.2- Faça a simulação do transdutor MT2 nos compartimentos 1, 3, 6, 7 e 8 sobre a cadeia representada no terceiro compartimento (esta máquina dá como saída a primeira premissa da cadeia de entrada, caso haja, sendo esta última uma representação no sistema R de uma cadeia de argumentos no sistema $\delta$ ou de um fragmento de uma cadeia de argumentos em tal sistema, e a mesma máquina dá como saída a cadeia vazia, se não houver premissas na cadeia representada no sistema R pelo número contido no terceiro compartimento). Enquanto isso, mantenha inalterados os números contidos no quarto e no nono compartimento. No final da computação desta máquina, ou seja, quando for atingido o estado final, a saída deve estar contida no terceiro compartimento. Esta máquina é simulada no algoritmo $\beta$ de maneira similar à máquina MT5, outro transdutor que foi descrito anteriormente, executado no quarto estágio. As principais diferenças são que o valor do primeiro compartimento neste subestágio é 8, 9, 10, 11 ou 24, quando seria, respectivamente, 16, 17, 18, 19 ou 23 no quarto estágio; e passa a ser 25 após a computação da máquina MT2, enquanto passaria a ser 2 após a computação da máquina MT5.

43- $\left(t = y_1 \Leftrightarrow (x_1 = 8 \wedge x_2 = y_2 \wedge x_3 = y_3 \wedge x_4 = 1 \wedge x_5 = y_4 \wedge x_6 = y_5 \wedge x_7 = y_6 \wedge x_8 = y_7 \wedge x_9 = y_8)\right) \Longrightarrow \left(t = y_1 + 1 \Leftrightarrow (x_1 = 9 \wedge x_2 = y_2 \wedge x_3 = y_3 \wedge x_4 = 1 \wedge x_5 = y_4 + 1 \wedge x_6 = y_3 \wedge x_7 = y_6 \wedge x_8 = y_7 \wedge x_9 = y_8)\right)$

44- $\left(t = y_1 \Leftrightarrow (x_1 = 9 \wedge x_2 = y_2 \wedge x_3 = y_3 \wedge x_4 = 1 \wedge x_5 = y_4 \wedge x_6 = y_5 \wedge x_7 = y_6 \wedge x_7 \neq w_2(F_2) \wedge x_8 = y_7 \wedge x_9 = y_8)\right) \Longrightarrow \left(t = y_1 + 1 \Leftrightarrow (x_1 = 10 \wedge x_2 = y_2 \wedge x_3 = y_3 \wedge x_4 = 1 \wedge x_5 = y_4 + 1 \wedge x_6 = y_5 \wedge x_7 = y_6 \wedge x_8 = y_7 \wedge x_9 = y_8)\right)$

45- $\left(t = y_1 \Leftrightarrow (x_1 = 10 \wedge x_2 = y_2 \wedge x_3 = y_3 \wedge x_3 \geq k_7 \wedge x_4 = 1 \wedge x_5 = y_4 \wedge x_6 = y_5 \wedge x_7 = y_6 \wedge x_8 = y_7 \wedge x_9 = y_8)\right) \Longrightarrow \left(t = y_1 + 1 \Leftrightarrow (x_1 = 10 \wedge x_2 = y_2 \wedge x_3 = y_3 - k_7 \wedge x_4 = 1 \wedge x_5 = y_4 + 1 \wedge x_6 = y_5 \wedge x_7 = y_6 \wedge x_8 = y_7 \wedge x_9 = y_8)\right)$

46- $\left(t = y_1 \Leftrightarrow (x_1 = 10 \wedge x_2 = y_2 \wedge x_3 = y_3 \wedge x_3 < k_7 \wedge x_4 = 1 \wedge x_5 = y_4 \wedge x_6 = y_5 \wedge x_7 = y_6 \wedge x_8 = y_7 \wedge x_9 = y_8)\right) \Longrightarrow \left(t = y_1 + 1 \Leftrightarrow (x_1 = 11 \wedge x_2 = y_2 \wedge x_3 = y_3 \wedge x_4 = 1 \wedge x_5 = y_4 + 1 \wedge x_6 = y_5 \wedge x_7 = y_6 \wedge x_8 = y_7 \wedge x_9 = y_8)\right)$

47- $\left(t = y_1 \Leftrightarrow (x_1 = 9 \wedge x_2 = y_2 \wedge x_3 = y_3 \wedge x_4 = 1 \wedge x_5 = y_4 \wedge x_6 = y_5 \wedge x_7 = w_2(F_2) \wedge x_8 = y_7 \wedge x_9 = y_8)\right) \Longrightarrow \left(t = y_1 + 1 \Leftrightarrow (x_1 = 24 \wedge x_2 = y_2 \wedge x_3 = y_3 \wedge x_4 = 1 \wedge x_5 = y_4 + 1 \wedge x_6 = y_5 \wedge x_7 = w_2(F_2) \wedge x_8 = y_7 \wedge x_9 = y_8)\right)$

48- $\left(t = y_1 \Leftrightarrow (x_1 = 24 \wedge x_2 = y_2 \wedge x_3 = y_3 \wedge x_4 = 1 \wedge x_5 = y_4 \wedge x_6 = y_5 \wedge x_7 = y_6 \wedge x_8 = y_7 \wedge x_8 \geq 1 \wedge x_9 = y_8)\right) \Longrightarrow \left(t = y_1 + 1 \Leftrightarrow (x_1 = 24 \wedge x_2 = y_2 \wedge x_3 = y_3 \wedge x_4 = 1 \wedge x_5 = y_4 + 1 \wedge x_6 = y_5 k_7 \wedge x_7 = y_6 \wedge x_8 = y_7 - 1 \wedge x_9 = y_8)\right)$

49- $\left(t = y_1 \Leftrightarrow (x_1 = 24 \wedge x_2 = y_2 \wedge x_3 = y_3 \wedge x_4 = 1 \wedge x_5 = y_4 \wedge x_6 = y_5 \wedge x_7 = y_6 \wedge x_8 = 0 \wedge x_9 = y_8)\right) \Longrightarrow \left(t = y_1 + 1 \Leftrightarrow (x_1 = 25 \wedge x_2 = y_2 \wedge x_3 = y_5 \wedge x_4 = 1 \wedge x_5 = y_4 + 1 \wedge x_6 = y_5 \wedge x_7 = y_6 \wedge x_8 = 0 \wedge x_9 = y_8)\right)$

50- Para cada regra de transição da forma $\delta$(a,Q1)=(b,Q2,D) da máquina MT2, inclua na descrição do algoritmo $\beta$ a seguinte sentença:

$$\left(t = y_1 \Leftrightarrow (x_1 = 11 \wedge x_2 = y_2 \wedge x_3 \geq z_2(a) \wedge x_3 < z_2(a) + 1 \wedge x_4 = 1 \wedge x_5 = y_4 \wedge x_6 = y_5 \wedge x_7 = w_2(Q1) \wedge x_8 = y_7 \wedge x_9 = y_8)\right) \Rightarrow \left(t = y_1 + 1 \Leftrightarrow \left(x_1 = 9 \wedge x_2 = y_2 \wedge x_3 = \frac{y_5 + z_2(b) - z_2(a)}{k_7} \wedge x_4 = 1 \wedge x_5 = y_4 + 1 \wedge x_6 = \frac{y_5 + z_2(b) - z_2(a)}{k_7} \wedge x_7 = w_2(Q2) \wedge x_8 = y_7 + 1 \wedge x_9 = y_8\right)\right)$$

51- Para cada regra de transição da forma $\delta$(a,Q1)=(b,Q2,E) da máquina MT2, inclua na descrição do algoritmo $\beta$ a seguinte sentença:

$$\left(t = y_1 \Leftrightarrow (x_1 = 11 \wedge x_2 = y_2 \wedge x_3 \geq z_2(a) \wedge x_3 < z_2(a) + 1 \wedge x_4 = 1 \wedge x_5 = y_4 \wedge x_6 = y_5 \wedge x_7 = w_2(Q1) \wedge x_8 = y_7 \wedge x_8 > 0 \wedge x_9 = y_8)\right) \Rightarrow \left(t = y_1 + 1 \Leftrightarrow (x_1 = 9 \wedge x_2 = y_2 \wedge x_3 = \left(y_5 + z_5(b) - z_5(a)\right)k_7 \wedge x_4 = 1 \wedge x_5 = y_4 + 1 \wedge x_6 = \left(y_5 + z_2(b) - z_2(a)\right)k_7 \wedge x_7 = w_2(Q2) \wedge x_8 = y_7 - 1 \wedge x_9 = y_8)\right)$$

52- Para cada regra de transição da forma $\delta$(a,Q1)=(b,Q2,E) da máquina MT2, inclua na descrição do algoritmo $\beta$ a seguinte sentença:

$$\left(t = y_1 \Leftrightarrow (x_1 = 11 \wedge x_2 = y_2 \wedge x_3 \geq z_2(a) \wedge x_3 < z_2(a) + 1 \wedge x_4 = 1 \wedge x_5 = y_4 \wedge x_6 = y_5 \wedge x_7 = w_2(Q1) \wedge x_8 = 0 \wedge x_9 = y_8)\right) \Rightarrow \left(t = y_1 + 1 \Leftrightarrow (x_1 = 9 \wedge x_2 = y_2 \wedge x_3 = y_5 + z_2(b) - z_2(a) \wedge x_4 = 1 \wedge x_5 = y_4 + 1 \wedge x_6 = y_5 + z_2(b) - z_2(a) \wedge x_7 = w_2(Q2) \wedge x_8 = 0 \wedge x_9 = y_8)\right)$$

8.3- Se o número contido no terceiro compartimento for 0, todas as premissas da cadeia de argumentos representada no sistema R pelo número contido no segundo compartimento são axiomas do sistema $\delta$, e, sendo assim, conclui-se o estágio 8, progredindo-se, então, para o estágio 4. Se tal número for maior ou igual a 1, vá para o subestágio 8.4.

53- $(t = y_1 \Leftrightarrow (x_1 = 25 \wedge x_2 = y_2 \wedge x_3 = 0 \wedge x_4 = 1 \wedge x_5 = y_4 \wedge x_6 = y_5 \wedge x_7 = y_6 \wedge x_8 = y_7 \wedge x_9 = y_8)) \Rightarrow (t = y_1 + 1 \Leftrightarrow (x_1 = 16 \wedge x_2 = y_2 \wedge x_3 = 0 \wedge x_4 = 1 \wedge x_5 = y_4 + 1 \wedge x_6 = y_5 \wedge x_7 = y_6 \wedge x_8 = y_7 \wedge x_9 = y_8))$

54- $(t = y_1 \Leftrightarrow (x_1 = 25 \wedge x_2 = y_2 \wedge x_3 = y_3 \wedge x_3 \geq 1 \wedge x_4 = 1 \wedge x_5 = y_4 \wedge x_6 = y_5 \wedge x_7 = y_6 \wedge x_8 = y_7 \wedge x_9 = y_8)) \Rightarrow (t = y_1 + 1 \Leftrightarrow (x_1 = 26 \wedge x_2 = y_2 \wedge x_3 = y_3 \wedge x_4 = 1 \wedge x_5 = y_4 + 1 \wedge x_6 = y_5 \wedge x_7 = y_6 \wedge x_8 = y_7 \wedge x_9 = y_8))$

8.4- Verifique se a premissa cujo número característico está contido no terceiro compartimento é um axioma regular do sistema $\delta$. Para isso, simule a máquina de Turing MT3 nos compartimentos 1, 3, 6, 7 e 8 sobre a cadeia representada pelo número contido no terceiro compartimento, e mantenha inalterados os compartimentos 2 e 4. Caso esta máquina aceite a cadeia de entrada, a premissa representada por ela é axioma do sistema $\delta$, e, neste caso, vá para o subestágio 8.6. Caso a máquina MT3 rejeite a cadeia, vá para o subestágio 8.5. A descrição da simulação da máquina MT3 no algoritmo $\beta$ é similar à da simulação da máquina MT1, simulada no segundo estágio. As principais diferenças são que, enquanto na simulação da máquina MT1 o primeiro compartimento contém os números 3, 4, 5, 6, na simulação da máquina MT3 o primeiro compartimento contém, respectivamente, os números 26, 27, 28 e 29.

55- $(t = y_1 \Leftrightarrow (x_1 = 26 \wedge x_2 = y_2 \wedge x_3 = y_3 \wedge x_4 = 1 \wedge x_5 = y_4 \wedge x_6 = y_5 \wedge x_7 = y_6 \wedge x_8 = y_7 \wedge x_9 = y_8)) \Rightarrow (t = y_1 + 1 \Leftrightarrow (x_1 = 27 \wedge x_2 = y_2 \wedge x_3 = y_2 \wedge x_4 = 1 \wedge x_5 = y_4 + 1 \wedge x_6 = y_2 \wedge x_7 = w_3(I_3) \wedge x_8 = 0 \wedge x_9 = y_8))$

56- $(t = y_1 \Leftrightarrow (x_1 = 27 \wedge x_2 = y_2 \wedge x_3 = y_3 \wedge x_4 = 1 \wedge x_5 = y_4 \wedge x_6 = y_5 \wedge x_7 = y_6 \wedge x_7 \neq w_3(A_3) \wedge x_7 \neq w_3(R_3) \wedge x_8 = y_7 \wedge x_9 = y_8)) \Rightarrow (t = y_1 + 1 \Leftrightarrow (x_1 = 28 \wedge x_2 = y_2 \wedge x_3 = y_3 \wedge x_4 = 1 \wedge x_5 = y_4 + 1 \wedge x_6 = y_5 \wedge x_7 = y_6 \wedge x_8 = y_7 \wedge x_9 = y_8))$

57- $(t = y_1 \Leftrightarrow (x_1 = 28 \wedge x_2 = y_2 \wedge x_3 = y_3 \wedge x_3 \geq k_7 \wedge x_4 = 1 \wedge x_5 = y_4 \wedge x_6 = y_5 \wedge x_7 = y_6 \wedge x_8 = y_7 \wedge x_9 = y_8)) \Rightarrow (t = y_1 + 1 \Leftrightarrow (x_1 = 28 \wedge x_2 = y_2 \wedge x_3 = y_3 - k_7 \wedge x_4 = 1 \wedge x_5 = y_4 + 1 \wedge x_6 = y_5 \wedge x_7 = y_6 \wedge x_8 = y_7 \wedge x_9 = y_8))$

58- $\left(t = y_1 \Leftrightarrow (x_1 = 28 \wedge x_2 = y_2 \wedge x_3 = y_3 \wedge x_3 < k_7 \wedge x_4 = 1 \wedge x_5 = y_4 \wedge x_6 = y_5 \wedge x_7 = y_6 \wedge x_8 = y_7 \wedge x_9 = y_8)\right) \Rightarrow \left(t = y_1 + 1 \Leftrightarrow (x_1 = 29 \wedge x_2 = y_2 \wedge x_3 = y_3 \wedge x_4 = 1 \wedge x_5 = y_4 + 1 \wedge x_6 = y_5 \wedge x_7 = y_6 \wedge x_8 = y_7 \wedge x_9 = y_8)\right)$

59- $\left(t = y_1 \Leftrightarrow (x_1 = 27 \wedge x_2 = y_2 \wedge x_3 = y_3 \wedge x_4 = 1 \wedge x_5 = y_4 \wedge x_6 = y_5 \wedge x_7 = w_3(A_3) \wedge x_8 = y_7 \wedge x_9 = y_8)\right) \Rightarrow \left(t = y_1 + 1 \Leftrightarrow (x_1 = 31 \wedge x_2 = y_2 \wedge x_3 = y_3 \wedge x_4 = 1 \wedge x_5 = y_4 + 1 \wedge x_6 = y_5 \wedge x_7 = w_3(A_3) \wedge x_8 = y_7 \wedge x_9 = y_8)\right)$

60- $\left(t = y_1 \Leftrightarrow (x_1 = 27 \wedge x_2 = y_2 \wedge x_3 = y_3 \wedge x_4 = 1 \wedge x_5 = y_4 \wedge x_6 = y_5 \wedge x_7 = w_3(R_3) \wedge x_8 = y_7 \wedge x_9 = y_8)\right) \Rightarrow \left(t = y_1 + 1 \Leftrightarrow (x_1 = 30 \wedge x_2 = y_2 + 1 \wedge x_3 = y_3 \wedge x_4 = 1 \wedge x_5 = y_4 + 1 \wedge x_6 = y_5 \wedge x_7 = 0 \wedge x_8 = y_7 \wedge x_9 = y_8)\right)$

61- Para cada regra de transição da forma $\delta$(a,Q1)=(b,Q2,D) da máquina MT3, inclua na descrição do algoritmo $\beta$ a seguinte sentença:

$$\left(t = y_1 \Leftrightarrow (x_1 = 29 \wedge x_2 = y_2 \wedge x_3 \geq z_3(a) \wedge x_3 < z_3(a) + 1 \wedge x_4 = 1 \wedge x_5 = y_4 \wedge x_6 = y_5 \wedge x_7 = w_3(Q1) \wedge x_8 = y_7 \wedge x_9 = y_8)\right) \Rightarrow \left(t = y_1 + 1 \Leftrightarrow \left(x_1 = 27 \wedge x_2 = y_2 \wedge x_3 = \frac{y_5 + z_3(b) - z_3(a)}{k_7} \wedge x_4 = 1 \wedge x_5 = y_4 + 1 \wedge x_6 = \frac{y_5 + z_3(b) - z_3(a)}{k_7} \wedge x_7 = w_3(Q2) \wedge x_8 = y_7 + 1 \wedge x_9 = y_8\right)\right)$$

62- Para cada regra de transição da forma $\delta$(a,Q1)=(b,Q2,E) da máquina MT3, inclua na descrição do algoritmo $\beta$ a seguinte sentença:

$$\left(t = y_1 \Leftrightarrow (x_1 = 29 \wedge x_2 = y_2 \wedge x_3 \geq z_3(a) \wedge x_3 < z_3(a) + 1 \wedge x_4 = 1 \wedge x_5 = y_4 \wedge x_6 = y_5 \wedge x_7 = w_3(Q1) \wedge x_8 = y_7 \wedge x_8 > 0 \wedge x_9 = y_8)\right)$$

$$\Rightarrow \left(t = y_1 + 1 \Leftrightarrow (x_1 = 27 \wedge x_2 = y_2 \wedge x_3 = (y_5 + z_3(b) - z_3(a))k_7 \wedge x_4 = 1 \wedge x_5 = y_4 + 1 \wedge x_6 = (y_5 + z_3(b) - z_3(a))k_7 \wedge x_7 = w_3(Q2) \wedge x_8 = y_7 - 1 \wedge x_9 = y_8)\right)$$

63- Para cada regra de transição da forma $\delta$(a,Q1)=(b,Q2,E) da máquina MT3, inclua na descrição do algoritmo $\beta$ a seguinte sentença:

$$\begin{aligned}&(t = y_1 \Leftrightarrow (x_1 = 29 \wedge x_2 = y_2 \wedge x_3 \geq z_3(a) \wedge x_3 < z_3(a) + 1 \wedge x_4 = 1 \wedge x_5 = y_4 \wedge x_6 = y_5 \wedge x_7 \\ &\quad = w_3(Q1) \wedge x_8 = 0 \wedge x_9 = y_8)) \\ &\quad \Rightarrow (t = y_1 + 1 \\ &\quad \Leftrightarrow (x_1 = 27 \wedge x_2 = y_2 \wedge x_3 = y_5 + z_3(b) - z_3(a) \wedge x_4 = 1 \wedge x_5 = y_4 + 1 \wedge x_6 \\ &\quad = y_5 + z_3(b) - z_3(a) \wedge x_7 = w_3(Q2) \wedge x_8 = 0 \wedge x_9 = y_8))\end{aligned}$$

8.5- Verifique se o número contido no terceiro compartimento é um axioma especial. Se for, vá para o subestágio 8.6. Se não for, existe uma premissa na cadeia de argumentos representada no sistema R pelo número contido no segundo compartimento que não é axioma do sistema. Desta forma, conclui-se o oitavo estágio e, neste caso, deve-se seguir para o estágio 5.

64- $\left(t = y_1 \Leftrightarrow (x_1 = 30 \wedge x_2 = y_2 \wedge \left(\sum_{j=1}^{z} x_3 = E_j\right) \wedge x_4 = 1 \wedge x_5 = y_4 \wedge x_6 = y_5 \wedge x_7 = y_6 \wedge x_8 = y_7 \wedge x_9 = y_8)\right) \Rightarrow (t = y_1 + 1 \Leftrightarrow (x_1 = 31 \wedge x_2 = y_2 \wedge x_3 = 0 \wedge x_4 = 1 \wedge x_5 = y_4 + 1 \wedge x_6 = y_5 \wedge x_7 = 0 \wedge x_8 = y_7 \wedge x_9 = y_8))$

em que $E_j$ é o número característico do j-ésimo axioma especial do sistema $\delta$, sendo z o número de axiomas especiais do mesmo sistema.

65- $\left(t = y_1 \Leftrightarrow (x_1 = 30 \wedge x_2 = y_2 \wedge \sim\left(\sum_{j=1}^{z} x_3 = E_j\right) \wedge x_4 = 1 \wedge x_5 = y_4 \wedge x_6 = y_5 \wedge x_7 = y_6 \wedge x_8 = y_7 \wedge x_9 = y_8)\right) \Rightarrow (t = y_1 + 1 \Leftrightarrow (x_1 = 21 \wedge x_2 = y_2 \wedge x_3 = 0 \wedge x_4 = 1 \wedge x_5 = y_4 + 1 \wedge x_6 = y_5 \wedge x_7 = 0 \wedge x_8 = y_7 \wedge x_9 = y_8))$

em que, como antes, $E_j$ é o número característico do j-ésimo axioma especial do sistema $\delta$, sendo z o número de axiomas especiais do mesmo sistema.

Observação: falamos sobre a somatória de proposições no capítulo III; trata-se de um caso particular de disjunção.

8.6- Copie para o terceiro compartimento o conteúdo do nono compartimento e vá para o subestágio 8.7.

66- $(t = y_1 \Leftrightarrow (x_1 = 31 \wedge x_2 = y_2 \wedge x_3 = y_3 \wedge x_4 = 1 \wedge x_5 = y_4 \wedge x_6 = y_5 \wedge x_7 = y_6 \wedge x_8 = y_7 \wedge x_9 = y_8)) \Longrightarrow (t = y_1 + 1 \Leftrightarrow (x_1 = 32 \wedge x_2 = y_2 \wedge x_3 = y_8 \wedge x_4 = 1 \wedge x_5 = y_4 + 1 \wedge x_6 = y_5 \wedge x_7 = y_6 \wedge x_8 = y_7 \wedge x_9 = y_8))$

8.7- Faça a simulação do transdutor MT4 nos compartimentos 1, 3, 6, 7 e 8 sobre a cadeia representada no terceiro compartimento. Esta máquina toma como entrada uma representação no sistema R de uma cadeia de argumentos no sistema $\delta$ ou de um fragmento de uma cadeia de argumentos em tal sistema, apaga a primeira premissa (sem deixar espaços em branco no seu lugar, é claro - ela desloca o restante da cadeia para a esquerda) e dá o restante da cadeia como saída. No final da computação desta máquina, a saída deve estar contida no terceiro e no nono compartimentos. Após isso, volte para o subestágio 8.2. Esta máquina é simulada no algoritmo $\beta$ de maneira similar à máquina MT5, no quarto estágio. Novamente, as principais diferenças entre as simulações destas máquinas são os valores do primeiro compartimento.

67- $(t = y_1 \Leftrightarrow (x_1 = 32 \wedge x_2 = y_2 \wedge x_3 = y_3 \wedge x_4 = 1 \wedge x_5 = y_4 \wedge x_6 = y_5 \wedge x_7 = y_6 \wedge x_8 = y_7 \wedge x_9 = y_8)) \Longrightarrow (t = y_1 + 1 \Leftrightarrow (x_1 = 33 \wedge x_2 = y_2 \wedge x_3 = y_2 \wedge x_4 = 1 \wedge x_5 = y_4 + 1 \wedge x_6 = y_2 \wedge x_7 = w_4(I_4) \wedge x_8 = 0 \wedge x_9 = y_8))$

68- $(t = y_1 \Leftrightarrow (x_1 = 33 \wedge x_2 = y_2 \wedge x_3 = y_3 \wedge x_4 = 1 \wedge x_5 = y_4 \wedge x_6 = y_5 \wedge x_7 = y_6 \wedge x_7 \neq w_4(F_4) \wedge x_8 = y_7 \wedge x_9 = y_8)) \Longrightarrow (t = y_1 + 1 \Leftrightarrow (x_1 = 34 \wedge x_2 = y_2 \wedge x_3 = y_3 \wedge x_4 = 1 \wedge x_5 = y_4 + 1 \wedge x_6 = y_5 \wedge x_7 = y_6 \wedge x_8 = y_7 \wedge x_9 = y_8))$

69- $(t = y_1 \Leftrightarrow (x_1 = 34 \wedge x_2 = y_2 \wedge x_3 = y_3 \wedge x_3 \geq k_7 \wedge x_4 = 1 \wedge x_5 = y_4 \wedge x_6 = y_5 \wedge x_7 = y_6 \wedge x_8 = y_7 \wedge x_9 = y_8)) \Longrightarrow (t = y_1 + 1 \Leftrightarrow (x_1 = 34 \wedge x_2 = y_2 \wedge x_3 = y_3 - k_7 \wedge x_4 = 1 \wedge x_5 = y_4 + 1 \wedge x_6 = y_5 \wedge x_7 = y_6 \wedge x_8 = y_7 \wedge x_9 = y_8))$

70- $(t = y_1 \Leftrightarrow (x_1 = 34 \wedge x_2 = y_2 \wedge x_3 = y_3 \wedge x_3 < k_7 \wedge x_4 = 1 \wedge x_5 = y_4 \wedge x_6 = y_5 \wedge x_7 = y_6 \wedge x_8 = y_7 \wedge x_9 = y_8)) \Rightarrow (t = y_1 + 1 \Leftrightarrow (x_1 = 35 \wedge x_2 = y_2 \wedge x_3 = y_3 \wedge x_4 = 1 \wedge x_5 = y_4 + 1 \wedge x_6 = y_5 \wedge x_7 = y_6 \wedge x_8 = y_7 \wedge x_9 = y_8))$

71- $(t = y_1 \Leftrightarrow (x_1 = 33 \wedge x_2 = y_2 \wedge x_3 = y_3 \wedge x_4 = 1 \wedge x_5 = y_4 \wedge x_6 = y_5 \wedge x_7 = w_5(F_4) \wedge x_8 = y_7 \wedge x_9 = y_8)) \Rightarrow (t = y_1 + 1 \Leftrightarrow (x_1 = 36 \wedge x_2 = y_2 \wedge x_3 = y_3 \wedge x_4 = 1 \wedge x_5 = y_4 + 1 \wedge x_6 = y_5 \wedge x_7 = w_4(F_4) \wedge x_8 = y_7 \wedge x_9 = y_8))$

72- $(t = y_1 \Leftrightarrow (x_1 = 36 \wedge x_2 = y_2 \wedge x_3 = y_3 \wedge x_4 = 1 \wedge x_5 = y_4 \wedge x_6 = y_5 \wedge x_7 = y_6 \wedge x_8 = y_7 \wedge x_8 \geq 1 \wedge x_9 = y_8)) \Rightarrow (t = y_1 + 1 \Leftrightarrow (x_1 = 36 \wedge x_2 = y_2 \wedge x_3 = y_3 \wedge x_4 = 1 \wedge x_5 = y_4 + 1 \wedge x_6 = y_5 k_7 \wedge x_7 = y_6 \wedge x_8 = y_7 - 1 \wedge x_9 = y_8))$

73- $(t = y_1 \Leftrightarrow (x_1 = 36 \wedge x_2 = y_2 \wedge x_3 = y_3 \wedge x_4 = 1 \wedge x_5 = y_4 \wedge x_6 = y_5 \wedge x_7 = y_6 \wedge x_8 = 0 \wedge x_9 = y_8)) \Rightarrow (t = y_1 + 1 \Leftrightarrow (x_1 = 8 \wedge x_2 = y_2 \wedge x_3 = y_5 \wedge x_4 = 1 \wedge x_5 = y_4 + 1 \wedge x_6 = y_5 \wedge x_7 = y_6 \wedge x_8 = 0 \wedge x_9 = y_5))$

74- Para cada regra de transição da forma $\delta$(a,Q1)=(b,Q2,D) da máquina MT4, inclua na descrição do algoritmo $\beta$ a seguinte sentença:

$$(t = y_1 \Leftrightarrow (x_1 = 35 \wedge x_2 = y_2 \wedge x_3 \geq z_4(a) \wedge x_3 < z_4(a) + 1 \wedge x_4 = 1 \wedge x_5 = y_4 \wedge x_6 = y_5 \wedge x_7 = w_4(Q1) \wedge x_8 = y_7 \wedge x_9 = y_8))$$

$$\Rightarrow \left(t = y_1 + 1 \Leftrightarrow \left(x_1 = 33 \wedge x_2 = y_2 \wedge x_3 = \frac{y_5 + z_4(b) - z_4(a)}{k_7} \wedge x_4 = 1 \wedge x_5 = y_4 + 1 \wedge x_6 = \frac{y_5 + z_4(b) - z_4(a)}{k_7} \wedge x_7 = w_4(Q2) \wedge x_8 = y_7 + 1 \wedge x_9 = y_8\right)\right)$$

75- Para cada regra de transição da forma $\delta$(a,Q1)=(b,Q2,E) da máquina MT4, inclua na descrição do algoritmo $\beta$ a seguinte sentença:

$$(t = y_1 \Leftrightarrow (x_1 = 35 \wedge x_2 = y_2 \wedge x_3 \geq z_4(a) \wedge x_3 < z_4(a) + 1 \wedge x_4 = 1 \wedge x_5 = y_4 \wedge x_6 = y_5 \wedge x_7 = w_4(Q1) \wedge x_8 = y_7 \wedge x_8 > 0 \wedge x_9 = y_8))$$

$$\Rightarrow \big(t = y_1 + 1 \Leftrightarrow (x_1 = 33 \wedge x_2 = y_2 \wedge x_3 = \big(y_5 + z_4(b) - z_4(a)\big)k_4 \wedge x_4 = 1 \wedge x_5 = y_4 + 1 \wedge x_6 = \big(y_5 + z_4(b) - z_4(a)\big)k_4 \wedge x_7 = w_4(Q2) \wedge x_8 = y_7 - 1 \wedge x_9 = y_8)\big)$$

76- Para cada regra de transição da forma $\delta$(a,Q1)=(b,Q2,E) da máquina MT4, inclua na descrição do algoritmo $\beta$ a seguinte sentença:

$$\big(t = y_1 \Leftrightarrow (x_1 = 35 \wedge x_2 = y_2 \wedge x_3 \geq z_4(a) \wedge x_3 < z_4(a) + 1 \wedge x_4 = 1 \wedge x_5 = y_4 \wedge x_6 = y_5 \wedge x_7 = w_4(Q1) \wedge x_8 = 0 \wedge x_9 = y_8)\big) \Rightarrow \big(t = y_1 + 1 \Leftrightarrow (x_1 = 33 \wedge x_2 = y_2 \wedge x_3 = y_5 + z_4(b) - z_4(a) \wedge x_4 = 1 \wedge x_5 = y_4 + 1 \wedge x_6 = y_5 + z_4(b) - z_4(a) \wedge x_7 = w_4(Q2) \wedge x_8 = 0 \wedge x_9 = y_8)\big)$$

**Condição de verificação:**

77- $x_1 = 22$

Para finalizar este capítulo, é importante fazer algumas observações, ainda que breves, acerca da modalidade do algoritmo $\beta$ adotada na execução preliminar do *Smart Brain* para determinar se a pergunta inserida pelo usuário é legítima ou ilegítima, a que nos referimos sucintamente no capítulo XIV.

Observe que, caso a pergunta seja legítima, existe uma etapa da computação do algoritmo $\beta$ a partir da qual os valores de todos os compartimentos, exceto o temporal (o quinto), não mais se alteram, o que deve ocorrer em um número *finito* de passos. Isso é imposto pela regra de transição que define o sétimo estágio, no qual apenas o compartimento temporal se renova, incluindo, a cada nova etapa da computação, o sucessor do valor anteriormente inserido. Assim, se verificarmos o estado do algoritmo $\beta$ na t-ésima etapa, para t tendendo a infinito, teremos necessariamente que o valor do quarto compartimento será 2, já que nos encontraremos necessariamente no sétimo estágio da computação desta máquina, desde, é claro, que a pergunta seja de fato legítima. Não se esqueça de que o valor do quarto compartimento é sempre 1, exceto se já se tiver encontrado uma resposta à pergunta inserida pelo usuário, quando passa a incluir o número 2, o que ocorre no final do estágio 6.2 e se cristaliza no sétimo estágio. É tranquilo afirmar que, caso a pergunta não seja legítima, isso jamais ocorrerá, mesmo que executemos a máquina por um número infinito de etapas.

Por tudo o que acabamos de expor, podemos dizer que, para verificar se a pergunta é legítima, é suficiente substituir a condição de verificação pela seguinte:

$$x_5 = \infty$$

Neste caso, o compartimento referencial passa a ser o quarto, que será igual a 1, caso a pergunta seja ilegítima, e assumirá o valor 2, caso seja legítima. Já demos exemplos, no capítulo V, de algoritmos algébricos que executam infinitos estágios, e a maneira como lidamos com isso é representar a condição de verificação de uma maneira que explora o fato de a variável de limite da proposição característica, h, ser um número infinitesimal positivo. O que consideramos a mencionada execução preliminar do *Smart Brain* tendente a verificar a legitimidade de dada pergunta consiste basicamente de executar o *Smart Brain* com duas simples modificações, a saber:

1- A definição da condição de verificação do algoritmo $\beta$ passa a ser $x_5 \geq \frac{1}{h} - 1$ (observe que este número é infinito).
2- O compartimento referencial do algoritmo $\beta$ a ser considerado na aplicação da cabível variante aproximativa da fórmula $\alpha$ é o quarto, sendo que a legitimidade da pergunta está associada ao valor 2, e a ilegitimidade, ao valor 1.

# XVII- A Otimização de Algoritmos Meta-algébricos

O algoritmo $\gamma$ tem um inconveniente: requer o conhecimento prévio de um limitante superior do valor a ser calculado. Em primeiro lugar, em muitos casos não saberemos esta informação, embora haja casos em que saberemos antecipadamente que tal valor figura em um intervalo previamente conhecido. Além disso, os menores valores possíveis de M e N, fornecidos pelo sistema de inequações fundamentais, crescem muito rapidamente com o crescimento deste limitante, de maneira que, para limitantes superiores muito elevados, os valores de M e N serão tão grandes, que a execução do algoritmo meta-algébrico em questão será inaceitavelmente lenta. Neste capítulo, proporemos um procedimento que torna desnecessário o conhecimento prévio de um limitante superior do valor do compartimento referencial de um algoritmo algébrico legítimo no momento da implementação da sua condição de verificação para o cálculo aproximado deste com uma margem de erro pré-estabelecida.

Estenderemos o nosso conceito de algoritmo meta-algébrico neste capítulo. O que chamamos até o momento de algoritmo meta-algébrico, chamaremos a partir de agora de *algoritmo meta-algébrico simples*, para fazer oposição ao que chamaremos de *algoritmo meta-algébrico* otimizado, o que definiremos a seguir.

Chamaremos de L o algoritmo algébrico cuja performance pretendemos melhorar, de w o número de ordem do compartimento referencial (ou seja, o w-ésimo compartimento de L é o seu compartimento referencial) e de v o valor do compartimento referencial de L no momento da concretização da condição de verificação de L. O número v pode ser representado na base aritmética b, sendo b um número natural maior do que 1, da seguinte forma:

$$v = \sum_{t=0}^{\infty} a_t b^{z-t}$$

em que z é um número inteiro e cada termo $a_t$ é um número natural menor do que b. Qualquer que seja v real não negativo, ele pode ser representado desta forma, escolhendo-se convenientemente cada constante.

Se quisermos representar v de maneira aproximada como uma sequência de números naturais menores do que b com erro menor do que $b^j$, para algum j inteiro, podemos fazê-lo da seguinte maneira:

$$v \cong \sum_{u=0}^{z-j} a_u b^{j+u}$$

em que z é um número natural e cada termo $a_u$ é um número natural menor do que b, como antes, mas agora com um número finito de constantes.

Projetaremos, então, o algoritmo algébrico legítimo M, em função da descrição de L. A máquina M toma como entrada o trio ordenado $(\varepsilon, u, j)$, com u natural e sendo $\varepsilon$ a entrada de L, e fornece como saída $a_u + 1$, caso $u \in \{0,1,\ldots,z-j\}$. Se $u > z - j$, M dá como saída $b + 1$. Assim, se executarmos M sucessivamente sobre $(\varepsilon, 0, j)$, $(\varepsilon, 1, j)$, $(\varepsilon, 2, j)$, ..., determinaremos os coeficientes $a_0$, $a_1$, $a_2$, ..., nesta ordem. Em algum momento a saída será $b + 1$, e isto indicará que já podemos parar. Com isso, não precisamos conhecer o valor de z para executar este procedimento, pois a saída de M é um número natural não nulo menor ou igual a b, sempre que $u \le z - j$, sendo u o segundo termo do trio ordenado da entrada de M, e, neste caso, a saída será $a_u + 1$. Quando a saída de M for $b + 1$, não teremos calculado coeficiente nenhum; apenas teremos um aviso de que já podemos parar o procedimento de executar M sucessivamente. Claro que executar M pode não ser um bom negócio em termos de tempo de execução; por isso, executaremos sucessivas vezes M´, um algoritmo meta-algébrico simples associado a M, com margem de erro $\frac{1}{2}$ e em seguida substituiremos os valores calculados pelo número natural mais próximo e subtrairemos uma unidade. As saídas das sucessivas execuções de M´ nos fornecerão os valores dos coeficientes $a_0$, $a_1$, $a_2$, ..., exceto a última, que será o aviso de que precisamos parar a sucessão de execuções. Este aviso pode ser facilmente identificado pelo fato de que a saída calculada não fornece um coeficiente válido na base aritmética b. Tudo isso é feito sem que saibamos nada sobre v, exceto que se trata de um valor real positivo. Chamaremos este procedimento de sucessivas execuções de M´ de M" e diremos que M" é um *algoritmo meta-algébrico* otimizado *associado a L.* M é um algoritmo algébrico legítimo, M´ é um algoritmo meta-algébrico simples, e M", um algoritmo meta-algébrico otimizado. Dado L, podemos definir M, em função de L, e, a partir de M, M" está plenamente definido. Nestas mesmas condições, diremos que M é um *algoritmo de otimização de L* e também o *algoritmo de referência de M"*. No primeiro caso, usamos a palavra "um", e não "o", porque não podemos garantir a unicidade de um algoritmo algébrico com as especificações dadas, ao contrário do que ocorre no segundo caso.

Como podemos classificar M´ em relação a L, a M e a M”? Ora, sem criar novos nomes, podemos tranquilamente dizer que M´ é um algoritmo meta-algébrico simples associado a M, o que é o mesmo que dizer “um algoritmo meta-algébrico simples associado a um algoritmo de otimização de L”, bem como “um algoritmo meta-algébrico simples associado ao algoritmo de referência de M”.

Sabemos, antecipadamente, que a saída de M´, em cada execução sua, será um número menor ou igual a $b + 1$, de maneira que este será o valor do limitante superior que chamamos de $\sup v$ no sistema de inequações fundamentais em relação a M´. Esta é a vantagem de se executar M” em relação a executar-se um algoritmo meta-algébrico simples associado a L diretamente, nos casos em que não se conheça um limitante superior do valor a ser calculado ou em que o limitante conhecido seja muito grande. E o valor de E a ser empregado em cada execução de M´, tal como empregamos na nossa exposição do algoritmo $\gamma$ (capítulos VII a XIII), é $\frac{1}{2}$. A outra constante a ser fixada para que se resolva o sistema de inequações fundamentais é o número de compartimentos de M, que definiremos a seguir. No que segue, definiremos um algoritmo algébrico de otimização (M) de um algoritmo algébrico legítimo dado (L).

Sendo n número de compartimentos de L, M tem $n + 1$ compartimentos. M percorre os seguintes estágios:

**Estágio 1-** Mantendo o número 1 no último compartimento, imite a computação de L nos n primeiros compartimentos até que seja atingida, pela primeira vez, alguma configuração que satisfaça à condição de verificação de L. Quando isso ocorrer, mude para 2 o valor inserido no último compartimento, mantenha os valores dos demais compartimentos, exceto o temporal, e passe para o estágio 2.

**Estágio 2-** Verifique se o valor contido no w-ésimo compartimento é maior, menor ou igual a $b^{j+u}$. Se for menor, isso significa que todos os coeficientes da sequência que representa uma aproximação de v na base b com margem de erro $b^j$ e que ainda falta calcular são nulos (partindo da direita para a esquerda). Neste caso, introduza $b + 1$ no w-ésimo compartimento, inclua o número 5 no último compartimento, mantenha inalterados os valores dos demais compartimentos, exceto o temporal, e vá para o estágio 5. Caso o valor contido no w-ésimo compartimento no início desse estágio seja maior ou igual a $b^{j+u}$, mude para 3 o valor do último compartimento, divida por $b^{j+u}$ os valores dos demais compartimentos e vá para o estágio 3.

**Estágio 3-** Se o valor inserido no w-ésimo compartimento for menor do que b, mude para 4 o valor do último compartimento, mantenha os valores dos demais compartimentos, exceto o temporal, e vá para o estágio 4. Se o valor do w-ésimo compartimento for maior ou igual a b, subtraia sucessivamente o número b do valor inserido no w-ésimo compartimento, até que tal valor seja menor do que b e, então, mude para 4 o valor do último compartimento, mantenha os valores dos demais compartimentos, exceto o temporal, e vá para o estágio 4.

**Estágio 4-** Sendo g o valor do w-ésimo compartimento, sendo que $p \leq g < p + 1$ para algum p natural menor do que b, introduza $p + 1$ no w-ésimo compartimento, mantenha os valores dos demais compartimentos, exceto o temporal, e mude para 5 o valor do último compartimento.

**Estágio 5-** Mantenha inalterados os valores de todos os compartimentos, exceto o temporal.

Sendo o w-ésimo compartimento de L o seu compartimento referencial, o compartimento referencial de M também será o w-ésimo, e seu valor, no quinto estágio será, necessariamente, o sucessor do u-ésimo coeficiente da representação de v, da direita para a esquerda, com margem de erro $b^j$, ou será o sucessor de b, no caso de o coeficiente em questão e todos os coeficientes à sua esquerda serem nulos. Como o valor do último compartimento indica o estágio em questão, o valor do w-ésimo compartimento de M não se altera no quinto estágio e, uma vez atingido este estágio, o algoritmo M fica neste estágio eternamente, podemos estar certos de que a condição de verificação é "o valor do último compartimento é 5".

Vamos definir uma proposição característica de M de modo que o esquema de estágios que apresentamos seja respeitado. Chamaremos de $V(x_1, x_2, \dots, x_n)$ a condição de verificação de L e de q o número de ordem do seu compartimento temporal, ou seja, o compartimento temporal de L é o seu q-ésimo compartimento. Construa a proposição característica de M, $R_M$, da seguinte forma:

1- Para cada regra de transição de L da forma

$$\left(t = y_{n+1} \Leftrightarrow \left(\bigwedge_{k=1}^{n}(x_k = y_k) \wedge p(x_1, x_2, \dots, x_n)\right)\right) \Rightarrow \left(t = y_{n+1} + 1 \Leftrightarrow \bigwedge_{k=1}^{n} x_k = f_k(y_1, y_2, , \dots, y_{n+1})\right)$$

introduza em $R_M$ a seguinte regra de transição:

$$\left(t = y_{n+1} \Leftrightarrow \left(\bigwedge_{k=1}^{n}(x_k = y_k) \wedge x_{n+1} = 1 \wedge p(x_1, x_2, \dots, x_n) \wedge \sim V(x_1, x_2, \dots, x_n)\right)\right)$$

$$\Longrightarrow \left(t = y_{n+1} + 1 \Leftrightarrow \left(\bigwedge_{k=1}^{n} x_k = f_k(y_1, y_2, , \dots, y_{n+1}) \wedge x_{n+1} = 1\right)\right)$$

2- Introduza em $R_M$ a regra de transição seguinte:

$$\left(t = y_{n+1} \Leftrightarrow \left(\bigwedge_{k=1}^{n}(x_k = y_k) \wedge x_{n+1} = 1 \wedge V(x_1, x_2, \dots, x_n)\right)\right)$$

$$\Longrightarrow \left(t = y_{n+1} + 1 \Leftrightarrow \left(\bigwedge_{\substack{k=1 \\ k \neq q}}^{n}(x_k = y_k) \wedge x_q = y_q + 1 \wedge x_{n+1} = 2\right)\right)$$

3- Introduza em $R_M$ as seguintes regras de transição:

$$\left(t = y_{n+1} \Leftrightarrow \left(\bigwedge_{k=1}^{n}(x_k = y_k) \wedge x_w < b^{j+u} \wedge x_{n+1} = 2\right)\right)$$

$$\Longrightarrow \left(t = y_{n+1} + 1 \Leftrightarrow \left(\bigwedge_{\substack{k=1 \\ k \neq q \\ k \neq w}}^{n}(x_k = y_k) \wedge x_w = b + 1 \wedge x_q = y_q + 1 \wedge x_{n+1} = 5\right)\right)$$

$$\left(t = y_{n+1} \Leftrightarrow \left(\bigwedge_{k=1}^{n}(x_k = y_k) \wedge x_w \geq b^{j+u} \wedge x_{n+1} = 2\right)\right)$$

$$\Longrightarrow \left(t = y_{n+1} + 1 \Leftrightarrow \left(\bigwedge_{\substack{k=1 \\ k \neq q}}^{n}\left(x_k = \frac{y_k}{b^{j+u}}\right) \wedge x_q = y_q + 1 \wedge x_{n+1} = 3\right)\right)$$

4- Introduza em $R_M$ as seguintes regras de transição:

$$\left(t = y_{n+1} \Leftrightarrow \left(\bigwedge_{k=1}^{n}(x_k = y_k) \wedge x_w \geq b \wedge x_{n+1} = 3\right)\right)$$

$$\Longrightarrow \left(t = y_{n+1} + 1 \Leftrightarrow \left(\bigwedge_{\substack{k=1\\k\neq q\\k\neq w}}^{n}(x_k = y_k) \wedge x_w = y_w - b \wedge x_q = y_q + 1 \wedge x_{n+1} = 3\right)\right)$$

$$\left(t = y_{n+1} \Leftrightarrow \left(\bigwedge_{k=1}^{n}(x_k = y_k) \wedge x_w < b \wedge x_{n+1} = 3\right)\right)$$

$$\Longrightarrow \left(t = y_{n+1} + 1 \Leftrightarrow \left(\bigwedge_{\substack{k=1\\k\neq q}}^{n}(x_k = y_k) \wedge x_q = y_q + 1 \wedge x_{n+1} = 4\right)\right)$$

5- Para cada p natural menor do que b, introduza em $R_M$ a seguinte regra de transição

$$\left(t = y_{n+1} \Leftrightarrow \left(\bigwedge_{k=1}^{n}(x_k = y_k) \wedge p \leq x_w < p + 1 \wedge x_{n+1} = 4\right)\right)$$

$$\Longrightarrow \left(t = y_{n+1} + 1 \Leftrightarrow \left(\bigwedge_{\substack{k=1\\k\neq q\\k\neq w}}^{n}(x_k = y_k) \wedge x_w = p + 1 \wedge x_q = y_q + 1 \wedge x_{n+1} = 5\right)\right)$$

6- Introduza em $R_M$ a seguinte regra de transição:

$$\left(t = y_{n+1} \Leftrightarrow \left(\bigwedge_{k=1}^{n}(x_k = y_k) \wedge x_{n+1} = 5\right)\right)$$

$$\Longrightarrow \left(t = y_{n+1} + 1 \Leftrightarrow \left(\bigwedge_{\substack{k=1\\k\neq q}}^{n}(x_k = y_k) \wedge x_q = y_q + 1 \wedge x_{n+1} = 5\right)\right)$$

Além disso, se L parte da configuração $(b_1, b_2, \dots b_n)$, M parte da configuração $(b_1, b_2, \dots b_n, 1)$. Esta é sua configuração inicial. O leitor poderá verificar que, com as proposições acima, descrevemos M, com as características já mencionadas, analisando-as de maneira a levar em conta que, se dada regra de transição tem como um dos conjuntivos da propriedade de teste a proposição $x_{n+1} = p$, isto significa que se trata de parte da descrição da computação de M no p-ésimo estágio. Não se esqueça de que o último compartimento de M indica o estágio da sua computação, nos termos que descrevemos anteriormente. Por meio de M", que é definido em função de M da maneira como já mostramos, calculamos o valor de v com margem de erro $b^j$. O número b indica a base aritmética escolhida e j é *qualquer* número inteiro, inclusive negativo, de maneira que não perdemos o poder de arbítrio sobre a fixação da margem de erro no nosso cálculo aproximado baseado no que chamamos de otimização de algoritmos meta-algébricos, que é a maneira como nomeamos o procedimento descrito no presente capítulo.

Se L tem um compartimento que funciona como "marcador", podemos aproveitar este compartimento para indicar o estágio da computação de M sem incluir mais um compartimento, o que é mais conveniente em termos de tempo de execução do algoritmo meta-algébrico otimizado por ele definido.

Na nossa descrição de M, levamos em conta uma proposição característica de L em que todas as regras de transição estão na forma padrão, mas é claro que, se reduzirmos o número de variáveis auxiliares, podemos melhorar o desempenho de M". Isso pode ser feito em muitas situações, mas não temos como listá-las, portanto deve ser verificado caso a caso. E podemos melhorar mais ainda o nosso algoritmo meta-algébrico otimizado por meio de certas conversões entre o algoritmo de otimização definido e outros algoritmos algébricos legítimos, nos moldes do que fizemos no capítulo VI, mas não trataremos disso neste trabalho, dado o seu caráter introdutório.

# XVIII- Análise de Complexidade do *Smart Brain*

É muito importante que façamos uma análise do *Smart Brain* no que diz respeito à sua complexidade de tempo. Com isso, teremos parâmetros objetivos para verificar se tal algoritmo é eficiente o suficiente para ter alguma viabilidade prática. Temos interesse em implementá-lo em um computador real, mas, como sabemos, nem todo algoritmo descritível por uma proposição finita admite tal implementação na prática, pois o seu tempo de execução em uma máquina real, muitas vezes, é inaceitável. Daí o porquê da análise. Entretanto, em vez de abordarmos o *Smart Brain* isoladamente, analisaremos uma extensa classe de algoritmos meta-algébricos da qual o *Smart Brain* é membro. Esta classe abrange, também, algoritmos meta-algébricos associados a muitos dos algoritmos algébricos legítimos estudados neste trabalho.

Antes de definir a classe de algoritmos meta-algébricos a que nos referimos, vamos definir o *Smart Brain otimizado*. Como sabemos, o *Smart Brain* é um algoritmo meta-algébrico simples associado ao algoritmo $\beta$. No capítulo anterior, definimos algoritmo meta-algébrico otimizado e algoritmo meta-algébrico simples, bem como descrevemos um procedimento para definir um algoritmo meta-algébrico otimizado associado a um algoritmo algébrico legítimo dado. Nem sempre isso é vantajoso, mas no caso do algoritmo $\beta$ é, ou seja, em termos de tempo de execução, é melhor executar um algoritmo meta-algébrico otimizado associado ao algoritmo $\beta$ do que executar um algoritmo meta-algébrico simples associado a ele, pois não há limites para a entrada do *Smart Brain* na sua versão original. Isso nos leva ao conceito de *Smart Brain otimizado*, o que definimos como um algoritmo meta-algébrico otimizado associado ao algoritmo $\beta$. Quando falarmos no *Smart Brain* neste capítulo e no posterior, nos referiremos à sua versão otimizada.

Definimos a classe S como o conjunto de algoritmos algébricos legítimos que, tomando como entrada a upla $(c_1, c_2, \ldots, c_z)$, composta por números naturais, para algum z natural não nulo, respeitem aos seguintes atributos:

1- A sua configuração inicial é uma sequência de funções lineares sobre $c_1$, $c_2$, ..., $c_z$.

2- Cada membro de cada equação ou inequação que componha a sua proposição característica é uma função linear sobre $c_1, c_2, \ldots, c_z, x_1, x_2, \ldots, x_n, y_1, y_2, \ldots, y_a, \frac{y_1}{c_z}, \frac{y_2}{c_z}, \ldots, \frac{y_a}{c_z}$ e t, sendo $x_1, x_2, \ldots, x_n$ as variáveis principais, $y_1, y_2, \ldots, y_a$ as variáveis auxiliares e t a variável temporal (observando-se que $c_z$ deve ser diferente de 0).

Suponhamos que temos um algoritmo algébrico da classe S descrito por uma proposição característica na forma padrão. Chamaremos de L este algoritmo algébrico. Se quisermos otimizar L, podemos definir um algoritmo de otimização de L, que chamaremos de M por meio da receita que demos no capítulo anterior. Analisando a configuração inicial de M, cada regra de transição e a condição de verificação, percebemos que M também é um membro da classe S, cuja entrada é $(c_1, c_2, \ldots, c_z, b, b^j, b^{j+u})$, sendo $(c_1, c_2, \ldots, c_z)$ a entrada de L, b a base aritmética em que calculamos o valor do compartimento referencial de L no momento de implementação da sua condição de verificação por meio da otimização de L definida por M, u o coeficiente que calcularemos, ao executarmos um algoritmo meta-algébrico simples associado a M, e $b^j$ a margem de erro do cálculo na execução de um algoritmo meta-algébrico otimizado associado a L que tenha M como algoritmo de referência (para j inteiro).

Ocorre que qualquer algoritmo algébrico legítimo tem uma proposição característica na forma padrão. Sendo assim, se L é um algoritmo algébrico da classe S que toma como entrada $(c_1, c_2, \ldots, c_z)$, então existe um algoritmo de otimização de L da classe S que toma como entrada $(c_1, c_2, \ldots, c_z, b, b^j, b^{j+u})$, com as definições já fixadas para b, u e j.

Definido M em função de L, b e j, sendo M um algoritmo de otimização de L, e sendo ambos da classe S, definiremos M´ como um algoritmo meta-algébrico simples associado a M e M" como o algoritmo meta-algébrico otimizado que tem como algoritmo de referência a máquina M. No que segue, mostraremos que M´ é um algoritmo de tempo polinomial em função do comprimento da entrada e analisaremos a complexidade de M", a qual depende tanto dos comprimentos da entrada quanto da saída.

Antes de prosseguir, vamos falar um pouco mais sobre o *Smart Brain* otimizado. Chamaremos de $\beta'$ determinado algoritmo de otimização do algoritmo $\beta$ e de $\beta''$ um algoritmo meta-algébrico simples associado a $\beta'$. O *Smart Brain otimizado* é um algoritmo meta-algébrico otimizado que tem $\beta'$ como algoritmo de referência. Conforme vimos no capítulo anterior, não podemos garantir a unicidade da classe dos algoritmos de otimização de dado algoritmo algébrico, mas escolheremos algum que pertença à classe S para chamarmos de $\beta'$, a partir do qual o *Smart Brain* otimizado pode ser definido. Como sabemos, este algoritmo existe e pode ser definido a partir da descrição do algoritmo $\beta$. A análise que faremos de M" aplica-se ao *Smart Brain* otimizado, em que M" corresponde ao próprio *Smart Brain* otimizado, M´ corresponde a $\beta'$, e L, ao algoritmo $\beta$.

O algoritmo M´, como sabemos, é um algoritmo meta-algébrico simples associado a M e, como tal, consiste na aplicação do algoritmo $\gamma$ à descrição de M. Sendo assim, M´ obedece ao seguinte procedimento:

1- Defina a proposição substitutiva da proposição característica normalizada associada à configuração inicial de M para o cálculo do valor do seu compartimento referencial no momento de implementação da condição de verificação com margem de erro $\frac{1}{2}$ para o cálculo do u-ésimo coeficiente de v, mediante a execução do algoritmo $\gamma_1$.

2- Execute, sobre a proposição definida no item 1, o algoritmo $\gamma_2$, o qual dará como saída $\omega_2$.

3- Defina a proposição p´ da seguinte forma: $p'(x_1, x_2, \dots, x_{n+1}) = (\omega_2 - 1 < 0)$.

4- Execute, sobre $\left(p'(x_1, x_2, \dots, x_{n+1}, u), \frac{1}{2}, M, N, q, k, a_1, a_2\right)$, em que M, N, q, k, $a_1$ e $a_2$ são dados pelo sistema de inequações fundamentais, o algoritmo $\gamma_3$, o que nos dará como saída (A",B").

5- Calcule $k_u$", mediante a seguinte regra: $k_u" = \frac{A"}{B"} - \frac{1}{2}$.

Apenas copiamos o procedimento que resume o algoritmo $\gamma$ que expusemos no final do capítulo VII, substituindo E por $\frac{1}{2}$, e levando em conta que um item da entrada de M é u, o índice do coeficiente de v a ser calculado na base aritmética b. O número v é a saída de L, e podemos representar este número de maneira aproximada como uma sequência de números naturais menores do que b com erro menor do que $b^j$, para algum j inteiro, da seguinte maneira:

$$v \cong \sum_{u=0}^{z-j} k_u b^{j+u}$$

em que z é um número inteiro e cada termo $a_u$ é um número natural menor do que b, como antes, mas agora com um número finito de constantes.

O algoritmo M´, descrito acima de maneira resumida, calcula um valor aproximado de $k_u$, com erro menor do que $\frac{1}{2}$. Sendo assim, após executarmos M´ para dado u, devemos arredondar o valor calculado para o número natural mais próximo, chegando, então, ao valor *exato* de $k_u$.

Já o algoritmo M" respeita ao seguinte procedimento:

1- Execute M´, adotando certo valor natural de u (na primeira execução deste estágio, $u = 0$).

2- Arredonde o valor dado pelo item anterior para o número natural mais próximo.

3- Se o valor calculado for igual a $b + 1$, vá para o estágio 5. Se tal valor for diferente, armazene-o, nomeando o mesmo de $k_u$, passando, então, para o estágio seguinte.

4- Atribua a u o valor do sucessor do valor anteriormente atribuído a u e, então, volte para o estágio 1.

5- Dê como saída o valor $\sum_{u=0}^{z-j} k_u b^{j+u}$, ignorando o último valor calculado de $k_u$, que é $b + 1$.

Vamos, agora, fazer uma análise da complexidade de tempo de M´ e M". Este tipo de análise tem duas abordagens principais: a análise do pior caso e a análise do caso médio. Na análise do caso médio, calculamos a média ou uma estimativa da média dos tempos de execução do algoritmo em questão para todas as entradas com o mesmo comprimento, chamado de n, em função de n. Porém, o que buscamos no nosso estudo é uma certeza, de maneira que nos ocuparemos da análise do pior caso, que consiste em quando buscamos um limitante superior do tempo de execução do algoritmo em questão para todas as entradas com o mesmo comprimento (n) em função de n. O que chamaremos de n daqui em diante é o comprimento da cadeia de entrada, e não mais o número de compartimentos de algum algoritmo algébrico.

Pensemos na base decimal, e tomemos um número x natural. O número de casas decimais da representação de x é o comprimento da cadeia de algarismos que representa, na base decimal, o número x. Se x é um número real não negativo, não necessariamente natural, e estivermos buscando uma aproximação de x com erro menor do que $10^j$, com j inteiro negativo, então o número de símbolos da representação desta aproximação de x na base decimal é aproximadamente igual a $(\log x - j + 1)$. Passemos para a base aritmética b: uma aproximação de x com erro menor do que $b^j$, com j inteiro negativo, na base b, é aproximadamente igual a $(\log_b x - j + 1)$. Por isso, sendo a entrada de um algoritmo algébrico um número natural x, consideraremos que seu comprimento é $(\log_b x + 1)$, e, sendo a entrada uma upla de números naturais $(c_1, c_2, \dots, c_z)$, consideraremos que seu comprimento é a soma dos comprimentos de cada termo da sequência, ou seja, $(\log_b c_1 + \log_b c_2 + \cdots + \log_b c_z + z)$. O comprimento de uma cadeia é um número natural, e, de maneira geral, a expressão que demos não é inteira, mas, por uma questão de simplicidade, a adotaremos como comprimento da cadeia, pois, com um pouco mais de trabalho, chegaríamos às mesmas conclusões às quais chegaremos, pois tal expressão é uma aproximação do comprimento exato de uma cadeia. Apenas estamos abrindo mão de um rigor excessivo e inútil.

Suponhamos que um limitante superior do tempo de execução de M´ seja $f(n)$. Com isso, o primeiro estágio de M" tem tempo de execução limitado superiormente por $f(n)$. Já o segundo, o terceiro, o quarto e o quinto estágios de M" são limitados superiormente por algum polinômio de, no máximo, segundo grau; chamaremos de $p(n)$ um polinômio que limite superiormente os limitantes superiores do tempo de execução destes quatro estágios. Percorremos do primeiro ao quarto estágio $(z - j)$ vezes, e, em seguida, percorremos uma única vez do primeiro ao terceiro estágio seguido do quinto, gastando, com isso, no máximo, $\big((z - j + 1)(f(n) + 4p(n))\big)$ passos. Com isso, podemos concluir que, se M´ é um algoritmo de tempo polinomial, ou seja, $f(n)$ é um polinômio, M" também tem tempo polinomial, considerando-se z constante, quer dizer, $\big((z - j + 1)(f(n) + 4p(n))\big)$ é um polinômio para z constante. Observe que $(z - j + 1)$ é uma função linear sobre o comprimento da *saída* de L e u, igualmente, é limitado superiormente por uma função linear sobre o comprimento da saída de L. Mostraremos que M´ tem tempo polinomial em função do comprimento da cadeia de entrada, o que nos leva imediatamente às conclusões de que, para todo algoritmo da classe S, há um algoritmo meta-algébrico a ele associado de tempo polinomial em função dos comprimentos da entrada e da saída, e de que o *Smart Brain* otimizado é um algoritmo com este atributo. Ressalvamos que esta afirmação não é equivalente a dizer que há um polinômio sobre o comprimento da entrada e outro sobre o comprimento da saída que delimitam o tempo de execução destas máquinas, mas sim que há um polinômio de duas variáveis, uma representando o comprimento da entrada e outra representando o comprimento da saída, que delimita superiormente o tempo de execução destes algoritmos, a partir de determinado comprimento da entrada e determinado comprimento da saída.

Analisemos M´. Comecemos pelo item 1 do procedimento já enunciado: "Defina a proposição substitutiva da proposição característica normalizada associada à configuração inicial de M para o cálculo do valor do seu compartimento referencial no momento de implementação da condição de verificação com margem de erro $\frac{1}{2}$ para o cálculo do u-ésimo coeficiente de v, mediante a execução do algoritmo $\gamma_1$". Em outras palavras: "Execute o algoritmo $\gamma_1$."

Sendo $(c_1, c_2, \dots, c_z)$ a entrada de L, $(c_1, c_2, \dots, c_z, b, b^j, b^{j+u})$ será a entrada de M. Utilizaremos, na proposição característica de M, $(z+3)$ variáveis, uma para cada elemento da entrada de M. Em cada execução de M′, será atribuído um valor específico a cada uma destas variáveis, mas isso não precisa ser feito desde o início do algoritmo M′. Lembremos que, no algoritmo $\gamma_2$, criamos uma lista em que definimos os valores que serão atribuídos a certas variáveis, e a chamamos de *lista suplementar*. Ocorre que podemos começar a construí-la lista já no algoritmo $\gamma_1$, incorporando a ela as variáveis que representam os elementos da entrada de M. Definimos, na lista suplementar já neste estágio, os valores que serão atribuídos às $(z+3)$ variáveis que representam os elementos de entrada de M, mas não incluiremos tais valores na proposição característica associada à configuração inicial de M, mas sim as variáveis que as representam. Com isso, economizaremos tempo, pois não precisaremos escrever e apagar diversas vezes os elementos da entrada, para os quais não há limitantes superiores. Já para as variáveis que os representam, em número constante, o número de passos para escrevê-las ou apagá-las em uma máquina de Turing é constante. Tal economia procedimental ficará mais clara nos parágrafos seguintes.

O algoritmo $\gamma_1$ pode ser executado mediante o procedimento de nove estágios enunciado no capítulo VIII, caso a proposição característica de M esteja na forma padrão. Se não estiver, adotaremos uma variante deste procedimento, o qual não discutiremos aqui, pois, como todo algoritmo algébrico legítimo tem uma proposição característica que pode ser expressa na forma padrão, a análise que faremos a seguir dirá respeito a esta possibilidade. Entretanto, as conclusões mais gerais a que chegaremos podem ser estendidas para todos os algoritmos de otimização de algoritmos algébricos da classe S.

Do estágio 1 ao estágio 3 do algoritmo $\gamma_1$, incluímos conjuntivos na proposição substitutiva da proposição característica normalizada associada à configuração inicial de M em função da sua proposição característica. Analisando cada proposição introduzida na proposição substitutiva da proposição característica associada normalizada ao longo da execução destes três estágios, verificamos que o número de passos elementares de uma máquina de Turing que realize este procedimento é constante em função da cadeia de entrada, pois a representação de cada proposição introduzida depende da proposição característica associada à configuração inicial e sua extensão é constante, já que os $(z+3)$ elementos da entrada aparecem representados por variáveis, justamente para economizar tempo. Entretanto, como precisamos definir as variáveis que representam os elementos de entrada na lista suplementar, gastaremos além do número constante de passos a que nos referimos no período anterior, um número de passos limitado superiormente por uma função linear para escrevermos os elementos da entrada de M na lista suplementar. Dos estágios 4 a 6, os elementos da cadeia de entrada não aparecem, de maneira que o tempo de execução destes estágios é constante em relação ao comprimento da cadeia de entrada da máquina de Turing que executa o algoritmo $\gamma$. Dos estágios 7 a 9, apenas substituiremos alguns símbolos quando, analisando a expressão que representa a proposição resultante dos estágios anteriores, detectarmos os símbolos $>$, $<$, $=$ e $\neq$, o que, nitidamente, requer tempo dependente do comprimento de tal proposição, a qual é limitada superiormente por uma função linear em função da cadeia de entrada, como já vimos, o que implica que tais estágios exigem de uma máquina de Turing tempo linear. Logo, ao longo da execução de M´, o algoritmo $\gamma_1$ tem tempo linear sobre o comprimento da sua entrada, nos termos em que já a definimos.

Passemos para o algoritmo $\gamma_2$. Esta sub-rotina do algoritmo $\gamma$ tem duas fases. Na primeira, convertemos a expressão

$$\sum_{b_1=0}^{\left\{\frac{1}{l_1^2}\right\}} \sum_{b_2=0}^{\left\{\frac{1}{l_2^2}\right\}} \cdots \sum_{b_a=0}^{\left\{\frac{1}{l_a^2}\right\}} [\sim s(R_C)(b_1 l_1, b_2 l_2, \ldots, b_a l_a)]$$

em uma expressão da forma

$$\sum_{b_1=0}^{\frac{1}{h^2}} \sum_{b_2=0}^{\frac{1}{h^4}} \cdots \sum_{b_a=0}^{\frac{1}{h^{2a}}} \sum_{k=1}^{u} d_k \prod_{j=1}^{v_k} [p_j]$$

em que cada proposição $p_j$ é uma expressão da classe K ideal de primeira espécie sobre $b_1$, $b_2$, ..., $b_a$, cujo primeiro membro é função de h.

Nesta primeira fase, exploramos os teoremas apresentados no capítulo III para converter a expressão inicial a uma expressão da forma desejada. O número e a ordem das substituições que faremos depende somente da forma da proposição substitutiva da proposição característica associada normalizada representada em função das variáveis da lista suplementar, definida na sub-rotina anterior. Escrever cada elemento da entrada nos locais corretos da expressão desejada requererá de nós tempo constante em relação ao comprimento da cadeia de entrada da máquina de Turing que executa M´, pois o número de passos é limitado por uma função da cadeia que representa a proposição substitutiva da proposição característica normalizada associada à configuração inicial de M, a qual não depende da cadeia de entrada da máquina de Turing que executa M´. A lista suplementar pode ser escrita no início da fita desta máquina de Turing, com uma marcação após o final da sua representação, e toda a computação da máquina durante a simulação dos algoritmos $\gamma_1$ e $\gamma_2$ pode se dar à direita desta marcação, de maneira que durante esta fase não há qualquer elemento da entrada de M, mas sim as variáveis que as representam, as quais são as mesmas para todas as entradas, o que justifica a constância do limitante superior do tempo de execução destas sub-rotinas.

Na segunda fase do algoritmo $\gamma_2$, cumprimos *ciclos*, conforme definimos no capítulo IX, cada qual composto de dez estágios, também expostos naquele capítulo. Em cada estágio de cada ciclo, substituímos um componente da expressão referencial por uma expressão equivalente, sendo que a expressão referencial do início do primeiro estágio no primeiro ciclo é a saída da primeira fase do algoritmo $\gamma_2$, ou seja, uma expressão da forma

$$\sum_{b_1=0}^{\frac{1}{h^2}} \sum_{b_2=0}^{\frac{1}{h^4}} \dots \sum_{b_a=0}^{\frac{1}{h^{2a}}} \sum_{k=1}^{u} d_k \prod_{j=1}^{v_k} [p_j]$$

com as especificações já mencionadas.

A identificação do núcleo da expressão referencial e a substituição correspondente, em cada estágio, são limitadas por uma constante em função do comprimento da entrada de M, pelos mesmos motivos que já especificamos um pouco acima, o que, juntamente com o fato de haver um número constante de execuções de cada estágio em cada ciclo e de um número de ciclos igual ao número de variáveis auxiliares, o que também é uma constante, implica que também a execução desta fase do algoritmo $\gamma_2$ requer tempo constante em função do comprimento da entrada de M´. Assim o algoritmo $\gamma_2$ tem tempo constante em função do comprimento da representação da entrada de M´.

O leitor pode se apoiar, na sua análise da complexidade de tempo dos algoritmos $\gamma_1$ e $\gamma_2$, no fato de que, neles, não executamos as operações aritméticas representadas nas expressões que definimos; apenas fazemos certas comparações e substituições, em uma quantidade e ordem de operações que não dependem da entrada de M´.

O estágio 3 de M´ é o seguinte: "defina a proposição p´ da seguinte forma: $p'(x_1, x_2, \dots, x_{n+1}) = (\omega_2 - 1 < 0)$, em que $\omega_2$ é a saída do algoritmo $\gamma_2$". Este estágio, claramente, tem tempo linear em função do comprimento de $\omega_2$, o qual, por sua vez, é limitado superiormente por um polinômio de primeiro grau em função do comprimento da entrada de M´, pois, como vimos, os algoritmos $\gamma_1$ e $\gamma_2$ requerem tempo linear em função do comprimento da entrada de M´. Se o número de passos de uma máquina de Turing é limitado superiormente por uma função $f(n)$, o número de células ocupadas da fita desta máquina de Turing, em qualquer etapa da sua computação, não pode ser maior do que $f(n)$, já que ocupa-se, no máximo, uma célula da fita a mais do que na configuração anterior a cada passo da computação. Em outras palavras: um limitante superior de tempo de uma máquina de Turing é também um limitante superior de espaço.

No estágio 4 do algoritmo M´, executamos, sobre $\left(p'(x_1, x_2, \dots, x_{n+1}, u), \frac{1}{2}, M, N, q, k, a_1, a_2\right)$, em que M, N, q, k, $a_1$ e $a_2$ são dados pelo sistema de inequações fundamentais, o algoritmo $\gamma_3$, o que nos dará como saída (A",B"). Tais valores podem ser considerados constantes em relação aos elementos da entrada de M´.

No algoritmo $\gamma_3$, calculamos valores aproximados de A´ e B´. No capítulo XIII, apresentamos esta sub-rotina mais detalhadamente. Para calcular o valor exato de A", que é um valor aproximado de A´, precisamos calcular o valor da expressão

$$\left[p'\left(\left(\frac{M}{j_1+1}-1\right),\left(\frac{M}{j_2+1}-1\right),\dots,\left(\frac{M}{j_{n+1}+1}-1\right)\right)\right]\prod_{p=1}^{n}\left(e^{-\frac{M}{j_p+1}}-\lim_{s\to j_p^+} e^{-\frac{M}{s}}\right)\left(\frac{e^{-\frac{M}{j_{n+1}+1}}}{j_{n+1}+1}-\lim_{s\to j_{n+1}^+}\left(\frac{e^{-\frac{M}{s}}}{s}\right)\right)$$

para cada atribuição possível de $j_1$, $j_2$, ... e $j_{n+1}$. O valor de

$$\prod_{p=1}^{n}\left(e^{-\frac{M}{j_p+1}}-\lim_{s\to j_p^+} e^{-\frac{M}{s}}\right)\left(\frac{e^{-\frac{M}{j_{n+1}+1}}}{j_{n+1}+1}-\lim_{s\to j_{n+1}^+}\left(\frac{e^{-\frac{M}{s}}}{s}\right)\right)$$

é constante em relação à entrada do algoritmo M´. (Cuidado para não confundir a constante que chamamos de M, que é uma das incógnitas do sistema de inequações fundamentais, com o algoritmo M, que é um algoritmo algébrico legítimo.) Resta analisar

$$\left[p'\left(\left(\frac{M}{j_1+1}-1\right),\left(\frac{M}{j_2+1}-1\right),\dots,\left(\frac{M}{j_{n+1}+1}-1\right)\right)\right]$$

Lembre-se que $p'(x_1, x_2, \dots, x_{n+1}) = (\omega_2 - 1 < 0)$, em que $\omega_2$, que é a saída do algoritmo $\gamma_2$, tem a forma

$$\sum_{j_1=u_1}^{v_1}\sum_{j_2=u_2}^{v_2}\dots\sum_{j_q=u_q}^{v_q} C_{j_1,j_2,\dots,j_q}\prod_{k=1}^{z_{j_1,j_2,\dots,j_q}}\left[R_{j_1,j_2,\dots,j_q,k}\geq 0\right]$$

em que cada termo $z_{j_1,j_2,\dots,j_q}$ é constante em relação a h, $x_1$, $x_2$, ... e $x_{n+1}$, cada expressão $R_{j_1,j_2,\dots,j_q,k}$ é uma função linear sobre $\frac{x_1}{h}$, $\frac{x_2}{h}$, ..., $\frac{x_{n+1}}{h}$ e $\frac{1}{h}$, e cada expressão $C_{j_1,j_2,\dots,j_q}$ é o produto de potências com expoentes naturais de funções lineares sobre $\frac{x_1}{h^{u+1}}$, $\frac{x_2}{h^{u+1}}$, ..., $\frac{x_{n+1}}{h^{u+1}}$, $\frac{1}{h^u}$ e $\frac{1}{h^{u+1}}$ com coeficiente independente nulo, para algum u natural, multiplicado por uma potência de h, sendo que o valor de cada expressão da forma $v_k - u_k$, para k natural não nulo menor ou igual a q, é um número natural finito, da mesma forma que $z_{j_1,j_2,\dots,j_q} - 1$.

A mesma linha de raciocínio que nos leva a classificar a sub-rotina que nos conduz ao cálculo das expressões da forma

$$\left[p'\left(\left(\frac{M}{j_1+1}-1\right),\left(\frac{M}{j_2+1}-1\right),\dots,\left(\frac{M}{j_{n+1}+1}-1\right)\right)\right]\prod_{p=1}^{n}\left(e^{-\frac{M}{j_p+1}}-\lim_{s\to j_p^+}e^{-\frac{M}{s}}\right)\left(\frac{e^{-\frac{M}{j_{n+1}+1}}}{j_{n+1}+1}-\lim_{s\to j_{n+1}^+}\left(\frac{e^{-\frac{M}{s}}}{s}\right)\right)$$

necessária para calcular o valor de A" pode ser empregada para classificarmos a sub-rotina do cálculo das expressões da forma

$$\left[p'\left(\left(\frac{N}{j_1+1}-1\right),\left(\frac{N}{j_2+1}-1\right),\dots,\left(\frac{N}{j_{n+1}+1}-1\right)\right)\right]\prod_{p=1}^{n+1}\left(e^{-\frac{N}{j_p+1}}-\lim_{s\to j_p^+}e^{-\frac{N}{s}}\right)$$

necessária para determinar o valor de B". Com isso, podemos estar certos de que, da mesma forma que o procedimento de cálculo de A" do algoritmo $\gamma_3$ é polinomial em função da entrada da máquina M´, o procedimento de cálculo de B" do algoritmo $\gamma_3$ também é. Calculados A" e B", está concluída a execução do algoritmo $\gamma_3$.

Mostramos no capítulo XIII que, para calcular o valor de

$$\left[p'\left(\left(\frac{M}{j_1+1}-1\right),\left(\frac{M}{j_2+1}-1\right),\dots,\left(\frac{M}{j_{n+1}+1}-1\right)\right)\right]$$

para determinada atribuição de valores a $j_1$, $j_2$, ..., $j_{n+1}$, precisamos determinar certas derivadas parciais de certas funções e calculá-las, bem como verificar se certas equações e inequações aritméticas dos dois membros que se resumem a somas de frações sobre números inteiros são verdadeiras ou falsas. A determinação das funções sobre as quais devem ser definidas as derivadas parciais e a posterior determinação das expressões que fornecem as imagens de tais derivadas parciais em função do ponto em questão do domínio dependem apenas de $\omega_2$, que é uma expressão que não depende dos elementos da entrada de M´, pois são representados por um número fixo de variáveis, e todas elas são representadas por um número de símbolos que não depende da entrada de M´. Apenas quando formos calcular valores *específicos* destas derivadas parciais (valores para dado ponto do domínio), é que precisaremos substituir as variáveis que representam os elementos de entrada pelos seus respectivos valores, os quais são os próprios elementos da entrada de M´. Faremos isso consultando a lista suplementar. A substituição das variáveis pelos valores especificados na lista suplementar requer tempo linear. Posteriormente às devidas substituições, executaremos as operações algébricas dos dois membros de cada equação ou inequação. O leitor que revisar o capítulo XIII atentamente perceberá que todas as operações aritméticas empregadas nesta fase do algoritmo $\gamma$ são a adição, a subtração, a multiplicação e a potenciação com expoente inteiro constante em relação aos elementos da entrada (este aspecto é importante). Todas estas operações aritméticas podem ser executadas por transdutores de tempo polinomial, de maneira que o algoritmo $\gamma_3$ é determinístico de tempo polinomial.

O estágio 5 do algoritmo M´ é assim descrito: "Calcule $k_u$", mediante a seguinte regra: $k_u" = \frac{A"}{B"} - \frac{1}{2}$." A divisão e a subtração são operações que podem ser executadas por transdutores de tempo polinomial, o que, juntamente com os fatos de que $k_u$, é limitado por uma função polinomial sobre o comprimento da entrada de M´ e A" e B" tem comprimento limitado por uma função polinomial em função da entrada de M´, leva-nos a concluir que este quinto estágio de M´ consome tempo polinomial. Analisamos os cinco estágios de M´ e vimos que todos eles têm tempo polinomial, sem precisarmos recorrer a não determinismos. Com isso, podemos inferir que M´ é um algoritmo determinístico de tempo polinomial.

Enunciemos a principal conclusão deste capítulo, uma proposição extremamente genérica e de grande importância no contexto deste trabalho: "Todo algoritmo da classe S pode ser simulado, em um cálculo aproximativo, por um algoritmo meta-algébrico otimizado de tempo determinístico polinomial em função dos comprimentos de suas representações de entrada e de saída". Mais precisamente, sendo m o comprimento da representação da saída de L e n o comprimento da representação da entrada do mesmo algoritmo algébrico, e sendo L da classe S, $p(m)q(n)$ é um limitante superior do tempo de execução de um algoritmo meta-algébrico otimizado associado a L, para algum polinômio p e algum polinômio q. A simulação do algoritmo $\beta$ por um algoritmo meta-algébrico otimizado em um cálculo aproximativo se dá pelo *Smart Brain* otimizado, o qual, em decorrência da afirmação anterior, é um algoritmo de tempo polinomial em função dos comprimentos da pergunta inserida pelo usuário e da resposta preferencial do *Smart Brain*. Além disso, o *Smart Brain*, tanto na sua versão simples, quanto na sua versão otimizada, é um algoritmo polinomial em função do comprimento do seu banco de dados, o que deixamos para o leitor demonstrar.

# XIX- O Problema P *versus* NP

O que vimos no capítulo anterior nos habilita a enfrentar um dos mais importantes problemas ainda em aberto na Matemática: o chamado problema P *versus* NP. Antes de resolvê-lo, devemos enunciá-lo, porém, para isto, precisamos, primeiramente, definir alguns conceitos de Teoria da Computação, empregados no seu enunciado. Comecemos com *máquinas de Turing*. Supomos que, se o leitor chegou até aqui, conhece estas máquinas, tantas vezes mencionadas ao longo deste texto, mas, diante de pequenas divergências em sua conceituação na literatura, optamos por expor a definição que adotaremos, não apenas neste capítulo, mas em qualquer parte deste trabalho em que as máquinas de Turing forem mencionadas.

Uma máquina de Turing tem uma fita infinita, uma "cabeça de fita" e um controle. A fita é subdividida em células, tem um começo (uma primeira célula) e não tem fim (última célula), sendo que nas células são escritos os símbolos, um por célula. As células são numeradas como primeira célula, segunda, terceira, etc. O controle contém os *estados* da máquina, sendo que há um estado especial chamado *estado inicial* e dois outros chamados de *estado de aceitação* e *estado de rejeição.* Uma máquina de Turing deve ter necessariamente um número finito de estados. A cada momento, consideramos que a máquina se encontra num único estado, no que as máquinas de Turing se assemelham aos autômatos finitos e autômatos com pilha, outros modelos computacionais mais limitados. A entrada de uma máquina de Turing é uma cadeia (sequência de símbolos), e a saída é a informação *aceita* ou *rejeita*. A cabeça de fita encontra-se, a cada estágio da computação, sobre uma célula, podendo substituir, em cada estágio, o símbolo que se encontra sob ela por outro e, em seguida, move-se uma posição para a direita ou para a esquerda.

A máquina começa no estado inicial, com a cadeia de entrada escrita no início da fita (começando na primeira célula, com um símbolo por célula) e com a cabeça de fita sobre a primeira célula. Após o último símbolo da cadeia de entrada, neste primeiro estágio, todas as células seguintes encontram-se com o símbolo "em branco". Isso define a *configuração inicial* da máquina de Turing. A partir de então, a máquina começa a computar de acordo com regras pré-estabelecidas que compõem a *função de transição* da máquina. Esta função define o que a máquina faz em cada etapa da computação, e isto se resume ao seguinte: estando a máquina com determinada cadeia escrita sobre a fita, em determinado estado e com a cabeça de fita sobre determinada célula em determinado estágio da computação, a máquina substitui o símbolo sob a cabeça de fita por outro, muda de estado e move a cabeça uma única célula para a direita ou para esquerda, tudo de acordo com a função de transição, sobre a qual trataremos em seguida. Obviamente, dependendo da função de transição, a substituição feita em determinado momento será a de um símbolo por ele mesmo, ou seja, mantém-se o mesmo na célula em questão. Também o estado pode ser o mesmo em dois ou mais estágios consecutivos. Se a função de transição indica que, feita determinada substituição, a cabeça de fita move-se para a esquerda, mas a cabeça de fita já se encontra sobre a primeira célula, então a cabeça de fita excepcionalmente se mantém na mesma posição, o que ocorre *somente* nesta hipótese. A máquina tem dois *alfabetos* (conjuntos de símbolos): o *alfabeto de entrada*, sobre o qual podem ser escritas as cadeias de entrada, e o *alfabeto de fita*, que corresponde ao conjunto de símbolos que efetivamente podem ser escritos na fita ao longo da computação. A máquina computa até atingir o estado de aceitação ou o estado de rejeição, quando dá *aceita* ou *rejeita* como saída. No primeiro caso, dizemos que a máquina de Turing em questão aceita a cadeia tomada como cadeia de entrada, e, no segundo, dizemos que ela a rejeita.

Para formalizar o conceito de máquina de Turing, dizemos que uma tal máquina é uma 7-upla $(Q, \Sigma, \Gamma, \delta, q_0, q_{aceita}, q_{rejeita})$, em que Q, $\Sigma$ e $\Gamma$ são conjuntos finitos, sendo que:

1- Q é o conjunto de estados;
2- $\Sigma$ é o alfabeto de entrada, sem o símbolo **em branco** (_);
3- $\Gamma$ é o alfabeto de fita, sendo que $\_ \in \Gamma$ e $\Sigma \subset \Gamma$;
4- $\delta: Q \times \Gamma \longrightarrow Q \times \Gamma \times \{D, E\}$ é a função de transição;
5- $q_0 \in Q$ é o estado inicial;
6- $q_{aceita} \in Q$ é o estado de aceitação;
7- $q_{rejeita} \in Q$ é o estado de rejeição.

A função de transição, como descrevemos, toma um estado e um símbolo do alfabeto de fita e fornece um estado, um símbolo do mesmo alfabeto e "esquerda" (representada por "E") ou "direita" (representada por "D"). O estado e o símbolo tomado por esta função são o estado em que a máquina se encontra em determinado momento, e o símbolo tomado por ela é o símbolo que se encontra sob a cabeça de fita no mesmo momento. O estado fornecido por esta função é o que passa a ser o estado da máquina no estágio seguinte da computação, e o símbolo fornecido por ela é o que passa a figurar na posição em que a cabeça de fita se encontrava, antes de se mover para a direita ou para a esquerda conforme indicado pelo terceiro elemento do contradomínio desta função. Se *a* é o símbolo que se encontra sob a cabeça de fita em determinado estágio e $q_i$ é o estado da máquina no mesmo estágio, suponhamos que $\delta(q_i, a) = (q_j, b, D)$. Neste caso, o estado da máquina passa a ser $q_j$, o símbolo *a* é substituído por *b*, e a cabeça de fita se move para a direita, quando nova aplicação da função de transição da máquina é efetuada, desta vez tendo em vista a nova configuração.

Este modelo que apresentamos consiste de uma *máquina de Turing determinística de uma única fita* do tipo *aceitador*. Determinística porque para cada configuração existe uma única configuração seguinte, e trata-se de um aceitador porque a saída é "aceita" ou "rejeita". Há, entretanto, diversas variantes das máquinas de Turing importantes para a Teoria da computação, em especial as máquinas de Turing de várias fitas, as não determinísticas e os transdutores.

Um transdutor é uma máquina de Turing que, ao contrário de um aceitador, não tem um estado de aceitação e um estado de rejeição. Em vez disso, tem um *estado final*, que encerra a computação da máquina. Na primeira ocasião em que o transdutor atinge o estado final, ela para e dá como saída a cadeia que, neste momento, se encontra na fita.

Tanto uma máquina de Turing de uma fita, quanto uma de várias fitas, ambas do tipo aceitador, pode ser determinística ou não determinística. A característica fundamental de uma máquina não determinística é que, a cada etapa da computação, ela pode proceder de várias formas possíveis. Focaremos nas máquinas de Turing não determinísticas de uma única fita. A cada etapa da computação, pode haver, de acordo com a função de transição, duas ou mais possibilidades de transições igualmente legítimas, surgindo, neste caso, ramos de computação que se processam paralelamente. Também pode acontecer que, em certo momento, não haja prosseguimento lícito para determinado ramo, quando este desaparece. Se, em pelo menos um ramo de computação, atinge-se o estado de aceitação, a máquina aceita a cadeia de entrada. Se se atinge, em algum ramo, o estado de rejeição, este ramo de computação desaparece. A máquina rejeita a cadeia se todos os ramos da computação, em certo momento, desaparecerem. A função de transição de uma máquina de Turing não determinística de uma fita tem a forma $\delta: Q \times \Gamma \longrightarrow P(Q \times \Gamma \times \{\mathrm{D}, \mathrm{E}\})$, em que, para dado conjunto K, P(K) é o *conjunto das partes de K*, que é, por definição, o conjunto de todos os subconjuntos de K.

Existem máquinas de Turing que não param para determinadas entradas, quando dizemos que elas entram em *loop* sobre tais entradas. Iniciadas com estas cadeias de entrada sobre a fita, elas computam eternamente, sem nunca chegar a uma configuração que lhes permita parar e dar uma saída. As máquinas de Turing do tipo aceitador que param sobre todas as entradas são chamadas de *decisores*.

Uma *cadeia*, como o leitor deve saber, é uma sequência de símbolos, e uma *linguagem* é um conjunto de cadeias. Dizer que o aceitador M reconhece a linguagem L significa que M aceita todos os membros de L e não aceita nenhuma cadeia que não seja membro de L. Dizemos que M decide L se, e somente se, M é um decisor que reconhece a linguagem L.

O *tempo de execução* ou *complexidade de tempo* de uma máquina de Turing determinística que para sobre todas as entradas é uma função $f: \mathbb{N} \longrightarrow \mathbb{N}$ em que f(n) é o número máximo de passos que a máquina demora para parar sobre qualquer entrada de comprimento n, ou seja, uma cadeia de entrada com n símbolos. Se a máquina de Turing em questão for não determinística, dizemos que f(n) é seu tempo de execução se, para uma função $f: \mathbb{N} \longrightarrow \mathbb{N}$, f(n) é o número máximo de passos que a máquina usa sobre qualquer ramo de sua compactação para parar sobre qualquer entrada de comprimento n. Se f for o tempo de execução da máquina M, dizemos que M roda em tempo f(n) e que M é uma máquina de Turing de tempo f(n). Se $\forall n \in \mathbb{N}(f(n) \leq g(n))$, tendo f e n os significados que já lhes atribuímos, diremos que g(n) é uma limitante superior do tempo de execução da máquina de Turing em questão, o que quer dizer que a máquina jamais demandará mais do que g(n) passos para parar e dar uma saída. Dizemos que a máquina tem tempo de execução polinomial, ou simplesmente tempo polinomial, se, e somente se, existir uma limitante superior do seu tempo de execução que seja um polinômio sobre n, sendo n o comprimento da sua cadeia de entrada.

A classe P é o conjunto de todas as linguagens que podem ser decididas por uma máquina de Turing determinística de uma fita de tempo polinomial. A classe NP, por sua vez, é o conjunto de todas as linguagens que podem ser decididas por uma máquina de Turing não determinística de uma fita de tempo polinomial. Existe uma outra definição da classe NP em termos de *verificadores*, que optamos por não apresentar aqui porque ambas as definições, conforme se demonstra, são equivalentes.

O problema P *versus* NP consiste em se demonstrar se P e NP são conjuntos iguais ou distintos. Sabe-se que P está contida em NP, ou seja, que todo membro de P é membro de NP, mas, até o momento, nunca ninguém demonstrou a recíproca, ou seja, que NP está contida em P, e também nunca se refutou isso. Se NP estiver contida em P, então $P = NP$. Caso contrário, ou seja, se existir uma linguagem em P que não pertence a NP, então $P \neq NP$. Esta resposta tem repercussões importantíssimas para a Teoria da Computação, algumas das quais já vimos neste trabalho, mas tivemos que fazer uma ampla construção teórica antes de poder atacar diretamente esta questão.

Uma estratégia há muito tempo considerada promissora na investigação do problema P *versus* NP consiste no estudo dos chamados problemas *NP-completos.* Um problema NP-completo está relacionado à classe inteira dos problemas em NP. Se X é um problema NP-completo, então se X admite resolução em tempo polinomial, todo problema em NP admite resolução em tempo polinomial. Todo problema NP-completo está na classe NP, e, de acordo com a definição de NP-completude, se um problema NP-completo estiver em P, então toda classe NP está contida em P.

Se provarmos que existe um problema em NP que não está em P, demonstramos que $P \neq NP$. Nesta linha de pesquisa, um problema NP-completo é um bom candidato a ser abordado. Se, por outro lado, provarmos que um problema NP-completo pode ser resolvido por uma máquina de Turing determinística de tempo polinomial, então está provado que $P = NP$. É o que faremos, do que o leitor atento já deve desconfiar, em virtude das características computacionais do *Smart Brain.*

Um conhecido problema NP-completo é o chamado *problema da satisfazibilidade*. Uma *variável booleana* é uma variável que pode tomar os valores *verdadeiro* e *falso*. Trata-se de uma variável que represente uma proposição. Uma *fórmula booleana* é uma expressão envolvendo variáveis booleanas e os conectivos de negação, conjunção, disjunção (inclusiva ou exclusiva), implicação material e equivalência lógica.

$$\phi = (\sim p_1 \wedge p_2) \vee (p_1 \wedge \sim p_3)$$

é uma fórmula booleana. Uma fórmula booleana é *satisfazível* se, e somente se, alguma atribuição de valores às suas variáveis a torna verdadeira. A fórmula exposta acima é satisfazível porque $(p_1 = falso, p_2 = verdadeiro, p_3 = verdadeiro)$ a satisfaz, ou seja, torna verdadeiro o valor de $\phi$. O problema da satisfazibilidade consiste em se verificar se uma fórmula booleana é satisfazível. Chamemos de SAT a linguagem de todas as fórmulas booleanas satisfazíveis codificadas sobre determinado alfabeto.

$$SAT = \{\phi | \phi \text{ é } uma\ fórmula\ booleana\ satisfazível\}$$

O Teorema de Cook-Levin diz o seguinte:

$$SAT \in P \Leftrightarrow P = NP$$

ou seja, o problema da satisfazibilidade é NP-completo (o leitor poderá verificar que SAT está em NP, analisando o método das tabelas de verdade, que pode ser implementado por uma máquina de Turing não determinística de tempo polinomial). Para ler uma demonstração deste teorema, consulte SIPSER (São Paulo, 2007. p. 293-298).

Provaremos agora, a partir do fato de que SAT pode ser decidida em tempo polinomial por uma máquina determinística, que isso implica que $P = NP$.

O *Smart Brain* emprega operações como adição, subtração, multiplicação e divisão de números. Emprega, ainda, a operação da verificação do valor de verdade de inequações aritméticas em que somente aquelas operações aritméticas ocorrem. Em última instância, todas as operações envolvidas na execução deste algoritmo podem ser executadas pela substituição sucessiva de símbolos de uma cadeia apropriadamente definida mediante a aplicação de "regras de transição", em número finito, especialmente fixadas. É o mesmo que dizer que *existe* uma máquina de Turing equivalente ao *Smart Brain*, ou que o *Smart Brain* pode ser convertido em uma máquina de Turing (determinística de uma fita). E mais: esta máquina de Turing é de tempo polinomial em função dos comprimentos da entrada e da saída, conforme demonstramos no capítulo anterior. Referimo-nos, mais especificamente, ao *Smart Brain* otimizado, do qual o tempo de execução é limitado superiormente por $p(m)q(n)$, sendo m o comprimento da saída, n o comprimento da cadeia de entrada e p e q dois polinômios.

Por outro lado, qualquer instanciação do problema da satisfazibilidade pode ser enunciada para posterior implementação do *Smart Brain.* Uma instanciação deste problema pode ser representada como a pergunta (em linguagem $\delta$):

$$\pi = \exists p_1 \exists p_2 \dots \exists p_k(\phi) \vee \pi = \sim\exists p_1 \exists p_2 \dots \exists p_k(\phi)$$

em que $\phi$ é uma fórmula booleana com variáveis $p_1, p_2, \dots, p_k$, sendo que a resposta $\exists p_1 \exists p_2 \dots \exists p_k(\phi)$ indica que $\phi$ é satisfazível e a resposta $\sim\exists p_1 \exists p_2 \dots \exists p_k(\phi)$ nos leva a que $\phi$ não é satisfazível, ou seja, que é uma contradição. Não há outra resposta cabível, dado que a pergunta especifica que estas são as únicas possíveis (relembre nos capítulos XIV e XV como fazemos para representar perguntas na linguagem $\delta$).

Falta mostrar que esta pergunta é legítima, o que se faz sem grandes dificuldades. O método das tabelas de verdade, que pode ser usado para verificar a satisfazibilidade de uma fórmula booleana, sempre fornece uma resposta, e o subsistema do sistema $\delta$ que abrange o cálculo proposicional (ou cálculo sentencial) é um sistema completo, de maneira que a pergunta em questão admite resposta no sistema $\delta$. Isso (a completude) não demonstramos, mas sugerimos ao leitor interessado que consulte HEGENBERG (2012). Este autor expõe um sistema formal de cálculo proposicional, o qual introduzimos no sistema $\delta$, e demonstra a sua completude.

Um detalhe importante a ser mencionado é que não precisamos incrementar o banco de dados do *Smart Brain* para responder à pergunta de se uma fórmula é satisfazível, sendo suficientes os axiomas que definimos no capítulo XV. Além disso, há um algoritmo alternativo para responder a essa pergunta, que tem as mesmas características computacionais que nos levam à resolução do problema P *versus* NP e que consiste em:

1- Projetar uma máquina de Turing do tipo aceitador que aceite a cadeia de entrada se, e somente se, esta for uma codificação de uma fórmula satisfazível, o que pode ser feito definindo uma máquina de Turing que construa a competente tabela de verdade.

2- Converter a máquina de Turing criada no item anterior a um algoritmo algébrico legítimo, da maneira como mostramos no capítulo V.

3- Converter o algoritmo algébrico legítimo definido no item anterior a um algoritmo meta-algébrico otimizado a ele associado.

4- Executar o algoritmo meta-algébrico otimizado definido.

O algoritmo algébrico definido no item 3 acima é um algoritmo algébrico da classe S, nos termos definidos no capítulo anterior.

Finalizando, o *Smart Brain* otimizado pode ser convertido em uma máquina de Turing (determinística de uma fita) de tempo polinomial em função dos comprimentos da entrada e da saída, e o mesmo *Smart Brain* otimizado, executado mediante a aplicação de certas regras rigorosas no que diz respeito à fixação da pergunta, decide o problema da satisfazibilidade em tempo determinístico polinomial. Essa conclusão é imediata. Como o comprimento da resposta à pergunta inserida pelo usuário do sistema tem comprimento linear em função do comprimento da pergunta, ou seja, a cadeia de entrada a ser computada por esta máquina de Turing, no contexto do problema da satisfazibilidade, é uma função linear sobre o comprimento da saída deste transdutor, e tal máquina requer tempo polinomial em função dos comprimentos da entrada e da saída na resolução de SAT, temos que a máquina em questão é determinística de tempo polinomial. Enfatizamos que isso significa que há um polinômio *sobre o comprimento da entrada* de SAT que delimita superiormente o tempo de execução do *Smart Brain* otimizado aplicado sobre o mencionado problema. Portanto, existe uma máquina de Turing determinística de uma única fita de tempo polinomial que decide a linguagem SAT. Isso, aliado ao fato de que SAT corresponde a

**um problema de decisão NP-completo, implica que todo problema de decisão pertencente a NP pode ser decidido por uma máquina de Turing determinística de uma fita de tempo polinomial. Logo, $P = NP$.**

# XX- A Simplificação de Algoritmos Meta-algébricos

Vimos que o *Smart Brain* é possível teoricamente e que tal algoritmo é determinístico de tempo polinomial em função dos comprimentos da entrada e da saída, o que é uma notícia realmente animadora. Entretanto, apesar de haver um polinômio que delimite o tempo de execução do *Smart Brain*, este tempo é extremamente longo, algo mais que o razoável, mesmo que a resposta preferencial seja extremamente curta, se entendermos o *Smart Brain* da forma como o apresentamos até o presente momento. Isso se deve ao fato de que o coeficiente do termo de mais alto grau de qualquer polinômio que delimite o tempo de execução do *Smart Brain* em função dos comprimentos da pergunta inserida pelo usuário e da resposta preferencial é um número astronômico, como podemos depreender do que vimos até aqui. Em particular, na execução do algoritmo $\gamma$, precisaremos executar o produto das funções que fornecem os valores veritativos de todas as regras de transição do algoritmo $\beta$, que são muitas. Isso se dá, mais precisamente, no algoritmo $\gamma_2$, antes de iniciarmos o primeiro ciclo. Nesta etapa, após aplicarmos o operador veritativo sobre a proposição substitutiva da proposição característica associada normalizada, aplicamos a propriedade distributiva para constituir a expressão referencial do início do primeiro estágio no primeiro ciclo. Lembre-se que há 75 classes de regras de transição deste algoritmo (além da condição de verificação e da proposição que define a configuração inicial), cada uma com uma ou mais regras de transição. Empregando corretamente as relações de Aritmética Veritativa, estudadas no capítulo III, teremos para o valor veritativo de cada regra de transição uma expressão contendo a soma de diversos termos. Sendo assim, após a necessária aplicação da propriedade distributiva sobre o produto dos valores veritativos de cada regra de transição e mais a condição de verificação do algoritmo $\beta$ e a proposição que enuncia a sua configuração inicial, teremos uma soma com mais de $2^{75}$ termos. Na verdade, o número de termos desta soma é muito maior do que este, já que estamos subestimando o número de termos da expressão que define o valor veritativo de cada regra de transição, o qual, de maneira geral, é bem maior do que 2, sem contar que há classes de regras de transição com muitos membros.

O problema da magnitude do coeficiente dominante dos polinômios que delimitam superiormente o tempo de execução do *Smart Brain* foi tratado muito resumidamente no capítulo XIII, quando propusemos paralelização. Trataremos no presente capítulo da principal causa deste inconveniente: o grande número de termos da expressão que define o valor veritativo da proposição substitutiva da proposição característica normalizada do algoritmo $\beta$ associada à sua configuração inicial para dada atribuição de valores às variáveis. Nós o descrevemos sucintamente no primeiro parágrafo deste capítulo, mas faremos agora uma recapitulação deste problema em termos pormenorizados, antes de propor uma solução.

No início da execução do algoritmo $\gamma_2$, conforme vimos no capítulo IX, precisamos definir os coeficientes $d_k$ e as proposições $p_j$ para explorar a equivalência

$$[\sim s(R_C)(b_1l_1, b_2l_2, \dots, b_al_a)] = \sum_{k=1}^{u} d_k \prod_{j=1}^{v_k} [p_j]$$

$R_C$, no caso do algoritmo $\beta$, é a conjunção de diversos conjuntivos, das 77 classes que enunciamos no capítulo XVI. Como vimos no capítulo III,

$$[p \wedge q] = [p][q]$$

$$[\sim p] = 1 - [p]$$

Assim,

$$[\sim s(R_C)(b_1l_1, b_2l_2, \dots, b_al_a)] = 1 - [s(R_C)(b_1l_1, b_2l_2, \dots, b_al_a)] = 1 - \prod_{k=1}^{v} [C_k(b_1l_1, b_2l_2, \dots, b_al_a)]$$

em que cada componente $C_k$, para algum k natural entre 1 e v, é um conjuntivo de $s(R_C)(b_1l_1, b_2l_2, \dots, b_al_a)$, e v é o número de conjuntivos de $s(R_C)(b_1l_1, b_2l_2, \dots, b_al_a)$.

Definindo um k natural não nulo menor ou igual a v, a expressão $[C_k(b_1l_1, b_2l_2, \dots, b_al_a)]$ pode ser expressa da forma

$$\sum_{k=1}^{u} d_k \prod_{j=1}^{v_k} [p_{j,k}]$$

em que cada termo $d_k$ é uma constante racional e cada termo $p_{j,k}$ é uma proposição que não pode ser desmembrada em duas ou mais proposições. Podemos definir esta última expressão mediante a aplicação da propriedade distributiva da multiplicação, após definirmos o valor veritativo de cada conjuntivo de $C_k(b_1l_1, b_2l_2, \dots, b_al_a)$ como uma função polinomial sobre os valores veritativos dos seus componentes "indivisíveis", a partir das funções veritativas, estudadas no capítulo III. Ora, o valor veritativo de uma conjunção é igual ao produto dos valores veritativos dos conjuntivos. Então, aplicando a propriedade distributiva da multiplicação a este produto de somas, convertemos a expressão

$$\sum_{b_1=0}^{\left\{\frac{1}{l_1^2}\right\}} \sum_{b_2=0}^{\left\{\frac{1}{l_2^2}\right\}} \dots \sum_{b_a=0}^{\left\{\frac{1}{l_a^2}\right\}} [\sim s(R_C)(b_1 l_1, b_2 l_2, \dots, b_a l_a)]$$

a uma expressão da forma

$$\sum_{b_1=0}^{\frac{1}{l_1^2}} \sum_{b_2=0}^{\frac{1}{l_2^2}} \dots \sum_{b_a=0}^{\frac{1}{l_a^2}} \sum_{k=1}^{u} d_k \prod_{j=1}^{v_k} [p_{j,k}]$$

sendo que cada proposição $p_{j,k}$ é uma expressão da classe K ideal de primeira espécie sobre $b_1$, $b_2$, ..., $b_a$ cujo primeiro membro é função de h (e o segundo membro é nulo, pois se trata de uma expressão *ideal*, como já definimos no capítulo IX).

No caso do *Smart Brain*, u é maior que 75 (na verdade, será bem maior, pelos motivos já expostos). Sendo $c_{k,z}(b_1 l_1, b_2 l_2, \dots, b_a l_a)$ o z-ésimo conjuntivo de $C_k(b_1 l_1, b_2 l_2, \dots, b_a l_a)$, cada termo $[c_{k,z}(b_1 l_1, b_2 l_2, \dots, b_a l_a)]$ é uma soma com diversas parcelas (o leitor poderá selecionar uma regra de transição do algoritmo $\beta$ para verificar quantas são as parcelas neste caso). O número destas parcelas é maior ou igual a 2, exceto no caso do conjuntivo que enuncia a condição de verificação. Desta forma, o número de coeficientes $d_k$, ou seja, u, é maior do que $2^{75}$. Se levarmos em conta que cada uma das seis máquinas de Turing em que se baseia o algoritmo $\beta$ pode ter centenas de regras de transição, chegaremos a um número da ordem de $2^{650}$, no mínimo.

Não resta dúvidas de que, apesar das qualidades computacionais do *Smart Brain*, o tempo de execução deste algoritmo, da forma como o apresentamos até o momento, é inaceitável na prática. O mesmo vale para uma grande classe de algoritmos meta-algébricos, a saber, aqueles fundados em um algoritmo algébrico legítimo com muitas regras de transição. Neste capítulo, buscaremos uma alternativa para isso, buscando um substituto da proposição característica associada do algoritmo algébrico em que se funda o algoritmo meta-algébrico em questão.

Sejam L um algoritmo algébrico legítimo, C uma configuração possível de L e $R_C$ a proposição característica de L associada à configuração C. A proposição $R_C$ descreve completamente o algoritmo L, de maneira que podemos aplicar a fórmula $\alpha$ (ou suas variantes aproximativas) à proposição decorrente da normalização de $R_C$, e, se encontrarmos uma proposição não quantificada P com $b$ variáveis, tal que $\exists x_1 \exists x_2 \ldots \exists x_n \exists t \forall y_1 \forall y_2 \ldots \forall y_b (P)$ e $\forall x_1 \forall x_2 \ldots \forall x_n \forall t (\forall y_1 \forall y_2 \ldots \forall y_b (P) \Rightarrow \forall y_1 \forall y_2 \ldots \forall y_a (R_C))$, poderemos aplicar a fórmula $\alpha$ à proposição decorrente da normalização de P. Consideraremos que há em P n variáveis principais e b variáveis auxiliares, além de uma variável temporal, e as representaremos da mesma maneira como representamos as variáveis das correspondentes classes das proposições características dos algoritmos algébricos legítimos.

Se $\exists x_1 \exists x_2 \ldots \exists x_n \exists t \forall y_1 \forall y_2 \ldots \forall y_b (P)$, o que é requisito de P, então existe uma atribuição de valores às variáveis principais e à variável temporal tal que $\forall y_1 \forall y_2 \ldots \forall y_b (P)$. O antecedente do condicional $\forall y_1 \forall y_2 \ldots \forall y_b (P) \Rightarrow \forall y_1 \forall y_2 \ldots \forall y_a (R_C)$, $\forall y_1 \forall y_2 \ldots \forall y_b (P)$ é equivalente a $(x_1, x_2, \ldots, x_n, t) \in C_1$, em que $C_1$ é um conjunto não vazio de (n+1)-uplas, e o consequente, $\forall y_1 \forall y_2 \ldots \forall y_a (R_C)$, é equivalente a $(x_1, x_2, \ldots, x_n, t) \in C_2$, em que $C_2$ é também um conjunto de (n+1)-uplas. Tomemos agora o outro pré-requisito de P.

$$\forall x_1 \forall x_2 \ldots \forall x_n \forall t (\forall y_1 \forall y_2 \ldots \forall y_b (P) \Rightarrow \forall y_1 \forall y_2 \ldots \forall y_a (R_C))$$

$$\forall x_1 \forall x_2 \ldots \forall x_n \forall t \big((x_1, x_2, \ldots, x_n, t) \in C_1 \Rightarrow (x_1, x_2, \ldots, x_n, t) \in C_2\big)$$

$$C_1 \subset C_2$$

Concluímos que $C_1$ está contido em $C_2$, e podemos acrescentar que, em virtude do fato de existirem atribuições às variáveis principais e à variável temporal tais que $\forall y_1 \forall y_2 \ldots \forall y_b (P)$, podemos estar certos de que $C_1 \neq \emptyset$. Como nas (n+1)-uplas pertencentes a $C_2$ apenas há um único valor a ser atribuído a cada variável principal que não corresponda ao compartimento temporal, o que decorre da segunda propriedade fundamental dos algoritmos algébricos legítimos, então apenas existe um único valor a ser atribuído a cada variável principal que não corresponda à variável para que a upla correspondente pertença a $C_1$, e este valor também integra uma upla pertencente a $C_2$, desde, é claro, que não se trate da variável principal correspondente ao compartimento temporal. Isso nos leva a uma variante da terceira propriedade fundamental dos algoritmos algébricos legítimos em que a proposição característica associada pode ser substituída por P. Lembre-se de que a fórmula $\alpha$ decorre da terceira propriedade fundamental dos algoritmos algébricos, a qual afirma o seguinte:

Dado um algoritmo algébrico L, com n compartimentos em que o compartimento temporal é o u-ésimo, cuja proposição característica associada à configuração C normalizada é $n(R_C)$, da qual as variáveis principais são $x_1, x_2, \ldots, x_n$, as variáveis auxiliares são $y_1, y_2, \ldots, y_a$ e a variável temporal é $x_{n+1}$, sendo $E_1$ o experimento de se "sortear" os n valores inseridos nos seus compartimentos, sendo a função densidade marginal de $x_i$ a função $f_i(x_i) = \alpha_i e^{-\alpha_i x_i}$, se $x_i$ for maior ou igual a 0, ou 0, se $x_i$ for menor que 0, para todo i natural não nulo menor ou igual a $(n+1)$ e sendo v o valor inserido no w-ésimo compartimento no momento da implementação da condição de verificação (com $w \neq u$), então para qualquer s real positivo,

$$v \geq s \Rightarrow P\left( x_w \geq s | \bigwedge_{j=1}^{n+1} x_j \geq 0 \wedge \forall y_1 \in \mathbb{R}_+ \forall y_2 \in \mathbb{R}_+ \dots \forall y_a \in \mathbb{R}_+ n(R_C) \right) = 1$$

$$v < s \Rightarrow P\left( x_w \geq s | \bigwedge_{j=1}^{n+1} x_j \geq 0 \wedge \forall y_1 \in \mathbb{R}_+ \forall y_2 \in \mathbb{R}_+ \dots \forall y_a \in \mathbb{R}_+ n(R_C) \right) = 0$$

quando h tende a 0 pela direita.

Enunciamos este teorema no capítulo IV e, após algumas deduções, chegamos à quarta propriedade fundamental dos algoritmos algébricos legítimos. Mas, tendo em vista o que deduzimos sobre as atribuições possíveis de valores às variáveis principais em $\forall y_1 \forall y_2 \dots \forall y_b(P)$, nas mesmas condições expostas acima, temos que, se $n(P)$ é a proposição resultante da normalização de P, nos mesmos moldes em que $n(R_C)$ é a proposição resultante da normalização de $R_C$ (vide o capítulo IV, no que se refere ao processo de normalização de uma proposição característica associada de um algoritmo algébrico legítimo), podemos afirmar que, à luz do experimento $E_1$, descrito no capítulo IV,

$$v \geq s \Rightarrow P\left( x_w \geq s | \bigwedge_{j=1}^{n+1} x_j \geq 0 \wedge \forall y_1 \in \mathbb{R}_+ \forall y_2 \in \mathbb{R}_+ \dots \forall y_b \in \mathbb{R}_+ n(P) \right) = 1$$

$$v < s \Rightarrow P\left( x_w \geq s | \bigwedge_{j=1}^{n+1} x_j \geq 0 \wedge \forall y_1 \in \mathbb{R}_+ \forall y_2 \in \mathbb{R}_+ \dots \forall y_b \in \mathbb{R}_+ n(P) \right) = 0$$

quando h tende a 0 pela direita.

Não podemos nos esquecer de que, para dada atribuição de valores às variáveis principais e à variável temporal,

$$h \longrightarrow 0^+ \Longrightarrow \left( \forall y_1 \in \mathbb{R}_+ \forall y_2 \in \mathbb{R}_+ \dots \forall y_a \in \mathbb{R}_+ (R_C) \Longleftrightarrow \forall y_1 \in \mathbb{R}_+ \forall y_2 \in \mathbb{R}_+ \dots \forall y_a \in \mathbb{R}_+ n(R_C) \right)$$

Da mesma forma,

$$h \longrightarrow 0^+ \Longrightarrow \forall x_1 \in \mathbb{R}_+ \forall x_2 \in \mathbb{R}_+ \dots \forall x_n \in \mathbb{R}_+ \forall t \in \mathbb{R}_+ \big(\forall y_1 \in \mathbb{R}_+ \forall y_2 \in \mathbb{R}_+ \dots \forall y_b \in \mathbb{R}_+ (P) \Longleftrightarrow \forall y_1 \in \mathbb{R}_+ \forall y_2 \in \mathbb{R}_+ \dots \forall y_b \in \mathbb{R}_+ n(P)\big)$$

Isso nos leva a que

$$h \longrightarrow 0^+ \Longrightarrow \big(\forall x_1 \forall x_2 \dots \forall x_n \forall t (\forall y_1 \forall y_2 \dots \forall y_b (P) \Longrightarrow \forall y_1 \forall y_2 \dots \forall y_a (R_C)) \Longleftrightarrow \forall x_1 \forall x_2 \dots \forall x_n \forall t (\forall y_1 \forall y_2 \dots \forall y_b (nP) \Longrightarrow \forall y_1 \forall y_2 \dots \forall y_a (nR_C))\big)$$

e

$$h \longrightarrow 0^+ \Longrightarrow (\exists x_1 \exists x_2 \dots \exists x_n \exists t \forall y_1 \forall y_2 \dots \forall y_b (P) \Longleftrightarrow \exists x_1 \exists x_2 \dots \exists x_n \exists t \forall y_1 \forall y_2 \dots \forall y_b (nP))$$

As desigualdades que vimos nos levam a admitir que $n(R_C)$ pode ser substituída por $n(P)$ na fórmula $\alpha$, o que se demonstra seguindo os mesmos passos que nos levaram à demonstração desta fórmula, substituindo-se $n(R_C)$ por $n(P)$. Tal teorema decorre do fato de que o evento $\bigwedge_{j=1}^{n+1} x_j \geq 0 \wedge \forall y_1 \in \mathbb{R}_+ \forall y_2 \in \mathbb{R}_+ \dots \forall y_b \in \mathbb{R}_+ n(P)$ é um conjunto não vazio e está contido no evento $\bigwedge_{j=1}^{n+1} x_j \geq 0 \wedge \forall y_1 \in \mathbb{R}_+ \forall y_2 \in \mathbb{R}_+ \dots \forall y_a \in \mathbb{R}_+ n(R_C)$.

Desta maneira, sendo L um algoritmo algébrico legítimo, C uma configuração de L, $R_C$ a proposição característica de L associada a C, P uma proposição tal que $\exists x_1 \exists x_2 \dots \exists x_n \exists t \forall y_1 \forall y_2 \dots \forall y_b (P)$ e $\forall x_1 \forall x_2 \dots \forall x_n \forall t (\forall y_1 \forall y_2 \dots \forall y_b (P) \Longrightarrow \forall y_1 \forall y_2 \dots \forall y_a (R_C))$, $n(P)$ a proposição resultante da normalização de P, nos mesmos moldes em que $n(R_C)$ é a proposição resultante da normalização de $R_C$, e sendo v o valor inserido no compartimento referencial de L (que não seja o compartimento temporal) no momento da implementação da condição de verificação, temos que, sendo $v \neq 0$,

$$v = \lim_{h \to 0^+} \frac{\int_0^\infty \int_0^\infty \dots \int_0^\infty [q(P)] x_w \prod_{j=1}^{n+1} e^{-\alpha_j x_j} \, dx_1 dx_2 \dots dx_{n+1}}{\int_0^\infty \int_0^\infty \dots \int_0^\infty [q(P)] \prod_{j=1}^{n+1} e^{-\alpha_j x_j} \, dx_1 dx_2 \dots dx_{n+1}}$$

em que $q(P)$ é a proposição decorrente da quantificação de $n(P)$, nos mesmos moldes em que $q(R_C)$ é a proposição decorrente da quantificação de $n(R_C)$, ou seja, $q(P) = \forall y_1 \in \mathbb{R}_+ \forall y_2 \in \mathbb{R}_+ \dots \forall y_b \in \mathbb{R}_+ n(P)$.

Nestas condições, chamaremos P de substituta simplificadora da proposição característica de L associada à configuração C, $n(P)$ de substituta simplificadora da proposição característica de L associada à configuração C normalizada e $q(P)$ de substituta simplificadora da proposição característica de L associada a C normalizada quantificada.

Podemos estender este resultado para abranger também as variantes aproximativas da fórmula $\alpha$. Pelo mesmo caminho pelo qual podemos demonstrar a possibilidade de extensão da fórmula $\alpha$ a substitutas simplificadoras da proposição característica do algoritmo algébrico legítimo em questão, podemos estender as variantes aproximativas da fórmula $\alpha$ a proposições que substituem as proposições substitutivas da proposição característica do algoritmo algébrico legítimo em questão, chegando ao seguinte: sendo L um algoritmo algébrico legítimo, C uma configuração de L, $s(R_C)$ a proposição substitutiva da proposição característica de L associada a C normalizada com referência ao w-ésimo compartimento e margem de erro E, P uma proposição tal que $\exists x_1 \exists x_2 \ldots \exists x_{n+1} \forall y_1 \forall y_2 \ldots \forall y_b(P)$ e $\forall x_1 \forall x_2 \ldots \forall x_{n+1}(\forall y_1 \forall y_2 \ldots \forall y_b(P) \Longrightarrow \forall y_1 \forall y_2 \ldots \forall y_a s(R_C))$, e sendo v o valor inserido no compartimento referencial de L (que não seja o compartimento temporal) no momento da implementação da condição de verificação, temos que, sendo $v \neq 0$,

$$v = \lim_{h \to 0^+} \frac{\int_0^\infty \int_0^\infty \ldots \int_0^\infty [q(P)] x_w \prod_{j=1}^{n+1} e^{-\alpha_j x_j} \, dx_1 dx_2 \ldots dx_{n+1}}{\int_0^\infty \int_0^\infty \ldots \int_0^\infty [q(P)] \prod_{j=1}^{n+1} e^{-\alpha_j x_j} \, dx_1 dx_2 \ldots dx_{n+1}} - \chi$$

para valores $\alpha_1, \alpha_2, \alpha_3 \ldots \alpha_n$ reais positivos tomados arbitrariamente, sendo que $0 \leq \chi < E$, em que $q(P)$ é a proposição decorrente da quantificação de P nos mesmos moldes em que $q(R_C)$ é a proposição decorrente da quantificação de $n(R_C)$ e $qs(R_C)$ decorre da quantificação de $s(R_C)$, ou seja, $q(P) = \forall y_1 \in \mathbb{R}_+ \forall y_2 \in \mathbb{R}_+ \ldots \forall y_b \in \mathbb{R}_+(P)$.

Nestas condições, chamaremos P de substituta simplificadora de $s(R_C)$ com referência ao w-ésimo compartimento e margem de erro E e $q(P)$ de substituta simplificadora de $s(R_C)$ quantificada com referência ao w-ésimo compartimento e margem de erro E.

Este teorema será chamado de *sexta propriedade fundamental dos algoritmos algébricos legítimos*. Como a terceira propriedade fundamental dos algoritmos algébricos legítimos tem a variante que mostramos (pouco acima), daí decorre a sexta propriedade fundamental dos algoritmos algébricos legítimos, por um procedimento de dedução análogo ao da quarta e da quinta propriedades fundamentais dos algoritmos algébricos legítimos, estudados nos capítulos IV e VIII. A importância deste teorema decorre do fato de que podemos substituir $qs(R_C)$ por $q(P)$ na variante aproximativa da fórmula $\alpha$ ao longo da execução do algoritmo $\gamma$, e muitas vezes isso representará uma economia procedimental, no sentido de reduzir enormemente o número de operações a serem aplicadas ao longo da execução do algoritmo $\gamma$.

Vamos definir um procedimento para determinar uma substituta simplificadora da proposição substitutiva da proposição característica de um algoritmo algébrico legítimo associada a certa configuração com referência a certo compartimento e com certa margem de erro.

Sendo $c_1$, $c_2$,... e $c_k$ conjuntivos de $s(R_C)$ e $D = \{c_1, c_2, \dots, c_k\}$, definimos $s_D$ como uma proposição incompleta (com variáveis livres) tal que

$$\bigwedge_{q=1}^{k} \left(\forall y_1 \forall y_2 \dots \forall y_b (s_D) \Rightarrow \forall y_1 \forall y_2 \dots \forall y_a (c_q)\right)$$

em que o universo é $\mathbb{R}_+$.

Sendo E o conjunto de todos os conjuntivos de $s(R_C)$ que não sejam conjunções, e sendo $D_1$, $D_2$,... e $D_v$ conjuntos tais que

$$\bigcup_{j=1}^{v} D_j = E$$

para algum v natural não nulo, definimos $T(s(R_C))$ como uma proposição incompleta tal que

$$T(s(R_C)) = \bigwedge_{j=1}^{v} s_{D_j}$$

É fácil ver que $T(s(R_C))$ é uma substituta simplificadora de $s(R_C)$. Cada conjuntivo de $s(R_C)$ que não seja conjunção, com a quantificação das variáveis auxiliares, é decorrência necessária de pelo menos um conjuntivo de $T(s(R_C))$, $s_{D_j}$, para algum j natural não nulo menor ou igual a v, também com a quantificação das variáveis auxiliares, pois qualquer conjuntivo de $s(R_C)$ que não seja conjunção é membro de pelo menos um conjunto $D_j$. Além disso, $T(s(R_C))$ não é uma contradição, mas uma proposição contingente. Não há apenas uma proposição que pode ser chamada de $T(s(R_C))$, mas várias. No que segue, mostraremos como definir uma delas, e ficará mais claro por que atribuímos o adjetivo “simplificadora” a tal proposição.

Vamos ver uma maneira computacionalmente vantajosa de se definir um conjuntivo de $T(s(R_C))$, $s_{D_j}$, que chamaremos de conjuntivo de $T(s(R_C))$ associado a $D_j$, sendo $D_j$ um subconjunto de E.

Suponhamos que todos os elementos de $D_j$ tenham a mesma forma, no sentido de que difiram uns dos outros apenas por um número finito de componentes. Neste caso, a partir de um elemento qualquer de $D_j$, podemos chegar a qualquer outro elemento de $D_j$ pela mera substituição dos componentes divergentes do primeiro pelos correspondentes componentes do último. Por exemplo: vamos considerar as duas regras de transição seguintes.

$$\left(t = y_{n+1} \wedge t < 1 \Leftrightarrow \left(\bigwedge_{j=1}^{n}(x_j = y_j) \wedge x_1 = 2 \wedge x_4 < 9 \wedge {\sim}V \wedge {\sim}\bigwedge_{\substack{j=1\\ j\neq u}}^{n} x_j = 0\right)\right)$$

$$\Longrightarrow \left(t = \frac{y_{n+1}}{2} \Leftrightarrow \left(\bigwedge_{\substack{j=1\\ j\neq u}}^{n} x_j = y_{k_j} \wedge x_u = \frac{y_u}{2}\right)\right)$$

$$\left(t = y_{n+1} \wedge t < 1 \Leftrightarrow \left(\bigwedge_{j=1}^{n}(x_j = y_j) \wedge x_1 = 6 \wedge x_4 < 1 \wedge {\sim}V \wedge {\sim}\bigwedge_{\substack{j=1\\ j\neq u}}^{n} x_j = 0\right)\right)$$

$$\Longrightarrow \left(t = \frac{y_{n+1}}{2} \Leftrightarrow \left(\bigwedge_{\substack{j=1\\ j\neq u}}^{n} x_j = y_{q_j} \wedge x_u = \frac{y_u}{2}\right)\right)$$

em que, para cada j natural não nulo diferente de u e menor ou igual a n, $k_j$ e $q_j$ são números naturais não nulos diferentes de u e menores ou iguais a n.

Vemos claramente que a segunda proposição é decorrente da substituição, na primeira, de 2 por 6, de 9 por 1 e de $y_{k_j}$ por $y_{q_j}$ para cada j natural não nulo diferente de u e menor ou igual a n.

Se $D_1$ for o conjunto formado por apenas estas duas proposições, podemos definir $s_{D_1}$ da seguinte forma:

$$\left(\left(y_{n+2} = 2 \wedge y_{n+3} = 9 \wedge \bigwedge_{\substack{j=1 \\ j \neq u}}^{n} y_{n+3+j} = y_{k_j}\right) + \left(y_{n+2} = 6 \wedge y_{n+3} = 1 \wedge \bigwedge_{\substack{j=1 \\ j \neq u}}^{n} y_{n+3+j} = y_{q_j}\right)\right)$$

$$\Rightarrow \left( t = y_{n+1} \wedge t < 1 \right.$$

$$\Leftrightarrow \left( \bigwedge_{j=1}^{n} (x_j = y_j) \wedge x_1 = y_{n+2} \wedge x_4 < y_{n+3} \wedge \sim V \wedge \sim \bigwedge_{\substack{j=1 \\ j \neq u}}^{n} x_j = 0 \right)\Bigg)$$

$$\Rightarrow \left( t = \frac{y_{n+1}}{2} \Leftrightarrow \left( \bigwedge_{\substack{j=1 \\ j \neq u}}^{n} x_j = y_{\mathrm{n+3+j}} \wedge x_u = \frac{y_u}{2} \right)\right)$$

No capítulo III definimos o conectivo de adição de proposições, designado pelo símbolo "+". Ele nada mais é do que a disjunção entre as proposições ligadas por tal conectivo em um contexto em que no máximo uma delas é verdadeira, ou seja, ou todas são falsas ou uma, e apenas uma, é verdadeira.

Suponhamos que haja um terceiro elemento de $D_1$, assim expresso:

$$\left( t = y_{n+1} \wedge t < 1 \Leftrightarrow \left( \bigwedge_{j=1}^{n} (x_j = y_j) \wedge x_1 = 100 \wedge x_4 < 3 \wedge \sim V \wedge \sim \bigwedge_{\substack{j=1 \\ j \neq u}}^{n} x_j = 0 \right)\right)$$

$$\Rightarrow \left( t = \frac{y_{n+1}}{2} \Leftrightarrow \left( \bigwedge_{\substack{j=1 \\ j \neq u}}^{n} x_j = y_{z_j} \wedge x_u = \frac{y_u}{2} \right)\right)$$

em que $z_j$, para cada j natural não nulo diferente de u e menor ou igual a n, é um número natural não nulo diferente de u e menor ou igual a n.

Neste caso, podemos definir $s_{D_1}$ da seguinte forma:

$$\left(\left(y_{n+2}=2\wedge y_{n+3}=9\wedge\bigwedge_{\substack{j=1\\ j\neq u}}^{n}y_{n+3+j}=y_{k_j}\right)+\left(y_{n+2}=6\wedge y_{n+3}=1\wedge\bigwedge_{\substack{j=1\\ j\neq u}}^{n}y_{n+3+j}=y_{q_j}\right)\right.$$

$$\left.+\left(y_{n+2}=100\wedge y_{n+3}=3\wedge\bigwedge_{\substack{j=1\\ j\neq u}}^{n}y_{n+3+j}=y_{z_j}\right)\right)\right)$$

$$\Longrightarrow\left(t=y_{n+1}\wedge t<1\right.$$

$$\left.\Leftrightarrow\left(\bigwedge_{j=1}^{n}(x_j=y_j)\wedge x_1=y_{n+2}\wedge x_4<y_{n+3}\wedge\sim V\wedge\sim\bigwedge_{\substack{j=1\\ j\neq u}}^{n}x_j=0\right)\right)$$

$$\Longrightarrow\left(t=\frac{y_{n+1}}{2}\Leftrightarrow\left(\bigwedge_{\substack{j=1\\ j\neq u}}^{n}x_j=y_{\mathrm{n+3+j}}\wedge x_u=\frac{y_u}{2}\right)\right)$$

Os casos que mostramos são extremamente simples, pois é notável a semelhança formal entre as proposições que agrupamos na mesma classe. E se houver uma inequação a mais ou a menos envolvendo duas regras de transição a serem agrupadas na mesma classe? O que faremos? Vejamos, como exemplo, as seguintes regras de transição:

$$\left(t=y_{n+1}\wedge t<1\Leftrightarrow\left(\bigwedge_{j=1}^{n}(x_j=y_j)\wedge x_3\geq 4\wedge x_4<9\wedge\sim V\wedge\sim\bigwedge_{\substack{j=1\\ j\neq u}}^{n}x_j=0\right)\right)$$

$$\Longrightarrow\left(t=\frac{y_{n+1}}{2}\Leftrightarrow\left(\bigwedge_{\substack{j=1\\ j\neq u}}^{n}x_j=y_{k_j}\wedge x_u=\frac{y_u}{2}\right)\right)$$

$$\left(t = y_{n+1} \wedge t < 1 \Leftrightarrow \left(\bigwedge_{j=1}^{n}(x_j = y_j) \wedge x_4 < 100 \wedge \sim V \wedge \sim \bigwedge_{\substack{j=1\\ j\neq u}}^{n} x_j = 0\right)\right)$$

$$\Rightarrow \left(t = \frac{y_{n+1}}{2} \Leftrightarrow \left(\bigwedge_{\substack{j=1\\ j\neq u}}^{n} x_j = y_{k_j} \wedge x_u = \frac{y_u}{2}\right)\right)$$

$$\left(t = y_{n+1} \wedge t < 1 \Leftrightarrow \left(\bigwedge_{j=1}^{n}(x_j = y_j) \wedge x_3 \geq 18 \wedge \sim V \wedge \sim \bigwedge_{\substack{j=1\\ j\neq u}}^{n} x_j = 0\right)\right)$$

$$\Rightarrow \left(t = \frac{y_{n+1}}{2} \Leftrightarrow \left(\bigwedge_{\substack{j=1\\ j\neq u}}^{n} x_j = y_{k_j} \wedge x_u = \frac{y_u}{2}\right)\right)$$

Neste caso, substituiremos a segunda e a terceira proposições acima pelas seguintes, respectivamente:

$$\left(t = y_{n+1} \wedge t < 1 \Leftrightarrow \left(\bigwedge_{j=1}^{n}(x_j = y_j) \wedge x_3 \geq 0 \wedge x_4 < 100 \wedge \sim V \wedge \sim \bigwedge_{\substack{j=1\\ j\neq u}}^{n} x_j = 0\right)\right)$$

$$\Rightarrow \left(t = \frac{y_{n+1}}{2} \Leftrightarrow \left(\bigwedge_{\substack{j=1\\ j\neq u}}^{n} x_j = y_{k_j} \wedge x_u = \frac{y_u}{2}\right)\right)$$

$$\left(t = y_{n+1} \wedge t < 1 \Leftrightarrow \left(\bigwedge_{j=1}^{n}(x_j = y_j) \wedge x_3 \geq 18 \wedge x_4 < \frac{1}{h} \wedge {\sim}V \wedge {\sim}\bigwedge_{\substack{j=1 \\ j \neq u}}^{n} x_j = 0\right)\right)$$

$$\Rightarrow \left(t = \frac{y_{n+1}}{2} \Leftrightarrow \left(\bigwedge_{\substack{j=1 \\ j \neq u}}^{n} x_j = y_{k_j} \wedge x_u = \frac{y_u}{2}\right)\right)$$

Não se esqueça de que tomamos o resultado do segundo membro da fórmula $\alpha$ com h tendendo a 0 pela direita, de maneira que o inverso de h é um número positivo infinito. Com estes ajustes, equiparamos as formas das três proposições com perfeita exatidão.

Naturalmente, precisaremos fazer as substituições descritas nos itens 8 e 9 do procedimento que enunciamos no capítulo VIII para definir uma proposição substitutiva da proposição característica associada normalizada de um algoritmo algébrico legítimo. No entanto, para simplificar a nossa abordagem, deixaremos de levar em conta estas substituições por um breve momento.

Partamos para uma generalização. Sendo Q uma proposição, *a* um símbolo numérico (constante ou variável) e *b* uma expressão numérica, denotaremos por $Q(a \mapsto b)$ o resultado da substituição de *a* por *b* em Q.

Suponhamos que L seja um algoritmo algébrico legítimo, que $s(R_C)$ seja uma proposição substitutiva da proposição característica de L associada a determinada configuração com referência a determinado compartimento e com certa margem de erro, com *a* variáveis auxiliares, que E é o conjunto de todos os conjuntivos de $s(R_C)$ que não sejam conjunções e que o w-ésimo conjuntivo de $T(s(R_C))$, $s_{D_w}$, é associado a um subconjunto de E com k elementos, $D_w$. Vamos considerar uma proposição Q tal que

$$\forall q \in \{1,2, \dots, k\}\left(Q\left(y_{a+1} \mapsto z_{1,q}\right)\left(y_{a+2} \mapsto z_{2,q}\right) \dots \left(y_b \mapsto z_{(b-a),q}\right) = c_q\right)$$

sendo que cada termo $c_q$, com q natural não nulo menor ou igual a k, é um elemento de $D_w$, *b* é um número natural maior do que *a* e cada termo $z_{j,q}$ é uma constante numérica racional não negativa ou uma variável auxiliar de $c_q$ multiplicada por uma constante racional não negativa. Neste caso, podemos definir $s_{D_w}$ da seguinte forma:

$$s_{D_w} = \left(\left(\sum_{q=1}^{k} \bigwedge_{j=1}^{b-a} y_{a+j} = z_{j,q}\right) \Rightarrow Q\right)$$

Claro que, para que esta proposição possa ser considerada de fato um conjuntivo de $T(s(R_C))$, é necessário que as "parcelas" $\bigwedge_{j=1}^{b-a} y_{a+j} = z_{j,q}$ sejam mutuamente excludentes. Caso contrário, a somatória $\sum_{q=1}^{k} \bigwedge_{j=1}^{b-a} y_{a+j} = z_{j,q}$ não faz nenhum sentido. Mais adiante veremos uma maneira de assegurar este requisito. Além disso, para que a fórmula $\alpha$ tenha validade, não podemos ter equações envolvendo funções da variável aleatória, e sim inequações, de maneira que precisamos, ainda, executar o passo previsto no item 8 do procedimento que enunciamos no capítulo VIII para a determinação da proposição que substitui a proposição característica associada normalizada numa variante aproximativa da fórmula $\alpha$. Após esta correção, teremos que

$$s_{D_w} = \left(\left(\sum_{q=1}^{k} \bigwedge_{j=1}^{b-a} (y_{a+j} \geq z_{j,q} \wedge y_{a+j} < z_{j,q} + h)\right) \Rightarrow Q\right)$$

desde que os termos $\bigwedge_{j=1}^{b-a} (y_{a+j} \geq z_{j,q} \wedge y_{a+j} < z_{j,q} + h)$, quando h tende a 0 pela direita, sejam mutuamente excludentes. Há, ainda, o passo do item nº 9 daquele procedimento, que omitiremos aqui.

Se para algum dos substituendos de $\sum_{q=1}^{k} \bigwedge_{j=1}^{b-a} (y_{a+j} \geq z_{j,q} \wedge y_{a+j} < z_{j,q} + h)$ houver dois termos da somatória iguais, não poderemos empregar tal proposição como $s_{D_w}$. Se isso ocorrer, podemos contornar este problema com a mera inclusão do conjuntivo $(y_{b+1} \geq q \wedge y_{b+1} < q + h)$, o que, quando h tende a 0 pela direita, é o mesmo que incluir mais uma variável auxiliar e igualá-la a q, que tem um valor diferente em cada termo da somatória, de maneira que não há, neste caso, como existirem dois ou mais termos da somatória iguais. A última variável auxiliar terá a função de diferenciá-los uns dos outros. Com isso, $s_{D_w}$ passará a ter a forma

$$\left(\sum_{q=1}^{k} \bigwedge_{j=1}^{b-a+1} (y_{a+j} \geq z_{j,q} \wedge y_{a+j} < z_{j,q} + h)\right) \Rightarrow Q$$

em que $z_{b-a+1,q} = q$, para qualquer q natural não nulo menor ou igual a k.

Agora demonstraremos que a proposição exposta pode, de fato, expressar $s_{D_w}$. Novamente, para simplificar a nossa análise, escreveremos $y_{a+j} = z_{j,q}$ no lugar de $y_{a+j} \geq z_{j,q} \wedge y_{a+j} < z_{j,q} + h$.

Como uma soma de proposições corresponde à disjunção em determinado contexto,

$$\left(\sum_{q=1}^{k} \bigwedge_{j=1}^{b-a+1} (y_{a+j} \geq z_{j,q} \wedge y_{a+j} < z_{j,q} + h)\right) \Rightarrow Q$$

equivale a

$$\left(\bigvee_{q=1}^{k} \bigwedge_{j=1}^{b-a+1} y_{a+j} = z_{j,q}\right) \Rightarrow Q$$

quando h tende a 0 pela direita, e sendo válidas as adições na primeira proposição.

Há uma tautologia importante para a nossa demonstração. Vejamos.

$$\big((p_1 \Rightarrow p_3) \wedge (p_2 \Rightarrow p_3)\big) \Leftrightarrow \big((p_1 \vee p_2) \Rightarrow p_3\big)$$

A tabela de verdade desta proposição é bastante simples, com apenas oito linhas. Também pode ser feita em uma planilha eletrônica. Em decorrência desta proposição, temos que

$$\Big((p_1 \Rightarrow q) \wedge \big((p_2 \vee p_3) \Rightarrow q\big)\Big) \Leftrightarrow \Big(\big(p_1 \vee (p_2 \vee p_3)\big) \Rightarrow q\Big)$$

$$\big((p_1 \Rightarrow q) \wedge (p_1 \Rightarrow q) \wedge (p_2 \Rightarrow q)\big) \Leftrightarrow \big((p_1 \vee p_2 \vee p_3) \Rightarrow q\big)$$

Realizando substituições em sequência, com cada vez mais componentes, até chegarmos a uma proposição com $(n + 1)$ componentes, verificamos que

$$\left(\bigwedge_{j=1}^{n} (p_j \Rightarrow q)\right) \Leftrightarrow \left(\left(\bigvee_{j=1}^{n} p_j\right) \Rightarrow q\right)$$

Sendo assim, a proposição

$$\left(\bigvee_{q=1}^{k} \bigwedge_{j=1}^{b-a+1} y_{a+j} = z_{j,q}\right) \Rightarrow Q$$

equivale a

$$\bigwedge_{q=1}^{k}\left(\left(\bigwedge_{j=1}^{b-a+1} y_{a+j} = z_{j,q}\right) \Rightarrow Q\right)$$

Queremos deduzir algumas decorrências de

$$\forall y_1 \forall y_2 \ldots \forall y_b \bigwedge_{q=1}^{k}\left(\left(\bigwedge_{j=1}^{b-a+1} y_{a+j} = z_{j,q}\right) \Rightarrow Q\right)$$

no universo dos números reais não negativos. Podemos reescrever esta proposição da seguinte forma:

$$\bigwedge_{q=1}^{k} \forall y_1 \forall y_2 \ldots \forall y_b \left(\left(\bigwedge_{j=1}^{b-a+1} y_{a+j} = z_{j,q}\right) \Rightarrow Q\right)$$

Vamos tomar um conjuntivo desta proposição, e depois generalizar os nossos resultados com a maior prudência possível.

$$\forall y_1 \forall y_2 \ldots \forall y_b \left(\left(\bigwedge_{j=1}^{b-a+1} y_{a+j} = z_{j,q}\right) \Rightarrow Q\right)$$

Vamos atribuir algum valor para cada uma das variáveis $y_1$, $y_2$,... e $y_a$ no universo destas variáveis. Substituiremos $y_m$ por uma constante que chamaremos de $d_m$ para cada m natural não nulo menor ou igual a *a*. Sabemos, por pressuposto, que cada termo $z_{j,q}$ é uma constante racional não negativa ou $y_j$ multiplicado por alguma constante racional não negativa, para algum j natural não nulo menor ou igual a *b*. Definidos os termos $d_m$, para cada m natural não nulo menor ou igual a *a*, atribuiremos às variáveis $y_{a+1}$, $y_{a+2}$,... e $y_b$ os valores que tornem verdadeira cada proposição $y_{a+j} = z_{j,q}$ para cada j natural não nulo menor ou igual a $(b-a+1)$. Com tais substituições, teremos que

$$\left(\bigwedge_{j=1}^{b-a+1} z'_{j,q} = z'_{j,q}\right) \Rightarrow Q(y_{a+1} \mapsto z'_{1,q})(y_{a+2} \mapsto z'_{2,q}) \ldots (y_b \mapsto z'_{(b-a+1),q})$$

em que cada termo $z'_{j,q}$ é o valor que $z_{j,q}$ assume com as substituições que fizemos. Rigorosamente, temos que

$$z'_{j,q} = z_{j,q}(y_1 \mapsto d_1)(y_2 \mapsto d_2) \dots (y_a \mapsto d_a)$$

A proposição $\bigwedge_{j=1}^{b-a+1} z'_{j,q} = z'_{j,q}$ é verdadeira, de maneira que podemos concluir que

$$Q(y_{a+1} \mapsto z'_{1,q})(y_{a+2} \mapsto z'_{2,q}) \dots (y_b \mapsto z'_{(b-a+1),q})$$

em que $z'_{j,q} = z_{j,q}(y_1 \mapsto d_1)(y_2 \mapsto d_2) \dots (y_a \mapsto d_a)$ para cada j natural não nulo menor ou igual a $(b-a+1)$.

Esta proposição é verdadeira quaisquer que sejam os valores de $d_1$, $d_2$, ... e $d_a$ escolhidos, dentro dos universos das variáveis $y_1$, $y_2$,... e $y_a$. Por este motivo, podemos generalizar a conclusão anterior, chegando a

$$\forall y_1 \forall y_2 \dots \forall y_a Q(y_{a+1} \mapsto z_{1,q})(y_{a+2} \mapsto z_{2,q}) \dots (y_b \mapsto z_{(b-a+1),q})$$

Perceba que as variáveis $y_{a+1}$, $y_{a+2}$, ..., $y_{b-a+1}$ não aparecem em $Q(y_{a+1} \mapsto z_{1,q})(y_{a+2} \mapsto z_{2,q}) \dots (y_b \mapsto z_{(b-a+1),q})$, devido às substituições efetuadas, o que implica que

$$\forall y_1 \forall y_2 \dots \forall y_b Q(y_{a+1} \mapsto z_{1,q})(y_{a+2} \mapsto z_{2,q}) \dots (y_b \mapsto z_{(b-a+1),q})$$

De acordo com a definição de Q, a proposição acima é equivalente a $\forall y_1 \forall y_2 \dots \forall y_a c_q$. Repare que esta demonstração não depende do valor de q, desde que partamos de um conjuntivo de

$$\bigwedge_{q=1}^{k} \forall y_1 \forall y_2 \dots \forall y_b \left( \left( \bigwedge_{j=1}^{b-a} y_{a+j} = z_{j,q} \right) \Rightarrow Q \right)$$

Consequentemente,

$$\bigwedge_{q=1}^{k} \forall y_1 \forall y_2 \dots \forall y_a c_q$$

$$\forall y_1 \forall y_2 \dots \forall y_a \bigwedge_{q=1}^{k} c_q$$

quaisquer que sejam os valores $x_1$, $x_2$, ... e $x_{n+1}$ dentro do seu universo.

Isso significa que

$$\forall x_1 \forall x_2 \dots \forall x_{n+1}\left( (\forall y_1 \forall y_2 \dots \forall y_b s_{D_w}) \Rightarrow \forall y_1 \forall y_2 \dots \forall y_a \bigwedge_{q=1}^{k} c_q \right)$$

Tal demonstração é válida para qualquer conjunto $D_w$. Assim, sendo E o conjunto de todos os conjuntivos de $s(R_C)$ que não sejam conjunções, e sendo $D_1$, $D_2$,... e $D_v$ conjuntos tais que

$$\bigcup_{j=1}^{v} D_j = E$$

para algum v natural não nulo, e sendo $k_u$ o número de componentes de cada conjunto $D_u$ e $c_{q,u}$ o q-ésimo elemento de $D_u$, em alguma ordem definida arbitrariamente, para algum u natural não nulo menor ou igual a v e algum q natural não nulo menor ou igual a $k_u$, sendo $s_{D_u}$ e $T(s(R_C))$ definidos da seguinte forma:

$$s_{D_u} = \left( \left( \sum_{q=1}^{k_u} \bigwedge_{j=1}^{b-a+1} (y_{a+j} \geq z_{j,q} \wedge y_{a+j} < z_{j,q} + h) \right) \Rightarrow Q_u \right)$$

$$T(s(R_C)) = \bigwedge_{j=1}^{v} s_{D_j}$$

em que

$$\forall q \in \{1,2,\dots,k_u\}(Q_u(y_{a+1} \mapsto z_{1,q})(y_{a+2} \mapsto z_{2,q}) \dots (y_b \mapsto z_{(b-a+1),q}) = c_{q,u})$$

temos que

$$\forall x_1 \forall x_2 \dots \forall x_{n+1} \bigwedge_{u=1}^{v} \left( (\forall y_1 \forall y_2 \dots \forall y_b s_{D_u}) \Rightarrow \forall y_1 \forall y_2 \dots \forall y_a \bigwedge_{q=1}^{k_u} c_{q,u} \right)$$

$$\forall x_1 \forall x_2 \dots \forall x_{n+1}\left( \left( \bigwedge_{u=1}^{v} \forall y_1 \forall y_2 \dots \forall y_b s_{D_u} \right) \Rightarrow \bigwedge_{u=1}^{v} \forall y_1 \forall y_2 \dots \forall y_a \left( \bigwedge_{q=1}^{k_u} c_{q,u} \right) \right)$$

$$\forall x_1 \forall x_2 \dots \forall x_{n+1}\left(\left(\forall y_1 \forall y_2 \dots \forall y_b \bigwedge_{u=1}^{v} s_{D_u}\right) \Rightarrow \forall y_1 \forall y_2 \dots \forall y_a \bigwedge_{u=1}^{v}\left(\bigwedge_{q=1}^{k_u} c_{q,u}\right)\right)$$

$$\forall x_1 \forall x_2 \dots \forall x_{n+1}\left(\forall y_1 \forall y_2 \dots \forall y_b T\big(s(R_C)\big) \Rightarrow \forall y_1 \forall y_2 \dots \forall y_a s(R_C)\right)$$

Acabamos de demonstrar que $T\big(s(R_C)\big)$ satisfaz ao segundo requisito de uma substituta de $s(R_C)$. Falta mostrar a satisfação do primeiro, que, no caso, corresponderia a

$$\exists x_1 \exists x_2 \dots \exists x_{n+1} \forall y_1 \forall y_2 \dots \forall y_b T\big(s(R_C)\big)$$

Isso se demonstra mostrando-se que $\forall y_1 \forall y_2 \dots \forall y_b T\big(s(R_C)\big)$, considerando-se $x_1$, $x_2$ ... e $x_{n+1}$ constantes, não é uma contradição.

Passemos a tratar da utilidade da substituição de $s(R_C)$ por $T\big(s(R_C)\big)$ na fórmula $\alpha$ do ponto de vista computacional.

Vimos que, em muitos casos, teremos dificuldade na conversão de uma expressão da forma

$$\sum_{b_1=0}^{\left\{\frac{1}{l_1^2}\right\}} \sum_{b_2=0}^{\left\{\frac{1}{l_2^2}\right\}} \dots \sum_{b_a=0}^{\left\{\frac{1}{l_a^2}\right\}} [\sim s(R_C)(b_1 l_1, b_2 l_2, \dots, b_a l_a)]$$

a uma expressão da forma

$$\sum_{b_1=0}^{\frac{1}{l_1^2}} \sum_{b_2=0}^{\frac{1}{l_2^2}} \dots \sum_{b_a=0}^{\frac{1}{l_a^2}} \sum_{k=1}^{u} d_k \prod_{j=1}^{v_k} [p_{j,k}]$$

na primeira fase do algoritmo $\gamma_2$, pois o valor de u é muito elevado, dependendo do algoritmo algébrico de que estivermos tratando, tornando inviável a execução do algoritmo $\gamma$ na prática, mesmo que em um supercomputador. Porém, quando $s(R_C)$ tiver um número muito grande de conjuntivos que não sejam conjunções e estes guardam entre si um elevado nível de similaridade formal, a substituição de $s(R_C)$ por $T\big(s(R_C)\big)$ levará a uma somatória com um número de parcelas significativamente menor. Vejamos.

$$[\sim T(s(R_C))] = 1 - [T(s(R_C))] = 1 - \left[\bigwedge_{j=1}^{v} s_{D_j}\right] = 1 - \prod_{j=1}^{v} [s_{D_j}]$$

$$= 1 - \prod_{u=1}^{v}\left[\left(\sum_{q=1}^{k_u}\bigwedge_{j=1}^{b-a}(y_{a+j} \geq z_{j,q} \wedge y_{a+j} < z_{j,q} + h)\right) \Rightarrow Q_u\right]$$

$$\left[\left(\sum_{q=1}^{k_u}\bigwedge_{j=1}^{b-a}(y_{a+j} \geq z_{j,q} \wedge y_{a+j} < z_{j,q} + h)\right) \Rightarrow Q_u\right]$$

$$= 1 - \left[\sum_{q=1}^{k_u}\bigwedge_{j=1}^{b-a}(y_{a+j} \geq z_{j,q} \wedge y_{a+j} < z_{j,q} + h)\right]$$

$$+ \left[\sum_{q=1}^{k_u}\bigwedge_{j=1}^{b-a}(y_{a+j} \geq z_{j,q} \wedge y_{a+j} < z_{j,q} + h)\right][Q_u]$$

$$= 1 - \sum_{q=1}^{k_u}\prod_{j=1}^{b-a}([y_{a+j} \geq z_{j,q}][y_{a+j} < z_{j,q} + h])$$

$$+ \left(\sum_{q=1}^{k_u}\prod_{j=1}^{b-a}([y_{a+j} \geq z_{j,q}][y_{a+j} < z_{j,q} + h])\right)[Q_u]$$

$$= 1 - \sum_{q=1}^{k_u}\prod_{j=1}^{b-a}([y_{a+j} \geq z_{j,q}][\sim(y_{a+j} \geq z_{j,q} + h)])$$

$$+ \sum_{q=1}^{k_u}\prod_{j=1}^{b-a}([y_{a+j} \geq z_{j,q}][\sim(y_{a+j} \geq z_{j,q} + h)][Q_u])$$

$$= 1 - \sum_{q=1}^{k_u}\prod_{j=1}^{b-a}\left([y_{a+j} \geq z_{j,q}](1 - [y_{a+j} \geq z_{j,q} + h])\right)$$

$$+ \sum_{q=1}^{k_u}\prod_{j=1}^{b-a}([y_{a+j} \geq z_{j,q}](1 - [y_{a+j} \geq z_{j,q} + h])[Q_u])$$

$$= 1 - \sum_{q=1}^{k_u}\prod_{j=1}^{b-a}([y_{a+j} \geq z_{j,q}] - [y_{a+j} \geq z_{j,q}][y_{a+j} \geq z_{j,q} + h])$$

$$+ \sum_{q=1}^{k_u}\prod_{j=1}^{b-a}([y_{a+j} \geq z_{j,q}][Q_u] - [y_{a+j} \geq z_{j,q}][y_{a+j} \geq z_{j,q} + h][Q_u])$$

$$\begin{aligned}[\sim T(s(R_C))] &= 1 - \prod_{u=1}^{v}\left[\left(\sum_{q=1}^{k_u}\bigwedge_{j=1}^{b-a}(y_{a+j} \geq z_{j,q} \wedge y_{a+j} < z_{j,q} + h)\right) \Rightarrow Q_u\right] \\ &= 1 \\ &- \prod_{u=1}^{v}\left(1 - \sum_{q=1}^{k_u}\prod_{j=1}^{b-a}([y_{a+j} \geq z_{j,q}] - [y_{a+j} \geq z_{j,q}][y_{a+j} \geq z_{j,q} + h]) \right. \\ &\left. + \sum_{q=1}^{k_u}\prod_{j=1}^{b-a}([y_{a+j} \geq z_{j,q}][Q_u] - [y_{a+j} \geq z_{j,q}][y_{a+j} \geq z_{j,q} + h][Q_u])\right)\end{aligned}$$

Reorganizando esta última expressão para que passe a assumir a forma

$$\sum_{k=1}^{u} d_k \prod_{j=1}^{v_k}[p_{j,k}]$$

vemos que, de maneira geral, reduzimos muito o número de termos da expressão resultante da primeira fase do algoritmo $\gamma_2$. Este número será menor, quanto menor for o número de conjuntivos de $T(s(R_C))$ que não sejam conjunções, que neste capítulo chamamos de v.

# XXI- O Paradoxo Fundamental da Teoria da Computabilidade

Às vezes, quando chegamos aos "limites da Matemática", deparamo-nos com paradoxos. Chegamos a situações em que proposições validamente deduzidas parecem se contradizer. Se tal contradição de fato se verificar, devemos rever os nossos conceitos e, se possível, reformular o sistema em que estivermos trabalhando. Isso porque, em sistemas formais inconsistentes que abranjam todo o Cálculo Proposicional, todas as proposições são verdadeiras, bem como todas elas são falsas, o que já dissemos anteriormente, quando tratamos da estrutura básica do *Smart Brain*, no capítulo XIV. Por outro lado, o que chamamos de paradoxo, muitas vezes, não se trata de uma contradição, mas de um teorema que entra em violento confronto com o senso comum. Neste caso, o que devemos fazer é buscar um entendimento mais profundo da questão, que nos leve a aceitar a veracidade de tal teorema sem resistência. Neste capítulo, traremos à tona um resultado do primeiro tipo, o que nos dá grandes motivos para nos preocuparmos. Claro que a primeira coisa a fazer em casos como este é rever minuciosamente todos os passos das nossas demonstrações, procurando erros. Encontrado um erro, afastamos a possibilidade de existência do paradoxo, pelo menos momentaneamente (já que novas deduções, desta vez válidas, podem nos conduzir a ele irremediavelmente, dependendo do caso). Este paradoxo é decorrência necessária de certos resultados encontrados ao longo deste trabalho, e o leitor poderá verificar que não podemos fugir dele; por mais que revisemos todos os passos de nossas demonstrações, o problema não é de validade das demonstrações, mas sim da estrutura formal da Matemática, tal como nós a conhecemos hoje, o que certamente requer reformulação. Voltaremos a tratar deste assunto mais adiante.

Naturalmente, supomos que o leitor leu os treze primeiros capítulos deste trabalho, pois as proposições que formam o paradoxo que aqui exporemos envolve a resolução de um problema pela execução do algoritmo $\gamma$, após projeto de um apropriado algoritmo algébrico legítimo seguido da aplicação da cabível variante aproximativa da fórmula $\alpha$ para definir uma expressão que represente certo compartimento. Se o leitor desejar verificar a possibilidade de afastar o paradoxo cuja existência mostraremos, sugerimos que reveja os treze primeiros capítulos, para procurar ali passos que invalidem algumas das demonstrações cruciais nas demonstrações deste capítulo. Simplesmente, não é possível não incorrer no paradoxo aqui apresentado, sendo válidos a fórmula $\alpha$ e o algoritmo $\gamma$. Adiantamos que, aqui, como nos demais capítulos, adotamos a noção de máquina de Turing na forma conceituada no início do capítulo XIX. (Fazemos este alerta pelo fato de que há pequenas divergências nesta conceituação na literatura, muito embora, de maneira geral, as conceituações deste modelo em livros diversos guardem certas características essenciais.)

Comecemos com o problema da parada, estudado por Turing, que demonstrou que este não admite resolução algorítmica, em termos a serem especificados adiante.

Existe uma máquina de Turing conhecida como *máquina de Turing universal*, que simula outras máquinas de Turing sobre cadeias de entrada escritas sobre os seus respectivos alfabetos de entrada. Não mostraremos um exemplo de como construir uma máquina de Turing com estas características, o que o leitor poderá encontrar em VIEIRA (2006).

No que segue, chamaremos de $\langle E \rangle$ a representação do elemento E em determinado sistema de codificação, sem entrar em detalhes de como pode ser este sistema de codificação.

Sendo M uma máquina de Turing e w uma cadeia sobre o alfabeto de entrada de M, definimos a máquina de Turing U assim:

$$U(\langle M, w \rangle) = \begin{cases} aceite, se\ M\ aceita\ w \\ rejeite, se\ M\ não\ aceita\ w \end{cases}$$

sendo que $\langle M, w \rangle$ é uma codificação das *descrições* de M e w.

Note que U não rejeita a entrada somente se M rejeita w, mas também a rejeita se M entra em *loop* sobre w. Lembre-se que não aceitar e rejeitar uma cadeia não são sinônimos. Assim, U não é uma máquina de Turing universal, e, se existir, é um decisor, uma máquina de Turing que para sobre todas as entradas. Provaremos que U não existe.

Definimos a máquina de Turing D como a máquina de Turing que sobre a entrada $\langle M \rangle$ (a descrição da máquina de Turing M) procede da seguinte maneira:

1- Rode U sobre a entrada $\langle M, \langle M \rangle \rangle$;

2- Dê como saída o oposto do que U dá como saída na simulação do item anterior, aceitando, se U rejeita, e rejeitando, se U aceita.

Caso a máquina U exista, o item 1 deste procedimento é possível algoritmicamente. Basta simular esta máquina sobre a entrada $\langle M, \langle M \rangle \rangle$, que concluímos a execução deste item. O item 2 também é possível. Basta "inverter" os estados de aceitação e rejeição da máquina U executada anteriormente.

Desta forma, se U existe, D também existe, e, para qualquer máquina de Turing M, recebe como entrada $\langle M \rangle$, ou seja, a descrição da máquina de Turing M. Isso implica que D pode receber a descrição de si mesma como entrada $\langle D \rangle$. Vejamos o que ocorre quando D recebe esta entrada.

Se D recebe $\langle M \rangle$ como entrada, temos o seguinte:

$$D(\langle M \rangle) = \begin{cases} aceite, se\ M\ não\ aceita\ \langle M \rangle \\ rejeite, se\ M\ aceita\ \langle M \rangle \end{cases}$$

Já se D recebe $\langle D \rangle$ como entrada:

$$D(\langle D \rangle) = \begin{cases} aceite, se\ D\ não\ aceita\ \langle D \rangle \\ rejeite, se\ D\ aceita\ \langle D \rangle \end{cases}$$

o que é uma contradição. Pelo que está escrito acima, D deveria dar a saída oposta da saída que dá, ou seja aceitar, e rejeitar a entrada $\langle D \rangle$, e isso é impossível.

D não existe; logo, U também não existe. Este é o resultado de Turing que mencionamos. Temos, assim, a primeira peça do paradoxo que nos propomos a expor neste capítulo.

Retomemos o emprego da fórmula $\alpha$ estudado no capítulo V em que a aplicamos à proposição característica de certo algoritmo algébrico legítimo associada a determinada configuração para determinar uma expressão que represente a saída de uma máquina de Turing determinística de uma fita do tipo aceitador sobre uma cadeia de entrada dada. Na ocasião, chamamos de A o algoritmo algébrico que simula um aceitador qualquer. Façamos uma pequena alteração em A: introduzamos mais um compartimento, o qual deve incluir o número 1, se o valor do sexto compartimento for menor do que 4. Este sétimo compartimento deve incluir o número 2 sempre que o conteúdo do sexto compartimento for igual a 4, quer dizer, quando mudamos para 4 o valor do sexto compartimento, mudamos para 2 o valor do sétimo, e se o valor daquele compartimento se mantém em 4, o deste mantém-se em 2. Além disso, o valor do sétimo compartimento deve ser igual a 3 sempre que o valor do sexto compartimento for igual a 5. Combinamos que o compartimento referencial de A seria o sexto, o qual seria igual a 4 no momento da implementação da condição de verificação se, e somente se, a máquina de Turing simulada aceitasse a cadeia dada, e seria igual a 5 no referido momento se, e somente se, a máquina de Turing a rejeitasse. Com a modificação proposta, o compartimento referencial passa a ser o sétimo, e a condição de verificação passa a ser: o compartimento temporal inclui um número infinito (vimos como descrever essa condição, quando descrevemos um algoritmo algébrico legítimo que resolve a conjectura de Goldbach, também no capítulo V e, posteriormente, justificamos nosso método mais detalhadamente, no capítulo IX). Tal aplicação pode ser modificada para que se crie um algoritmo meta-algébrico (vide o capítulo XIV, em que definimos algoritmo meta-algébrico), mediante a transformação da proposição característica associada em uma proposição substitutiva da proposição característica associada normalizada e execução do algoritmo $\gamma$. Com o algoritmo meta-algébrico resultante, calculamos o valor aproximado do valor inserido no compartimento referencial no momento da implementação da condição de verificação com uma margem de erro fixada arbitrariamente. Como os valores do compartimento referencial daquele algoritmo algébrico, em qualquer etapa da sua computação, somente pode assumir os valores 1, 2 e 3, é suficiente que a margem de erro do algoritmo meta-algébrico em questão seja $\frac{1}{2}$. Assim, a saída do algoritmo meta-algébrico será um número real não negativo no intervalo $]\frac{1}{2},\frac{7}{2}[$, e podemos ter certeza de que o valor do compartimento referencial do algoritmo algébrico correspondente no momento da implementação da sua condição de verificação é o número natural mais próximo do valor dado pelo algoritmo meta-algébrico executado (se necessário, relembre os capítulos VII a XIII, em que apresentamos o algoritmo $\gamma$).

Temos que fazer uma afirmação adicional sobre como proceder na execução deste algoritmo meta-algébrico. A condição de verificação é a seguinte: $x_1 \geq \infty$, que é uma maneira de dizer que o primeiro compartimento, que é o compartimento temporal, deve conter um número infinito. A questão é *qual* número infinito deve ser este, já que, por haver números infinitos e infinitesimais nas expressões que surgem ao longo da execução do algoritmo $\gamma$, que decorrem da variável, podemos chegar a expressões indeterminadas, se não especificarmos a relação entre h e este número infinito que delimita inferiormente o valor inserido no compartimento temporal no momento da implementação da condição de verificação. Lembremos o capítulo V, em que vimos que, escolhido um valor de h entre os valores infinitesimais que sejam o inverso de números naturais (infinitos), o maior valor que uma variável principal, auxiliar (ou temporal) pode assumir é $\frac{1}{h^a}$. Assim, precisamos definir o número infinito em questão como um número num intervalo entre algum número infinito e $\frac{1}{h^a}$. Qualquer número infinito positivo menor do que $\frac{1}{h}$ satisfaz aos nossos propósitos, conforme mostramos no capítulo V, e podemos arbitrá-lo como $\left(\frac{1}{h}-1\right)$. Assim, estabelecemos como condição de verificação a que segue:

$$x_1 \geq \frac{1}{h} - 1$$

em que tomamos h tendendo a 0 pela direita.

Sabe-se que máquinas de Turing podem somar números, multiplicar, subtrair, dividir, comparar, definir o valor de verdade de inequações aritméticas em que as operações envolvidas sejam as que mencionamos, etc. Todas as operações do algoritmo meta-algébrico de que tratamos no parágrafo anterior podem ser executadas por uma máquina de Turing. Sendo assim, podemos projetar um transdutor que executa este algoritmo meta-algébrico, o qual chamaremos de T. Como sabemos, um transdutor dá como saída uma cadeia, e a saída de T sobre uma entrada legítima é necessariamente a codificação de um dos números do conjunto {1,2,3}. Se executamos T sobre a entrada $\langle M, w\rangle$, sendo M uma máquina de Turing e w uma cadeia de entrada, temos o seguinte:

$$T(\langle M, w\rangle) = \begin{cases} dê\ como\ saída\ 2, se\ M\ aceita\ w \\ dê\ como\ saída\ 3, se\ M\ rejeita\ w \\ dê\ como\ saída\ 1, se\ M\ não\ para\ sobre\ w \end{cases}$$

Assim, temos a máquina de Turing do tipo aceitador U, que definimos anteriormente, e ela pode funcionar assim:

1- Execute T sobre a entrada $\langle M, w\rangle$.

2.1- Se T dá 2 como saída, aceite.

2.2- Se T dá 1 ou 3 como saída, rejeite.

Logo, existe U.

Primeiro mostramos que U não existe, depois mostramos não apenas que U existe, mas também *como* ela opera. Chamamos este paradoxo de *paradoxo fundamental da Teoria da Computabilidade*, e afirmamos que ele tem implicações profundas sobre a Teoria da Computação como um todo, dada a grande quantidade de teoremas demonstrados a partir da não existência da máquina U.

Uma possível explicação para isso é que lidamos, na demonstração da existência de U, com números infinitos. O conceito de infinito, de fato, traz consigo um grande risco. Há uma série de paradoxos envolvendo este conceito, e não precisamos enumerar um a um deles aqui.

Apesar do incômodo que o paradoxo fundamental da Teoria da Computabilidade nos cause, podemos ser otimistas no que diz respeito à concepção de uma teoria formal consistente que abranja toda a Álgebra. O método de construção do banco de dados do *Smart Brain* que propomos no capítulo XIV nos garante isso. Ele consiste em verificar se uma proposição compromete a consistência do sistema $\delta$ antes de incorporá-la ao banco de dados do *Smart Brain*. Podemos estar certos de que, se aplicarmos este método, o sistema $\delta$, na sua versão final, será consistente. Por outro lado, dois eventos indesejáveis podem ocorrer. O primeiro é descartarmos um grande volume de informações que antes considerávamos importantes, reduzindo enormemente a riqueza de informações do *Smart Brain*. De qualquer forma, é melhor isso do que a não confiabilidade do sistema. O segundo evento indesejável que pode ocorrer é o sistema $\delta$ incluir, entre suas proposições determinadas verdadeiras, proposições que contrariem o senso comum.

Reiteramos que o leitor verifique a validade da fórmula $\alpha$, na sua forma exata e nas suas versões aproximativas (capítulo VIII), e o algoritmo $\gamma$ (capítulos VII a XIII), bem como a correção do algoritmo algébrico legítimo que simula uma máquina de Turing (capítulo V). Confirmada a validade destas demonstrações, bem como a da demonstração da inexistência de U, do início deste capítulo, podemos realmente estar certos da ocorrência do paradoxo em questão.

# XXII- O Paradoxo Fundamental da Teoria da Complexidade

Neste capítulo, exporemos resumidamente outro paradoxo decorrente do poder computacional dos algoritmos meta-algébricos, que, devido à sua repercussão sobre a Teoria da Complexidade, chamaremos de *paradoxo fundamental da Teoria da Complexidade.* Assim como fizemos no capítulo anterior, sugerimos ao leitor que, após ler este capítulo, reflita se está certo da validade de nossas demonstrações dos primeiros capítulos deste trabalho. Referimo-nos aos mesmos capítulos que mencionamos no capítulo anterior. Adicionamos à lista, também, as demonstrações do capítulo anterior e as do capítulo XVIII, e sugerimos que o leitor faça uma revisão destes, caso ache necessário. Temos como certa a validade de tais demonstrações, mas o leitor não pode se basear na nossa palavra, confiando cegamente em nossos resultados.

Sugerimos também ao leitor que não tenha domínio sobre a matéria apresentada nos treze primeiros capítulos, que volte a eles antes de prosseguir. Em síntese, a fórmula $\alpha$ e o algoritmo $\gamma$ nos conduzem necessariamente a este paradoxo, bem como ao exposto no capítulo anterior.

Primeiramente, reportaremos a alguns teoremas importantes em Teoria da Complexidade. Sabemos que $P \subset NP$. Demonstra-se uma série de relações como estas entre classes de complexidade de tempo e espaço. Chamemos, por exemplo, de EXPTIME a classe das linguagens que podem ser decididas por máquinas de Turing de tempo exponencial, ou seja, máquinas de Turing que param sobre qualquer cadeia de entrada de comprimento *n* em um número de passos não superior a alguma expressão da forma $ab^{n^k}$, para alguma constante positiva a, alguma constante positiva b e alguma constante natural k, quando *n* é maior que alguma constante *c*. Pode-se demonstrar que $P \subset EXPTIME \wedge P \neq EXPTIME$. Esta demonstração pode ser encontrada em SIPSER (2007). Neste capítulo, o autor trata do que chama de Teoremas da Hierarquia, nos quais demonstra a não igualdade de diversas classes de complexidade de tempo e espaço, como o teorema que acabamos de enunciar.

Podemos, porém, construir algoritmos meta-algébricos que determinem a saída de uma máquina de Turing, e, conforme mostraremos resumidamente, este algoritmo é de tempo polinomial. No capítulo XVIII, analisamos o *Smart Brain* no que tange à sua complexidade de tempo, e mostramos que esta análise é válida para qualquer algoritmo meta-algébrico otimizado associado a um algoritmo da classe S. Isso ocorre com o *Smart Brain* otimizado e ocorre também com o algoritmo meta-algébrico de que tratamos no capítulo anterior que dá a saída de uma máquina de Turing determinística de uma única fita. Ora, se estes algoritmos são determinísticos e de tempo polinomial sobre os comprimentos da entrada e da saída, e a saída é limitada por uma constante, no caso dos algoritmos meta-algébricos que simulam máquinas de Turing do tipo aceitador, então os mencionados algoritmos são determinísticos de tempo polinomial sobre o comprimento da entrada, sendo constante o maior tempo de execução destes em relação à saída. Mostramos, no capítulo anterior, que a máquina de Turing U, que ali definimos, existe, e isso nos habilitou a afirmar a existência de um paradoxo que chamamos de *paradoxo fundamental da Teoria da Computabilidade*. Ocorre que a máquina U que ali definimos satisfaz aos requisitos estabelecidos no capítulo XVIII, em que tratamos da complexidade de tempo do *Smart Brain* e outros algoritmos meta-algébricos, de modo que a polinomialidade do tempo de sua execução é fato. Podemos construir U como uma máquina de Turing determinística de uma fita de tempo polinomial. Com isso, se temos a definição da máquina de Turing determinística de uma fita M e da cadeia de entrada w, podemos executar U sobre $\langle M,w\rangle$ e teremos a saída de M sobre w em tempo polinomial em função do comprimento de $\langle M,w\rangle$. Não é difícil mostrar que, como para dado M o comprimento de $\langle M\rangle$ é constante, de maneira que conseguimos, com uma codificação apropriada de $\langle M,w\rangle$, construir uma máquina de Turing U que dá a saída sobre a cadeia $\langle M,w\rangle$ em tempo polinomial sobre o comprimento de w. Isso é válido, qualquer que seja M, de modo que podemos construir, a partir de M, uma máquina de Turing determinística de uma única fita que dá a saída de M sobre w em tempo polinomial em função do comprimento de w. Esta possibilidade implica, por definição, que M reconhece uma linguagem pertencente a P, definida no capítulo XIX. Mas, no caso de que estamos tratando, M é tomada entre todos os decisores. Portanto, sendo D a classe de todas as linguagens que podem ser reconhecidas por uma máquina de Turing de uma fita que para sobre todas as entradas, ou seja, a classe de todas as linguagens *decidíveis*, temos que $P = D$. Infelizmente, isso contradiz os teoremas da hierarquia a que nos referimos no início deste capítulo, como o que afirma que $P \subset EXPTIME \land P \neq EXPTIME$, pois, se $P = D$, $P \subset EXPTIME$ e $EXPTIME \subset D$, então $P = EXPTIME$. Chamaremos este paradoxo de *paradoxo fundamental da Teoria da Complexidade*, dada a sua repercussão neste ramo da Teoria da Computação.

A causa e as consequências imediatas deste paradoxo não sabemos ao certo, mas poderíamos tranquilamente transcrever para cá o que afirmamos no capítulo anterior sobre o paradoxo fundamental da Teoria da Computabilidade. Além disso, podemos supor que a existência de conjuntos de conjuntos na Teoria da Complexidade seja mais uma entre a possíveis causas do paradoxo fundamental da Teoria da Complexidade. Neste sentido, há a conhecida antinomia de Russell, sobre a qual passamos a tratar.

Seja K o conjunto de todos os conjuntos que não pertencem a si mesmos. Com esta conceituação, temos o seguinte:

$$x \in K \Leftrightarrow x \notin x$$

Quando desejamos verificar se K pertence a K, substituímos x, na proposição acima, por K, e chegamos a

$$K \in K \Leftrightarrow K \notin K$$

o que é, obviamente, uma contradição.

A conclusão de Russell foi que não se podem conceber sistemas formais em que conjuntos possam ser elementos de conjuntos. Nem precisamos ir tão longe, mas o fato é que deve haver um cuidado na formulação de uma teoria dos conjuntos em que haja conjuntos de conjuntos. Lembre-se de que, no capítulo XV, em que introduzimos o sistema $\delta$, incluímos uma teoria dos conjuntos da maneira mais simples possível, em que não há conjuntos de conjuntos, pelas dificuldades inerentes à tarefa de formular uma teoria dos conjuntos, o que requer um conhecimento muito específico para afastar os paradoxos decorrentes de uma formulação ingênua. A Teoria da Computação, em especial em virtude da Teoria da Complexidade, é um sistema de lógica de segunda ordem, pois admite conjuntos de conjuntos. As próprias classes P e NP são conjuntos de conjuntos. Tanto uma quanto a outra são classes de linguagens, ou seja, conjuntos de linguagens. Linguagens, por sua vez, são conjuntos de cadeias. Assim, P e NP são conjuntos de conjuntos de cadeias.

Este paradoxo e o que apresentamos no capítulo anterior nos revelam algo um tanto quanto desorientador: temos que ter muita cautela ao formular uma teoria formal, para que seja consistente. Nos dois casos mencionados, apoiamo-nos em pressupostos universalmente aceitos como verdadeiros no âmbito da Matemática e chegamos a um absurdo. Tais premissas são, em grande parte, fundamentadas na intuição, mas, ao que parece, a própria intuição pode nos levar ao erro. Como afirmamos no capítulo XIV, embora com outras palavras, em um sistema formal inconsistente que abranja todo o Cálculo Sentencial, toda proposição é verdadeira e falsa simultaneamente. A solução que propomos é estabelecermos uma relação de importância entre os axiomas que pretendemos incluir no sistema, para podermos abrir mão dos axiomas menos relevantes de tal maneira a afastar a inconsistência do sistema. Com isso, renunciaremos a certo nível de "riqueza" do sistema, mas em prol da confiabilidade. Suponhamos que formulássemos um amplo sistema baseando-nos meramente na intuição e no senso comum, para que, à luz deste sistema, fizéssemos as nossas deduções. Não poderíamos estar certos de nada, pois cada informação inferida não teria qualquer importância. Comprometeríamos inevitavelmente a consistência do sistema, e não haveria distinção entre os valores de verdade das proposições, de maneira que, como toda proposição seria verdadeira e falsa, tudo seria possível. Bastaria verificar que uma expressão é uma proposição para considerá-la tanto verdadeira quanto falsa. E aí seria o caos.

# REFERÊNCIAS

GUIDORIZZI, Hamilton Luiz. *Um Curso de Cálculo*. 4 ed. Rio de Janeiro: LTC, 2008. 1 v. p. 99.

KNUTH, Donald E.; GRAHAM, Ronald L.; PATASHNIK, Oren. *Matemática Concreta*: Fundamentos para a Ciência da Computação. Tradução de Valéria de Magalhães Iorio. 2. ed. Rio de Janeiro: LTC, 1995. p. 35-42.

SIPSER, Michael. *Introdução à Teoria da Computação*. Tradução de Ruy José Guerra Barretto de Queiroz. 2. ed. São Paulo: Thomsom, 2007. p. 293-298.

HEGENBERG, Leônidas. *Lógica*: Cálculo Sentencial, Cálculo de Predicados, Cálculo com Igualdade. 3. ed. Rio de Janeiro: Forense Universitária, 2012. p. 119-142.

VIEIRA, Newton José. *Introdução aos Fundamentos da Computação*: Linguagens e Máquinas. São Paulo: Thomson, 2006. p. 257-260).

SIPSER, Michael. *Introdução à Teoria da Computação*. Tradução de Ruy José Guerra Barretto de Queiroz. 2. ed. São Paulo: Thomsom, 2007. p. 355-360.

GUIDORIZZI, Hamilton Luiz. *Um Curso de Cálculo*. 5. ed. Rio de Janeiro: LTC, 2002. 3 v. p. 50).

GUIDORIZZI, Hamilton Luiz. *Um Curso de Cálculo*. 4 ed. Rio de Janeiro: LTC, 2008. 1 v. p. 317-318.

COPI, Irving M. *Introdução à Lógica*. Tradução de Álvaro Cabral. 3. ed. São Paulo: Mestre Jou, 1968. p. 35.

HEGENBERG, Leônidas. *Lógica*: Cálculo Sentencial, Cálculo de Predicados, Cálculo com Igualdade. 3. ed. Rio de Janeiro: Forense Universitária, 2012. p. 299-302.

# Anotações

Impressão e acabamento
Gráfica da Editora Ciência Moderna Ltda.
Tel: (21) 2201 - 6662